Agriculture de précision

Martine Guérif, Dominique King,
coordinateurs

Éditions Quæ
c/o Inra, RD 10, 78026 Versailles Cedex

Collection *Update Sciences & Technologies*

Conceptual Approach to the Study of Snow Avalanches,
Maurice Meunier, Christophe Ancey, Didier Richard,
2005, 262 p.

Qualité de l'eau en milieu rural
Savoirs et pratiques dans les bassins versants
2006, 352 p.

Biodiversity and Domestication of Yams in West Africa
Traditional Practices Leading to *Dioscorea rotundata* Poir.
Alexandre Dansi, Roland Dumont, Philippe Vernier, Jeanne Zoundjihèkpon
2006, 104 p.

Génétiquement indéterminé
Le vivant auto-organisé
Sylvie Pouteau, coordinatrice
2007, 172 p.

L'éthique en friche
Dominique Vermersch
2007, 116 p.

© Éditions Quæ, 2007   ISBN : 978-2-7592-0019-1   ISSN : 1773-7923

Avant-propos

La mutation de l'agriculture conduit, dans les zones de grande culture, à des surfaces d'exploitation grandissantes et à une difficulté accrue pour l'agriculteur d'appréhender, par ses moyens traditionnels, la variabilité spatio-temporelle des états de ses parcelles. La connaissance de ces états constitue, dans le champ de contraintes défini par le système de production et la réglementation, la base de la prise de décision par l'agriculteur vis-à-vis des choix techniques.

Les développements technologiques des deux dernières décennies appliqués à l'agriculture sont très nombreux : systèmes de positionnement par satellite, capteurs divers embarqués sur satellites ou machines agricoles, agro-équipements permettant des applications à taux variable, technologie de l'information. Ils ont ouvert de nouvelles perspectives et donné naissance au concept d'« agriculture de précision ». Les enjeux finalisés associés à ce concept sont de deux ordres. Le premier est celui de la prise en compte de l'hétérogénéité parcellaire dans la gestion des cultures. Celle-ci permet en effet une optimisation spatialisée des choix techniques des agriculteurs vis-à-vis d'objectifs à la fois de production et de limitation des impacts sur l'environnement, qui sont des composantes essentielles d'une agriculture et d'un développement durables. Le deuxième enjeu est lié au fait que la technologie de mesure mise en œuvre dans ce cadre permet d'acquérir un volume considérable d'informations spatialement structurées sur les parcelles et les exploitations agricoles. Cela ouvre des perspectives très intéressantes de suivi et de qualification à différentes échelles : traçabilité, certification des pratiques agricoles et des exploitations, mise en place d'observatoires des agrosystèmes permettant l'évaluation de l'impact de changements de pratiques agricoles ou d'aménagements ruraux sur le milieu.

Dans ce contexte, la direction scientifique « Environnement, forêt et agronomie » de l'Inra a encouragé au début des années 2000, des recherches au sein d'une action incitative pluridisciplinaire sur le thème de la prise en compte des informations sur la variabilité intra-parcellaire dans la conduite des cultures. Cet ouvrage présente l'essentiel des résultats des travaux menés dans ce cadre.

Dans la chaîne qui conduit du recueil d'informations pertinentes sur les états du système sol-plante jusqu'à l'application spatialisée d'une technique culturale optimale, les travaux de recherche ont porté d'une part, sur la caractérisation spatiale et temporelle des états et d'autre part, sur les concepts et modèles agronomiques qui permettent l'intégration de ces informations dans un système automatisé de diagnostic et de décision.

L'ouvrage est subdivisé en quatre parties qui reprennent les axes de recherche qui ont structuré l'action incitative. Les deux premiers concernent les outils et méthodes développés pour obtenir des informations sur l'organisation spatiale des états du milieu (partie 1) et de la culture (partie 2) au sein d'une parcelle agricole. On y traite à la fois de l'extension d'outils classiques (cartographie pédologique et fonctions de pédotransfert) et de la mise en œuvre de capteurs qui permettent, à partir du satellite ou des engins agricoles, de densifier les mesures et de fournir directement une carte numérique des grandeurs mesurées. Les travaux ont notamment porté sur l'utilisation : (i) de capteurs de géophysique pour accéder aux propriétés fonctionnelles des sols, (ii) de capteurs de télédétection pour caractériser le couvert et accéder à des variables d'état de ces couverts utilisables dans des schémas classiques d'aide à la décision, (iii) de stéréovision pour décrire les relations entre culture et population d'adventices et (iv) de capteurs de rendement. La partie 3 traite des méthodes de statistiques spatiales auxquelles on a recours pour caractériser la structuration spatiale des propriétés des parcelles : structuration en variogramme, structuration à plus grande échelle par des gradients ou des zones de changements abrupts dans la parcelle qui seront de bonnes candidates pour être des frontières entre zones considérées comme homogènes. La partie 4 aborde la question de l'élaboration de préconisations spatialisées, illustrées dans le cas de la fertilisation azotée, en recourant à des méthodes classiques de règles de décisions utilisant des indicateurs, ou bien en développant des approches nouvelles, fondées sur des modèles de fonctionnement des cultures. Ceux-ci interviennent à différents niveaux de la stratégie : évaluation *a priori* des rendements potentiels, diagnostic, prédiction et évaluation de scénarios en temps réel. La mise en œuvre de méthodes de contrôle du modèle par assimilation de données acquises en cours de culture améliore notamment leurs prédictions. Enfin, des études par simulation permettent de discuter de l'intérêt de la modulation spatiale des apports.

Les travaux rapportés dans cet ouvrage ont pu être engagés grâce à l'impulsion et au soutien apportés par Jean Boiffin, alors directeur scientifique du secteur Environnement, forêts et agronomie et Bernard Seguin alors chef de département adjoint « Environnement et agronomie ». C'est ainsi qu'une communauté de chercheurs a pu se constituer et engager des travaux qui devront se poursuivre avec le développement des nouvelles technologies de l'information et de la communication. L'enjeu est important puisqu'il s'agit de relever le défi d'une agriculture durable à la fois économiquement compétitive et soucieuse de la protection des ressources environnementales.

Martine Guérif et Dominique King

Nous adressons nos remerciements à l'ensemble des personnes qui ont contribué au travail de relecture des articles et tout particulièrement à Odile Duval qui en a supervisé l'harmonisation.

Sommaire

Partie 1. Caractérisation spatialisée du milieu physique

Caractérisation spatialisée du milieu physique pour l'agriculture de précision :
enjeux et questions de recherche --- 7
D. King

Cartographie des sols et agriculture de précision --- 15
B. Nicoullaud, N. Beaudoin, J. Roque, A. Couturier, J. Maucorps, D. King

Établissement et validation de classes de pédotransfert pour un modèle de culture
à l'échelle parcellaire : application au modèle Stics --- 25
N. Beaudoin, B. Nicoullaud, V. Houlès

Apport des méthodes de géophysique à la connaissance de la variabilité spatiale
et du fonctionnement hydrique des sols -- 43
*D. Michot, D. King, B. Nicoullaud, A. Dorigny, H. Bourennane, I. Cousin,
P. Courtemanche, A. Couturier, C. Pasquier, Y. Benderitter, M. Dabas, A. Tabbagh*

Mesures spatialisées de propriétés physico-chimiques du sol au sein d'une parcelle
par sonde Isfet et mesures hyperspectrales -- 59
Y. Fouad, R.A. Viscarra-Rossel, H. Aïchi, C. Walter

Partie 2. Caractérisation spatialisée de la culture

Caractérisation du niveau de croissance du colza en sortie d'hiver par radiométrie
visible-proche infrarouge -- 77
P. Huet, J.-M. Allirand, R. Roche, J.-M. Gilliot, L. Gillot, A. Jullien

Estimation de variables biophysiques du couvert par ajustement de modèles
de transfert radiatif sur des réflectances -- 97
S. Moulin, R. M. Zurita, M. Guérif

Caractérisation par stéréovision de l'hétérogénéité d'un peuplement adventice
dans une culture --- 115
L. Assémat, M. Chapron, R. Stegerean

Cartographie du rendement du blé et des caractéristiques qualitatives des grains -- 131
J.-M. Machet, A. Couturier, N. Beaudoin

Partie 3. Méthodes mathématiques pour décrire la structuration spatiale des propriétés des parcelles

Analyse statistique de caractéristiques permanentes et non-permanentes du sol d'une parcelle agricole --- 147
C. Bruchou et B. Mary

Détection de zones de changement abrupt pour des variables non permanentes du sol : vers la définition de zones homogènes ? -- 165
D. Allard et E. Gabriel

Partie 4. Élaboration de préconisations spatialisées pour la gestion des intrants : application à la fertilisation azotée

Élaboration d'un indicateur de nutrition azotée du blé basé sur l'indice foliaire et la teneur en chlorophylle pour la préconisation de doses d'azote ------------------- 179
V. Houlès, M. Guérif, B. Mary, P. Gate, J.-M. Machet, S. Moulin

Critères agro-environnementaux fondés sur le modèle de culture Stics pour la modulation intra-parcellaire de la fertilisation azotée du blé -------------------------- 199
V. Houlès, B. Mary, M. Guérif, D. Makowski, E. Justes, J.-M. Machet

Modulation intra-parcellaire de la fertilisation azotée du blé fondée sur le modèle de culture Stics. Intérêt de la démarche et méthodes de spatialisation --------------- 225
M. Guérif, V. Houlès, B. Mary, N. Beaudoin, J.-M. Machet, S. Moulin, B. Nicoullaud

Intérêt de l'utilisation de modèles de fonctionnement des peuplements végétaux (Ceres et Azodyn) pour raisonner la modulation de la fertilisation azotée ----------- 249
A. Jullien, R. Roche, M.-H. Jeuffroy, B. Gabrielle, P. Huet

Résumé des articles -- 267

Liste des auteurs --- 275

Partie 1

Caractérisation spatialisée du milieu physique

Caractérisation spatialisée du milieu physique pour l'agriculture de précision : enjeux et questions de recherche

D. King

Introduction

L'agriculture de précision introduit des possibilités d'intervention culturale à une résolution de quelques m^2. Toute décision à cette échelle implique dans le même temps un besoin d'information de résolution spatiale équivalente pour caractériser les variables du milieu physique (sol, eau, atmosphère) et celles concernant la biologie (cultures, adventices, parasites…). L'objectif de cet article est d'analyser la nature et la précision des données souhaitées et d'examiner : (1) les recherches méthodologiques (métrologiques ou statistiques) pour atteindre de façon exhaustive cette information et (2) les recherches plus fondamentales pour connaître le fonctionnement du milieu physique en inter-action avec la culture à cette échelle. Dans une dernière partie, quelques travaux réalisés dans le cadre de cet ouvrage sont résumés en soulignant leur apport vis-à-vis des besoins de recherche exprimés.

Cadrage historique

La variabilité spatiale du milieu est le résultat de processus naturels correspondant à des échanges de matière et d'énergie hérités du passé. L'homme a adapté ses activités agricoles à cette variabilité en construisant un maillage de l'espace sous forme de parcelles agricoles. À chaque parcelle, correspond ainsi un mode de conduite agricole spatialement uniforme. Ce maillage du parcellaire a de nombreux déterminants notamment sociologiques avec le partage des terres lors des héritages. Toutefois, les paysages agricoles ont longtemps souligné (et parfois même renforcé) la diversité des conditions du milieu physique. L'introduction du machinisme agricole et les remembrements successifs au cours du XXe siècle ont bouleversé cet équilibre avec un agrandissement progressif des parcelles. Beaucoup de techniques agricoles ont alors tenté de « lisser » la variabilité désormais incluse au sein des parcelles. On peut citer le défonçage, l'épierrage, le drainage, l'apport de matériaux (amendements, fumiers), etc. Ces techniques ont toutefois leurs limites et la poursuite de l'agrandissement des parcelles à la fin du XXe siècle a introduit une sensibilité croissante des agriculteurs à la prise en compte de la variabilité intra-parcellaire des paramètres du milieu physique.

Les différentes méthodes de modulation spatiale intra-parcellaire

L'agriculture de précision offre un nouveau champ d'investigation dans les méthodes de gestion de la variabilité intra-parcellaire (Boisgontier, 1997). La première méthode prenant en compte cette variabilité consiste à réaliser une modulation « continue » des interventions culturales au sein des parcelles (par exemple, apport d'azote, irrigation, densité de semis, etc.). Il reste encore un grand nombre de problèmes à résoudre au niveau des outils et de leur robotisation, mais dans tous les cas, cette méthode génère des besoins en information spatialisée selon une résolution correspondant à la précision technique de ces outils.

Une deuxième méthode consiste à moduler les interventions en « segmentant » la parcelle agricole en sous-parcelles considérées comme homogènes (ou le moins hétérogène possible) vis-à-vis des paramètres pertinents de la conduite d'une culture. La modulation est alors conduite sur des surfaces assez grandes, ce qui est techniquement plus facile à gérer. Cette méthode nécessite surtout une connaissance fine (et pertinente) des limites séparant les sous-parcelles.

Une troisième méthode, implicite dans de nombreux raisonnements agronomiques, tient compte des plus fortes contraintes présentes au sein de la parcelle agricole pour prendre une décision uniforme sur l'ensemble de cette parcelle. C'est notamment le cas pour décider les dates optimales des interventions selon les conditions météorologiques (par exemple, présence d'une zone humide restreinte mais dictant les jours d'accessibilité des machines agricoles sur l'ensemble de la parcelle). Cette méthode sera appelée approche « globale » et se limitera à l'estimation du pourcentage de surface occupée par les zones considérées comme contraignantes vis-à-vis d'une culture.

Quels besoins d'information pour l'agriculture de précision ?

La nature des informations est la même quel que soit le type d'agriculture, et le mot « précision » dans l'expression générique « agriculture de précision » concerne d'abord la localisation spatiale des informations, plutôt que la précision de la mesure elle-même. Il existe donc un besoin nouveau d'identification, de quantification et de représentation de la variabilité spatiale des caractéristiques du milieu selon une résolution spatiale correspondant à celle des outils techniques. En tout premier lieu, l'estimation du degré de variabilité intra-parcellaire est un préalable important pour savoir si un investissement dans les techniques de l'agriculture de précision sera rentable ou non (Mc Bratney, 2001). En effet, des parcelles possédant une très faible variabilité ou, à l'inverse, une très grande variabilité (par exemple, à l'échelle infra-métrique) n'auront certainement pas d'avantage économique à être gérées par les méthodes de l'agriculture de précision.

Les programmes nationaux ou régionaux de cartographique fournissent un grand nombre d'information pour les sols, l'eau et la météorologie. Par exemple, en ce qui concerne les sols, le programme IGCS (Inventaire, Gestion et Conservation des Sols, Arrouays *et al.*, 2004) comprend un volet de cartographie systématique du territoire français à l'échelle 1/250 000 et un volet de caractérisation de secteurs de référence à des échelles comprises entre 1/25 000 et 1/5 000 (Favrot, 1989). Pour les besoins de l'agriculture de précision, il faudrait envisager une précision correspondant au moins à l'échelle 1/2 500, soit un facteur d'agrandissement de 100 par rapport à l'inventaire systématique IGCS ! Les secteurs de référence ont pour objectif d'être des sites de démonstration et ils seraient en mesure d'évaluer l'utilité des techniques de l'agriculture de précision sur une région (Lagacherie *et al.*, 2001). Par contre, ils ne pourraient pas répondre à la demande d'informations pour des parcelles hors du secteur étudié. Compte tenu de la résolution exigée par l'agriculture de précision, les méthodes d'inventaire systématique apparaissent irréalistes et de nouvelles méthodes de cartographie sont donc à envisager, générant ainsi de nouvelles questions de recherche (Robert, 2002).

Par ailleurs, le mot « précision » ne doit pas se limiter à l'espace mais s'appliquer également au temps. Les décisions d'interventions culturales sont déterminées par des variables d'état dont il est essentiel de connaître la dynamique au cours du temps. Les besoins théoriques sont donc de connaître les paramètres des cultures selon des cartographies spatiales et multi-temporelles. Le pas de temps minimum est la « journée » afin de décider des dates les plus appropriées pour les interventions techniques.

Enfin, les besoins de caractérisation du milieu sont différents selon les cultures envisagées et les conditions physiques de ce milieu. Comme ils sont aussi dépendants des techniques d'intervention, on peut affirmer qu'il n'existe pas une cartographie unique et « figée » du milieu physique qui permettrait de répondre à toutes les questions. Les besoins s'expriment plutôt sous la forme d'un « continuum d'images » spatio-temporelles figurant l'évolution des variables d'état du milieu physique (fig. 1).

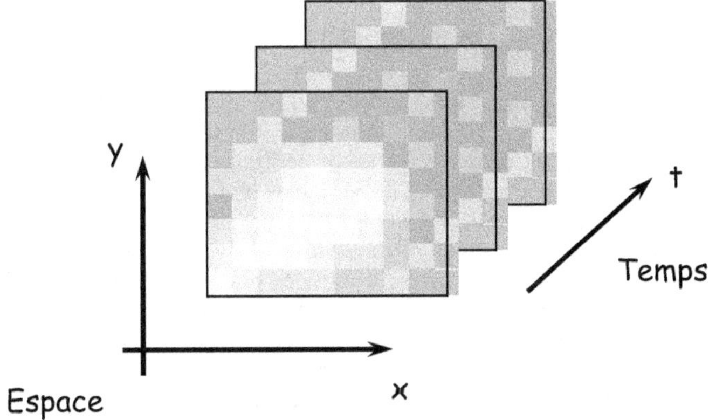

Figure 1. L'information « idéale » pour l'agriculture de précision : (i) un grain des mesures correspondant à celui des outils agricoles et (ii) une exhaustivité des mesures fournissant une information quasi-continue dans l'espace et aussi dans le temps sur l'ensemble du champ d'étude représenté par la parcelle agricole.

Quelles échelles d'approche ?

La caractérisation spatiale du milieu physique est réalisée grâce à des appareils de mesure (l'observation humaine étant considérée comme l'un de ces moyens de mesure, de nature qualitative). Le concept d'échelle rapporté à la notion de mesure peut se décomposer en trois paramètres (Blöschl & Sivapalan, 1995) : le grain, la résolution et le champ (au sens optique du terme). Le grain correspond au volume prospecté par l'appareil de mesure, la résolution est le nombre de mesures réalisées par unité de surface et le champ est l'aire que l'on souhaite caractériser.

Une intervention spatialement modulée nécessite de disposer d'une information dont le grain est dicté par les caractéristiques techniques des outils agricoles. Il faut également prendre en compte le « grain » du fonctionnement de la culture qui dépend, par exemple, du volume occupé par le système racinaire, du travail du sol ou de la distance inter-rangs (Besson *et al.*, 2004). Or, dans la majorité des cas, les mesures réalisées dans le sol, l'atmosphère ou les plantes possèdent un grain extrêmement petit comparé aux grains des outils agricoles ou du fonctionnement des plantes. Par exemple, un prélèvement de sol (1 dm^3) ne représente que 1/10 000e du grain jugé pertinent pour l'agriculture de précision (environ 10 m^3). Par exemple, comment estimer la teneur en eau d'un volume de sol de 10 m^3 qui prendrait en compte la variabilité de la profondeur des horizons, de leur densité apparente et du système racinaire ? Il est donc essentiel de toujours préciser le facteur d'échelle selon la taille du grain de mesure (Vogel & Cousin, 2002).

Mesures directes ou estimations indirectes ?

Pour disposer d'une information exhaustive sur un espace, deux approches sont possibles : (1) mesurer l'information de façon systématique selon la résolution souhaitée ou (2) réaliser des mesures sur des sites en nombre restreint puis interpoler à l'aide de méthodes statistiques. Toutefois, les modèles de cultures (ou d'aide à la décision) qui ont été développés ces dernières années nécessitent des paramètres et variables d'entrée souvent difficiles à mesurer (i.e. représentant un coût financier important). Des méthodes d'interpolation entre les points de mesure sont alors nécessaires. À l'inverse, les appareils de mesure fournissant des informations exhaustives aisément accessibles ne correspondent pas nécessairement aux besoins exprimés. On utilise alors des méthodes de calibrage ou bien la recherche de relations entre les variables aisément accessibles et les variables cibles souhaitées. L'établissement de fonctions ou de classes de pédotransfert (Wösten *et al.*, 2001 ; Bruand *et al.*, 2003) est un exemple de la formalisation de ces relations à partir d'analyses statistiques. Il est possible de combiner les deux approches en utilisant à la fois les données pertinentes mais rares et les données abondantes et exhaustives mais non directement utilisables (Wackernagel, 1995 ; Bourennane *et al.*, 2000). La connaissance du déterminisme de la variabilité spatiale de la parcelle replacée dans son environnement immédiat, est alors un fil conducteur pour combiner les informations et vérifier *in fine* la cohérence des résultats cartographiques.

Les besoins d'information exprimés en agriculture de précision concernent non seulement l'espace mais également le temps, c'est-à-dire la connaissance de la dynamique de variables d'état comme, par exemple, la température, les précipitations, la teneur en eau du sol, l'indice foliaire, etc. Un certain nombre de méthodes procèdent par destruction de l'échantillon mesuré. Les mesures ne peuvent pas alors être reproduites au cours du temps (par exemple, mesure de l'humidité du sol par une méthode pondérale). Tout changement de localisation (même très proche) entre des mesures réalisées à deux moments différents, introduit des variations dues à la micro-variabilité spatiale.

Des méthodes d'acquisition non destructives sont, de ce fait, en cours de développement. On privilégie les techniques d'analyse d'un signal, par exemple électromagnétique (Collins & Doolittle, 1987 ; Tabbagh *et al.*, 2000), émis par une source naturelle ou par un appareil émetteur. Ce type de méthode présente l'avantage d'être facilement automatisable et donc de répéter de nombreuses mesures à la fois dans l'espace et le temps. Une autre méthode consiste à utiliser la modélisation des processus étudiés pour estimer en continu, à partir de mesures discrètes, l'évolution des phénomènes au cours du temps. Pour ce faire, on a recours à des variables aisément mesurables et non destructives comme paramètres de forçage de ces modèles (cf. partie 4).

De nouvelles recherches méthodologiques...

En résumé, pour répondre aux besoins de caractérisation du milieu physique aux échelles fines d'espace et de temps, plusieurs pistes de recherche méthodologique sont proposées :

(1) automatiser les appareils de mesure et réaliser les acquisitions de façon continue ou quasi-continue à partir d'engins agricoles ou de tout autre moyen tracté ou aéroporté, voire de robots télécommandés,

(2) utiliser ou adapter des méthodes d'interpolation permettant d'estimer les valeurs souhaitées en tout point de l'espace non prospecté à partir d'un petit nombre de mesures initiales localisées,

(3) établir des moyens de mesure non destructifs afin d'estimer des variables d'état du milieu et de répondre aux exigences de leur répétitivité dans le temps,

(4) développer des modèles de fonctionnement capables d'exprimer l'évolution des variables d'état de façon continue au cours du temps,

(5) valoriser les données disponibles en recherchant les relations entre ces données et les données cibles souhaitées (fonctions et classes de pédotransfert).

Les différentes pistes proposées peuvent être utilisées de façon indépendante ou de façon combinée pour aboutir à l'information « idéale » en agriculture de précision, à savoir une série d'images exprimant le continuum espace-temps des caractéristiques ciblées (fig. 2).

Un souci constant est l'estimation des incertitudes attachées aux résultats fournis (Heuvelink & Burrough, 2002). Celles-ci ont pour origine : (i) les appareils de mesure, (ii) les méthodes d'interpolation et (iii) la qualité de la relation entre les variables faciles d'accès et les variables cibles. L'utilisation conjointe de plusieurs méthodes implique alors une analyse plus ou moins complexe de la propagation des incertitudes dans les algorithmes de combinaison de ces méthodes. Cette estimation des incertitudes est primordiale puisqu'elle intervient directement dans les modèles de décision. Dans le cas d'un traitement uniforme de la parcelle, on recherche un choix optimal « moyen » satisfaisant au mieux l'ensemble des sites de la parcelle. Tout écart par rapport à ce choix optimal est alors atténué par les variations présentes au sein de la parcelle. Par contre, dans le cas d'un traitement modulé, la décision concerne chaque m^2 sans possibilité de compensation ultérieure et nécessite ainsi une très grande rigueur.

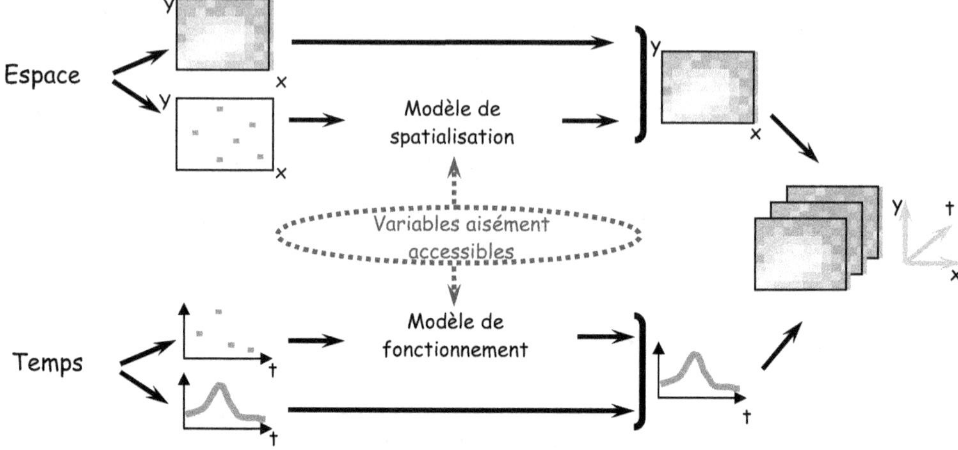

Figure 2. Différentes approches pour obtenir l'information « idéale », exhaustive dans l'espace et dans le temps. Les mesures discrètes sont généralisées (i) dans l'espace grâce des modèles de spatialisation et (ii) dans le temps grâce à des modèles de fonctionnement. Des données aisément accessibles peuvent être utilisées pour améliorer les estimations. Enfin, les données spatiales et temporelles sont combinées pour aboutir à une matrice de données utilisables par les modèles de fonctionnement ou décision.

... mais aussi des recherches plus fondamentales

Le développement des nouvelles méthodes d'acquisition de mesures spatiales et temporelles conduit parfois à une surabondance d'information. Il ne sert à rien de disposer d'une grande quantité de données si l'on a ni les modèles de fonctionnement, ni les modèles de décision adaptés. En effet, beaucoup de modèles ont été élaborés dans un objectif de gestion uniforme des parcelles sans prendre en compte les inter-actions spatiales et temporelles de courte portée. En complément des recherches méthodologiques, trois axes de recherches impliquant la connaissance des processus sont proposés :

(1) la connaissance de la variabilité du milieu physique aux échelles fines :
la décision d'une intervention spatialement modulée sur une parcelle est prise à partir d'une information obtenue sur un grain de l'ordre de quelques m^2. La taille de ce grain n'est pas nécessairement adaptée à la variabilité « naturelle » du milieu physique. La connaissance de structures spatiales fines (à l'origine, par exemple, de transferts préférentiels dans les sols) est nécessaire avant toute décision d'intervention. Cela pose la question du « Volume élémentaire représentatif » (Vogel & Roth, 2003) vis-à-vis du fonctionnement du milieu et des effets d'une technique culturale appliquée sur un milieu hétérogène. L'agriculture de précision offre une réelle opportunité d'approfondir une analyse des structures à une échelle relativement peu étudiée.

(2) le développement d'une modélisation spatio-temporelle du fonctionnement du milieu physique aux échelles fines :

la cartographie ne doit plus apparaître comme une étape statique et déconnectée de la modélisation temporelle du fonctionnement des cultures. Elle doit être intégrée pour représenter la dynamique spatiotemporelle des flux d'énergie et de masse. Cela implique le développement de modèles de fonctionnement prenant en compte les structures spatiales du milieu et des plantes aux échelles indiquées précédemment.

(3) l'élargissement du thème dit « agriculture de précision » vers celui d'une « gestion spatialisée des agro-systèmes » :
Le concept d'« agriculture de précision » est resté centré sur la variabilité intra-parcellaire. Pourtant, la connaissance des facteurs de la variabilité est souvent plus facile à mettre en évidence sur un champ d'étude plus large que celui de la parcelle agricole. Cette connaissance est essentielle pour le choix des variables à mesurer ou pour la constitution de références qui seront capitalisées au plan régional (Bouma *et al.*, 1999). De même, les modèles de décision ne peuvent réduire leur raisonnement aux seules caractéristiques locales des « grains » élémentaires qui seraient examinés de façon indépendante. Ils doivent nécessairement intégrer les interactions spatiales aux différentes échelles. L'objectif général s'inscrit ainsi dans une gestion spatialisée des agro-écosystèmes combinant les approches intra-parcellaires avec des études inter-parcellaires, voire régionales. Cet objectif renvoie à la question générique du transfert d'échelle.

Travaux menés à l'Inra

Les travaux menés dans le cadre de l'Aip Inra ont été réalisés sur un site pilote commun situé dans le Laonnois ainsi que sur des sites secondaires pour des mises au point méthodologiques. La caractérisation pédologique de ces sites a fait l'objet d'une cartographie préalable par expertise. Cela a permis, entre autres, de mettre en évidence l'opérationnalité d'une telle approche mais aussi ses limites pour les besoins en information sur les sols à l'échelle parcellaire (Nicoullaud *et al.*, cet ouvrage).

Afin de disposer de données quantitatives spatialisées, plus précises et plus nombreuses, d'autres approches ont été envisagées, d'une part, en utilisant des moyens d'automatisation et de multiplication des mesures (ex. cartographie du pH et de la teneur en carbone organique du sol ; Fouad *et al.*, cet ouvrage) et d'autre part, en estimant des variables difficiles à mesurer (ex. densité apparente, profondeur maximum d'enracinement, teneur en eau au point de flétrissement) à l'aide d'indicateurs aisément accessibles sur le terrain (ex. classes texturales). Cette dernière approche a permis d'établir des fonctions et classes de pédotransfert et elle a montré la nécessité d'acquérir des mesures sur les parcelles en complément des données disponibles à l'échelle régionale (Beaudoin *et al.*, cet ouvrage).

Les travaux se sont également orientés vers la caractérisation de la variabilité temporelle des structures spatiales. Les outils géophysiques et de télédétection ont ainsi permis de caractériser les flux hydriques préférentiels et de déterminer des limites de fonctionnement, limites très importantes pour orienter une décision de modulation spatiale (Michot *et al.*, cet ouvrage). La géophysique montre ainsi de nombreux avantages pour répondre aux besoins exprimés : mesures non destructives, exhaustivité spatiale à moindre coût avec une résolution et un grain ajustables. Différentes méthodes de statistiques spatiales ont été utilisées soit pour l'interpolation de données ponctuelles, soit pour la recherche de limites pédologiques nécessaires à la segmentation optimum de l'espace. Ces résultats sont présentés dans la partie 3.

Conclusion

Les progrès dans la caractérisation à la fois spatiale et temporelle des variables du milieu physique sont fortement dépendants de l'innovation technologique en métrologie spatiale. Ces techniques apportent des informations nouvelles directement exploitables par l'agriculture de précision et même, de façon plus large, par toute agriculture soucieuse de prendre en compte l'organisation spatiale des contraintes du milieu physique et de valoriser ses potentiels. Toutefois, cette abondance de nouvelles données spatialisées ne doit pas masquer la nécessité d'une compréhension et d'une modélisation du fonctionnement spatialisé du milieu physique et des cultures aux échelles intra-parcellaires mais aussi inter-parcellaires.

Références bibliographiques

ARROUAYS D., HARDY R., SCHNEBELEN N., LE BAS C., EIMBERCK M., ROQUE J., GROLLEAU E., PELLETIER A., DOUX J., LEHMANN S., SABY N., KING D., JAMAGNE M., RAT D., STENGEL P., 2004. Le programme Inventaire Gestion et Conservation des Sols de France. *Étude et Gestion des Sols* 11 (3), 187-197.

BESSON A., COUSIN I., SAMOUËLIAN A., BOIZARD H., RICHARD G., 2004. Structural heterogeneity of the soil tilled layer as characterized by 2D electrical resistivity surveying. *Soil & Tillage Research* 79, 239-249.

BLÖSCHL G. & SIVAPALAN M., 1995. Scale issues in hydrological modelling: a review. *Hydrological Processes* 9, 251-290.

BOISGONTIER D., 1997. L'agriculture du vingt et unième siècle : l'agriculture de précision. *CR Acad. Agri. Fr.* 83 (7), 17-26.

BOUMA J., STOORVOGEL J., VAN ALPHEN B.J., BOOLTINK H.W.G., 1999. Pedology, precision agriculture, and the changing paradigm of agricultural research. *Soil Sci. Soc. Am. J.* 63, 1763-1768.

BOURENNANE H., KING D., COUTURIER A., 2000. Comparison of kriging with external drift and simple linear regression for predicting soil horizon thickness with different sample densities. *Geoderma* 97, 255-271.

BRUAND A., PEREZ FERNANDEZ P., DUVAL O., 2003. Use of class pedotransfer functions based on texture and bulk density of clods to generate water retention curves. *Soil Use and Management* 19 (2) 232-242.

COLLINS M.E. & DOOLITTLE J.A., 1987. Using ground-penetrating radar to study soil microvariability. *Soil Sci. Soc. Am. J.* 51, 491-493.

FAVROT J.C., 1989. Une stratégie d'inventaire cartograhique à grande échelle : la méthode des secteurs de référence. *Science du Sol* 27, 351-368.

HEUVELINK G.B.M. & BURROUGH P.A., 2002. Developments in statistical approaches to spatial uncertainty an dits propagation. *Int. J. of Geographical Information Science* 16, 111-113.

LAGACHERIE P., ROBBEZ-MASSON J.M., NGUYEN-THE N., BARTHES J.P., 2001. Mapping of reference area representativity using a mathematical soilscape distance. *Geoderma* 101, 105-118.

MC BRATNEY, 2001. Environmental economics and precison agriculture: a simple nitrogen fertilisation example. *In:"Third European conference on precision agriculture"* (Grenier G. & Blackmore S., eds). 539-543.

ROBERT P.C., 2002. Precision agriculture: a challenge for crop nutrition management. *Plant and Soil* 247, 143-149.

TABBAGH A., DABAS M., HESSE A. & PANISSOD C., 2000. Soil resistivity: a non-invasive tool to map soil structure horizonation. *Geoderma* 97 (3-4), 393-404.

VOGEL H.J. & COUSIN I., 2002. Quantification of pore structure and gas diffusion as a function of scale. *European Journal of Soil Science* 54, 465-473.

VOGEL H.J. & ROTH K., 2003. Moving through scales of flow and transport in soil. *Journal of Hydrology*, 272, 95-106.

WACKERNAGEL H., 1995. *Multivariate Geostatistics*. Springer, Berlin.

WOSTËN J.H.M., PACHEPSKY Y.A., RAWLS W.J., 2001. Pedotransfer functions: bridging the gap between available basic soil data and missing soil hydraulic characteristics. *Journal of Hydrology* 251, 123-150.

Cartographie des sols et agriculture de précision

B. Nicoullaud, N. Beaudoin, J. Roque, A. Couturier, J. Maucorps, D. King
Avec la collaboration technique de E. Venet, P. Devaux, J.-B. Delerue et J. Duval.

Introduction

Afin de limiter les pertes d'azote sous formes solubles ou gazeuses dans l'environnement, des améliorations des pratiques ont été demandées aux agriculteurs (UE, 1991 ; Corpen, 2001). Cependant, une gestion raisonnée de l'azote à l'échelle de la parcelle agricole montre des limites en raison de la variabilité du milieu (Power *et al.*, 2000). Dans le cadre de l'Action structurante Inra « Agriculture de Précision », deux parcelles de 10 ha environ chacune situées près de Laon (Aisne) ont été choisies pour servir de support à de nombreuses expérimentations menées par des équipes pluridisciplinaires (Guérif *et al.*, 2001). L'objectif général de ce travail expérimental est d'évaluer l'intérêt d'un ajustement intra parcellaire de la fertilisation azotée tant du point de vue de la production végétale qu'environnemental. C'est dans ce but que des suivis des cultures à l'aide d'images de télédétection réalisées par voies aériennes, des mesures de quantité d'eau et d'azote dans le sol et des cartographies de rendement ont été réalisées (Guérif *et al.*, 2001).

La mise en œuvre de l'agriculture de précision à la parcelle nécessite une connaissance des sols cohérente avec les possibilités de segmentation de l'espace offertes par le matériel agricole. Le département de l'Aisne est un département français entièrement cartographié à l'échelle du 1/25 000. Cependant ces inventaires généraux s'avèrent insuffisants pour répondre aux besoins de l'agriculture de précision (Robert, 2002). Le travail qui est présenté dans cet article montre, à l'aide d'exemples, les méthodes successives mises en œuvre pour réaliser une caractérisation à grande échelle des sols des deux parcelles. L'objectif recherché est de caractériser la variabilité spatiale des sols afin de déterminer des unités de fonctionnement considérées comme homogènes et de fournir les paramètres nécessaires à l'utilisation de différents modèles de décision. Nous présenterons les méthodologies successives utilisées pour comprendre les lois de répartition des sols dans le paysage et définir les différentes unités cartographiques de sols. Les avantages et les inconvénients des méthodes utilisées seront abordés ainsi que les méthodologies complémentaires à mettre en œuvre.

Méthodes mises en œuvre sur les parcelles du site expérimental de Laon

Phase de recueil des données existantes

Afin de mettre en œuvre une prospection par échantillonnage effectuée à l'aide de sondages à la tarière, nous avons utilisé les données initiales suivantes :
-   plan des parcelles à l'échelle du 1/2 000,
-   relevé topographique (Modèle numérique d'altitude) réalisé à l'aide d'un tachéomètre (fig. 1),
-   mission photographique aérienne noir et blanc réalisée par l'Institut Géographique National en 1963 à l'échelle du 1/25 000,
-   images réalisées avec le radiomètre Casi (Compact Airborne Spectrographic Imager) lors de missions aéroportées (fig. 2, planche couleur 1),
-   carte géologique de Laon à 1/50 000,
-   carte des sols de l'Aisne à l'échelle du 1/25 000.

Chambry 1   Chambry 2

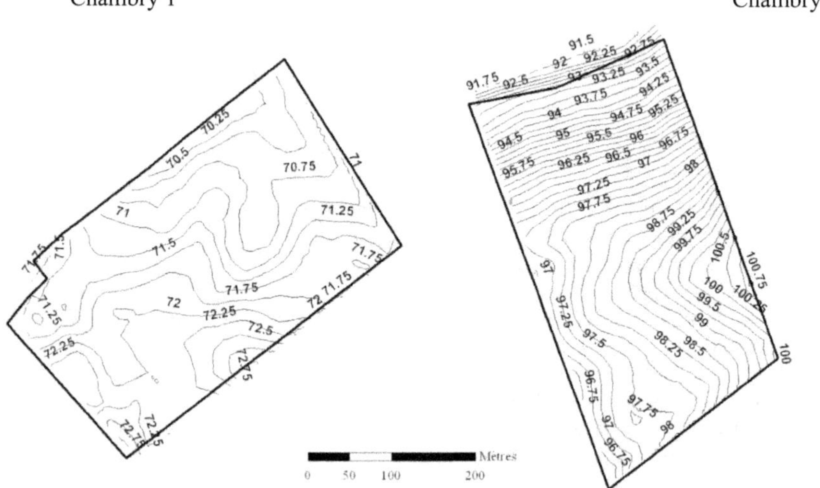

Figure 1. Relevés topographiques des 2 parcelles étudiées.

Les données décrivant la géologie du secteur ont été obtenues à l'aide de la carte géologique de Laon à 1/50 000 (Pomerol *et al.,* 1968) et les premiers éléments de connaissance des sols sont issus de la carte des sols de l'Aisne à l'échelle du 1/25 000 et des notices explicatives jointes (Chambre d'Agriculture de l'Aisne, 1963).

Phase de prospection par observations ponctuelles

Les sondages ont été réalisés manuellement à la tarière (jusqu'à 1,2 m) ou mécaniquement à l'aide d'un carottier (jusqu'à une profondeur de 1,5 m). Un premier échantillonnage a été effectué selon le réseau régulier (maille à 36 m, soit 82 sondages) servant à mesurer les quantités d'eau ct d'azote présentes dans le profil à différentes dates de l'année (Guérif *et al.*, 2001). Compte tenu de l'hétérogénéité des parcelles, des sondages complémentaires ont été ajoutés en fonction de la topographie et de l'observation des photographies aériennes.

La description des différents horizons de sols a été réalisée à dire d'expert (Jamagne, 1967, Legros, 1996) par tests et estimations de différentes caractéristiques (couleur, texture, teneur en calcaire, pierrosité, degré d'hydromorphie, compacité, etc.) ou par mesures (profondeur des horizons). De plus, des déterminations analytiques ont été effectuées sur tous les horizons de surface (granulométrie, pH, C, N, etc.) sur l'ensemble du réseau régulier (Mary *et al.*, 2001).

Phase d'échantillonnage sur profils

Pour chaque parcelle, quatre profils représentatifs des principales unités de sols ont été creusés et caractérisés (fig. 3, planche couleur 1). La description des horizons a été faite en fonction de différents critères morphologiques (Baize et Jabiol, 1995) selon la méthode Donesol (Gaultier *et al.*,1993). Chaque horizon a fait l'objet de déterminations analytiques. Des prélèvements spécifiques ont été réalisés afin de déterminer leurs propriétés hydriques (relations potentiel hydrique-humidité) et leurs densités apparentes. Les mêmes profils ont également servi à étudier la colonisation racinaire des sols par les cultures, par confrontation entre cartes d'impacts racinaires et profils pédologiques (Nicoullaud *et al.*, 1994).

Élaboration des bases de données

Le milieu d'étude a été stratifié selon une approche typologique multidimensionnelle se référant au Référentiel Pédologique (Baize et Girard, 1995). Une base de données géométrique contenant les contours des Unités cartographiques et l'emplacement des points de sondages a été créée pour chaque parcelle. La base de données sémantique associée est constituée de deux bases de données différentes. La première est construite en reprenant les notions désormais classiques (King, 1984) d'Unité cartographique de sols (UCS) et d'unité typologique de sols (UTS). Pour chaque UCS, la proportion de surface occupée par une ou plusieurs UTS est indiquée. Chaque UTS est décrite de façon qualitative et quantitative sur une épaisseur de 1,5 m selon 5 critères par horizon (profondeur, texture, teneur en calcaire, cailloux et graviers) et par des critères synthétiques (développement de profil, matériau originel, drainage interne). La seconde base de données décrit tous les sondages sur le même principe. Cette double structure a permis par la suite d'utiliser les données de sols à un niveau spatial ou ponctuel afin de tester différentes hypothèses de simulation.

Résultats obtenus : principales caractéristiques des deux parcelles

Les parcelles d'étude d'une superficie de 10 ha chacune sont situées sur la commune de Chambry, au nord de la ville de Laon. Le milieu d'étude est un bassin sédimentaire ayant été soumis intensément aux épisodes périglaciaires. En conséquence, la position topographique (concavité - convexité) joue un rôle déterminant sur la disposition spatiale des sols le long des versants et sur la variabilité de la couverture pédologique.

La parcelle nommée Chambry 1 se situe en position basse et présente une topographie peu accentuée (3 m de dénivelé). Le substratum est constitué de craie cryoturbée remaniée par un diluvium crayeux présentant fréquemment une grève calcaire (horizon formé d'un mélange de graviers et de sables calcaires). Ces niveaux ont été recouverts par des dépôts éoliens de limons et de sables de Sissonne. Il en résulte une forte hétérogénéité spatiale métrique des différents dépôts géologiques et des horizons de sols profonds. Il existe un lien entre la micro topographie et la disposition spatiale des sols, les sols développés sur la craie cryoturbée se situant sur des micro buttes et en position d'érosion. Cinquante polygones élémentaires ont été différenciés ; ils peuvent être regroupés en 11 grands types de sols (fig. 4, planche couleur 2). Les différenciations ont été réalisées sur la base de la nature du matériau originel, la texture des matériaux et la présence ou non d'horizons diagnostics tels la grève calcaire ou des niveaux de craie remaniés très compacts. Les horizons de surface présentent une granulométrie très homogène aux limites de 3 classes texturales : sable argileux, sable limoneux et limon sableux (fig. 5).

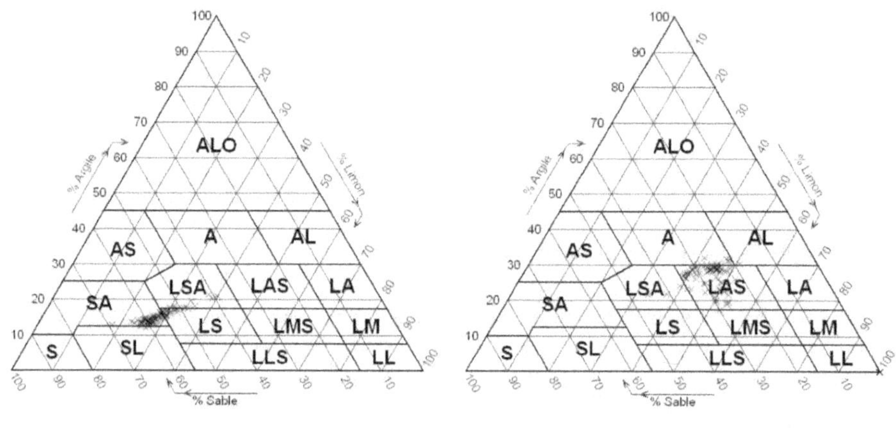

Parcelle Chambry 1   Parcelle Chambry 2

Figure 5. Répartition granulométrique des horizons de surface au sein des classes texturales (triangle de texture de l'Aisne, Jamagne 1967).

Les teneurs en argile varient peu, de 13,5 à 15 % sauf pour les sols calcaires qui se différencient nettement (LSA avec 19 % d'argile maximum). Les teneurs moyennes en calcaire total des différentes unités de sol n'excèdent pas 16,5 % (tabl. 1).

La parcelle Chambry 2 se situe en position haute et présente une topographie nettement plus accentuée que celle de la parcelle Chambry 1 (7 m de dénivelé), favorisant ainsi l'érosion des matériaux. Le substratum est constitué de craie en place surmontée de craie sableuse magnésienne. La craie a été cryoturbée et recouverte par des « sables soufflés» issus des sables du Thanétien et par des limons éoliens des plateaux. La répartition des sols dans le paysage est étroitement liée à la topographie. Le sommet de la parcelle et le versant orienté sud - sud ouest, soumis à l'érosion sont occupés de sols calcaires développés sur la craie ou la craie sableuse magnésienne. Le versant opposé (nord-nord est) est occupé par des sols profonds moins calcaires développés sur la craie cryoturbée et de sols limoneux profonds développés sur des formations sablo-calcaires cryoturbées. Les sols développés sur sables magnésiens grésifiés sont disposés en position sommitale selon un axe transversal (fig. 6, planche couleur 2). Dans les premiers horizons, la variabilité à l'échelle métrique est faible, alors qu'en profondeur, des restes de poches de cryoturbation génèrent une variabilité d'ordre infra-métrique sous les limons et sous les « pâtes » crayeuses dolomitiques.

Tableau 1. Propriétés physico-chimiques des horizons de surface de la parcelle Chambry 1.

Types de sols		A	LF	LG	SF	SG	CaCO$_3$	C	N	pH
		g / 100 g						g kg^{-1}		
1	moy	13,7	10,6	13,4	51,8	10,3	8,6	8,0	0,9	8,3
	ec	0,7	2,5	2,0	5,0	1,1	3,8	0,6	0,1	0,1
2	moy	14,4	11,3	14,1	48,9	11,3	10,2	7,4	0,9	8,4
3	moy	15,1	12,0	15,7	49,4	7,6	4,5	9,1	1,0	8,3
	ec	1,1	1,2	1,1	2,8	1,2	2,3	1,0	0,0	0,1
4	moy	19,1	17,8	16,3	39,4	7,3	16,5	8,7	0,9	8,4
	ec	1,7	3,1	1,0	4,0	1,9	4,0	0,4	0,1	0,1
5	moy	16,0	13,8	17,0	45,9	7,2	5,5	8,8	1,0	8,3
	ec	1,3	1,5	1,1	2,7	1,0	2,9	0,5	0,1	0,1
6	moy	19,2	20,0	17,6	37,6	5,5	16,5	7,0	1,0	8,4
7	moy	15,2	11,9	16,3	49,6	7,0	2,4	9,0	1,0	8,3
	ec	1,6	2,1	1,8	4,0	1,8	0,7	0,5	0,1	0,1
8	moy	15,6	11,9	16,1	48,3	8,2	2,8	9,8	1,1	8,3
	ec	0,9	1,0	1,5	1,7	0,5	0,8	0,6	0,1	0,1
9	moy	14,2	10,8	15,5	51,5	7,9	0,8	8,5	1,0	8,1
10	moy	13,6	11,3	16,2	51,3	7,5	0,9	8,4	1,0	8,1
	ec	1,0	1,0	1,1	1,9	0,9	0,5	0,5	0,1	0,1
11	moy	14,5	11,6	15,8	49,3	8,6	1,1	8,7	1,0	8,2
	ec	1,5	0,7	1,3	2,8	0,7	0,8	0,7	0,0	0,1

A : Argile, LF : Limon fin, LG : Limon grossier, SF : Sable fin, SG : Sable grossier
(granulométrie sans décarbonatation).
C : Carbone organique (méthode Anne), N : Azote total (méthode Dumas).

Quarante deux polygones élémentaires ont été identifiés. Ils se regroupent en 12 grands types de sols. La stratification a été réalisée en fonction du matériau d'origine, des successions texturales et des discontinuités texturales et structurales (craie, sables et limons dolomitiques compacts, sables calcaires, limons loessiques). La variabilité des horizons à courte distance est moins forte que dans la parcelle Chambry 1. Les horizons de surface présentent un gradient de teneur en argile supérieur à celui de la parcelle précédente ; les teneurs en argile varient de 19 à près de 30 % (fig. 5, tabl. 2) dans les sols non calcaires avec une teneur en sables modérée (de 25 à 30 %).

Les sols sur sables dolomitiques (avec passées gréseuses) se distinguent nettement par une teneur en sable plus forte (environ 40 %). Dans cette parcelle, les sols calcaires occupent près des 2/3 de la superficie. Les teneurs en calcaire total des horizons de surface dépassent fréquemment 25 %.

Tableau 2. Propriétés physico-chimiques des horizons de surface de la parcelle Chambry 2.

Types de sols		A	LF	LG	SF	SG	CaCO₃	C	N	pH
					g / 100 g			g kg⁻¹		
1	moy	19,7	22,3	29,8	24,5	3,6	2,2	10,2	1,2	8,3
	ec	1,3	0,8	1,3	1,4	0,6	0,2	0,8	0,1	0,1
2	moy	25,3	22,1	27,0	22,7	2,9	2,5	10,7	1,3	8,3
	ec	1,9	1,3	1,4	1,6	0,4	0,7	0,4	0,1	0,1
3	moy	29,3	21,3	24,0	21,9	3,4	4,7	11,0	1,3	8,3
	ec	1,0	1,3	1,6	2,1	0,6	2,0	0,6	0,1	0,0
4	moy	28,7	22,1	27,4	18,8	2,9	10,5	11,4	1,4	8,4
	ec	1,4	2,6	2,1	2,8	1,0	1,6	0,3	0,1	0,0
5	moy	29,2	21,8	21,7	22,1	5,1	15,4	11,4	1,3	8,4
	ec	1,4	0,7	2,3	3,0	1,8	4,0	0,8	0,1	0,1
6	moy	29,7	23,8	22,1	20,0	4,3	24,8	11,6	1,4	8,4
	ec	1,2	1,0	1,1	1,5	1,0	8,2	0,4	0,1	0,0
7	moy	27,8	23,3	21,9	21,5	5,5	29,5	11,4	1,3	8,4
	ec	2,8	2,0	2,3	3,3	1,5	10,5	1,0	0,1	0,1
8	moy	28,4	23,0	19,5	20,5	8,6	31,0	12,0	1,5	8,3
	ec	1,3	1,3	2,6	2,2	2,7	7,1	0,5	0,1	0,0
9	moy	27,8	22,1	18,6	22,5	8,9	26,3	12,9	1,5	8,3
	ec	1,1	0,8	1,5	1,7	1,9	3,6	0,5	0,1	0,0
10	moy	28,2	24,4	18,2	21,1	8,0	31,6	11,9	1,4	8,4
	ec	0,6	2,6	0,6	1,9	1,8	6,2	0,9	0,1	0,1
11	moy	29,0	23,1	22,3	18,7	6,8	23,9	12,6	1,6	8,3
12	moy	22,5	18,5	18,7	36,3	4,4	39,7	10,7	1,2	8,4
	ec	1,4	3,0	1,0	6,5	2,6	2,2	1,0	0,1	0,1

A : Argile, LF : Limon fin, LG : Limon grossier, SF : Sable fin, SG : Sable grossier (granulométrie sans décarbonatation).
C : Carbone organique (méthode Anne), N : Azote total (méthode Dumas).

Discussion : intérêts et limites de la démarche

La démarche utilisée présente une grande souplesse de mise en œuvre. Elle repose sur une approche typologique multidimensionnelle prenant en compte les caractéristiques des matériaux et des horizons pédologiques. L'identification qualitative des sols permet d'une part d'effectuer une segmentation de la couverture pédologique en différents types d'horizons et d'autre part de définir un certain nombre d'horizons diagnostics qui conditionnent la croissance précoce des plantes et l'exploitation du sol par les racines. Cette démarche facilite ensuite l'établissement ou l'amélioration de fonctions de pédotransferts nécessaires pour renseigner des modèles de cultures (Beaudoin *et al.*, cet ouvrage). Dans ce cadre, des développements méthodologiques et techniques pour une meilleure prise en compte de données topographiques (Schmidt, 2001) notamment pour leur intégration dans des modèles d'estimation de paramètres telle la teneur en eau du sol sont à développer (Bobert *et al.,* 2001).

Les principales limites sont d'une part l'efficience du pédologue confortée ou non par l'existence de référentiels locaux. Par exemple, le diagnostic tactile de la texture s'est révélé délicat dans la parcelle 1 à cause de l'importance des sables fins et du positionnement de la majorité des points aux limites de 3 classes texturales (fig. 5). Dans notre cas, la carte des sols de l'Aisne s'est révélée pour ce secteur d'étude pauvre en informations préalables pertinentes en raison de la particularité des faciès géologiques des parcelles étudiées.

La densité de sondages utilisée est très importante et en partie due aux protocoles imposés par l'approche géostatistique menée par ailleurs ; elle ne pourrait en aucun cas être étendue à une cartographie systématique d'un ensemble de parcelles en raison d'un coût prohibitif. Il serait souhaitable dans l'avenir, d'appuyer la phase de prospection sur des mesures exhaustives de type géophysique (par méthode électrique ou électro-magnétique) préalablement réalisées (Dabas *et al.,* 2001, Domsch et Giebel, 2001, Hartsock *et al.,* 2001). Techniquement, l'utilisation d'un carottier mécanique permet d'effectuer de nombreux prélèvements et d'atteindre des profondeurs importantes même dans les faciès crayeux durs. Cependant cette méthode ne donne aucune indication sur la compacité des horizons qui est essentielle pour établir une relation avec le potentiel de pénétration racinaire. Il serait judicieux d'ajouter un capteur de résistance pour évaluer les profils de compacité sur la profondeur de prélèvement. Cela a déjà été réalisé par d'autres équipes (Lamp *et al.,* 2001).

L'utilisation des méthodes « expert » rend impossible de cartographier l'incertitude (contenant/contenu). Enfin, les critères pris en compte pour stratifier le milieu sont essentiellement des caractéristiques permanentes de sols alors que les critères nécessaires pour informer les modèles de décision sont des variables d'état des systèmes étudiés. Les critères choisis peuvent générer des incertitudes pour la prévision des paramètres recherchés. Par exemple, pour la parcelle Chambry1, le fait d'utiliser des classes texturales différentes pour des horizons peu différenciés peut amener à des évaluations de paramètres hydriques relativement différents car basés sur les propriétés de la moyenne de la classe texturale.

Bien qu'au cours des deux années, les conditions climatiques n'aient pas été favorables à l'obtention de cartes de rendement différenciées, les premières comparaisons ont mis en évidence que les zones à très faibles rendements se superposaient aux zones de sols avec, en particulier, des obstacles à l'enracinement très peu profonds.

Conclusion

Le travail de caractérisation des sols effectué sur ces deux parcelles a surtout servi de support à la mise en œuvre d'expérimentations et de modélisation pour tester la pertinence ou l'adéquation de différentes méthodes d'ajustement de la fertilisation azotée : approche géostatistique, modélisation des besoins du peuplement végétal couplée à un suivi par images de télédétection, tests de Fonctions de PédoTransfert, etc. Ceci nous a amené à effectuer de nombreuses caractérisations très au delà de ce qui serait nécessaire pour une parcelle non expérimentale. Dans un cadre opérationnel, par exemple celui de la gestion d'un réseau de parcelles, les parcelles étudiées pourraient servir de référence vis-à-vis de la problématique. La variabilité spatiale des sols est importante mais n'apparaît pas à la même échelle dans les deux parcelles. Il sera intéressant d'en étudier les conséquences sur l'intérêt et la faisabilité d'une modulation de la fertilisation.

L'organisation spatiale des sols peut être reliée en partie avec la géomorphologie et la géologie des sites. Plus généralement, à cette échelle de travail, la position topographique et les propriétés des différents substrats géologiques déterminent la variabilité à faible ou grande portée des propriétés des sols. Cela est à prendre en compte dans le choix des parcelles d'un réseau où les techniques de l'Agriculture de Précision seraient mises en œuvre. Il existe des relations structurelles fortes entre la couverture pédologique et le comportement de la culture qui doivent aider à orienter le choix des paramètres à optimiser pour l'utilisation de modèles de cultures par télédétection. Par ailleurs, une connaissance préalable à petite échelle des sols de la région et de leurs propriétés est très importante pour faciliter la caractérisation des sols à la parcelle (Herbst *et al.,* 2001). C'est pourquoi une démarche cartographique à l'échelle parcellaire doit être intégrée dans un schéma conceptuel global qui permette un accès d'une part à des connaissances génériques sur la distribution des sols dans les paysages et d'autre part à des données exhaustives compatibles avec les besoins générés par la mise en œuvre des techniques d'Agriculture de Précision avec un minimum de prélèvements et de retour sur le terrain (Lamp *et al.,* 2001).

Références bibliographiques

BAIZE D. et GIRARD M.C., 1995. *Référentiel pédologique*, AFES, 332 p.

BAIZE D. et JABIOL B., 1995. *Guide pour la description des sols*, Inra Éditions, Paris. 375 p.

Bobert J., Schmidt F., Gebbers R., Selige T., Schmidhalter U., 2001. Estimating soil moisture distribution for crop management with capacitance probes, EM-38 and digital terrain analysis. *In* Third European Conference on Precision Agriculture, Montpellier, France, June 18-21, 2001. 349-353.

CORPEN, 2001. Les émissions d'ammoniac d'origine agricole dans l'atmosphère. État des connaissances et perspectives de réduction des émissions. République Française, 110 p.

CHAMBRE D'AGRICULTURE DE L'AISNE, 1963. *Carte des sols à 1/25 000 Laon 1-2* et notice explicative.

DABAS M., TABBAGH A., BOISGONTIER D., 2001. Multi-depth continuous electrical profiling (MuCEP) for characterization of in-field variability, *In* Third European Conference on Precision Agriculture, Montpellier, France, June 18-21, 2001. 361-366.

DOMSCH H., GIEBEL A., 2001. Electrical conductivity of soils typical for the state of Brandenburg in Germany, *In* Third European Conference on Precision Agriculture, Montpellier, France, June 18-21, 2001. 373-378.

GAULTIER J.P., LEGROS J P., BORNAND M., KING D., FAVROT J.C., HARDY R., 1993. L'organisation et la gestion des données pédologiques spatialisées : le projet Donesol. *Revue de Géomatique*, 3, 235-253.

GUERIF M., BEAUDOIN N., DURR C., HOULES V., MACHET J.M., MARY B., MOULIN S., BRUCHOU C., MICHOT D., NICOULLAUD B., 2001. Designing a field experiment for assessing soil and crop spatial variability and defining site specific management strategies. *In* Third European Conference on Precision Agriculture, Montpellier, France, June 18-21, 2001. 677-682.

HARTSOCK N.J., MUELLER T.G., KARATHANASIS A.D., CORNELIUS P. L., 2001. The potential for enhancing soil surveys with digital terrain models and electrical conductivity in Kentucky. *In* Third European Conference on Precision Agriculture, Montpellier, France, June 18-21, 2001. 389-393.

HERBST R., LAMP J., REIMER G., 2001. Inventory and spatial modelling of soils of PA pilot fields in various landscapes of Germany. *In* Third European Conference on Precision Agriculture, Montpellier, France, June 18-21, 2001. 395-400.

JAMAGNE M., 1967. Bases et techniques d'une cartographie des sols. *Annales agronomiques* 18 n° hors série, 142 p.

KING D., 1984. Analyse de quelques concepts en cartographie des sols basée sur une automatisation des cartes thématiques dérivées. *Agronomie*, 4 (5), 461-472.

LAMP J., HERBST R., REIMER G., 2001. Precise and efficient soil surveys as basis for application maps in precision agriculture. *In* Third European Conference on Precision Agriculture, Montpellier, France, June 18-21, 2001. 49-54.

LEGROS J.-P., 1996. *Cartographies des sols. De l'analyse spatiale à la gestion des territoires.* Presses polytechniques et universitaires romandes, Lausanne, 321 p.

MARY B., BEAUDOIN N., MACHET J.-M., BRUCHOU C., ARIES F., 2001. Characterization and analysis of soil variability within two agricultural fields : the case of water and mineral N profile. *In* Third European Conference on Precision Agriculture, Montpellier, France, June 18-21, 2001. 431-436.

MICHOT D., 2003. *Intérêt de la géophysique de subsurface et de la télédétection multispectrale pour la cartographie des sols et le suivi de leur fonctionnement hydrique à l'échelle intraparcellaire.* Thèse de science de la terre : pédologie – géophysique. Université Paris VI. 394 p.

NICOULLAUD B., KING D., TARDIEU F., 1994. Vertical distribution of maize roots in relation to permanent soil characteristics. *Plant and Soil*, 159, 245-254.

POMEROL CH., BOURNERIAS M., BOUTTEMY R., JAMAGNE M., MAUCORPS J., RIVIERE J.M., 1968. *Carte géologique à 1/50 000 de Laon*, BRGM.

POWER J.F., WIESE R., FLOWERDAY D., 2000. Managing nitrogen for water quality. Lessons from Management Systems Evaluation Area. *J. Environ. Qual.*, 29 : 355-366.

ROBERT P.C., 2002. Precision agriculture : a challenge for crop nutrition management. *Plant and soil* 247, 143-149.

SCHMIDT F., 2001. Generation and analysis of digital terrain models for agricultural applications. *In* Third European Conference on Precision Agriculture, Montpellier, France, June 18-21, 2001. 109-114.

UE, 1991. Directive du conseil du 12 décembre 1991 concernant la protection des eaux contre la pollution par les nitrates à partir des sources agricoles ; 91/676/CEE.

Établissement et validation de classes de pédotransfert pour un modèle de culture à l'échelle parcellaire : application au modèle Stics

N. Beaudoin, B. Nicoullaud, V. Houles
avec la collaboration technique de J.B. Delerue, H. Gaillard, E. Venet, D. Boitez, C. Perreti et P. Devaux.

Introduction

Pour mettre en œuvre une modulation spatiale de la fertilisation azotée, il est nécessaire d'accéder à des variables d'intérêt environnemental (drainage, pertes d'azote, etc.) ou d'intérêt agronomique (rendement, absorption d'azote). Les estimer en tous points d'une parcelle hétérogène conduit le plus souvent à utiliser un modèle de culture mono-dimensionnel couplé à un système d'information géographique (Wagenet et Hutson, 1996 ; Nicoullaud *et al.*, 2004). Le modèle de répartition spatiale des unités de simulation se base le plus souvent sur celui de la couverture pédologique et des données climatologiques. Il est alors nécessaire de disposer de fonctions de pédotransfert (FPT), qui associent des paramètres de fonctionnement du sol à sa description (Bouma cité par Rawls *et al.*, 2001). La qualité de l'information pédologique tout comme la qualité des FPT jouent d'une façon déterminante sur la fiabilité des sorties du modèle (Finke et Wösten, 1996). L'effort de précision dans la quantification des paramètres est à relier à la sensibilité du modèle de culture. Si certains paramètres peuvent être inversés à partir de données observées, une information minimale est toujours requise (Moulin *et al.*, cet ouvrage). De plus, pouvoir réaliser un paramétrage indépendant du modèle garantit une meilleure robustesse du modèle (Grant, 2001). Il est donc préférable de valoriser au maximum les informations concernant le sol pour renseigner les paramètres du modèle.

Le modèle choisi, Stics (Brisson *et al.*, 1998), simule de façons fonctionnelle, dynamique et déterministe, les bilans d'eau, de carbone et d'azote, au sein du système sol culture-atmosphère. Ce choix repose, entre autres, sur le fait que les paramètres[1] ou variables d'entrée sont, en général, aisément mesurables. Au sein d'une parcelle hétérogène, les

---

[1] Par convention, dans le modèle Stics, un facteur qui ne varie pas localement est appelé « paramètre ». Comme Stics est un modèle mono-dimensionnel le terme paramètre est utilisé pour les propriétés du sol, à l'opposé des facteurs climatiques ou techniques qui sont appelés « variables ».

paramètres « sol » varient dans l'espace. Or, certains d'entre eux sont parmi les paramètres les plus influents sur la variabilité des sorties du modèle, en particulier ceux qui déterminent le stockage de l'eau et du nitrate, la vitesse de minéralisation de l'azote et la profondeur d'enracinement maximal des cultures (Ruget *et al.*, 2002). Les propriétés de stockage de l'eau sont décrites par l'humidité massique pondérale à la capacité au champ (Hcc), la densité apparente (DA), l'humidité massique au point de flétrissement permanent (Hpf) et la pierrosité volumique de chaque horizon. La vitesse de minéralisation de l'azote est liée au taux de calcaire (K) et taux d'argile après décarbonatation, dite argile minéralogique (AM). La modélisation de l'enracinement dépend, indirectement de nombreux facteurs liés à la culture ou au sol, et directement de paramètres liés à la nature du sol. Ces derniers changent avec l'option de modélisation choisie : (i) l'option « profil type » implique un paramètre lié au sol : *obstarac*, profondeur du premier horizon faisant obstacle aux racines ; (ii) l'option « densité vraie » rend, de plus, la colonisation racinaire linéairement dépendante de DA. En cas d'absence de mesures de ces paramètres, ceux-ci doivent être prédits à l'aide de FPT de façon à pouvoir appliquer Stics sur l'ensemble de la parcelle.

La finalité de cette étude est de créer une interface *ad hoc* entre le modèle de répartition spatiale des unités de simulation des deux parcelles étudiées (Nicoullaud *et al.*, *cet ouvrage*) et les paramètres « sol » de Stics. La méthode consiste à établir des relations empiriques locales s'appuyant sur de nombreuses mesures, *versus* utiliser des règles générales jugées *a priori* moins fiables, car établies à partir de jeux de données dépendants de contextes géologiques très variés et/ou différents. Les résultats sont présentés pour 3 groupes de paramètres : (1) la profondeur colonisable par les racines ; (2) les propriétés hydriques de tous les horizons ; (3) les variables physico-chimiques de l'horizon de surface. Les impacts de différents niveaux de résolution de cette interface sont ensuite comparés par simulation.

Brève revue bibliographique sur les fonctions et classes de pédotransfert

L'abondance de la bibliographie traitant d'ajustement de FPT à des jeux de données de sol révèle le caractère non universel des paramètres des relations obtenues. Bastet *et al.* (1998) et Gijsman *et al.* (2002) montrent la nécessité d'adapter les jeux de paramètres de la FPT à chaque condition pédologique, voire la forme des fonctions de pédotransfert elles-mêmes. Les FPT disponibles diffèrent à la fois par la nature de la relation et par le caractère discret ou continu de leurs entrées ou de leurs sorties. Bastet *et al.* (1998) en distingue deux types selon leurs sorties : (i) estimer l'humidité massique ou volumique pour un nombre limité de valeurs de potentiel matriciel, de façon discrète, à partir des caractéristiques élémentaires du sol. Cette approche se retrouve, entre autres, chez Gupta et Larson (1979), Puckett *et al.* (1985), Rawls *et al.* (2001) ; (ii) associer l'humidité volumique du sol au potentiel matriciel par une fonction continue ; les paramètres de la courbe étant liés à la description du matériau. Ces fonctions continues n'entraînent pas une amélioration significative des estimations d'humidité volumique (Bastet *et al.*, 1998). Elles sont utiles pour prédire la conductivité hydraulique, qui est indispensable aux modèles hydrologiques convectifs-dispersifs (Hansen *et al.*, 2001). Ce n'est pas le cas de Stics, qui est un modèle de type réservoir, simulant le transfert des solutés selon un système multicouches. La première approche suffirait, pour renseigner Stics, mais pose la question de l'accessibilité des variables d'entrée de la FPT.

Une autre typologie des FPT est proposée par Bruand *et al.* (2002) en fonction de la nature de leurs entrées : (i) les « fonctions de pédotransfert (FPT) » qui ont des variables d'entrée continues telles les fractions granulométriques ; (ii) les « classes de pédo-transfert (CPT) » qui ont des entrées discontinues, telles les classes « texturales » ou la distinction entre horizons de surface et sous jacents. Ces auteurs montrent l'intérêt d'utiliser des classes « texturo-structurales » qui font intervenir aussi la DA. La distinction entre FPT et CPT est d'importance : Rawls *et al.* (2001) montrent que les erreurs de prédictions de Hcc et de Hpf font plus que doubler, entre les applications d'une FPT aux données granulométriques précises des échantillons et à la description moyenne de leur classe de texture. Mais, les données d'entrée des CPT sont beaucoup plus accessibles que celles des FPT. Un exemple de CPT est donné par le tableau de correspondance entre réserves en eau et textures associé à la carte des sols de l'Aisne, publiée à l'échelle du 1/25 000 (Jamagne *et al.*, 1977).

Les CPT associées à la carte des sols de l'Aisne seraient *a priori* applicables sur les parcelles utilisées pour notre étude (site de Chambry, Aisne). Cependant, elles ont été déterminées à partir des sols de l'ensemble du département, qui intègrent presque toutes les assises sédimentaires du Bassin parisien. Or les FPT sont très dépendantes de la minéralogie des argiles (Bruand *et al.*, 1996). Cette restriction s'impose particulièrement pour les argiles calcaires des parcelles de Chambry. De plus, les classes texturales y regroupent les horizons labourés et les horizons sous-jacents, les sols forestiers et les sols agricoles (Maucorps, com. pers.). Ces classes seront donc hétérogènes pour la teneur en carbone et pour la densité apparente, paramètres qui déterminent fortement les propriétés de rétention en eau (Bastet, 1998 ; Bruand *et al.*, 1996). Les CTP de l'Aisne ne sont donc pas directement utilisables comme références dans une étude d'impact sur l'intérêt potentiel de l'agriculture de précision.

Matériel et méthode

Sites expérimentaux

Les sites étudiés sont deux parcelles de 10 ha de superficie chacune, localisées sur la commune de Chambry (02), à 10 km au nord de Laon (Nicoullaud *et al.*, cet ouvrage). Elles appartiennent au domaine sédimentaire crayeux cryoturbé et/ou soliflué et enrichi par des apports éoliens de sables tertiaires et de limons quaternaires. La parcelle dite Chambry 1 est positionnée en bas de versant ; elle correspond à une zone d'accumulation de matériaux limoneux ou sableux sur le substrat crayeux. La parcelle dite Chambry 2 est située en haut d'un versant à faible pente ; les sols y sont principalement hérités du substrat géologique : sables dolomitiques, sur la croupe, et matériaux calcaires divers, le long des versants, recouverts de matériaux limoneux peu épais.

Estimation des paramètres du module « enracinement » du blé tendre

Ces travaux visent à établir les paramètres qui jouent directement sur le module « développement racinaire » de Stics, pour l'ensemble de chaque parcelle. Il s'agit d'identifier, à partir d'une prospection pédologique, la nature des horizons faisant « obstacle » afin d'établir des CPT pour l'estimation du paramètre d'*obstarac*. Les valeurs « seuil » et « plafond » de DA, entre lesquelles le modèle prédit une décroissance linéaire de la vitesse de progression du front racinaire, pourront être aussi adaptées.

Les travaux permettant d'étalonner les relations entre les propriétés des sols et l'enracinement ont été effectués sur des sites représentatifs des principaux sols de la zone d'étude. Ils ont été menés sur les mêmes sites que ceux choisis pour la description des sols (Nicoullaud *et al., cet ouvrage*). Les descriptions ont été faites sur 4 fosses par parcelle en 2000 pour Chambry 1 et en 2001 pour Chambry 2. Des cartes verticales du nombre d'impacts de racine par unité de surface ont été dressées selon la méthode de Tardieu et Manichon (1986) en début de montaison (fin mars) et au moment de l'extension maximale du système racinaire (début juin). Deux cartes de 64 cm de largeur et de 150 cm de hauteur ont été effectuées par fosse. Les cartes des horizons pédologiques et d'enracinement ont été mises en corrélation (fig. 1). Cette approche se fonde sur l'hypothèse que la seule limitation de la colonisation racinaire est d'ordre pédologique. La nature et la structure des horizons, au sein desquels une réduction très rapide de la densité d'impacts est constatée, ont été identifiées.

Sur les sites d'observation de Chambry 1, les cartes d'impacts racinaires ont servi à tester le module « racine » de Stics en comparant les densités de longueur de racines prédites à celles observées. Ce test repose sur l'hypothèse que la distribution des racines au sein des agrégats est isotrope ; la formule : $d = x^2/l^2$ permet de passer du nombre d'impacts par cm² à la longueur de racines par cm³, où x est le nombre d'impacts par case et l (cm) le côté de la maille.

Tester directement la qualité des prévisions sur d'autres sites est difficile car cela demanderait d'ouvrir d'autres fosses. Un test indirect des « paramètres sol » de l'enracinement, par le biais du modèle lui même, a été fait. Il suppose que les paramètres des autres processus et que le modèle lui même soient assez fiables.

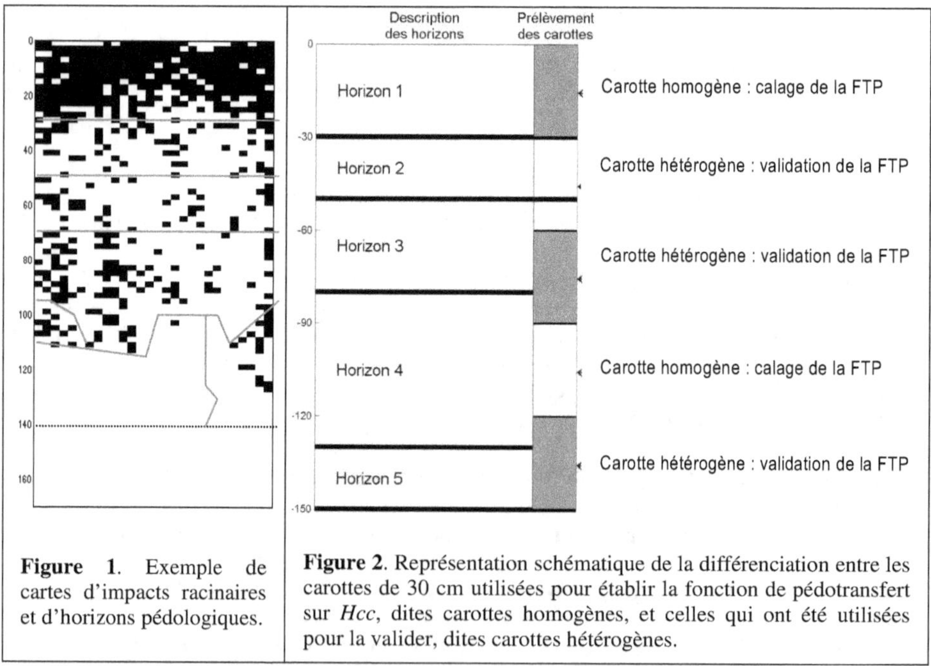

Figure 1. Exemple de cartes d'impacts racinaires et d'horizons pédologiques.

Figure 2. Représentation schématique de la différenciation entre les carottes de 30 cm utilisées pour établir la fonction de pédotransfert sur *Hcc*, dites carottes homogènes, et celles qui ont été utilisées pour la valider, dites carottes hétérogènes.

Estimation des propriétés hydriques par horizon

Le modèle de bilan hydrique de Stics est de type capacitif ; les paramètres nécessaires sont Hcc, Hpf, et DA de la terre fine ainsi que Hcc et DA des éléments grossiers, sur chacun des horizons accessibles au système racinaire. Les paramètres des éléments grossiers (craie et silex dans notre étude) ont été considérés comme acquis et renseignés dans le modèle. Pour des raisons de simplification du travail, des CPT différentes ont été établies sur chaque parcelle et pour une épaisseur de sol stable de 150 cm.

La Hcc de la terre fine d'un horizon donné a été estimée à partir des mesures de teneur massique en eau effectuées *in situ*, en période de ressuyage d'hiver, sur chaque point d'une grille d'observations (Nicoullaud *et al.*, cet ouvrage). Elle est égale à la moyenne inter-annuelle des teneurs mesurées les 21 février 2000 et 30 janvier 2002 pour la parcelle 1 et les 20 mars 2000 et 14 février 2001 pour la parcelle 2. Les volumes élémentaires sont des tranches verticales de sol de 30 cm d'épaisseur, comportant un ou plusieurs matériaux (fig. 2). Ceux-ci ont été décrits par diagnostics tactile et visuel. Les tranches qui ne comportent qu'un seul matériau ont été appelées « homogènes » et celles qui en comportent plusieurs, « hétérogènes ». Les données d'humidité des tranches homogènes ont été groupées par classes selon plusieurs critères : texture, teneur en calcaire, profondeur et compacité. Les calculs de la moyenne et l'écart type de la Hcc furent ensuite réalisés par classe. Les CPT ainsi obtenues ont été appliquées ensuite aux données issues des tranches hétérogènes dans le cadre d'un test prédictif. Les teneurs en eau simulées ont été pondérées en fonction de l'épaisseur relevée pour chaque matériau au sein de chaque tranche (fig. 2).

Les mesures d'humidité pondérale à $pF_{4,2}$ (Hpf) ont été réalisées au laboratoire sur une quarantaine d'échantillons jugés représentatifs de l'ensemble des matériaux. Ces échantillons ont aussi été l'objet d'une analyse granulométrique. À défaut, certaines valeurs ont été extrapolées du référentiel de la carte de l'Aisne.

Les mesures de densité apparente (DA) ont été réalisées *in situ* par profils entiers au pas de 15 cm. Les descriptions ont été effectuées sur 4 fosses par parcelle en 2000 pour Chambry 1 et en 2001 pour Chambry 2. Deux profils verticaux de densité ont été effectués par fosse, à l'aide de cylindres de 2 volumes : 245 ou 520 cm^3. Les valeurs ont été regroupées par matériaux jugés similaires selon des critères de texture et de compacité. À défaut, des valeurs ont été interpolées entre des données locales ou extrapolées du référentiel de l'Aisne. Un test direct de l'application de la CPT a été fait en mars 2002, sur 3 nœuds des grilles régulières.

Estimation des paramètres spécifiques à l'horizon labouré

Plusieurs paramètres de Stics correspondent à des propriétés physico-chimiques de l'horizon labouré. Pour tous ces paramètres, les données mesurées en chaque nœud à l'échelle de la parcelle on été spatialisées par krigeage. Pour définir les valeurs en chaque nœud de la grille d'observation, les méthodes ont différé. La teneur en N total a été mesurée sur tous les nœuds par la méthode Anne (NF ISO 14235). Les valeurs de q0, quantité en mm pouvant être évaporée avant qu'un effet mulch ne se manifeste, ont été prédites en fonction du taux d'argile, d'après les règles fournies dans la notice de Stics (1997). Les valeurs de l'albédo ont été interpolées en fonction du taux de calcaire par interpolation des références citées dans la notice de Stics (1997). Enfin, une FPT spécifique a été élaborée pour estimer la teneur en argile minéralogique (AM) à partir des analyses réalisées sur une cinquantaine d'échantillons caractéristiques des matériaux des nœuds. L'argile granulométrique (AG) et le taux de calcaire total (K) ont été mesurés sur tous les nœuds des grilles. Une relation empirique entre AM, AG et K, commune aux deux parcelles a été établie. Seuls les résultats de la prédiction de AM sont présentés.

Sensibilité des variables d'intérêt agronomique aux incertitudes des CPT

Sensibilité de la qualité des simulations de Stics à la fiabilité de l'information d'entrée

Le paramétrage et le test global de Stics-blé a fait l'objet d'une étude spécifique pour la parcelle 1 en 2000. Les modules de croissance des parties aériennes et de l'enracinement ont été paramétrés sur les 4 stations d'observation de l'enracinement alors que les valeurs de Hcc n'y étaient pas directement connues. La sensibilité du modèle aux incertitudes des CPT des valeurs de Hcc a été ensuite étudiée de façon stochastique. Inversement, le modèle a été testé de façon prédictive sur 12 autres stations où la Hcc est connue alors que la profondeur d'enracinement ne l'est pas. Les paramètres de la fonction de pédotransfert d'*obstarac* y ont été utilisés, associés à l'option « densité vraie » du module de l'enracinement. Ces approches croisées permettent d'évaluer l'impact de la qualité de l'information d'entrée sur celle des prédictions.

Sensibilité de Stics au niveau de résolution de la carte pédologique et au domaine de définition des CPT

L'objectif est de juger la qualité des prédictions de Stics en fonction de la précision des données utilisées pour renseigner ses paramètres « sol » en tous points. Ces données proviennent de l'association de deux couches d'information : la représentation de la couverture pédologique et les CPT. Le modèle Stics-blé a été appliqué à la parcelle Chambry1, avec trois méthodes d'obtention des paramètres DA, Hcc et Hpf, allant du plus général au plus local :

M1 : la carte des sols de l'Aisne au 1/25 000 et les CPT de la carte de l'Aisne (Jamagne *et al.*, 1977) qui permettent de définir 4 ou 5 unités de simulation sur chaque parcelle expérimentale ;

M2 : la carte des sols au 1/25 000 de Nicoullaud *et al.* (cet ouvrage) et les CPT établies pour cette étude qui permettent de définir 42 à 50 unités de simulation sur chaque parcelle expérimentale ;

M3 : la règle M2 avec substitution de la valeur d'Hcc estimée par l'humidité pondérale moyenne mesurée en sortie de 2 hivers pour chaque tranche de sol de chaque nœud de la grille d'observation.

Les valeurs de profondeur maximale d'enracinement sont issues de la présente étude. Les simulations ont porté sur l'année 2000, très pluvieuse, et sur l'année climatique à la pluviométrie la plus proche de la normale parmi les 10 dernières années.

Critères mathématiques

La valeur prédictive des CPT a été évaluée selon deux critères : l'erreur moyenne (EM) ou la pente de la régression des valeurs observées en fonction des valeurs simulées, indicateurs de biais, et l'écart quadratique moyen (*RMSE : Root mean square error*), indicateur de dispersion (Loague et Corwin, 1996). Ces tests ont été appliqués, au groupe d'échantillons ayant servi à caler le modèle (test réplicatif), puis à un groupe d'échantillons indépendants (test prédictif), afin d'évaluer la stabilité des paramètres (Delécolle *et al.*, 1996).

Résultats et discussion par groupe de paramètres

Détermination de la profondeur potentielle d'enracinement du blé

Les profondeurs maximales d'extension des systèmes racinaires varient de 45 à 160 cm à Chambry 1 et de 65 à 100 cm à Chambry 2 (fig. 3 a et b). La densité de racines sous la couche labourée est généralement faible dans les fosses de Chambry 1, en raison de la présence d'une semelle de labour. Elle ne semble toutefois pas limiter la profondeur maximale puisque celle-ci atteint 160 cm sur le site nommé G4b. À partir des cartes synoptiques des impacts et des horizons, des relations qualitatives entre des horizons diagnostics et l'absence de colonisation racinaire ont pu être établies. Les critères sont le type de matériau et son positionnement. Les horizons « sables verts » ou « sables graveleux » épais de plus de 20 cm, de « grès », « pâte calcaire compacte » et « craie » apparaissant à plus de 50 cm de profondeur sont jugées non colonisables. Ces CPT pour le paramètre *obstarac* ont été appliquées à l'ensemble des profils de sol des nœuds de la grille d'observation. Elles ont été complétées par une approche plus globale, à dire d'expert, pour les types d'horizons non examinés.

À l'échelle des fosses étudiées, l'étude confirme une forte variabilité des enracinements potentiels. La différence d'amplitude entre les deux parcelles des profondeurs maximales observées peut être mise en relation avec la profondeur d'apparition du substrat, elle même liée à la topographie (Nicoullaud *et al.*, cet ouvrage). Cette étude de l'enracinement potentiel par cartographie racinaire demanderait, en fait, des observations pluriannuelles pour pouvoir s'affranchir des effets du climat et de la structure du sol ; cependant les matériaux étant assez pauvres en argile, l'amplitude des fluctuations d'enracinement devrait être limitée (Nicoullaud *et al.*, 1994). Compte tenu de la structure des matériaux ciblés, il est peu probable que les règles d'apparition d'*obstarac* soient sensibles à l'effet année.

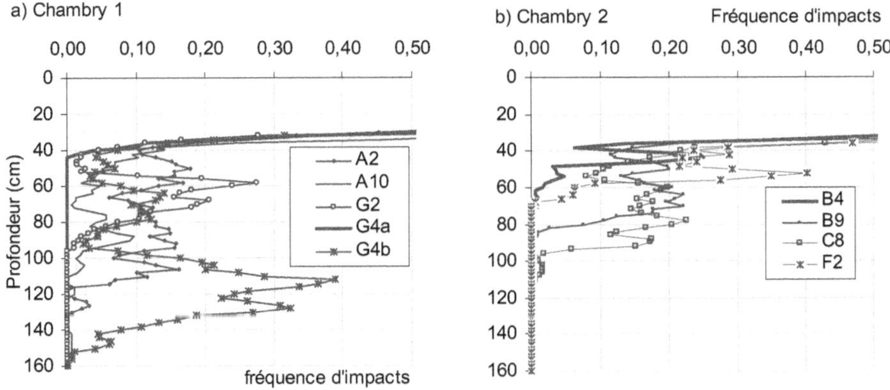

Figure 3 a et b. Profils verticaux des fréquences moyennes d'impacts de racines sur 8 stations de Chambry ; moyennes glissantes des observations faites par maille carrée de 2 cm de côté.

Détermination des propriétés hydriques par horizon

Les données d'humidité massique observées montrent une stabilité globale entre années, avec toutefois un léger biais pour Chambry 2 (fig. 4 a et b). Sur les deux parcelles, la forte variabilité observée sur certains points est probablement due au fait que les prélèvements aux 2 périodes sont effectués sur 2 lignes distantes de 1 m alors que les transitions entre certains matériaux sont très rapides. L'hypothèse de la stabilité nécessaire à la construction des classes de Hcc peut être admise. Cependant les données présentant une forte variabilité inter annuelle n'ont pas été utilisées dans les calculs d'Hcc par classe texturale.

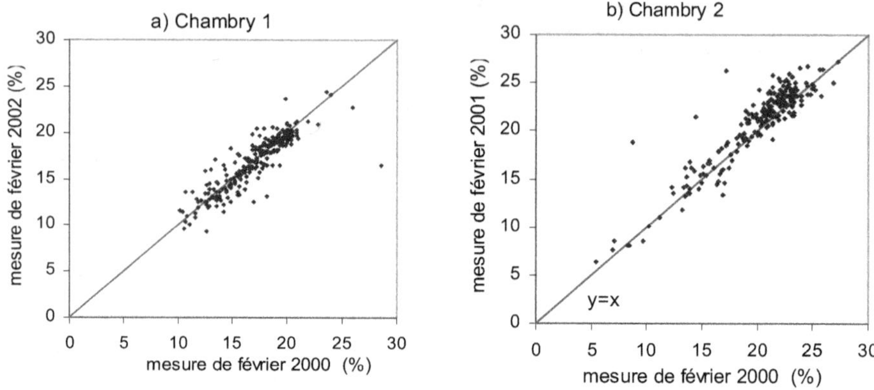

Figures 4 a et b. Comparaisons des humidités massiques (%) mesurées en conditions proches de la capacité au champ, à deux années différentes, sur les 84 nœuds des 2 parcelles de Chambry.

Les tableaux 1 et 2 donnent, pour les différents horizons, les valeurs moyennes des teneurs en eau massiques caractéristiques et de la densité apparente. L'étendue des valeurs de Hcc obtenues est de 11 à 24 % sur la parcelle nommée Chambry 1 et de 6 à 23 % pour celle nommée Chambry 2. Seule la classe « sables verts » est paramétrée sans distinguer les deux parcelles Chambry 1 et Chambry 2. L'étendue des Hpf est de 2,2 à 11,6 % pour Chambry 1 et de 2,5 à 14,0 % pour Chambry 2. L'étendue des mesures de DA, est de 1,35 à 1,70 en Chambry 1 ; les plus fortes valeurs étant observées sur des limons argilo-calcaires compacts. L'étendue est de 1,35 à 1,60 en Chambry 2, aux exceptions des grès (1,90) et de la craie (2,0).

La comparaison des Hcc simulées aux humidités massiques observées sur les prélèvements hétérogènes a été réalisée pour la parcelle 1 (fig. 5). Bien que la prédiction réduise la variabilité, le test s'avère satisfaisant puisque le RMSE absolu est de 1,6 % d'humidité massique (Houles *et al.*, 2002). Le RMSE correspondant est de 2,4 % d'humidité volumique. Il est inférieur aux valeurs citées dans la bibliographie après application d'une FPT générale.

Tableau 1. Valeurs moyennes de Hcc, de Hpf et de DA pour la parcelle 1 en fonction de la nature de la texture et de la teneur en calcaire (K) du matériau, de sa structure et de sa profondeur.

Texture et taux de calcaire	Couleur	Profond. (cm)	Hcc (%)	Hpf (%)	DA
LSA	*NO*	0 – 30	19,8 ± 0,5 ; 9	8,6	1,41
LS	*NO*	0 – 30	19,9 ± 0,5 ; 19	7,7	1,47
SA	*NO*	0 – 30	19,2 ± 0,6 ; 45	6,7	1,46
S,	*NO*	0 – 30	17,7 ± 0,6 ; 3	5,5	1,48
SL	*id*	*id*	*id*	*id*	1,45
S	*NO*, jaune, rouge, brun-foncé	30 – 150	11,6 ± 1,2 ; 21	2,2	1,58
id	vert, vert-jaune	30 - 150	12,8 ± 1,1 ; 5	2,3	1,58
SL et K <10	*NO* , brun-clair, gris, jaune	*NO*	14,2 ± 0,7 ; 10	4,4	1,55
SL et K >10	*NO* , brun-clair, gris, jaune	30-90	14,2 ± 1,7 ; 4	3,9	*id*
id	*id*	90 –150	12,8 ± 0,8 ; 13	*id*	*id*
SA	brun, rouge,	30 – 150	17,6 ± 1,4 ; 9	7,4	1,56
LSA	brun	*id*	*id*	*id*	1,51
A; AS	*NO*, brune, brun-rouge,	30 – 150	19,7 ± 2,3 ; 8	11,6	(1,59)
SA et K>10	*NO*, beige, brun, brun-clair, ocre-gris, vert	30- 90	17,3 ± 1,2 ; 14	5,5	1,56
id	*id*	90 – 120	16,2 ± 1,8 ; 4	*id*	*id*
id	*id*	120 - 150	13,5 ± 1,8 ; 12	*id*	*id*
SA et K<10	*NO*, beige, jaune, brun, brun-clair/ foncé/jaune	30 – 90	16,4 ± 0,9 ; 39	*id*	*id*
SA/LS et K<10	*id*	90 – 150	15,8 ± 1,4 ; 5	*id*	*id*
LSA et K >10	*NO*, beige, brun-jaune/ ocre	30 – 150	18,2 ± 0,9 ; 4	7,8	1,51
LSA et K<10	*NO*, beige, brun-jaune/ clair	*id*	17,6 ± 1,8 ; 13	*id*	*id*
LAS et K>10	beige	30 – 150	18,5 ± 1,0 ; 14	9,5	1,50
id	*NO*, ocre-gris, brun-clair/ jaune/ocre	*id*	19,4 ± 0,9 ; 9	*id*	*id*
id	gris, gris-brun/ clair,	*id*	17,7 ± 1,7 ; 6	*id*	*id*
id	brun-foncé /gris	*id*	24,0 ± *NO* ; 2	*id*	*id*
LS* et K >10	*NO*, Gris	30 – 150	14,4 ± 1,6 ; 16	6,7	1,66
LAS* et K >10	*id*	*id*	*id*	*id*	1,72
LAS* et K>10	*NO*, Gris	*id*	15,9 ± 1,1 ; 12	7,9	1,65
LAS et K<10	*NO*, Brun-jaune, gris	*id*	18,3 ± 1,9 ; 8	8,3	1,50

Le signe '±' précède l'écart type. Le signe ';' précède l'effectif. '*' = compact à l'action de la tarière. *NO*= Non Observé. ' *id* ' signifie que la statistique est faite en commun.

Gijsman *et al.* (2002) obtiennent des valeurs supérieures en appliquant diverses FPT à des analyses granulométriques, à l'exception de classes spécifiques (sableuses ou limoneuses) pour lesquelles le RMSE est de 1,8 %. Rawls *et al.* (2001) constatent des erreurs de l'ordre de 4,0 % d'humidité volumique des horizons de surface et de 6,5 % pour les horizons profonds à un potentiel de –33 kPa. Schaap *et al.* (2001) obtiennent des RMSE compris entre 4,4 et 7,8 % d'humidité volumique selon le nombre de facteurs de prédiction pris en compte. Un test de la prédiction de DA a été fait sur 3 profils indépendants des profils ayant servi au calcul des CPT (fig. 6). Le RMSE est de 0,12 et l'erreur moyenne de 0,02. Compte tenu de la moindre sensibilité du modèle à ce paramètre et de la forte variabilité de ce dernier à faibles distances, ces valeurs semblent acceptables. Aucun test de la prédiction de Hpf n'a été fait, car le modèle y est encore moins sensible.

Tableau 2. Valeurs moyennes de Hcc, de Hpf et de DA pour la parcelle 2 en fonction de la nature de la texture et de la teneur en calcaire (K) du matériau et de sa profondeur.

Texture et taux de calcaire	Couleur	Profondeur (cm)	Hcc (%)	Hpf (%)	DA
LMS, LAS⁻	*NO*	0 – 30	21,4 ± 0,6 ; 7	8,7	1,40
LAS et K< 10	*NO*	0 – 30	21,9 ± 0,7 ; 11	11,3	1,45
LAS et K>10	*NO*	*0 – 30*	22,8 ± 1,2 ; 30	10,5	1,35
LAS⁺ et K<10		*id*	*id*	12,5	1,40
LAS⁺ et K>10	*NO*	0 – 30	23,4 ± 0,8 ; 15	10,5	1,35
A	*NO*	0 – 30	23,2 ± 0,8 ; 13	14,2	1,40
LSA	*NO*	0 – 30	20,2 ± 1,3 ; 13	10,2	1,45
Grès	*NO*	30 – 150	6,1 ± 0,6 ; 10	2,5	1,90
Stf	*NO*	30 – 150	9,8 ± 2,5 ; 9	5,2	1,60
S	*NO*, vert, jaune	30 – 150	12,8 ± 1,1 ; 5	2,5	1,50
SL	*NO*, brun-jaune	30 – 150	12,9 ± 1,2 ; 6	5	1,50
SA	*NO*, ocre-jaune, jaune	30 – 150	14,5 ± 1,1, 7	5,5	1,50
AS et K> 10	*NO* , brun-jaune	*id*	*id*	*id*	*id*
A,	*NO*, brun-rouge, brun-ocre	30 – 150	21,7 ± 1,0; 9	14,0	1,50
AL,	*NO*, brun-jaune,	*id*	*id*	*id*	*id*
AS et K < 10	*NO*, brun-jaune	*id*	*id*	*id*	*id*
LAS, LAS⁺ et K < 10	*NO*, brun-jaune/rouge	30 – 150	19,8 ± 1,1; 11	8,5	1,45
LAS et K> 10	*NO*, beige, brun-jaune/foncé/ocre/clair	30 – 150	22,9 ± 1,5; 21	8,5	1,45
LAS et K> 10 et mat = craie	*NO*, beige, brun-jaune/foncé/ocre/clair	*id*	21,5 ± 1,9; 15	8,5	1,45
LAS et K> 10	jaune-ocre; ocre-jaune	30 – 150	20,8 ± 1,1 ; 6	9,7	1,45
LSA et K >10	*NO*, beige, brun-jaune/foncé	30 – 150	18,6 ± 1,1; 3	8,4	1,60
LS	*NO*, beige, brun-jaune/foncé	30 – 150	15,2 ± 1,1 ; 8	5,7	1,60
Craie	Blanche	30 – 150	21,6 ± 1,9 ; 49	5,0	1,45
Craie	Grise	*id*	15,7 ± *NO;* 2	5,0	1,6
Craie alt	Blanche	*id*	21,2 ± 1,1 ; 6	8,2	1,50
Craie alt	jaune-ocre	*id*	15,3 ± 0,7 ; 8	7,8	1,60
C. remaniée et LMsf, LMsf	*NO*, beige	30 – 150	22,3 ± 1,9 ; 15	4,6	1,50
Lsf	*NO*	*id*	16,8 ± 2,1 ; 18	4,6	1,60

Le signe '±' précède l'écart type. Le signe ';' précède l'effectif. 'alt' = altéré ; 'tf' = très fin.
NO= Non Observé. ' *id* ' signifie que la statistique est faite en commun.

La forte variabilité intra-classe de la Hcc estimée pour certains horizons peut provenir : (i) du protocole qui implique une distance de 0,5 à 1,0 m entre les lieux d'observation de la texture et de mesure de l'humidité massique ; (ii) des incertitudes du diagnostic tactile perturbé par la présence de sable fins ; (iii) de la variabilité même des matériaux, fréquemment issus de la cryoturbation. Cette variabilité s'exprime aussi par des différences de DA au sein du même matériau. Pour les horizons calcaires de la classe LAS, il existe une corrélation négative entre Hcc et DA au sein d'un même matériau géologique (%Hcc = -26.DA+62 ; r²=0,8, avec les cylindres de 520 cm³) ; cela est conforme à ce que décrivent Bruand *et al.* (1996) au sein d'une même classe de texture. La confrontation des valeurs de Hcc et Hpf des CPT de chacune des parcelles n'est possible que pour 7 classes (fig. 7). Elle révèle un léger biais, qui peut être dû à une surestimation de la Hcc à Chambry 2, soit en raison de la mesure de 2002 ; soit en raison d'une plus forte teneur en argile, ce qui est plausible puisque ce biais apparaît aussi pour Hpf mesurée en laboratoire. Les valeurs prédites de Hpf des horizons de surface sont, en effet, bien corrélées avec la teneur en argile, quelle que soit sa minéralogie (fig. 8). La teneur en argile est la variable explicative généralement proposée à ce potentiel (Bruand *et al.*, 1996 ; Wösten *et al.*, 2001).

La confrontation des valeurs de la Hcc obtenues avec celles de la bibliographie est difficile, compte tenu de l'existence de critères autres que la granulométrie, dans les entrées

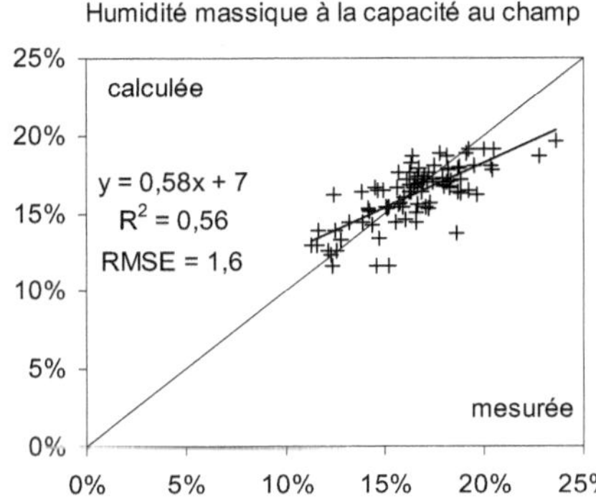

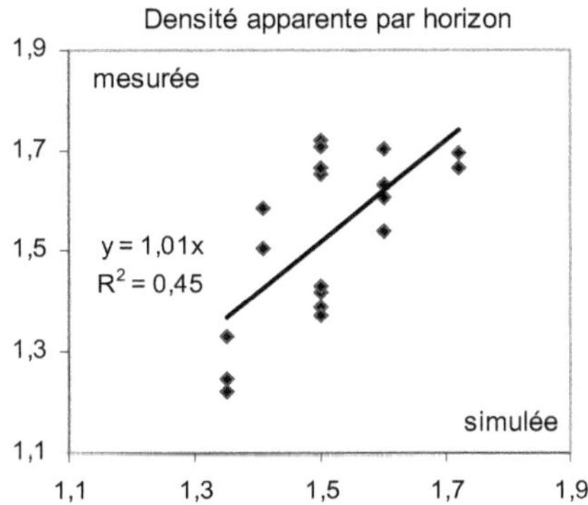

Figure 5. Comparaison des humidités massiques (%) à la capacité au champ, simulées à l'aide des CPT, et des observées à Chambry 1, pour les carottes hétérogènes.

Figure 6. Comparaison des DA simulées à l'aide des CPT et des valeurs observées pour des horizons de 3 fosses.

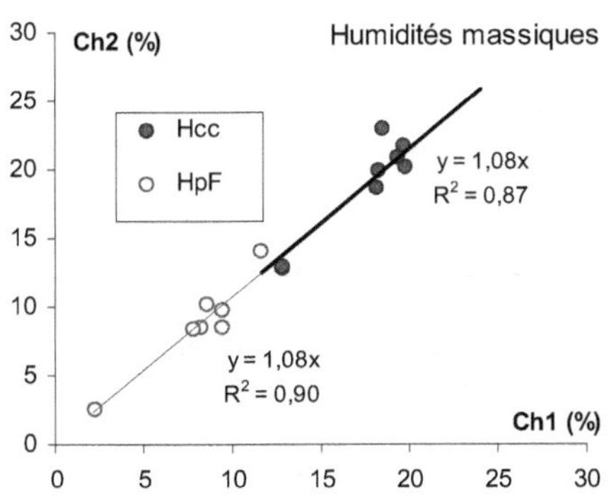

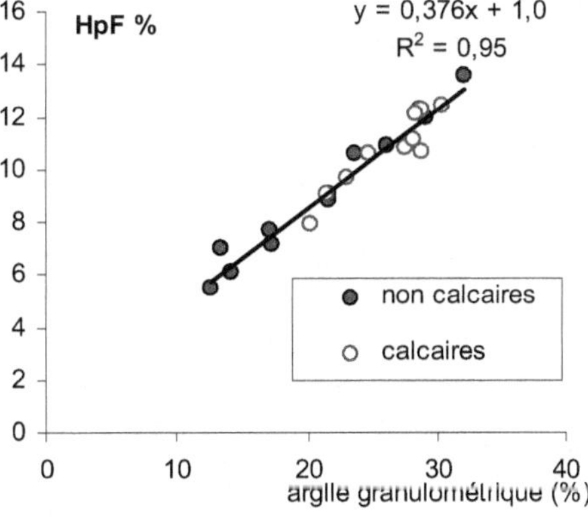

Figure 7. Comparaison des humidités massiques (%) caractéristiques, Hcc et Hpf, pour les CPT similaires des parcelles Chambry 1 et Chambry 2.

Figure 8. Relation entre l'humidité massique (%) au point de flétrissement, Hpf, et la teneur en argile granulométrique pour les horizons de surfaces, calcaires ou non calcaires.

de la base obtenue, en particulier la teneur en calcaire. Utiliser les FPT qui relient la granulométrie au potentiel hydrique demanderait d'admettre que l'humidité massique à la capacité au champ puisse correspondre à un potentiel donné. Cela est envisageable d'après Bruand *et al.* (2002), pour lesquels le potentiel de la Hcc est toujours compris entre $pF_{1,5}$ et $pF_{2,0}$ et très proche de $pF_{2,0}$. Mais cette comparaison se limiterait aux horizons de surface (Ap). Nous avons préféré comparer nos valeurs à celles des Hcc et Hpf des CPT de Jamagne *et al.* (1977). Seules les classes avec K<10% de Chambry y ont été comparées (fig. 9).

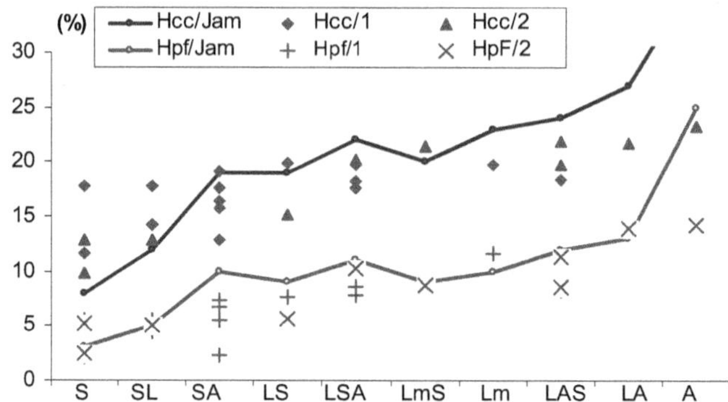

Figure 9. Comparaisons des valeurs d'humidité massiques (%) des CPT de Chambry (parcelles 1 et 2) avec celles de la carte de l'Aisne (Jamagne *et al.*, 1977) pour des horizons peu ou non calcaires.

Cette confrontation confirme nos hypothèses, en particulier pour les valeurs extrêmes : les classes de sable de Chambry, de granulométrie très fine, retiennent plus d'eau que la moyenne des sables ; les classes, LAS et A, souvent denses et calcaires, retiennent moins d'eau que ne le prévoient les CPT de Jamagne *et al.* (1977). Les divergences, pour les terres argileuses au moins, peuvent s'expliquer aussi par le protocole de mesure qui a permis de déterminer les humidités massiques des CPT de Jamagne. L'utilisation de terre fine tamisée et séchée à l'air aurait conduit à une surestimation de la teneur à la capacité au champ pour les textures argileuses (Bruand *et al.*, 1996). Ces tendances sont similaires pour Hpf et Hcc ; cependant, ni le rapport, ni la différence (non présentés) entre ces deux paramètres ne sont conservés entre les CPT de Chambry et de Jamagne *et al.* (1977).

Estimation de la teneur en argile minéralogique de l'horizon labouré

Une relation empirique de type polynomiale entre AM, AG et K, a été établie pour les deux parcelles. Bien qu'elle soit seulement nécessaire pour les horizons labourés (« Ap »), nous avons testé son formalisme pour les horizons sous jacents (« sous-sol »). La différence entre AG et AM est reliée au taux de calcaire. Elle est étalonnée à l'aide d'un premier sous échantillon commun aux deux parcelles (fig. 10). La non stabilité de la relation entre les couches « Ap » et « sous-sol » peut être expliquée par les facteurs jouant sur la granulométrie des calcaires : à même teneur en calcaire, les horizons de surface sont soumis aux agressions du climat et des outils de travail du sol, qui accroissent la différence entre AG et AM. Les paramètres de la courbe sont testés sur l'autre moitié des échantillons (fig. 11). Le modèle s'avère stable pour les sous-sols. Un paramétrage effectué sur le deuxième groupe d'échantillons des horizons Ap donnerait l'équation AG-AM = $-0,0001.K^2 + 0,702.K$ avec un

$r^2 = 0{,}707$, la pente en K = 0 passant de 0,63 à 0,70 : l'incertitude générée ne paraît pas rédhibitoire pour utiliser le module de minéralisation de Stics. Le modèle « sous-sol » apparaît peu fiable aux faibles valeurs de AM. La prédiction pourrait être améliorée en stratifiant par type de calcaire. Cela serait utile pour en généraliser l'application ou si la teneur en AM du « sous sol » devait intervenir dans Stics.

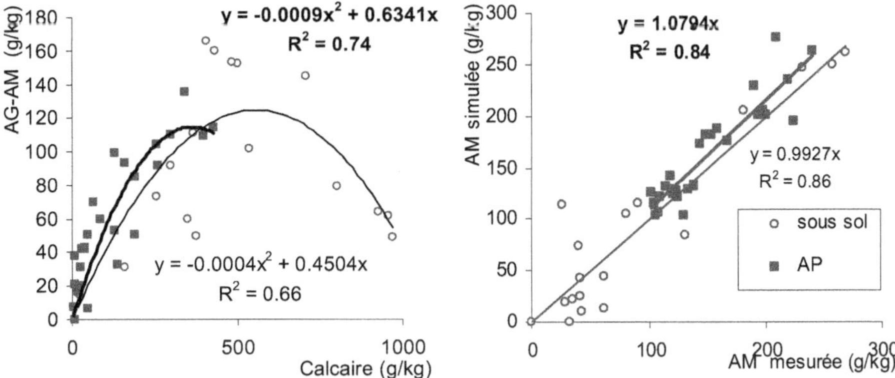

Figure 10. Étalonnage de la relation entre AM, AG et K sur un premier sous-échantillon des deux parcelles, horizons 0-30 cm (Ap) et 30-150 cm (sous-sol) distingués.

Figure 11. Test de la prédiction de AM en fonction de AG et K sur un second sous échantillon des deux parcelles, horizons 0-30 cm (Ap) et 30-150 cm (sous-sol) distingués.

Conséquences agronomiques

Sensibilité de la prédiction de Stics en fonction de la qualité de l'information

L'étape de calage des paramètres variétaux du modèle a mobilisé les données issues des 4 stations d'observation de l'enracinement de Chambry 1 (Delerue, 2001). Les valeurs des CPT de Hcc, DA, Hpf et d'*obstarac* y ont été appliquées. L'option du module racinaire « densité vraie » s'est avérée réaliste, à condition de modifier respectivement les valeurs seuil et plafond de DA de 1,40 et 2,00 à 1,45 et 1,70. Les prédictions par Stics du stock d'azote minéral à 4 dates du cycle, s'avèrent assez fiables, avec un biais de + 5 kg N ha^{-1} (Beaudoin *et al.*, 2001). La valeur de RMSE, de 23 kg N ha^{-1}, est proche de l'incertitude absolue portant sur les valeurs des stocks d'azote. Les aléas existant sur Hcc et DA ont été ensuite intégrés de façon stochastique. Les résultats changent légèrement : le biais est de – 6 kg N ha^{-1} et le RMSE de 29 kg N ha^{-1} (fig. 12). La modification du biais est due au fait que la réponse du modèle n'est pas linéaire. L'augmentation du RMSE reste modérée, ce qui indiquerait que le poids de ces aléas est relativement faible, pour la prédiction des stocks d'azote, au moins en année humide.

Sur la même parcelle, les simulations de Stics ont intégré les CPT d'*obstarac* sur 14 noeuds ayant fait l'objet de mesures du stock d'azote minéral du sol à la récolte. La qualité de la prédiction est comparable à celle obtenue pour quatre stations d'observation de l'enracinement (fig. 13). Le biais moyen est de - 4 kg N ha^{-1} et le RMSE est de 22 kg N ha^{-1}. Les CPT établies pour *obstarac* y semblent donc suffisantes. Le résultat de leur généralisation dans l'espace pourrait être moins probant dans les cas où la description du sol est incertaine (Finke et Wösten, 1996). Le résultat de leur généralisation dans le temps est aussi à tester. S'il est possible que les CPT d'*obstarac* soient stables en fonction du climat, le modèle lui même ignorera la fluctuation inter-annuelle des remontées capillaires. La pertinence de cette interface créée entre sol et module racinaire dépendra du réalisme de la relation entre absorption et enracinement décrite dans le modèle Stics.

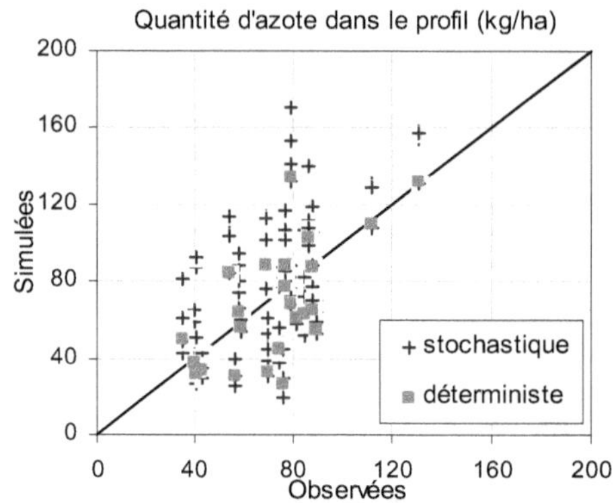

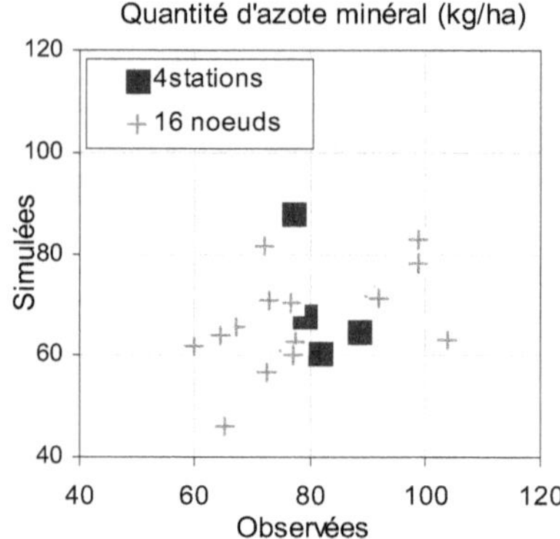

Figure 12. Test réplicatif de la prévision par Stics-blé, des quantités d'azote minéral par profil des 4 stations d'observation de Chambry 1, par paramétrages déterministe ou stochastique de Hcc et de DA.

Figure 13. Test de la prévision par Stics-blé, des quantités d'azote minéral dans les profils de Chambry 1 : test prédictif sur 12 nœuds et test réplicatif sur 4 stations.

Sensibilité de Stics au niveau de résolution de la carte et au domaine de définition des CPT

Pour l'année 2000, les prédictions des stocks d'azote et d'eau aux nœuds de la grille de Chambry 1 (P1) sont meilleures avec la carte des sols à 1/2 500 (M2) qu'avec la carte à 1/25 000 (M1) (fig. 14). Celles du rendement, sont légèrement meilleures avec M1 qu'avec M2 ou M3 (non présenté) : cela est probablement dû au fait que les années humides induisent une faible sensibilité du modèle aux propriétés de rétention en eau. Les teneurs en azote des grains sont moins bien prédites avec M1 qu'avec M2 ou M3 (Houlès *et al.*, 2002). La meilleure qualité obtenue avec M2 porte à la fois sur la prédiction de la moyenne et de la variance. D'autres simulations ont été conduites pour une année normale sur le plan de la pluviométrie estivale (non présenté). Les sorties obtenues avec M2 sont alors très proches de celles obtenues avec M3 : ce qui montre que la CPT établie localement est performante. Par contre, les sorties issues de M1 sont très différentes. Cette étude de sensibilité montre qu'il n'est pas neutre d'utiliser une règle générale ou une règle établie localement en agriculture de précision.

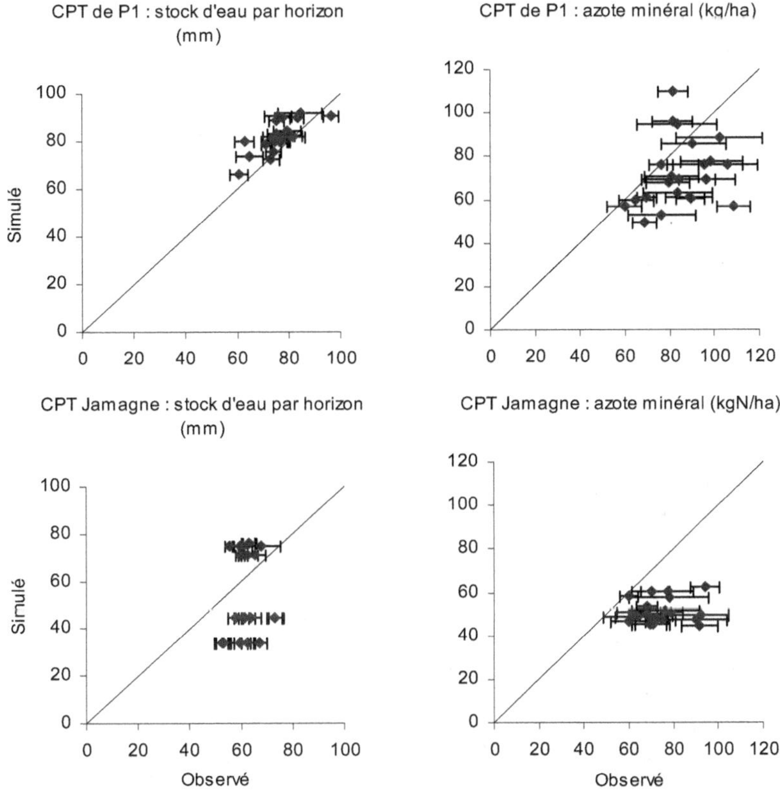

Figure 14. Test des prédictions avec M2 (carte des sols à 1/2 500 et CPT locales) ou M1 (carte des sols à 1/25 000 et CPT de Jamagne *et al.,*1977), par le modèle Stics-blé, des stocks d'eau et d'azote à la récolte de la parcelle P1 en 2000.

Conclusion

Dans le cadre d'une étude à caractère méthodologique sur la mise en œuvre d'une fertilisation azotée différenciée au sein d'une parcelle, la grande sensibilité des sorties de Stics à certains paramètres « sol » justifie l'intérêt d'un paramétrage indépendant du modèle. La profondeur d'apparition des obstacles à l'enracinement (*obstarac*) est l'un des paramètres à étudier en priorité. La méthode a consisté à établir des relations qualitatives entre horizons diagnostics et comportement du système racinaire du blé et de les tester indirectement par le biais du modèle. Pour les paramètres hydriques du sol (Hcc, Hpf, DA), de nombreuses fonctions de pédotransfert (FPT) existent dans la bibliographie. Elles n'ont pas été utilisées car leur fiabilité diminue dès que l'on s'éloigne du contexte pédologique à partir duquel elles ont été créées et parce qu'elles utilisent, en entrée, des données analytiques qui ne sont pas disponibles dans l'approche de cartographie des sols utilisée ici (Nicoullaud *et al.*, cet ouvrage). Cela conduit à établir localement des classes de pédotransfert (CPT) qui réalisent une interface *ad hoc* entre le modèle et la carte des sols. La confrontation de certaines variables d'intérêt prédites par le modèle ainsi renseigné, aux données mesurées, est satisfaisante. Cependant la question de la généralisation des méthodes employées à d'autres sites devra être abordée.

Les CPT d'*obstarac* sont apparues robustes pour permettre de renseigner le modèle au sein d'une parcelle, une année donnée. En cas de défaut d'information sur les obstacles à l'enracinement, le risque est de surestimer la profondeur d'enracinement. L'utilisation de la CPT d'enracinement pourrait être associée utilement à des prospections géophysiques à condition que ces dernières permettent d'identifier les horizons diagnostics vis à vis de l'enracinement (Michot *et al.*, cet ouvrage). En année sèche, le formalisme du module racinaire du modèle utilisé pourrait être mis en défaut, à cause de la non prise en compte des remontées capillaires. À défaut d'améliorer ce formalisme, le recours à des processus d'inversion du modèle à partir de séries de cartes de rendement ou d'assimilation de données de télédétection sera nécessaire pour mieux estimer ces paramètres d'enracinement (Guérif *et al.*, cet ouvrage).

La qualité de la CPT obtenue pour la prédiction de la Hcc est à mettre en lien avec le nombre de données disponibles. Notre approche est très coûteuse en temps et moyens de mesures. Elle ne peut être conçue que dans le cadre d'opérations de type « référence » permettant ensuite une extrapolation à d'autres parcelles situées dans le même contexte pédoclimatique. Plusieurs voies sont envisageables : (i) étalonner une FPT déjà existante, à vocation générale, à l'aide de mesures locales, moins nombreuses ; (ii) employer directement une FPT suite à l'acquisition automatique et systématique des variables d'entrée. Dans les deux cas, l'intégration systématique de l'origine du matériau et l'utilisation de la DA en entrée permettraient d'améliorer la fiabilité des prédictions de Hcc. La question de l'accessibilité de la DA pourrait être partiellement levée par le recours aux méthodes géophysiques généralisées dans l'espace (Michot *et al.*, cet ouvrage) dans le cas de la présence d'horizons diagnostics compacts ou indurés. (iii) renseigner le modèle en l'inversant à partir de nombreuses données géo-référencées ; confiance est faite alors au modèle pour optimiser certains paramètres. Dans ce cas, l'établissement de CPT, même frustes, de type probabilistes, serait utile pour aider à définir les fourchettes de variation admissible des paramètres à optimiser.

Enfin, nos résultats montrent que les sorties du modèle sont très sensibles au niveau de résolution de la carte des sols et au domaine de définition des CPT. Dans un contexte d'application de l'agriculture de précision, connaître la sensibilité des sorties du modèle à la précision des informations concernant les paramètres « sol » est un préalable nécessaire. La stratégie de choix ou de constitution des FPT/CPT sera tributaire du niveau de résolution spatiale choisi, cohérent avec la précision demandée. Ce choix du niveau de résolution relève d'un débat, plus large, à caractère pluridisciplinaire pour permettre une modulation techniquement accessible, écologiquement utile et économiquement rentable.

Références bibliographiques

BASTET G., BRUAND A., QUETIN P., COUSIN I., 1998. Estimation des propriétés de rétention en eau des sols à l'aide de fonctions de pédotransfert (FTP) : une analyse bibliographique. *Étude et Gestion des Sols* 5,1, 7-28.

BEAUDOIN N., DELERUE J.-B., MACHET J.-M., MARY B., 2001. Analysis of spatial variability of winter wheat yield within a field using a crop model, 11th Nitrogen Workshop, Reims, 10-12 September, 413-414

BRISSON N., MARY B., RIPOCHE D., JEUFFROY M.-H., RUGET F., GATE P., DEVIENNE F., ANTONIOLETTI R., DÜRR C., NICOULLAUD B., RICHARD G., BEAUDOIN N., RECOUS S., TAYOT X., PLENET D., CELLIER P., MACHET J.-M., MEYNARD J.-M., DELÉCOLLE R., 1998. Stics: A generic model for the simulation of crops and their water and nitrogen balance. I- Theory and parameterization applied to wheat and corn. *Agronomie* 18, 311-346.

BRUAND A., DUVAL O., GAILLARD H., DARTHOUT R., JAMAGNE M., 1996. Variabilité des propriétés de rétention en eau des sols : importance de la densité apparente. *Étude et Gestion des Sols*, 3, 27-40.

BRUAND A., PEREZ FERNANDEZ P., DUVAL O., QUETIN P., NICOULLAUD B., GAILLARD H., RAISON L., PESSAUD J.F., PRUD'HOMME L., 2002. Estimation des propriétés de rétention en eau des sols : utilisation de classes de pédotransfert après stratification texturale et texturo-structurale. *Étude et Gestion des Sols*, 9, 105-125.

DELECOLLE R., LOUBET B. et TCHAMICHIA M., 1996. Calibration, sensibilité, validation des modèles. *In:* Actes de l'École Chercheurs Inra en Bioclimatologie, Le Croisic. Publication Inra. 285-303.

DELERUE J.-B. 2001. *Paramétrisation et test de Stics blé sur une parcelle hétérogène.* Mémoire de fin d'étude d'ingénieur de l'ISAB. 91 pp + annexes.

FINKE P.A., WÖSTEN J.H.M., JANSEN M.J.W., 1996. Effects of uncertainty in major input variables on simulated functional soil behaviour. *Hydrological Processes*, 10, 661-669.

GIJSMAN A.J., JAGTAP S.S., JONES J.W., 2002. Wading through a swamp of complete confusion: how to choose a method for estimating soil water retention parameters for crop models. *European Journal of Agronomy*, 18, 75-105.

GRANT F.R. 2001. Modeling transformations of soil organic carbon and nitrogen at different scales of complexity. *In Modeling Carbon and Nitrogen Dynamics for Soil Management.* Shaffer-Liwang-Hansen Eds, Lewis Publishers. Chap. 19, 598-629.

GUPTA S.C., LARSON W.E., 1979. Estimating soil water retention characteristics from particle size distribution, organic matter percent and bulk density. *Water Resources Research*, 15, 1633-1635.

HANSEN S., THIRUP C., REFSGAARD J.C., JENSEN L.S., 2001. Modeling nitrate leaching at different scales. Application of Daisy model. *In Modeling Carbon and Nitrogen Dynamics for Soil Management.* Shaffer-Liwang-Hansen Eds, Lewis Publishers. Chap. 16, 511-548.

HOULÈS V., BEAUDOIN N., NICOULLAUD B., MARY B., 2002. Sensitivity of a crop model to pedotransfer functions at the Field scale. *VII Congress of the European Society for Agronomy*, Cordoba, Spain, 15-18 July, 631-632.

JAMAGNE M., BETREMIEUX R., BEGON J.C et MORI A., 1977. Quelques données sur la variabilité du milieu naturel et la réserve en eau des sols. *Bulletin technique d'information*, 324-325, 627-641.

LOAGUE K., CORWIN D.L., 1996. Uncertainty in regional-scale assessments of non-point source pollutants. *In Application of GIS to the modeling of non-point source pollutants in the vadose zone.* Soil Science Society of America, Special publication 48.

NICOULLAUD B., COUTURIER A., BEAUDOIN N., MARY B., COUTADEUR C., KING D., 2004. Modélisation spatiale à l'échelle parcellaire des effets de la variabilité des sols et des pratiques culturales sur la pollution nitrique agricole. *In* P. Monestiez, S. Lardon et B. Seguin (Eds), *Organisation spatiale des activités agricoles et processus environnementaux. Coll. Science Update*, Inra Editions, Paris. 143-161.

NICOULLAUD B., KING D., TARDIEU F., 1994. Vertical distribution of maize roots in relation to permanent soil characteristics. *Plant and Soil* 159, 245-254.

PUCKETT W.E., DANE J.H., HAJEK B.F., 1985. Physical and mineralogical data to determine soil hydraulic properties. *Soil Science Society of America Journal*, 49, 831-836.

RAWLS W.J., PACHEPSKY Y., SHEN M.H., 2001. Testing soil water retention estimation with the MUF pedotransfer model using data from the southern United States. *Journal of Hydrology*, 251, 177-185.

RUGET F., BRISSON N., DELECOLLE R., FAIVRE R., 2002. Sensivity Analysis of a crop simulation model Stics in order to choose the main parameters to be estimated. *Agronomie*, 22, 133-158.

SCHAAP M.G., LEIJ F.J., VAN GENUCHTEN M.T., 1998. Neural network analysis for hierarchical prediction of soil hydraulic properties. *Soil Science Society of America Journal*, 62, 847-855.

STICS, collectif, 1997. Modèle de simulation de culture, bilan hydrique, bilan azoté. Notice utilisateur. 94 p.

TARDIEU F., MANICHON H., 1986. État structural, enracinement et alimentation hydrique du maïs. II Croissance et disposition spatiale du système racinaire. *Agronomie*, 7, 201-211.

WAGENET R.J., HUTSON, 1996. Scale-Dependency of Solute Transport Modeling/GIS Applications. *Journal of Environmental Quality*, 25, 449-510.

WÖSTEN J.H.M., PACHEPSKY Y., RAWLS W.J., 2001. Pedotransfer functions: bridging the gap between available basic soil data and missing soil hydraulic characteristics. *Journal of Hydrology*, 251, 123-150.

Apport des méthodes de géophysique à la connaissance de la variabilité spatiale et du fonctionnement hydrique des sols

D. MICHOT, D. KING, B. NICOULLAUD, A. DORIGNY, H. BOURENNANE, I. COUSIN,
P. COURTEMANCHE, A. COUTURIER, C. PASQUIER, Y BENDERITTER, M. DABAS,
A. TABBAGH

Introduction

La forte variabilité spatiale des sols est l'une des raisons avancées pour l'utilisation des techniques d'agriculture de précision. Toutefois, un obstacle majeur à l'adoption par les agriculteurs de ces techniques est le manque de données détaillées sur les sols et sur les cultures (Robert, 1999). L'analyse des cartes de rendement et l'initialisation de modèles de culture d'aide à la décision pour une optimisation locale des interventions, impliquent la connaissance précise et exhaustive du milieu. Une cartographie à grande échelle s'impose afin de mieux apprécier la variabilité spatiale des sols et de leurs propriétés intrinsèques à l'échelle intraparcellaire. Le suivi des variations temporelles et spatiales des caractéristiques d'état du sol comme la teneur en eau serait souhaitable pour une meilleure gestion de l'irrigation.

L'acquisition de la variabilité spatiale intraparcellaire des sols peut être réalisée par une cartographie détaillée avec une prospection conventionnelle à la tarière (Nicoullaud *et al.*, cet ouvrage). Cette méthode implique des moyens proportionnels au nombre d'observations jugées nécessaires en fonction de la variabilité même du milieu, de l'efficience du pédologue cartographe et de la précision souhaitée. Elle se heurte aux difficultés d'interpolation entre les points d'observation, surtout dans le cas où l'on ne dispose pas d'indicateurs aisément accessibles à la surface du sol (couleurs, pierrosité, morphologie du relief...). Les méthodes de cartographie par expertise montrent ici leur limite face à une cartographie qui se veut elle aussi de « précision ». De plus, cette méthode privilégie la cartographie de caractéristiques pérennes et ne peut pas aborder l'analyse de la variabilité de caractéristiques conjoncturelles des sols. En effet, ces mesures et observations nécessitent un temps d'acquisition trop long, incompatible avec une étude de l'évolution temporelle de variables d'état sur de grandes surfaces. Sa principale limite réside aussi dans son coût élevé.

"

Face à ces nouveaux besoins, on cherche donc à accélérer la réalisation des mesures à l'aide d'appareils automatiques. L'un des moyens utilisés est celui de la réception d'un signal physique quelconque émis de façon naturelle ou par un émetteur. Dans ce domaine, les nouvelles méthodes spatiales (i.e. télédétection) ou de géophysique au sol permettent une acquisition rapide et exhaustive d'informations sur le sol, de façon non intrusive. Il est en effet souhaitable de pouvoir réaliser une investigation non destructive car toute excavation modifie le milieu, sa structure à l'emplacement du sondage et son fonctionnement sur un volume qui peut être beaucoup plus important.

L'objectif des travaux réalisés dans le cadre de l'action « agriculture de précision » était d'expérimenter les méthodes de télédétection et de géophysique comme moyen d'aide à la cartographie et à la reconnaissance de la variabilité spatiale des sols et de leurs propriétés pérennes au sein d'une parcelle. Il s'agissait également d'acquérir des données fiables sur l'état hydrique instantané de la couverture pédologique, et ainsi établir des suivis dans le temps permettant de rendre compte du fonctionnement hydrique des sols. Enfin, une comparaison des méthodes géophysiques au sol et de télédétection a été réalisée en termes de convergence et de complémentarité des résultats sur un même site expérimental.

Bilan des méthodes de télédétection et de géophysique appliqués à la cartographie des sols

L'intérêt de la télédétection pour l'étude des sols nus a déjà été fortement considéré dans le passé et a fait l'objet de nombreux travaux ou publications scientifiques (Mathews, 1973 ; Stoner et Baumgardner, 1981 ; Escadafal *et al.*, 1988 ; Courault, 1989 ; Irons *et al.*, 1989 ; Courault *et al.*, 1993 ; Gaffey *et al.*, 1993 ; King *et al.*, 1996 ; Fourty et Baret, 1998 ; Palacios et Ustin, 1998). Mais les résultats de ces précédentes études, en terme d'applications au niveau de la parcelle par les agriculteurs, sont généralement limités du fait de la trop faible résolution au sol des capteurs employés. Aujourd'hui, les résolutions spatiale et spectrale de certains satellites ou radiomètres aéroportés offrent de nouvelles perspectives à explorer.

En ce qui concerne les méthodes géophysiques, celles-ci ont été peu employées en Science du Sol ou à des fins agricoles. Leur utilisation initiale a concerné principalement l'étude des sols salés (Rhoades et Ingvalson, 1971 ; Rhoades et Corwin, 1984). Cette innovation a été motivée par l'influence de la salinité de la solution du sol sur la résistivité électrique. Les méthodes électriques ont constitué, dans un premier temps, un puissant outil d'investigation pour caractériser, à partir de la surface et sans aucune perturbation ni intrusion de capteurs, la distribution verticale et spatiale de la salinité des sols. Diverses méthodes de calibrage ont été testées avec succès de manière à quantifier la salinité des sols au moyen de la résistivité électrique (Rhoades *et al.*, 1976 ; Rhoades *et al.*, 1989). Dans un second temps, les méthodes électromagnétiques en domaine fréquentiel ont été employées de manière à s'affranchir de la difficulté d'obtenir et d'assurer un bon contact électrique entre le sol et les électrodes (De Jong *et al.*, 1979 ; Corwin et Rhoades, 1982 ; Job *et al.*, 1987).

Diverses méthodes géophysiques ont été testées dans le passé comme moyen d'aide à la cartographie des sols. Nous pouvons principalement citer les méthodes électriques (Bottraud *et al.*, 1984 ; Hesse *et al.*, 1986 ; Dabas *et al.*, 1989 ; Dabas *et al.*, 1995 ; Lamotte *et al.*, 1994 ; Chéry *et al.*, 1996 ; Robain *et al.*, 1996 ; Bourennane *et al.*, 1998), les méthodes électromagnétiques par induction de type Slingram (Brus *et al.*, 1992 ; Lesch *et al.*, 1995) , la magnéto-tellurique artificielle (MTA) (Lagabrielle *et al.*, 1983 ; Mérot *et al.*, 1986) et le radar géologique (Shih et Doolittle, 1984 ; Collins et Doolittle, 1987). Ce dernier n'est pas adapté aux sols argileux conducteurs. La MTA présente de nombreux inconvénients issus, entre autres, de la disponibilité des émetteurs radio, des problèmes d'interprétation liés à la directivité du champ de ces mêmes émetteurs et de la difficulté d'estimer la profondeur réelle de sol prise en compte dans la mesure.

La création de nouveaux outils d'investigation pour l'étude du proche sous-sol s'appuyant sur des méthodes géophysiques mesurant la résistivité électrique des terrains mais aussi d'algorithmes d'interprétation des résultats, ouvre de nouveaux champs d'analyse pour répondre aux préoccupations de cartographie liées à l'agriculture de précision (Hesse *et al.*, 1986 ; Dabas *et al.*, 1995 ; Chéry *et al.*, 1996 ; Bourennane *et al.*, 1998 ; Lund *et al.*, 1999). L'utilisation de ces méthodes est cependant limitée par un manque de connaissances sur la grandeur mesurée : la résistivité électrique des sols en lien avec les paramètres nécessaires au diagnostic et aux modèles agronomiques.

La résistivité électrique ρ est un paramètre familier des géophysiciens, moins pour les pédologues qui emploient préférentiellement son inverse, la conductivité électrique σ pour caractériser la salinité des sols, la minéralisation de la solution du sol ou de l'eau des aquifères. La résistivité d'un horizon de sol est sa capacité à limiter le passage du courant électrique. Cette faculté est étroitement liée à ses caractéristiques intrinsèques. D'une manière simple et si l'on fait une analogie avec le fil de cuivre d'un circuit électrique, la résistivité ρ d'un échantillon cylindrique de sol ou de roche peut être mesurée entre les deux plaques conductrices de surface S, formant les sections opposées d'un cylindre de longueur L et dont les parois isolantes contiennent l'échantillon. Lorsque l'on relie les deux plaques conductrices à un générateur de courant, la résistivité de l'échantillon est :

$$\rho = \frac{S}{L}\frac{V}{I} = \frac{1}{\sigma} \tag{1}$$

La résistivité électrique ρ s'exprime en ohm.mètre (Ω.m), pour S en m^2, L en m, V en volt (V) et I en ampère (A). Son inverse, la conductivité σ s'exprime en siemens par mètre (S.m^{-1}).

La résistivité électrique d'un sol dépend de nombreux facteurs pouvant se scinder en deux groupes (Ward, 1990) :
 i) les variables intrinsèques pérennes ;
 ii) les variables d'état diachroniques.

Les variables intrinsèques, constantes dans le temps, regroupent la granulométrie du sol avec principalement la teneur en argile, la teneur en CaCO$_3$, la pierrosité, la profondeur et le type de substrat géologique. La résistivité électrique d'un sol diminue globalement avec la taille de ses constituants et, avant tout, avec l'accroissement de sa teneur en argile.

Les variables d'état diachroniques rassemblent la teneur en eau, la concentration ionique ou salinité de la solution du sol, la température mais aussi la porosité du sol. L'accroissement de l'humidité ainsi que l'augmentation de la concentration de la solution du sol ont pour résultat une diminution de la résistivité. La température joue également un rôle fondamental et un accroissement de celle-ci dans le sol implique aussi une diminution de la résistivité. Pour modéliser l'effet de la température, l'analyse de la bibliographie existante conduit à adopter une loi de croissance de 2 % par degré Celsius pour la dépendance de la conductivité électrique du sol avec l'augmentation de la température (Campbell *et al.*, 1948).

Matériel et méthode

Télédétection hyper-spectrale

Afin de caractériser finement la variabilité spatiale des sols, un capteur radiométrique permettant d'avoir une haute résolution à la fois spectrale et spatiale a été choisi. Il s'agit du radiomètre Casi (Compact Airborne Spectrographic Imager) qui est un radiomètre à barrettes permettant des acquisitions d'images multispectrales dans le visible et le proche infrarouge (PIR) à partir d'un avion en vol. L'instrument opère sur une gamme spectrale de 545 nm de large, située entre 415 nm et 960 nm. La résolution spectrale du radiomètre est de 2,2 nm. Il présente des angles d'ouverture de 0,069° pour le pixel et de 37,8° perpendiculairement à la direction de l'avion. Ce radiomètre multispectral permet une acquisition simultanée de 32 bandes spectrales avec approximativement une largeur de bande de 11 nm.

Prospection électrique multi-électrodes

Les dispositifs multi-électrodes permettent de décrire les variations latérales et verticales de la résistivité électrique par l'intermédiaire de sondages et de traînés électriques réalisés en quasi-continu.
Deux types de dispositifs multi-électrodes peuvent se distinguer :
- les dispositifs fixes désignés généralement sous le terme de panneaux électriques ;
- les dispositifs mobiles comme le système MuCEP (*Multipole Continuous Electrical Profiling*) développé au CRG de Garchy (Panissod *et al.*, 1997).

Les panneaux électriques

La dénomination de panneau électrique désigne des systèmes de n électrodes actives ou passives, commandées par une électronique spécifique incluse ou non dans le résistivimètre. Ces systèmes nécessitent la mise en œuvre de techniques permettant la commutation automatique des électrodes de mesures et d'injections. Le principe, l'intérêt et la mise en œuvre des panneaux électriques sont maintenant largement décrits dans la bibliographie. Nous pouvons citer en particulier les écrits de Loke (1999) et de Ward (1990). Les panneaux électriques sont bien appropriés pour la reconnaissance des structures 2D perpendiculaires à la ligne de mesures. Les pseudo-sections de résistivité apparente présentent néanmoins souvent des artefacts de mesures qui nuisent à leur interprétation en introduisant une erreur et rendant complexe les représentations graphiques. L'inversion des pseudo-sections de résistivité mesurée est alors une étape indispensable avant toute interprétation (Panissod *et al.*, 2001). Les algorithmes d'inversion 2D ou 3D parviennent en général à éliminer les artefacts de mesure.
L'utilisation de panneaux électriques est difficilement envisageable pour une caractérisation 3D de la couverture pédologique sur une grande surface et à petite échelle. Cela nécessiterait soit l'utilisation d'un grand réseau d'électrodes, soit un déplacement régulier de la ligne d'électrodes de manière à réaliser plusieurs profils parallèles. Dans les deux cas, les temps de mise en œuvre seraient considérables. L'exploration et la reconnaissance 3D des structures pédologiques, présentant des extensions et des orientations diverses, nécessitent l'usage de dispositifs multi-électrodes permettant d'obtenir à la fois plusieurs profondeurs d'investigations et une résolution suffisamment fine des mesures sur une surface significative. L'utilisation d'un dispositif multi-électrodes mobile apparaît alors plus adaptée.

Le système MuCEP

Le système MuCEP (*Multi Continuous Electrical Profiling*), dit en « Vol de Canards », est un multipôle tracté qui a été développé par le Centre de recherches géophysiques de Garchy (CNRS et Paris VI). Ce dispositif dont l'étude théorique a été réalisée par Panissod *et al.* (1997) est constitué de quatre dipôles (roues dentées) tirés par un véhicule (fig. 1). Il est composé en tête d'un dipôle émetteur de courant électrique suivi d'une série de trois dipôles récepteurs de mesure du potentiel électrique. L'écartement **a** de chaque dipôle récepteur augmente avec sa distance d'éloignement au dipôle émetteur. La profondeur d'investigation est respectivement de 0,5 m, 1 m et 2 m pour le premier, le deuxième et le troisième dipôle si les sols ne sont pas trop conducteurs. À l'arrière du véhicule tractant le multipôle, est fixé un radar Doppler permettant une mesure de la distance sans contact avec le sol. L'ensemble des électrodes et le radar sont reliés à un résistivimètre RMCA-4 (EUROCIM-CNRS) situé dans le véhicule. Le radar déclenche au sein des trois dipôles récepteurs une mesure de résistivité tous les 0,1 m ce qui permet un sur-échantillonnage. Ce résistivimètre émet un courant électrique alternatif de 122 Hz et délivre une tension efficace supérieure à 200 V. Il nécessite une alimentation de 12 V, délivrée soit par une source externe, soit par une batterie interne au Cadmium-nickel (12V – 2 Ah). L'incertitude de mesure annoncée par le fabricant est de ± 2 % à 20 ± 3 °C. Le résistivimètre est connecté à un boîtier d'acquisition des données et à un ordinateur portable possédant sa propre alimentation externe. L'ensemble permet l'acquisition, le stockage et la visualisation des mesures en temps réel.

Figure 1. Acquisition de la résistivité électrique du sol pour des volumes de différentes profondeur à l'aide du système MuCEP lors d'une prospection en Petite Beauce.

Le développement du système multi-pôles MuCEP fait de la prospection électrique un outil de choix pour l'étude de la variabilité spatiale des sols en agriculture de précision. Il s'agit d'un système conçu pour permettre une acquisition rapide, en quasi-continu, de la résistivité électrique du sol selon trois profondeurs d'investigation adaptées à l'étude de l'épaisseur de la couverture pédologique en milieu tempéré.

Prospection électromagnétique « Slingram »

La prospection électromagnétique réalisée selon une méthode de type « Slingram » est du type basse fréquence et à faible nombre d'induction. On parle aussi de prospection électromagnétique à champ proche. Cette méthode est basée sur l'utilisation de dipôles électromagnétiques, correspondant à deux bobines d'induction espacées d'une distance S, l'une étant émettrice et l'autre réceptrice. Elles sont placées au-dessus de la surface d'un sol supposé homogène. Lorsque la bobine émettrice est parcourue par un courant alternatif de basse fréquence f, elle produit un champ magnétique primaire H_p de même fréquence qui crée dans le sol des courants induits appelés « courants de Foucault ». Ces courants produisent à leur tour un champ magnétique secondaire H_s de même fréquence qui se superpose au champ magnétique primaire et l'ensemble est mesuré par la bobine réceptrice. Le rapport entre le champ magnétique secondaire mesuré et le champ primaire émis est proportionnel à la conductivité apparente du sol et donne directement accès à son inverse, la résistivité électrique apparente (Mc Neil, 1980).

$$\sigma_a = \frac{4}{\omega \mu_0 S^2} \frac{H_s}{H_p} \qquad (2)$$

où : H_s : champ magnétique secondaire à la bobine récéptrice (A.m^{-1})

    H_p : champ magnétique primaire à la bobine réceptrice (A.m^{-1})

    ω : pulsation (rd.s^{-1})

    μ_0 : perméabilité magnétique du vide (H.m^{-1})

    S : distance interbobine (m)

    σ_a : conductivité apparente du sol (S.m^{-1}).

La méthode électromagnétique Slingram possède l'avantage de ne pas nécessiter de contact direct avec le sol. Elle est particulièrement sensible aux terrains conducteurs, mais à l'inverse, elle est peu adaptée aux sols résistants. Son emploi peut être complexe avec une dérive au cours du temps des capteurs.

Le conductivimètre électromagnétique EM38

Les mesures de conductivimétrie électromagnétique ont été réalisées avec l'appareil EM38 de Géonics (fig. 2). Il s'agit d'un conductivimètre portable à faible nombre d'induction. Il est constitué de deux bobines d'induction espacées de 1 m. La fréquence d'excitation est de 14,6 kHz. La précision des mesures de conductivité électrique est de 0,1 mS.m. Les mesures sont réalisées avec l'instrument placé directement à la surface du sol. Le conductivimètre peut être utilisé selon deux configurations :

1) En mode HCP, les bobines d'induction sont horizontales et les dipôles magnétiques verticaux. La profondeur d'investigation est approximativement de 1,5 m.
2) En mode VCP, les bobines sont verticales et les dipôles magnétiques sont horizontaux. La profondeur d'investigation est alors réduite à environ 0,75 m (Mc Neil, 1990).

La réponse de l'instrument à la conductivité du sol varie non linéairement avec la profondeur. En mode HCP, la sensibilité de l'appareil est la plus élevée à environ 0,4 m de profondeur. En mode VCP, la sensibilité est la plus élevée à la hauteur de l'instrument et décroît avec la profondeur.

La profondeur d'investigation de l'EM38 est bien inférieure à celle du conductivimètre EM31 (de 4 à 5 m selon que l'on soit en mode VCP ou HCP) qui lui se caractérise par une fréquence d'émission de 9,8 kHz pour une distance inter-bobines de 3,66 m.

Figure 2. Mise en œuvre du conductivimètre EM38 dans le Laonnois.

Il s'agit également d'un outil bien adapté à l'étude de la variabilité spatiale des sols peu à moyennement profonds.

Lieux d'étude

Deux sites expérimentaux localisés dans des régions de grandes cultures ont été choisis pour la forte variabilité spatiale de leur couverture pédologique.

Le premier est situé à Villamblain en Petite Beauce du Loiret. Il a permis de bénéficier des connaissances sur les lois de distribution des sols de cette région et sur leurs propriétés hydriques acquises au cours de travaux antérieurs. Ce site a principalement servi de support aux expérimentations de géophysique au sol afin d'étudier, hiérarchiser et modéliser les paramètres du sol agissant sur une propriété du sol : la résistivité électrique.

Le choix du second site expérimental en Picardie dans le Laonnois s'inscrit dans le cadre d'une action de recherche multidisciplinaire. Ce site a fait l'objet d'un très grand nombre de mesures et d'expérimentations communes par plusieurs laboratoires de l'Inra. Il a entre autres servi de support à des mesures multi-spectrales aéroportées du visible au proche infrarouge. C'est donc ce site qui a été privilégié pour les travaux de télédétection. Il a également fait l'objet de prospections géophysiques au sol afin d'établir des comparaisons entre les deux approches.

Démarche adoptée

La démarche comprend deux étapes : (1) une étude de la résistivité électrique des sols avec l'identification des paramètres agissant sur le signal, (2) une analyse des divergences et des complémentarités entre les informations fournies par ces méthodes géophysiques et celles provenant de mesures de réflectance issues de la télédétection. Une analyse multi-échelle a été réalisée dans la première étape afin de comparer les résultats entre des mesures sur des échantillons au laboratoire, des mesures ponctuelles de terrain et des mesures spatiales impliquant des surfaces représentatives de parcelles agricoles.

Résultats

Résistivité électrique des sols à différentes échelles d'espace et de temps

Identification des facteurs de variation de la résistivité électrique des sols

De façon générale, la résistivité électrique d'un sol dépend de ses caractéristiques édaphiques pérennes et de deux paramètres variables : la température et la teneur en eau. Nous avons choisi d'étudier principalement l'influence de ces deux variables d'états sur la résistivité des horizons d'un Calcisol et d'un Calcosol représentatifs de la variabilité pédologique de la parcelle de Petite Beauce. Cette étude a été menée selon deux approches complémentaires : (1) au laboratoire sous des conditions de mesures contrôlées ; (2) *in situ* en conditions « naturelles » (Michot, 2003). Les résultats montrent que la résistivité électrique d'un sol diminue avec l'augmentation des valeurs de ces deux paramètres, conformément aux résultats issus de la bibliographie (Hesse, 1964 ; Gupta et Hanks, 1972 ; Rhoades *et al.*, 1976 ; Montoroi *et al.*, 1997 ; Robain *et al.*, 2001).

Température

Pour pouvoir comparer les relations entre la résistivité électrique et la teneur en eau d'un même horizon de sol ou de plusieurs horizons, il est nécessaire de les rapporter à la même température. Pour ce faire, nous avons adopté la loi de croissance proposée par Campbell *et al.* (1948) de 2 % par degré Celsius gagné de la conductivité électrique des sols après l'avoir vérifiée sur nos données expérimentales.

Teneur en eau

Les mesures au laboratoire permettent de suivre l'évolution de la résistivité électrique d'un horizon de sol sur une gamme très étendue d'humidité s'échelonnant d'une teneur en eau proche de la saturation jusqu'à un état de dessèchement très important (potentiel hydrique $\Psi < -15$ MPa) mais rarement rencontré dans la réalité. Deux domaines d'humidité s'individualisent en fonction des variations de résistivité électrique :

- la gamme des humidités observables au champ caractérisée par de faibles variations de résistivité électrique ;

- la gamme des faibles humidités, située en dessous du point de flétrissement permanent des plantes, qui montre une croissance exponentielle de la résistivité du sol avec la diminution de la teneur en eau.

Potentiel de la méthode pour la cartographie et le suivi hydrique

Pour compléter la première approche menée au laboratoire et appréhender le rôle des variations climatiques en termes d'humidité et de température sur la résistivité électrique des sols, un suivi diachronique au champ de ces variables d'intérêt a été entrepris sur une durée d'une année. Un dispositif expérimental de suivi a été installé *in situ* dans les principaux horizons de trois sols représentatifs de Petite Beauce. Il est constitué pour chaque horizon d'une sonde TDR, d'une thermosonde à résistance de platine et d'un quadripôle d'électrodes de configuration Wenner caractérisé par une équidistance des électrodes de 15 cm.

Le suivi temporel de ces trois variables d'état (température, teneur en eau, résistivité électrique) permet de déterminer les dates de prospections électriques les plus adaptées à la discrimination des horizons pédologiques dont la résistivité électrique est significativement différente en fonction du profil hydrique. Pour des teneurs en eau comprises entre la capacité au champ (Ψ = -1 MPa) et le point de flétrissement permanent des plantes (Ψ = -15 MPa) la sensibilité des divers horizons pédologiques étudiés varie de 0,2 Ω.m par point d'humidité pour un horizon argilo-limoneux à 7,8 Ω.m par point d'humidité pour un horizon limono-argileux, calcaire, riche en graviers. Les résistivimètres actuels assurent des mesures avec une résolution inférieure à 0,1 Ω.m. Ces résultats confirment l'intérêt de la méthode électrique pour l'analyse et le suivi en 2 ou 3 dimensions des flux hydriques dans le sol.

Analyse temporelle 2D de la teneur en eau d'un sol par tomographie de résistivité électrique

Ayant vérifié que la résistivité électrique d'un sol diminue lorsque sa saturation en eau augmente, nous utilisons cette relation pour étudier les variations d'humidité du sol dans le temps grâce au suivi des variations de résistivité électrique.

Le suivi diachronique par panneau électrique multi-électrodes de la résistivité électrique d'une section d'un sol de Petite Beauce a permis (Michot *et al.*, 2003) : (1) de délimiter de façon non intrusive les horizons pédologiques en 2D (fig. 3, planche couleur 3) ; (2) de suivre le fonctionnement hydrique du sol, à une échelle décimétrique et à un pas de temps horaire, en visualisant son dessèchement par les prélèvements racinaires en eau de plants de maïs ainsi que la progression du front d'infiltration de l'eau suite à une irrigation puis le drainage superficiel du sol (fig. 4, planche couleur 3) ; (3) de délimiter les zones d'écoulements préférentiels ; (4) de révéler les caractéristiques structurales des horizons résultant des pratiques culturales (fig. 3 et 4) et notamment l'effet du tassement par le passage des engins agricoles.

Des sections 2D de teneur en eau instantanée ont ensuite été estimées à partir des sections de résistivité interprétées en utilisant des relations d'étalonnage établies *in situ*. Comme les variations de température dans le sol ont une influence sur la résistivité électrique de l'eau et donc sur celle du sol, le profil thermique du sol au moment des mesures électriques a été pris en compte dans la modélisation en utilisant la loi de Campbell *et al.* (1948).

Ce suivi a abouti à une meilleure compréhension des flux hydriques (drainage, évapotranspiration) sous culture de maïs irrigué et a confirmé l'hétérogénéité de l'humidité du sol de l'échelle décimétrique à métrique, posant ainsi la question de la représentativité des mesures lorsque l'on utilise des méthodes traditionnelles (par exemple, mesures pondérales) dont la résolution est de l'ordre de la dizaine de centimètres.

Analyse de la variabilité spatiale des sols par mesure de la résistivité électrique

Pour cartographier la résistivité électrique, nous avons utilisé un multi-pôles MuCEP, intégrant trois profondeurs d'investigation, permettant ainsi une reconnaissance de la variabilité horizontale et verticale des horizons. L'analyse comparative des trois cartes de résistivité apparente obtenue avec cet appareil permet de comprendre l'organisation tridimensionnelle des horizons ou des substrats géologiques mais aussi d'appréhender les variations verticales du profil hydrique (fig. 5, planche couleur 4). Les limites entre unités de sols, continues dans l'espace, peuvent être soulignées par des différences de signature électrique des sols selon la largeur du dipôle employé et donc la profondeur d'investigation.

Les prospections électriques multi-profondeurs et multi-dates permettent d'acquérir une vision dynamique de la couverture pédologique en révélant son fonctionnement hydrique. Les cartes de résistivités apparentes acquises à différentes dates révèlent non pas des limites statiques dans le temps mais permettent de caractériser des limites de fonctionnement hydrique de la couverture pédologique (Michot, 2003).

La signature électrique de deux horizons pédologiques différents peut être identique à des humidités singulières. Ils ne sont alors pas distingués lors d'une telle prospection géophysique. Inversement, deux horizons de même texture mais présentant une humidité significativement différente, pourront être individualisés par la mesure de leur résistivité électrique. Aussi la différenciation de certains horizons et unités de sol, ne pourra être réalisée qu'à la faveur de conditions hydriques particulières. Ceci souligne l'intérêt des prospections géophysiques multi-dates réalisées sur une couverture pédologique à différents états hydriques pour une caractérisation optimale de la variabilité spatiale du milieu. En d'autres termes, on ne peut délier horizon pédologique et effet de la teneur en eau que par une étude multi-dates, exactement comme en télédétection.

Apport respectif de la géophysique et de la télédétection pour l'analyse de la variabilité spatiale des sols

Étude de l'influence des variables pérennes et conjoncturelles des sols sur leur réflectance spectrale

La parcelle expérimentale de Chambry 2 située dans le Laonnois a fait l'objet de plusieurs acquisitions multispectrales sur sols nus du visible au proche infrarouge à l'aide du radiomètre aéroporté Casi.

Deux principaux ensembles pédologiques caractérisés par des comportements spectraux différents ont été distingués par une analyse en composantes principales. Il s'agit d'une part des sols carbonatés développés dans des matériaux crayeux, et d'autre part des sols lessivés, épais, non ou peu carbonatés, de texture riche en limons grossiers. La réflectance des sols apparaît contrôlée par la plus ou moins grande profondeur d'apparition des substrats crayeux. Elle apporte ainsi une information indirecte sur le développement du sol. Pour chacune de ces familles, les liens existant entre la réflectance spectrale et les propriétés de surface des sols, pérennes et conjoncturelles, ont été précisés. Les résultats montrent que : (1) la réflectance des sols carbonatés ($CaCO_3$>5 %) est liée essentiellement aux teneurs en $CaCO_3$ et en éléments grossiers présents à la surface du sol ; (2) la réflectance des sols lessivés, non ou peu carbonatés ($CaCO_3$<5 %) est corrélée principalement aux teneurs en argiles, en limons grossiers et en carbone organique, mais aussi à leur rugosité de surface.

Ces résultats confirment les travaux antérieurs menés sur des milieux divers (Mathews, 1973 ; Stoner et Baumgardner, 1981 ; Courault, 1989 ; Irons *et al.*, 1989 ; Courault *et al.*, 1993 ; Gaffey *et al.*, 1993 ; King *et al.*, 1996 ; Palacios et Ustin, 1998). Ils permettent de hiérarchiser sur cette parcelle les facteurs déterminant les signaux radiométriques.

Comparaison des mesures de résistivité électrique et de réflectance spectrale (visible et PIR)

Au sein de la zone ayant servi pour l'acquisition multispectrale, une portion représentative a été sélectionnée afin de cartographier la résistivité apparente de la couverture pédologique (méthode électromagnétique avec un conductivimètre EM38). Une comparaison avec les données Casi a été alors menée sur la base d'une analyse de la variabilité spatiale des sols (Nicoullaud *et al.*, cet ouvrage).

Les analyses discriminantes et la comparaison visuelle des cartes de résistivité apparente et de réflectance spectrale (fig. 6, planche couleur 5) montrent que les mesures géophysiques et radiométriques présentent de larges similitudes avec toutefois des dissemblances). Ces dernières ont plusieurs raisons : (1) un échantillonnage irrégulier des sondages pédologiques de validation et orienté principalement dans les zones de forte variabilité des sols. En effet, dans les zones reconnues homogènes, le pédologue cartographe a réalisé peu d'observations par soucis d'efficacité. Par contre, il a concentré une majorité de ses sondages à la tarière dans les zones de forte variabilité pour préciser les limites entre les unités de sols reconnues. Les valeurs de résistivité apparente ou de réflectance spectrale localisée en ces emplacements ne sont donc pas toujours représentatives de l'unité pédologique de rattachement. Aussi, le poids de ces données, non ou peu représentatives, introduit une sur-estimation de la variance dans l'analyse discriminante. Un échantillonnage des donnés selon une maille régulière aurait été préférable pour une telle analyse ; (2) une différence d'intégration spatiale de ces deux mesures physiques en terme de profondeur d'investigation ; (3) le type de transition pédologique pouvant se caractériser par une différence de localisation des limites du substrat géologique révélées par les mesures géophysiques et les limites de l'état de surface des sols observées par télédétection. Les données de réflectance spectrale mesurée dans le visible présentent la plus faible capacité à différencier les unités de sol. La réflectance des sols mesurée dans le proche infrarouge montre un pouvoir de discrimination supérieur au visible. C'est dans cette gamme de longueur d'onde que l'on trouve des résultats cartographiques similaires à ceux obtenus à l'aide de la méthode électromagnétique intégrant une seule profondeur d'étude. Les dissemblances observées entre les cartes de résistivité apparente et de réflectance spectrale révèlent les zones de transition entre des unités de sol homogènes et précisent ainsi la notion de limite progressive dans l'espace.

Les résultats confirment donc que les mesures géophysiques de surface, qu'elles fassent appel aux méthodes électriques ou électromagnétiques, sont rapides, non intrusives et spatialement intégrantes. Elles sont ainsi un moyen de reconnaissance de la variabilité spatiale des sols et d'une vision tridimensionnelle de la couverture pédologique. Dans notre cas d'étude, nous n'avons pas pu mesurer des différences de teneur en eau des sols par télédétection. Par contre, les prospections géophysiques réalisées avec les méthodes électrique et électromagnétique permettent d'accéder à cette grandeur physique et de suivre son évolution dans le temps. Les prospections géophysiques au sol offrent une échelle d'investigation intermédiaire très pertinente, correspondant à une résolution plus large que celle de l'observation ponctuelle du pédologue cartographe et mieux à même de comprendre des variations perçues en télédétection à des résolutions spatiales plus grossières. Par contre, les prospections géophysiques sont nécessairement réalisées sur des superficies plus petites que par télédétection. D'où l'intérêt de travailler selon des méthodes de cartographie multi-échelle en analysant d'une part, les prospections géophysiques en lien avec des informations ponctuelles sur les sols et d'autre part, ces mêmes données géophysiques en lien avec les données de télédétection réalisées sur de grandes surfaces.

Conclusions - perspectives

Ces travaux ont contribué à une meilleure connaissance de la variabilité spatiale des sols et surtout de leur fonctionnement hydrique de l'échelle du profil de sol jusqu'à l'échelle parcellaire. Ils s'inscrivent dans un contexte de fort développement technologique et montrent l'intérêt des méthodes géophysiques assurant une mesure de la résistivité électrique des sols. Du suivi sur site à l'aide de panneaux électriques, aux prospections électriques multi-profondeurs jusqu'aux images de télédétection, nous disposons désormais d'une large panoplie de méthodes d'investigation possédant des résolutions variées et permettant des études diachroniques. Ils ouvrent de nombreuses questions et offrent des perspectives tant sur le plan de la recherche scientifique que sur le plan pratique pour une valorisation et une application de ces méthodes à l'agriculture de précision.

Sur le plan scientifique

Un effort important reste à réaliser dans la connaissance et la modélisation des relations entre la résistivité électrique et la teneur en eau des sols non saturés en conditions « naturelles ». Il serait aussi intéressant d'approfondir les relations entre la résistivité électrique et l'énergie de rétention en eau en terme de potentiel hydrique de sols issus de milieux variés et caractérisés par des textures différentes en lien avec une analyse de leur macro et microporosité.

À l'instar de Zhou *et al.* (2001), une modélisation de sections de teneur en eau à partir de panneaux électriques 3D et d'un modèle pétrophysique, adapté aux sols argileux non saturés, est à entreprendre pour s'affranchir des calibrages au laboratoire ou au champ. Malgré les problèmes de résolution à atteindre, cette approche pourrait être développée pour réaliser une imagerie quantitative et modéliser les transferts d'eau dans les systèmes sol-plante, mais aussi pour quantifier l'infiltration de l'eau ou les prélèvements hydriques par une architecture racinaire.

Les prospections électriques à l'aide du multi-pôles MuCEP permettent par une simple lecture des cartes de résistivité apparente une reconnaissance de la variabilité spatiale de la couverture pédologique à condition qu'il existe des contrastes de résistivité apparente suffisants entre les différents horizons et unités de sols. En sus, une estimation de l'épaisseur de la couverture de sol sur l'ensemble de la parcelle peut être obtenue par inversion des données MuCEP. Celle-ci est réalisée selon un modèle tabulaire à deux terrains. La représentation 3D de la couverture pédologique est donc limitée ici à l'épaisseur d'un recouvrement conducteur sur un substrat résistant. Pour améliorer la représentation de la couverture lorsqu'il existe une stratification plus complexe, il faudrait acquérir des mesures de résistivité apparente supplémentaires pour faciliter la convergence de l'inversion. Il faut soit concevoir un système MuCEP présentant un ou deux dipôles supplémentaires et de tailles supérieures, soit compléter l'acquisition des données par une prospection électromagnétique avec le conductivimètre EM31 (Géonics) de façon à atteindre une profondeur d'investigation de 4 à 5 m.

Concernant les conditions d'utilisation du système MuCEP, nous avons montré lors de ces travaux l'intérêt des prospections électriques multi-pôles et multi-dates ou plutôt multi-états (c'est-à-dire réalisées à différents états d'humidité des sols). Il serait intéressant de développer une méthode d'inversion permettant d'intégrer l'information issue des différentes prospections, mais aussi de pouvoir intégrer des données conjoncturelles en termes d'humidité et de température des différents terrains lorsqu'elles sont disponibles pour contraindre les algorithmes d'inversion.

L'information fournie par la télédétection multispectrale dans le visible et le PIR se réduit essentiellement à la connaissance des états de surface du sol et n'intègre pas en profondeur la complexité de la couverture pédologique. L'intérêt des mesures de réflectance est donc limité dans les cas où ces états de surface ne reflètent pas la nature et les propriétés plus en profondeur du sol et du proche sous-sol (sans compter que les mesures peuvent être également influencées par la couverture végétale ou les résidus de récolte). Deux domaines spectraux seraient néanmoins intéressants à prospecter : (1) le domaine des micro-ondes pour l'étude de l'humidité des sols qui fait l'objet de nombreuses recherches (Pardé *et al.*, 2003) et soulèvent le problème d'une forte sensibilité à la rugosité de surface ; (2) le domaine de l'infrarouge thermique (IRT) qui, au travers de l'acquisition de la température de surface, révèle différents comportements thermiques de profondeur. Le choix opportun de la date de campagne est alors l'élément le plus important pour obtenir des données de qualité. Il nécessite au préalable une étude des propriétés thermiques des sols, un suivi des variations transitoires lentes du flux de chaleur et une modélisation thermique de la couche superficielle du sol.

Sur le plan pratique

Les résultats de ce travail montrent que les techniques utilisées en géophysique et télédétection fournissent des informations sur la variabilité des sols à l'échelle intraparcellaire, informations qui sont directement utilisables pour le pilotage des parcelles agricoles dans le cadre des concepts de l'agriculture de précision. D'ores et déjà, les techniques de géophysique de subsurface sont employées de façon opérationnelle (Dabas *et al.*, 2001 ; Lund *et al.*, 1999 ; Rouiller *et al.*, 2001), apportant des informations complémentaires à la cartographie des sols conventionnelle ou également complémentaires des cartes de rendement.

Grâce à ces données, il est possible de raisonner une modulation des pratiques au sein des parcelles. Pour se faire, une bonne interprétation des « images » obtenues s'impose et nécessite donc un approfondissement des relations entre signal et propriétés des sols. Les résultats se limitent à des contextes pédologiques données et d'autres références devront être acquises dans des milieux différents. Par ailleurs, on a montré que ces méthodes fournissaient des informations au cours du temps sans perturbations du sol et sur de grandes surfaces. Il est donc envisageable d'utiliser ces informations directement dans des modèles de culture pour suivre la croissance et le développement des plantes. Pour cela, il apparaît nécessaire de développer les méthodes d'inversion et peut être d'adapter les modèles biophysiques à ce nouveau type de données.

Cartographier à pas de temps réguliers la teneur en eau d'une parcelle au cours d'une saison culturale ne sera toutefois pas possible sans le développement d'outils opérationnels embarqués. Une autre solution consiste à ne suivre qu'un nombre réduit de sites sélectionnés pour leur représentativité et à généraliser ensuite sur l'ensemble de la parcelle. Le suivi au moyen de panneau électrique 2D (ou 3D) apparaît comme une technique prometteuse par exemple pour le pilotage de l'irrigation. Une modélisation quantitative de sections de teneurs en eau utilisant les données de résistivité et un modèle biophysique spatialisé peut ainsi s'envisager.

Références bibliographiques

BOTTRAUD J.-C., BORNAND M. & SERVAT E., 1984. Mesures de résistivité appliquée à la cartographie en pédologie. *Science du Sol*, 4, pp. 279-294.

BOURENNANE H., KING D., LE PARCO R., ISAMBERT M. & TABBAGH A., 1998. Three-dimensional analysis of soils and surface materials by electrical resistivity survey. *European Journal of Environmental and Engineering Geophysics*, 3, pp. 5-23.

BRUS D.J., KNOTTERS M., VAN DOOREMOLEN W.A., VAN KERNEBEEK P. & VAN SEETERS R.J.M., 1992. The use of electromagnetic measurements of apparent soil electrical conductivity to predict the boulder clay depth. *Geoderma*, 55, pp. 79-93.

CAMPBELL R.B., BOWER C.A. & RICHARDS L.A., 1948. Change of electrical conductivity with temperature and the relation of osmotic pressure to electrical conductivity and ion concentration for soil extracts, *Soil Sci. Soc. Am. Proc.*, 13, pp. 66-69.

CHERY P., DABAS M., BRUAND A. & VOLTZ M., 1996. Épaisseur de la couverture de sol et prospection géophysique par des méthodes électriques. Étude de cas en Petite Beauce. *Géologues*, 109, pp.17-23.

COLLINS M.E. & DOOLITTLE J.A., 1987. Using ground-penetrating radar to study soil microvariability. *Soil Sci. Soc. Am. J.*, 51, pp. 491-493.

CORWIN D.L. & RHOADES J.D., 1982. An improved technique for determining soil electrical conductivity-depth relations from above-ground electromagnetic measurements. *Soil Sci. Soc. Am. J.* 46, pp. 517-520.

COURAULT D., 1989. Étude de la dégradation des états de surface du sol par télédétection. Thèse de l'Ina-PG, Grignon, *Sols*, 17, 239 p.

COURAULT D., GIRARD M.C. & BERTUZZI P., 1993. Monitoring surface changes of bare soils due to smaking using visible and near-infrared reflectances, *Soil Sci. Soc. Am. J.*, 57, pp. 1595-1601.

DABAS M., DUVAL O., BRUAND A. & VERBEQUE B., 1995. Cartographie électrique en continu. Apport à la connaissance d'une couverture de sol développée sur matériaux deltaïques. *Étude et Gestion des Sols*, 2, pp. 257-268.

DABAS M., HESSE A., JOLIVET A. & TABBAGH A., 1989. Intérêt de la cartographie de la résistivité électrique pour la connaissance du sol à grande échelle. *Science du Sol*, 27, pp. 65-68.

DABAS M., TABBAGH J. & BOISGONTIER D., 2001. Muti-depth continuous electrical profiling (MuCEP) for characterization of in-field variability, *3rd European Conference on Precision Agriculture*, Montpellier-France, June 18th-21st, 2001, pp.361-366.

DE JONG E., BALLANTINE A.K., CAMERON D.R. & READ D.W.L., 1979. Measurement of apparent electrical conductivity of soils by an electromagnetic probe to aid salinity surveys. *Soil Sci. Soc. Am J.*, 43, pp. 810-812.

ESCADAFAL R., GIRARD M.-C. & COURAULT D., 1988. La couleur des sols : appréciation, mesure et relations avec les propriétés spectrales, *Agronomie*, 8 (2), pp. 147-154.

FOURTY T. & BARET F., 1998. Restitution du contenu en matière organique et en eau d'un sol à partir de ses caractéristiques spectrales : développement de modèles empiriques et semi-analytiques, Inra Avignon, 45 p.

GAFFEY S.J., MC FADDEN L.A., NASH D. & PIETERS C.M., 1993. Ultraviolet, visible and near-infrared reflectance spectroscopy: laboratory spectra of geologic materials, *In Remote geochemical Analysis: elemental and mineralogical composition*. Presse syndicate of the university of Cambridge, New-York, p. 43-98.

GUPTA S.C. & HANKS R.J., 1972. Influence of water content on electrical conductivity of the soil, *Soil Sci. Soc. Am. J.*, 36, pp. 855-857.

HESSE A., 1964. *Prospections géophysiques à faible profondeur. Applications à l'archéologie.* Thèse de l'Université de Paris, 133 p.

HESSE A., JOLIVET A. & TABBAGH A., 1986. New prospects in shallow depth electrical surveying for archeological and pedological applications. *Geophysics*, 51, pp. 585-594.

IRONS J.R., WEISMILLER R.A. & PETERSEN G.W., 1989. Soil reflectance. *In Theory and applications of optical remote sensing* (ed. Gassen Asrar), Wiley Interscience, pp. 66-106.

JOB J.O., LOYER J.Y. & AILOUL M., 1987. Utilisation de la conductivité électro-magnetique pour la mesure directe de la salinité des sols. *Cah. ORSTOM*, sér. Pédol., 23 (2), pp.123-131.

KING D., BOURENNANE H., ISAMBERT M. & RENAUX B., 1996. Apport d'une simulation Spot 5 à la cartographie des sols calcaires en Petite Beauce, *Bulletin de la Société Française de Photogrammétrie et de Télédétection*, 141, pp. 110-114.

LAGABRIELLE R., CHEVASSU G. & LARGUILLIER J.F., 1983. La magnéto-tellurique artificielle pour les projets à très faibles profondeur. *Bull. Assoc. Inst. Géol. de l'Ingénieur*, 26-27, pp. 265-271.

LAMOTTE M., BRUAND A., DABAS M., DONFACK P., GABALDA G., HESSE A., HUMBEL F.X. & ROBAIN H., 1994. Distribution d'un horizon à forte cohésion au sein d'une couverture de sol aride du nord Cameroun : apport d'une prospection électrique. *C.R. Acad. Sci.* Paris, 318, série IIa, pp. 961-968.

LESCH S.M., STRAUSS D.J. & RHOADES J.D., 1995. Spatial prediction of soil salinity using electromagnetic induction techniques. 1. Statistical prediction models: A comparison of multiple linear regression and cokriging. *Water Resour. Res.*, 31, pp. 373-386.

LOKE M.H., 1999. *Electrical imaging surveys for environmental and engineering studies. A pratical guide to 2-D and 3-D surveys.* 57 p.

LUND E.D., CHRISTY C.D. & DRUMMOND P.E., 1999. Practical applications of soils electrical conductivity mapping, *2nd European Conference on Precision Agriculture*, Denmark, 11-15 July 1999, pp.771-779.

MATHEWS H.R., 1973. Spectral reflectance of selected pennsylvania soils, *Soil Sci. Soc. Am. Proc.*, 37, pp. 421-424.

MC NEIL D.J., 1980. *Electromagnetic terrain conductivity measurements at low induction numbers.* Geonics, Technical Note TN-6.

MEROT P., GASCUEL-ODOUX C. & CHEVASSU G., 1986. Application de la prospection magnéto-tellurique artificielle à l'étude de la profondeur d'un sol. *Agronomie*, 6, pp. 57-66.

MICHOT D., 2003. *Intérêt de la géophysique de subsurface et de la télédétection multispectrale pour la cartographie des sols et le suivi de leur fonctionnement hydrique à l'échelle intraparcellaire.* Thèse de l'Université Pierre et Marie-Curie - Paris VI, 394 p.

MICHOT D., BENDERITTER Y., DORIGNY A., NICOULLAUD B., KING D. & TABBAGH A., 2003. Spatial and temporal monitoring of soil water content with an irrigated corn crop cover using surface electrical resistivity tomography. *Water Resour. Res.*, 39, 5, 1138-1158.

MONTOROI J.-P., BELLIER G. & DELARIVIERE J.-L., 1997. Détermination de la relation résistivité électrique – teneur en eau au laboratoire. Application aux sols de Tunisie centrale, *Ier Colloque GEOFCAN*, 11-12 sept. 1997, Bondy, France, pp. 153-159.

PALACIOS-ORUETA A. & USTIN S., 1998. Remote sensing of soil properties in the santa monica mountains I. Spectral analysis. *Remote Sensing of Environment*, 65, pp. 170-183.

PANISSOD C., DABAS M., JOLIVET A. & TABBAGH A., 1997. A novel mobile multipole system (MuCEP) for shallow (0-3m) geoelectrical investigation: the "vol-de-canard" arrays. *Geophysical prospecting*, 45, pp. 983-1002.

PARDÉ M., WIGNERON J.-P., CHANZY A., WALDTEUFEL P., KERR Y. & HUET S., 2003. Retrieving surface soil moisture over a wheat field: comparison of different methods. *Remote sensing of environnement*, 87, pp. 334-344.

RHOADES J.D. & CORWIN D.L., 1984. Monitoring soil salinity. *J. Soil Water Conserv.*, 39, pp. 172-175.

RHOADES J.D. & INGVALSON R.D., 1971. Determining salinity in field soils with soil resistance measurements. *Soil Sci. Soc. Amer. Proc.*, 35 , pp. 54-60.

RHOADES J.D., MANTEGHI P.J., SHOUSE P.J., ALVES W.J., 1989. Soil electrical conductivity and soil salinity: New formulation and calibrations. *Soil Sci. Soc. Am. J.*, 53, pp. 433-439.

RHOADES J.D., RATTS P.A.C., PRATHER R.J., 1976. Effects of liquid-phase electrical conductivity, water content, and surface conductivity on bulk soil electrical conductivity, *Soil Sci. Soc. Am. J.*, 40, pp. 651-655.

ROBAIN H., BELLIER G., CAMERLYNCK C. & VERGNAULT D., 2001. Relation entre résistivité et teneur en eau. Importance des caractéristiques granulométriques, minéralogiques et rhéologiques des sols. *3e Colloque GEOFCAN* : Géophysique des sols et des formations superficielles, Inra, Orléans, 101-104.

ROBAIN H., DESCLOITRES M., RITZ M & ATANGANA Q.Y., 1996. A multiscale electric survey of a lateritic soil system in the rain forest of Cameroon. *Applied geophysics*, 34, pp. 237-253.

ROBERT P.C., 1999. Precision agriculture: research needs and status in the USA. *2nd European Conference on Precision Agriculture*, Odense, Denmark, 11-15 July 1999, pp.19-34.

ROUILLER D., DABAS M., TABBAGH J., PERRARD C., 2001. Definition of homogeneous agricultural areas with the MuCEP system. *3rd European Conference on Precision Agriculture*, Montpellier-France, June 18-21, 2001, pp. 103-108.

SHIH S.F. & DOOLITTLE J.A., 1984. Using radar to investigate organic soil thickness in the Florida Everglades, *Soil Sci. Soc. Am. J.*, 48, pp. 651-656.

STONER E.R. & BAUMGARDNER M.F., 1981. Characteristic variations in reflectance of surface soils, *Soil Sci. Soc. Am. J.*, 45 (6), pp. 1161-1165.

WARD S.H., 1990. Resistivity and induced polarization methods. *In Geotechnical and environmental geophysics*, vol. 1, Ward S.H (ed.) Society of Exploration Geophysiscist, pp. 147-190.

ZHOU Q.Y., SHIMADA J. & SATO A., 2001. Three-dimensional spatial and temporal monitoring of soil water content using electrical resistivity tomography. *Water Resour. Res.*, 37 (2), pp. 273-285.

Mesures spatialisées de propriétés physico-chimiques du sol au sein d'une parcelle par sonde Isfet et mesures hyperspectrales

Y. Fouad, R.A. Viscarra-Rossel, H. Aïchi, C. Walter

Introduction

Le pH et la teneur en carbone organique sont deux propriétés du sol particulièrement importantes dans l'évaluation de la qualité des sols (Krishnan *et al.*, 1980 ; Escadafal *et al.* 1993 ; Ben Dor *et al.*, 1997) ; ils sont variables dans l'espace et dans le temps (Mathieu *et al.*, 1998 ; Batchily *et al.* 2003) et leur mesure au laboratoire fait l'objet de normes analytiques (Afnor, 1996). Le pH est un facteur qui contrôle l'environnement chimique du sol et à ce titre, la caractérisation de sa variabilité spatiale permet d'évaluer l'impact d'un système de production agricole sur l'acidification des sols et les besoins éventuels d'amendements calciques. La matière organique joue un rôle central dans les cycles biogéochimiques des sols et influence fortement leur comportement physique (Le Bissonnais et Arrouays, 1997 ; Chenu *et al.*, 2000).

Ces deux propriétés sont analysées en routine sur un échantillon composite issu du mélange de plusieurs prélèvements au sein d'une zone homogène d'une parcelle (norme X31-100 - Afnor, 1996) : cette approche permet de limiter le nombre d'échantillons à mesurer et fournit une approximation de la valeur moyenne au sein de la parcelle ; elle ne donne par contre aucune indication sur la variabilité spatiale au sein des parcelles.

L'évaluation de la variabilité spatiale intra-parcellaire du pH et de la teneur en carbone apparaît particulièrement utile dans le contexte des sols du Massif armoricain. Les sols sont très majoritairement acides et plus du quart des analyses disponibles (Walter *et al.*, 1997) présente un pH inférieur à 5,6 pour des parcelles cultivées. Un grand nombre de ces sols nécessite donc un chaulage régulier pour prévenir des déficiences nutritionnelles. De même, la variabilité spatiale des teneurs en carbone est très importante à l'échelle régionale, de 1 à 6 % (Walter *et al.*, 1997), mais apparaît également significative à l'échelle locale, en raison des différences d'occupation des sols et des variations pédologiques.

Le regroupement au cours des dernières décennies de nombreuses parcelles de petite taille au sein d'entités plus vastes a induit une variabilité intraparcellaire encore accrue, qui est souvent évidente à l'observation (fig. 1, planche couleur 6), mais peut également passer inaperçue au premier abord. Il semble donc important de disposer d'outils de mesure fiables, quantitatifs, de précision connue, peu coûteux, susceptibles d'être couplés avec des méthodes normalisées de laboratoire et permettant de décrire la variabilité intraparcellaire.

Les progrès réalisés pour l'acquisition et la gestion de l'information spatiale, dans un contexte d'agriculture de précision, sont étroitement liés aux avancées technologiques et à la disponibilité des capteurs. Nous avons donc entrepris, dans le cadre de ce travail, d'évaluer de nouveaux outils de mesure de terrain qui permettent de mesurer de façon rapide, précise et quantitative, la variabilité de propriétés physico-chimiques du sol au sein d'une parcelle. Deux techniques sont présentées ici : d'une part, l'emploi de sondes de mesure de pH Isfet (*Ion Sensitive Field Effect Transistor*) ; d'autre part, l'utilisation d'un spectroradiomètre de terrain permettant de mesurer la réflectance spectrale des sols. En outre, les résultats de mesures de spectroscopie ont été comparés à ceux obtenus à partir des images numériques couleur analysées dans l'espace colorimétrique RVB, et dans les espaces CIEL*a*b* et CIEL*u*v* de la Commission internationale de l'éclairage (CIE, 1978).

Matériel et méthode

Choix d'une collection de sols

Nous avons collecté 43 échantillons de sol, prélevés dans l'horizon A (0-20 cm), en différents sites de la région de Bretagne (fig. 2). Cette série d'échantillons, qui constitue le jeu de calibration, est représentative de la diversité des sols que l'on trouve dans la région. Les gammes de pH, des teneurs en argile et en carbone organique (tabl. 1) confirment cette diversité.

L'ensemble des échantillons a été séché à l'étuve, broyé puis tamisé à une fraction inférieure à 2mm. De plus, tous les échantillons ont été analysés pour leur teneur en matière organique par combustion (méthode NF ISO 10694 - Afnor, 1996). Des volumes de l'ordre de 20 cm^3 par échantillon ont été placés dans des boites de pétri de 30 cm^3 pour les mesures de spectroscopie.

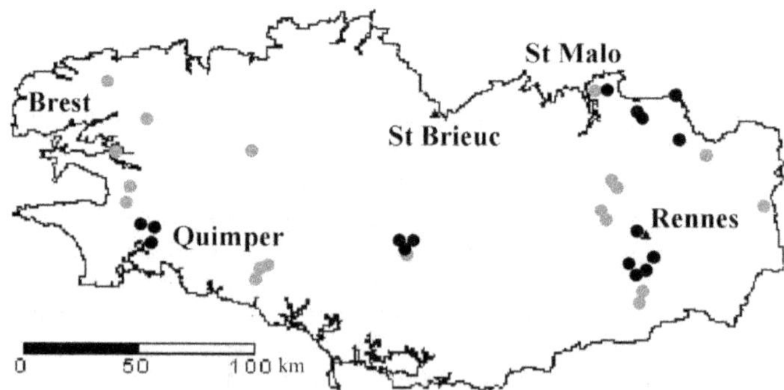

Figure 2. Localisation en Bretagne des échantillons de sol pris en compte pour l'étude du pH (cercles noirs) et de la matière organique (cercles noirs et cercles gris).

Tableau 1. Description statistique des propriétés des sols du jeu de calibration.

n = 43	Moyenne	Écart-type	Médiane	Étendue
pH eau	5,94	0,99	5,88	3,90 - 8,46
Argile (%)	18,4	8,0	16,9	0,0 - 60,8
Carbone organique (%)	2,36	1,52	2,20	0,10 - 8,46

Développement d'une technique rapide de mesure du pH

La sonde Isfet (*Ion Sensitive Field-Effect Transistors*)

Le pH du sol peut être mesuré en utilisant différentes techniques colorimétrique et potentiométrique. Les méthodes colorimétriques sont basées sur le fait que les composés organiques changent de couleur en fonction du pH. Plusieurs indicateurs colorés (tels que le bleu de bromothymol, le phénol rouge, etc.) offrent, quand ils sont mis en contact avec le sol, un large dégradé de couleurs en fonction du pH, pour des pH généralement compris entre 4 et 8. Les techniques colorimétriques sont utilisées pour une détermination rapide du pH des sols sur le terrain (Raupach et Tucker, 1959). Ces méthodes fournissent seulement une estimation qualitative du pH puisqu'elles dépendent de la perception de l'opérateur des changements de couleurs et à leur correspondance avec le code des couleurs. Bien que ces estimations soient relativement rapides et pratiques pour une utilisation sur le terrain, elles sont moins précises et moins fiables que celles obtenues par les méthodes potentiométriques utilisées en laboratoire. Ces dernières utilisent une électrode en verre sensible aux ions, référencée avec une électrode standard type calomel (Schofield et Taylor, 1955 ; White, 1969). Une nouvelle génération de capteurs, la sonde Isfet est considérée comme un capteur potentiométrique alternatif pour les mesures de plusieurs propriétés du sol comme la teneur en nitrate (Birrell et Hummel, 1997) et le pH du sol (Viscarra Rossel et McBratney, 1997).

Les transistors à effet de champ ont été décrits pour la première fois par Bergveld (1972), et plus tard par Matsuo & Wise (1974) et Esashi & Matsuo (1978). Les sondes Isfet, comme le suggère d'ailleurs l'acronyme, combinent deux technologies bien établies, celle des électrodes sélectives d'ions (*ion selective electrodes* : Ise) et celle des transistors à effet de champ (*field-effect transistors* : Fet). Pour plus d'informations sur ces sondes Isfet, nous conseillons de consulter les articles de Bousse & Bergveld (1984) et Covington (1994). Malgré une différence sur le plan opérationnel, les sondes et les électrodes en verre présentent des points communs comme la gamme de pH, la résolution, la fiabilité et la précision de la mesure. Toutefois, les sondes Isfet offrent certains avantages comme leur très faible encombrement, leur robustesse, un temps de réponse très court (inférieur à 3 s) et un rapport signal sur bruit élevé.

Etalonnage de la sonde Isfet

La sonde de pH Isfet est étalonnée en utilisant des solutions tampons de pH = 4,7 et 10. La sensibilité de la sonde est obtenue en effectuant une régression linéaire sur les valeurs de pH de ces solutions. Nous avions ainsi une sensibilité de 59,2 mV pH^{-1}, quasi identique à la sensibilité de Nernst pour les électrodes en verre. La gamme de pH du capteur s'étend de 0 à 14 et sa précision est de 0,001 unité pH. Son temps de réponse varie entre 0,5 et 3 s. Des tests précédemment effectués sur ce type de sonde (Viscarra Rossel et McBratney, 1998) ont montré que les phénomènes d'hystérésis et de dérive sont faibles.

Cinétiques du pH

Pour effectuer les expériences portant sur la cinétique chimique des réactions pH eau, nous avons sélectionné 15 échantillons parmi les 43 du jeu de calibration. Ces échantillons sont considérés comme représentatifs des gammes de variation observées sur les sols agricoles du Massif armoricain.

Les expériences ont été conduites en utilisant une technique batch (Amacher, 1991 ; Sparks, 1995). Elle consiste à placer 5 g de chaque échantillon de sol (ici 15 échantillons) dans 25 ml de la solution H_2O, contenu dans un bécher de 50 ml. La suspension a été agitée à 400 tr/mn en utilisant un agitateur magnétique. Une sonde Isfet étalonnée, connectée à un convertisseur A/N et un logiciel d'acquisition de données, a été utilisée pour suivre l'évolution du pH des réactions en fonction du temps (pHt), depuis le contact entre le sol et la solution (instant t = 0), jusqu'à l'établissement de l'équilibre (pHt=pHe). Les mesures ont été effectuées selon les normes ISO pour la mesure du pH (Afnor, 1996 ; ISO 10390), avec un pas de temps d'une seconde jusqu'à 7200 s. Ces expérimentations de laboratoire ont été conduites à une température de 25 °C.

La figure 3 montre les résultats obtenus. On peut constater qu'en moyenne 90 % des réactions atteignent l'équilibre dans les deux cent premières secondes des réactions.

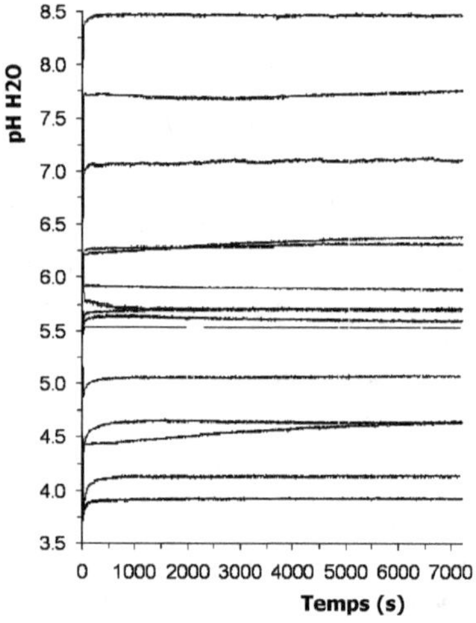

Figure 3. Cinétiques du pH eau des 15 échantillons de sol pris en Bretagne.

Définition d'un temps adéquat pour des mesures rapides du pH

Un sous-ensemble de chaque jeu de données (pH eau) a été ensuite utilisé pour déterminer le temps adéquat pour une mesure rapide du pH. Les sous ensembles contenaient des mesures de pH aux intervalles de temps suivants : 0 s, 2-10 s (avec un pas de 2 s), 10-100 s (avec un pas de 10 s), 500, 1 000, et puis 2 000, 3 000, 5 000 et 7 000 s. Nous avons également utilisé les valeurs des pH à l'équilibre (pHe) à t = 7 200 s.

Pour les 15 échantillons de sols, l'erreur moyenne (pHe – pHt) ainsi que la variance des erreurs ont été calculées pour estimer l'erreur de mesure. La racine carrée de l'erreur quadratique moyenne (REQM) des mesures de pHt a été calculée pour quantifier leur précision. À partir de ces données, il a été possible de choisir un temps adéquat, en fonction de la précision recherchée, pour une mesure rapide du pH du sol.

Pour pH eau, l'erreur moyenne était de 0,74 et allait de 0,02 à 3,21 unités de pH. Comme on pouvait s'y attendre, la moyenne et la variance de ces erreurs diminuent progressivement avec le temps. Donc en toute logique, plus la réaction est proche de l'équilibre plus faible sera le biais et plus grande sera la précision des mesures du pH (tabl. 2). On peut ainsi déterminer, en fonction de la précision recherchée, un temps adéquat pour des mesures rapides du pH du sol. Par exemple, un temps de réaction de 10 s pour des mesures de pH eau avec une précision de 0,33 unité de pH, serait adéquat pour déterminer les besoins d'une parcelle en terme de gestion de l'acidité du sol.

Tableau 2. Erreur de prédiction (REQM) de mesures du pH du sol faites à des temps croissants après la mise en contact sol-solution, estimée à partir des cinétiques d'évolution du pH réalisées sur 15 sols de Bretagne.

Temps (s)	REQM (unités pH)	Temps (s)	REQM (unités pH)
0,2	1,166	60	0,096
2	0,993	70	0,093
4	0,840	80	0,092
6	0,661	90	0,086
8	0,474	100	0,086
10	0,332	500	0,067
20	0,145	1 000	0,056
30	0,117	5 000	0,014
40	0,110	7 000	0,004
50	0,100		

Pour la mesure directe du pH sur le terrain, nous avons opéré en suivant le protocole ci-après :
1. faire un trou de forage, à la profondeur souhaitée dans le sol, à l'aide d'une tige métallique de 1 cm de diamètre ;
2. déverser 10 ml de H_2O ou suffisamment d'eau pour rendre le sol adhérent (en fonction des capacités d'absorption du sol) au niveau des parois du trou ;
3. insérer la sonde Isfet (de 1 cm de diamètre) dans le trou et la faire tourner doucement pendant 10 secondes avant de prendre la mesure ;
4. mesurer et enregistrer le pH à l'aide du système portable.

L'analyse de la réponse spectrale des sols

La couleur des sols est une caractéristique clé qui a été utilisée de longue date pour l'identification, la détermination qualitative des caractéristiques des sols (Webster et Butler, 1976 ; Krishnan *et al.*, 1980 ; Ben Dor *et al.*, 1997) et leur classification (Stoner et Baumgardner, 1981). Les couleurs foncées des sols sont généralement associées à des teneurs élevées en matière organique, les classant comme des sols fertiles (Schultze *et al.*, 1993). La réponse spectrale d'un sol, en particulier dans les domaines visible et proche infrarouge du spectre électromagnétique, est influencée par son état de surface. En effet, le comportement spectral des sols est une propriété émergente de plusieurs facteurs telles que l'humidité, la rugosité, les teneurs en matière organique et en fer, etc. Des études antérieures ont d'ailleurs mis en évidence des relations significatives entre ces propriétés et la réponse spectrale des sols dans le visible et le proche infrarouge (Al Abbas *et al.*, 1972 ; Stoner *et al.*, 1981 ; Mathieu *et al.*, 1998 ; Batchily, 2003). Par ailleurs, la variation spatiale et temporelle de la couleur du sol est révélatrice de processus naturels ou anthropiques (fig. 1) telles que l'acidification, la salinisation, l'hydromorphie ou l'érosion (Bedidi *et al.*, 1992 ; Mathieu *et al.*, 1998 ; Blavet *et al.*, 2000).

Dans ce travail, on s'intéressera plus particulièrement à mettre en relation la couleur des sols et leur teneur en matière organique (MO) au sein d'une parcelle agricole. La connaissance du contenu en matière organique d'un sol cultivé est d'un intérêt capital. En effet, la matière organique influence les propriétés fonctionnelles des sols notamment la stabilité structurale, la bio-disponibilité des éléments nutritifs, la rétention de l'eau et la perméabilité (Fourty & Baret, 1998). En outre, cette information se révèle bénéfique sur les plans économique et environnemental. Par exemple, des études antérieures, citées par Fourty et Baret (1998), mettent en évidence la variation de l'activité des herbicides, utilisés pour détruire les mauvaises herbes avant la germination des plantes cultivées, en fonction de la teneur en M.O.

Nous avons donc cherché à caractériser la variabilité de la teneur en carbone organique des sols à la fois par des mesures de réflectance spectrale et à partir d'images numériques couleur, et nous avons comparé les résultats obtenus par ces deux méthodes.

Acquisition des images couleur

Pour l'acquisition des images de sol nous avons utilisé un appareil photo numérique couleur Kodak DC290 avec un flash externe. L'appareil photo a été placé à l'intérieur d'une enceinte, peinte en blanc mat, à une hauteur de 50 cm au-dessus de l'échantillon. La partie supérieure de l'enceinte est de forme convexe ce qui permet une meilleure diffusion de la lumière du flash, orienté pour l'occasion vers le haut, en direction des échantillons. Nous avons choisi cette configuration pour le flash afin d'éviter la saturation des images. La focale utilisée est de 8 mm, et les images couleur (codées sur 8 bits) sont stockées sous un format compressé Jpeg avec une résolution de 720 x 480 pixels.

Un logiciel de traitement d'image permet d'analyser et d'extraire les statistiques pour chacune des bandes R, V et B ainsi que pour l'intensité lumineuse (IL). Un logiciel de calcul effectue ensuite les opérations nécessaires pour passer du mode RVB aux modes CIE L*a*b* et CIE L*u*v* de la Commission internationale de l'éclairage (CIE, 1978). La clarté (ou la luminance) L* est un indice de luminosité relatif, le même pour les deux modes, qui varie de 0 (noir) à 100 (blanc) le long de l'axe achromatique perpendiculaire au plan formé par les axes a* et b* (respectivement u* et v*) (Billmeyer *et al.*, 1981). La chromaticité est représentée par le couple (a*,b*) (respectivement (u*,v*). L'axe a* (respectivement u*) correspond au couple antagoniste vert-rouge, et l'axe b* (respectivement v*) au couple antagoniste bleu-jaune.

Acquisition des spectres de réflectance

Les mesures de spectroscopie ont été réalisées avec un spectroradiomètre FieldSpec® Pro visible et proche infrarouge conçu et distribué par la société Analytical spectral devices (ASD). Ses caractéristiques principales sont les suivantes :

- gamme spectrale : 350-1 050 nm ;
- résolution spectrale 3 nm à 700 nm ;

- échantillonnage spectrale : 1,4 nm ;
- dynamique : 16 bits.

L'appareil est utilisable en laboratoire ou sur le terrain. Le système optique est simplement composé d'une fibre optique reliée à l'instrument. Un pistolet permet de tenir et diriger la tête de la fibre. La fibre nue présente un champ de visée de 25° et peut être connectée à des têtes de réduction du champ de visée à 1° ou 10°. La réflectance apparente est obtenue en mesurant successivement la luminance de la cible de référence puis celle de la cible d'intérêt. La cible de référence est en spectralon®, fournie par Labsphère, et sa réflectance est supérieure à 0,99 dans toute la gamme comprise entre 400 et 1 000 nm.

Pour les mesures au laboratoire, le pistolet muni d'une optique de 10° a été placé à l'intérieur d'une enceinte à 10 cm au dessus de l'échantillon. Deux lampes halogènes, de 100 W chacune, éclairent l'échantillon sous un angle de 45° approximativement. Et pour chaque échantillon, nous avons relevé 10 spectres qui sont ensuite moyennés.

Validation par l'analyse spatiale de deux parcelles agricoles

Deux parcelles agricoles ont été retenues pour valider les méthodes simplifiées de mesure du pH et du carbone et tester leur aptitude à détecter la variabilité intraparcellaire :

- une parcelle drainée de 4 ha située près de Rennes présentant un gradient d'hydromorphie d'amont en aval, a été choisie pour les études portant sur le pH et le carbone organique. Les sols sont limoneux, acides, développés dans des matériaux d'apport éolien. Cette parcelle est cultivée depuis 20 ans de façon homogène, mais résulte de la fusion de plusieurs anciennes parcelles.

- une parcelle de 2 ha, située près de Quimper, a été choisie pour une étude complémentaire sur le carbone organique, dans un contexte de teneur plus forte. Les sols sont issus de l'altération d'un granite ; ils sont sablo-limoneux et acides. La parcelle est mise en culture depuis une dizaine d'années après avoir été en prairie de longue durée.

Pour les deux parcelles, un plan d'échantillonnage systématique selon une maille régulière triangulaire a été mis en place grâce à un GPS de précision submétrique : chaque parcelle est prospectée selon un maillage de 25 m de côté, aux nœuds desquels différentes propriétés du sol sont mesurées (teneurs en carbone organique, en fer et en azote total, CEC, pH et granulométrie). Un échantillonnage classique a été mis en œuvre au niveau de chacun des points, par prélèvement de sol entre 0 et 10 cm : 62 échantillons ont été prélevés sur la parcelle de Rennes et 25 sur celle de Quimper. Ces échantillons constituent les jeux de validation de la démarche. Ils ont été séchés et tamisés puis analysés selon des méthodes normalisées (Afnor, 1996). Par ailleurs, des volumes de l'ordre de 20 cm^3 de chaque échantillon tamisé ont été placés dans des boites de Pétri pour des mesures de réflectance, selon le même protocole que pour les échantillons du jeu de calibration. Pour la parcelle de Rennes, le prélèvement des 62 échantillons a été effectué en 10 heures.

Pour la parcelle de Rennes, le pH de l'horizon de surface a été mesuré par sonde Isfet selon le protocole simplifié précédemment décrit, en chaque nœud du maillage de 25 m ainsi qu'aux nœuds d'un maillage plus fin (12,5 m). En chaque nœud, 2 mesures de pH ont été effectuées à 1 m de distance pour évaluer la variabilité à très courte distance. Ainsi, 476 mesures du pH ont été effectuées en 238 sites, avec deux mesures prises à 1m de distance. L'ensemble de ces mesures a été réalisé en 6 heures.

Résultats et discussion

Cartographie par krigeage de la variabilité intraparcellaire du pH

Les mesures de terrain du pH eau ont été réalisées, avec un temps de réaction de 10 s. Il faut noter que dans ce contexte, le protocole de mesure est appliqué aux conditions d'humidité intrinsèque du sol sur la parcelle. Il semblerait que la mesure du pH dans ces conditions soit très proche du pH du sol sur le terrain. Bien que ces mesures du pHeau puissent être moins précises que les résultats des analyses au laboratoire, leur précision spatio-temporelle est potentiellement plus grande (Swinton et Jones, 1999). Par ailleurs, ces mesures étant aussi quantitatives sont plus précises que les techniques colorimétriques utilisées pour une détermination rapide du pH sur le terrain (indicateur Raupach, par exemple).

Les variogrammes expérimentaux du pHeau mesuré au laboratoire (n = 57) et mesuré sur le terrain en ces mêmes sites sont comparés dans la figure 4 a. Ils traduisent une structure spatiale similaire, marquée par un effet pépite relativement élevé lié à une variabilité inférieure au pas d'échantillonnage de 25 m et une portée de l'ordre de 180 m. L'intérêt de pouvoir mesurer les variations de pH à très courte distance (1 m) transparaît dans la figure 4 b, qui donne le variogramme du pH terrain, estimé à partir de l'ensemble des mesures effectuées (n = 476), et qui montre un effet pépite plus restreint et une modélisation du variogramme plus pertinente.

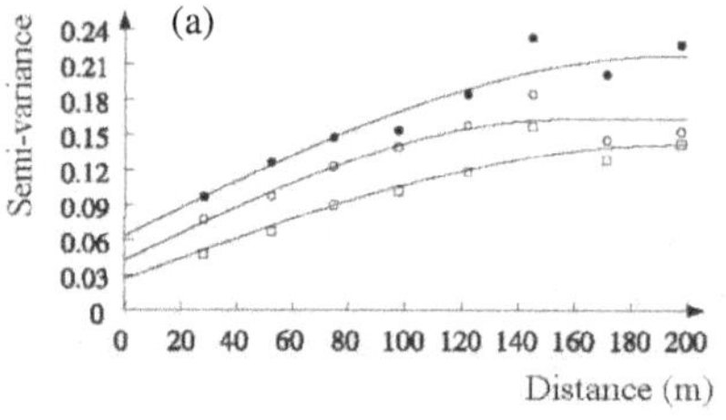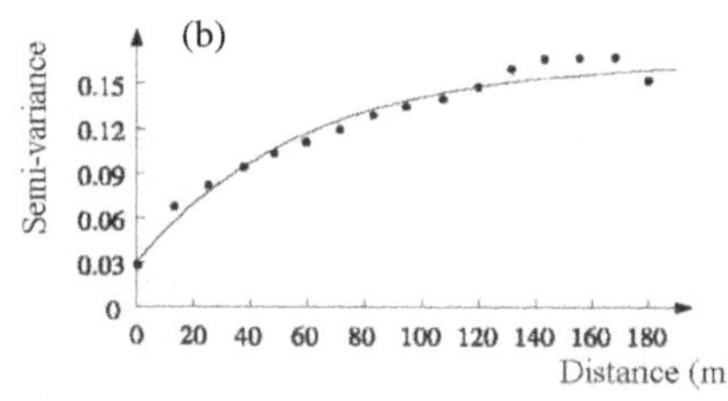

Figure 4. (a) Variogrammes du pHeau mesuré au laboratoire sur 57 échantillons de la parcelle de Rennes (cercles vides), du pHeau mesuré sur le terrain (cercles pleins) en ces mêmes sites et covariogramme de ces deux mesures (carrés). Les trois variogrammes sont ajustés par un modèle sphérique. (b) Variogramme du pHeau mesuré sur le terrain en 476 sites de la parcelle de Rennes, ajusté par un modèle exponentiel.

En accord avec les caractéristiques des variogrammes, la carte obtenue par krigeage du pHeau mesuré au laboratoire apparaît très lissée par rapport à la variabilité des mesures ponctuelles (fig. 5a). La carte issue des données de terrain est beaucoup plus contrastée et semble mieux refléter la structure spatiale du pHeau du sol sur la parcelle (fig. 5b).

Les écarts-type d'estimation du krigeage du pHeau mesuré au laboratoire et de celui mesuré *in situ* sont respectivement de 0,28 et 0,24 unité de pH. Les erreurs de prédiction par validation croisée, estimées pour ces deux mêmes techniques, sont respectivement de 0,30 et de 0,24 unité de pH.

Pour tenir compte des corrélations étroites entre les deux méthodes de mesure de pH et éviter des dérives éventuelles liées à l'emploi d'une méthode simplifiée sur le terrain, une approche par co-krigeage des deux techniques a été mise en œuvre : en considérant le pH laboratoire comme la variable primaire et le pH terrain comme la variable auxiliaire

(Wackernagel, 1995). Cette approche permet d'exploiter la co-régionalisation manifeste entre les données du laboratoire et ceux du terrain (Viscarra Rossel *et* Walter, 2003).

Par exemple quand le facteur temps et/ou les moyens matériels sont limitants pour pouvoir disposer d'un échantillon de grande taille, un co-krigeage d'un échantillon de petite taille, considéré comme variable primaire, avec une série de mesures plus exhaustive recueillie au moyen d'une technique plus rapide mais moins fiable et qui serait considéré comme variable secondaire, pourrait être pratique et avantageux. La carte de co-krigeage est illustrée par la figure 5c. L'écart-type d'estimation du co-krigeage est de 0,21 unité de pH alors que l'erreur de prédiction par validation croisée est de 0,23 unité de pH.

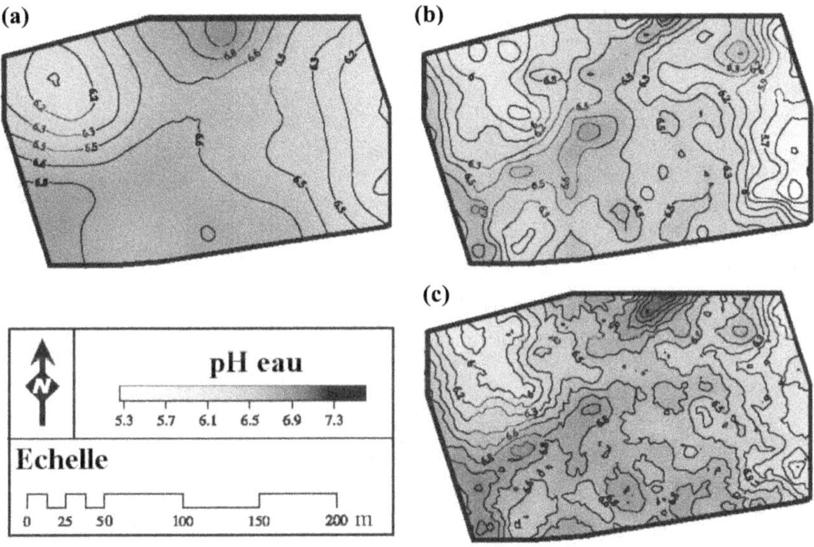

Figure 5. Cartes obtenues par krigeage du (a) pH eau mesuré au laboratoire, (b) pH eau mesuré sur le terrain et (c) carte par co-krigeage des données du laboratoire et du terrain.

Constitution d'un modèle régional de prédiction du carbone

Modèles des couleurs

Deux images pour chaque échantillon du jeu de calibration ont été prises, sol sec et sol humide. L'humectation des échantillons a été faite à l'aide d'un vaporisateur avec de fines gouttelettes pour obtenir une humidité homogène.

Les images des échantillons de sol humide apparaissent plus sombres que celles des échantillons secs. Cette observation est en accord avec les résultats de la figure 6 où l'on observe un décalage vers la gauche des mesures, qui de plus sont moins dispersées et donc plus précises. Il semblerait que cet assombrissement soit dû à l'effet de la matière organique saturée et aux variations de la composition et de la quantité de l'acide humique noirâtre (Schultze *et al.*, 1993). Par ailleurs, sur la figure 6, on peut voir que les mesures, sol sec et sol humide, présentent la même tendance dans leur relation à la teneur en matière organique.

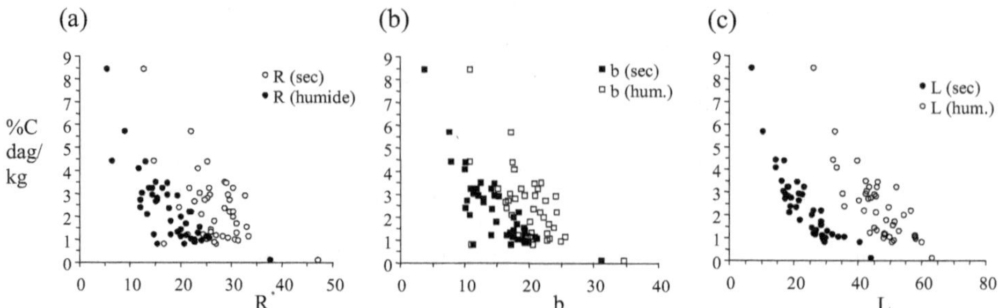

Figure 6. Représentation du carbone organique du sol en fonction des variables de couleurs du sol : (a) R, (b) CIE b et (c) CIE L. n = 43.

Le tableau 3 montre les fonctions que nous avons ajustées aux résultats de mesures sur les 43 échantillons de calibration humidifiés. Une validation croisée permet de quantifier la précision des prédictions pour le modèle considéré. Il en ressort qu'*a priori* les prédictions à partir des variables L, v et b donneraient de meilleurs résultats que les autres variables (Viscarra Rossel et Walter, 2002).

Tableau 3. Modèles de couleurs pour la prédiction du carbone organique et leurs précisions respectives.

Modèle de prédiction n = 43	Validation croisée REQM (%)
y = 68,65(1/L) - 0,883	0,56
y = 44,434(1/R) - 0,4814	0,87
y = - 44,59(1/B) - 0,7201	0,77
y = - 2,451(ln a) + 7,589	1,37
y = - 3,775(ln b) + 12,386	0,67
y = - 2,708(ln u) + 9,707	0,85
y = 3,074(ln v) + 9,934	0,60

Analyses spectrales et prédictions par régression PLS

La réflectance spectrale des 43 échantillons de sols de calibration du modèle reproduit les différences dans les types de sols et la vaste gamme de valeurs des propriétés qui ont été mesurées (fig. 7 a). Pour l'analyse, nous n'avons retenu que la réponse spectrale contenue dans l'intervalle de 400-1 000 nm.

Un algorithme de régression des moindres carrés partiels (MCP) univarié, plus connu sous le nom de PLSR1 (*Partial least squares regression, one variable*), a été utilisé pour la calibration du modèle. La MCP est une méthode statistique permettant de construire des modèles prédictifs lorsque les variables explicatives sont nombreuses et très corrélées (Tenenhaus, 1998), ce qui est le cas en spectroscopie. L'objectif de la régression MCP est d'extraire des « composantes » (ou variables latentes) responsables de la variation des variables explicatives qui modélisent au mieux le comportement des variables expliquées (Desbois, 1999). Le choix du nombre de composantes à retenir dans le modèle a été obtenu par la méthode de validation croisée *leave-one-out*. Le modèle ayant la plus faible REQM de prédiction a été sélectionné. Dans notre cas, nous avons obtenu un modèle PLS à 5 composantes avec une REQM de l'ordre de 0,32 dag/kg (fig. 7 b).

Pour plus de détails sur l'algorithme de la PLS, le lecteur pourra se reporter à l'article de Martens et Næs (1989) et pour un exemple d'implémentation de l'algorithme à celui de Viscarra Rossel *et al.* (2001).

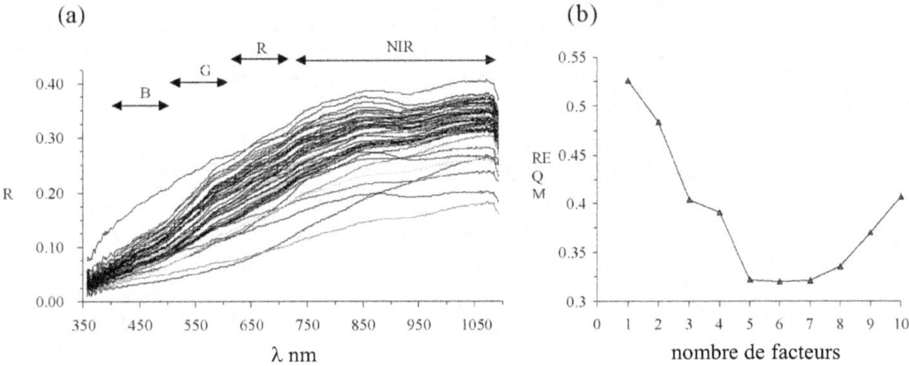

Figure 7. (a) Réflectance spectrale de 43 échantillons de différents sols de la région de Bretagne, (b) Erreur de prédiction (REQM) en fonction du nombre de facteurs retenus dans la régression MCP univariée.

Applications à des parcelles agricoles

Validation du modèle régional de prédiction de carbone à l'échelle intraparcellaire

Pour la validation des modèles, nous avons utilisé le jeu de données « test » composé par les échantillons provenant des deux parcelles agricoles (Rennes et Quimper). Le tableau 4 regroupe les résultats de la teneur en carbone organique issus des analyses chimiques et prédits par les modèles.

Tableau 4. Distribution du carbone organique du sol pour les jeux de calibration et de validation du modèle (unités en %).

	Site	Moyenne	Écart-type	Médiane	Étendue
Teneurs en carbone mesurées	Bretagne (n = 43)	2,36	1,52	2,20	0,10 – 8,46
	Parcelle Quimper (n=25)	2,77	0,67	2,59	1,94 – 3,97
	Parcelle Rennes (n = 62)	1,16	0,24	1,08	0,82 – 1,79
Prédictions à partir du modèle de couleur L	Parcelle Quimper	3,02	0,60	2,76	2,18 – 4,12
	Parcelle Rennes	1,46	0,18	1,43	1,15 – 1,86
Prédictions PLSR par analyse spectrale	Parcelle Quimper	2,87	0,78	2,89	1,50 – 4,05
	Parcelle Rennes	0,75	0,21	0,76	0,18 – 1,22

Les teneurs prédites sont comparées aux analyses (fig. 8) et la qualité des modèles est évaluée grâce à des statistiques qui permettent d'apprécier leur précision (REQM), leur erreur moyenne de biais et leur écart type des erreurs.

Les paramètres IL et L semblent bien corrélés à la teneur en carbone. En effet, en utilisant le modèle en (1/L) (tabl. 3), nous avons obtenu un REQM de 0,38 % pour la parcelle de Quimper et de 0,35 % pour celle de Rennes (fig. 8 b). Cependant, pour les sols hydromorphes qui sont périodiquement saturés, comme c'est le cas sur une zone de la parcelle de Rennes qui présente un gradient d'hydromorphie, la chromaticité b (fig. 8 c) donne un REQM de 0,34 % meilleur que celui obtenu à l'aide des chromaticités a, u, v et des bandes RVB. Pour la parcelle de Quimper, c'est le modèle utilisant la composante R qui donne le meilleur résultat avec un REQM de 0,36% (fig. 8 a).

Les figures 8 d et 8 e montrent les résultats des prédictions du carbone par analyse spectrale et régression PLS, respectivement pour Quimper et Rennes.

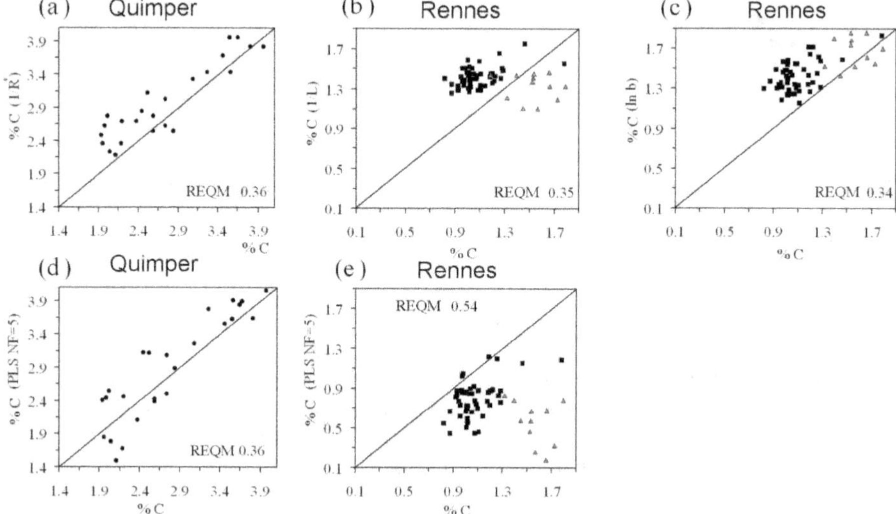

Figure 8. Représentation des teneurs en carbone prédites en fonction des teneurs mesurées pour les échantillons de la parcelle-test de Quimper en utilisant : (a) le modèle en 1/R ; (d) le modèle de régression MCP univariée à 5 composantes ; et validation sur les échantillons de Rennes en utilisant (b) le modèle 1/L (c) le modèle ln(b) (e) et le modèle de régression MCP univariée à 5 composantes.

La précision des prédictions sur la parcelle de Rennes est de 0,54 %, et l'erreur moyenne de biais et l'écart type des résidus sont, respectivement, de - 0,42 % et de 0,34 %. Dans ce cas, les prédictions ne sont pas satisfaisantes, en particulier pour les points représentés par des triangles vides pour lesquels le modèle PLS sous-estime largement la teneur en carbone. Ces points coïncident avec des prélèvements effectués sur une partie de la parcelle correspondant à une ancienne zone hydromorphe. Le fait que le jeu de calibration ne contenait aucun échantillon de ce type expliquerait pourquoi le modèle ne prédit pas correctement ces points. Par contre, les prédictions qui ont été faites sur la parcelle de Quimper sont relativement satisfaisantes avec une précision de 0,36 %, avec une erreur moyenne de biais de 0,1 % et un écart-type des erreurs de 0,39 %. Ces résultats sont tout à fait comparables avec ce que l'on a obtenu avec le modèle en (1 / R) (fig. 8 a) (REQM = 0,36 %, erreur moyenne de biais = 0,25 % et un écart-type des erreurs = 0,27 %). Les deux modèles ont la même REQM mais le modèle PLS à 5 composantes a l'avantage d'être moins biaisé.

Conclusion

Nous avons cherché à tester dans le contexte des sols du Massif armoricain deux nouvelles techniques permettant *a priori* d'augmenter la résolution d'échantillonnage au sein d'une parcelle, grâce à leurs coûts réduits et leur relative rapidité de mise en œuvre.

Nous avons développé une technique rapide de mesure de pH du sol sur le terrain à l'aide d'une sonde Isfet. Les expériences menées sur divers sols ont permis de déterminer, en fonction de la précision recherchée, un temps adéquat pour une mesure rapide du pH du sol sur le terrain. Par exemple, pour un temps de réaction de 10 s, nous avons obtenu une précision de 0,33 unité de pH, et pour 20 s, la précision était 0,15 unité pH. 476 points ont été échantillonnés en 6 heures, sur une parcelle pour la mesure du pH eau.

La comparaison des cartes obtenues par krigeage du pH eau du sol, mesuré au laboratoire et sur le terrain, nous montre que l'acquisition, en temps réel, d'un nombre important et spatialement dense de points de mesure sur le terrain reflète d'une façon plus précise les conditions d'acidité du milieu dans l'espace et dans le temps. Le co-krigeage des mesures de laboratoire, considérées comme variable primaire, avec les mesures sur le terrain comme variable auxiliaire semble être une solution pratique et intéressante pour combiner les données.

L'analyse des images numériques et des spectres de réflectance mettent bien en évidence l'existence d'une relation entre la couleur du sol et sa teneur en carbone organique.

Nous avons montré qu'en utilisant un modèle de calibration approprié, il est possible de faire des prédictions de teneur en carbone relativement précises par spectroscopie ou par acquisition d'images numériques couleur. La précision obtenue étant du même ordre de grandeur dans les deux cas, on peut alors privilégier la deuxième technique qui a l'avantage d'être facile à mettre en œuvre, rapide et peu coûteuse. En utilisant la composante R du système RVB et la chromaticité b du système CIE, nous avons déterminé la teneur en carbone des échantillons de sol de deux parcelles, avec des précisions de 0,36 % et 0,34 % respectivement.

Ainsi, l'apparition de nouveaux outils de mesure de terrain, à l'image des sondes Isfet et des spectromètres portables, permet d'envisager un renouvellement important des approches de terrain vers une meilleure prise en compte de la variabilité intra-parcellaire des propriétés du sol. Le principal avantage est la possibilité d'augmenter significativement les résolutions d'échantillonnage. Le développement en cours d'instruments de prélèvement automatique facilitera la production de cartes intra-parcellaires à haute-résolution révélant les variations des propriétés physico-chimiques des sols.

Remerciements

Nous remercions vivement M. Gilles Dutin pour son aide précieuse dans le prélèvement et les mesures de terrain.

Références bibliographiques

Afnor, 1996. *Afnor, Qualité des sols.* Recueil de normes françaises, Association française de normalisation, Paris.

AL-ABBAS A.H., SWAIN P.H., BAUMGARDNER M.F., 1972. Relating organic matter and clay content to the multispectral radiance of soils. *Soil Sci.* 114, 477-485.

AMACHER M.C., 1991. Methods of obtaining and analysing kinetic data. *In* D.L. Sparks and D.L. Suarez, Editors, *Rates of Soil Chemical Processes.* SSSA Special Publications vol. 27, Soil Science Society of America, Madison, WI, USA, 19–59.

BATCHILY A.K., POST D.F., BRECKENFELD D.J., 2003. Spectral reflectance and soil morphology characteristics of Santa Rita experimental range soils. *USDA Forest Service Proceedings* RMRS-P, 30, 175-182.

BLAVET D., MATHE E. AND LEPRUN J.C., 2000. Relation between soil colour and waterlogging duration in a representative hillside of West Africain granito-gneissic bedrock. *Catena* 39, 187-210.

BEDIDI A., CERVELLE B., MADEIRA J., POUGET M., 1992. Moisture effects on visible spectral characteristics of lateritic soils. *Soil Sci. Soc. Am. J.* 153, 129-141.

BEN DOR, INBAR Y., CHEN Y., 1997. The reflectance spectra of organic matter in the visible near infra red and short wave infrared region (400-2500 nm) during a controlled decompsition process. *Remote Sens. Environ.* 61, 1-15.

BERGVELD P., 1972. Development, operation, and application of the ion-sensitive field-effect transistor as a tool for electrophysiology. *IEEE Transactions on Biomedical Engineering* BME-19 5, 342–351

BILLMEYER F.W. & SALTZMAN M., 1981. *Principles of Colour Technology*, 2nd Edition, Wiley, New-York.

BIRRELL S.J., HUMMEL J.W., 1997. Multi-sensor Isfet system for soil analysis. *In* J.V. Stafford, Editor, *Precision Agriculture'97* Spatial Variability in Soil and Crop vol. I, BIOS Scientific Publishers, UK, 459–468.

BOUSSE L., BERGVELD P., 1984. The role of buried OH sites in the response mechanism of inorganic-gate pH-sensitive Isfets. *Sensors and Actuators* 6, 65–78.

CHENU C., LE BISSONNAIS Y., ARROUAYS D., 2000. Organic matter influence on clay wettability and soil aggregate stability. *Soil Sci. Soc. Am. J.*, 64, 1479-1486.

CIE, 1978. Commission internationale de l'éclairage. *Recommendations on Uniform Colour Spaces, Colour Difference Equations and Psychometric Color Terms.* Supplement No. 2 to publication CIE No. 15 (E-1.3.1) 1971,/(TC-1.3) 1978, Bureau Central de la CIE, Paris.

COVINGTON A.K., 1994. Terminology and conventions for microelectronic ion-selective field effect transistor devices in electrochemistry (IUPAC recommendations 1994). *Pure and Applied Chemistry* 66, 3, 565–569.

DESBOIS, 1999. Introduction à la régression sur variables latentes : la procédure PLS de SAS. *Les cahiers des techniques de l'Inra*, N°41, 81 p.

ESCADAFAL R., GOUINAUD C., MATHIEU R. et POUGET M., 1993. Le spectroradiomètre de terrain : un outil de la télédétection et de la pédologie. *Cah. Orstom, sér. pédol.*, vol.XXVIII, n° 1, 15-29.

ESASHI M. and MATSUO T., 1978. Integrated micro multi-ion sensor using field effect of semiconductor. *IEEE Transactions on Biomedical Engineering* BME-25, 184–191.

FOURTY T., BARET F., 1998. Restitution du contenu en matière organique et en eau d'un sol à partir de ses caractéristiques spectrales : développement de modèles empiriques et semi-analytiques. Projet PAAGE. Inra, Avignon.

KRISHNAN P., ALEXANDER J.D., BUTLER B.J. and HUMMEL J.W., 1980. Reflectance technique for predicting soil organic matter. *Soil Science Society. Am. J.* 44, 1282-1285.

LE BISSONNAIS Y., ARROUAYS D., 1997. Aggregate stability and assessment of soil crustability and erodibility : II. Applications to humic loamy soils with various organic carbon contents. *Eur. J. Soil Sci.*, 48, 39-48.

MARTENS H., NÆS T., 1989. *Multivariate Calibration.* John Wiley & Sons, Chichester.

MATHIEU R., POUGET M., CERVELLE B., ESCADAFAL R., 1998. Relationships between satellite-Based Radiometric Indices Simulated Using Laboratory Reflectance Data and Typic Soil Color of an Arid Environment. *Remote sensing of environment* 66, 17-28.

MATSUO T., WISE K.D., 1974. An integrated field-effect electrode for biopotential recording. *IEEE Transactions on Biomedical Engineering* BME-21, 485–487.

RAUPACH M., TUCKER B.M., 1959. The field determination of soil reaction. *Journal of the Australian Institute of Agricultural Science* 25, 129–133.

SCHOFIELD R.K., TAYLOR A.W., 1955. The measurement of soil pH. *Soil Science Society of America Proceedings* 19, 164–167.

SCHULTZE D.G., NAGEL J.L., VAN SCOYOC G.E., HENDERSON T.L., BAUMGARDNER M.F., STOTT D.E., 1993. Significance of Organic Matter in Determining Soil Colours. *In Soil Colour.* SSSA Special Publication No. 31. Soil Science Society of America, Madison, WI, USA., 71-90.

SPARKS D.L., 1995. *Environmental Soil Chemistry.* Academic Press, San Diego, CA, USA.

STONER E.R., BAUMGARDNER M.F., 1981. Characteristic variations in reflectance of surface soils. *Soil Sci. Soc. Am. J.* 45, 1161-1165.

SWINTON S.M., JONES K.Q., 1999. From data to information: adding value to site-specific data. *In Proceedings of the Fourth International Conference on Precision Agriculture* ASA-CSSA vol. 457, SSSA, Madison, WI, 1681-1692.

TENENHAUS, 1998. *La régression PLS théorie et pratique.* Édition technip, Paris.

VISCARRA ROSSEL R.A., MC BRATNEY A.B., 1997. Preliminary experiments towards the evaluation of a suitable soil sensor for continuous `on-the-go' field pH measurements. *In* J.V. Stafford, Editor, *Precision Agriculture'97* Spatial Variability in Soil and Crop vol. I, BIOS Scientific Publishers, Oxford, UK, 493–502.

VISCARRA ROSSEL R.A., MC BRATNEY A.B., 1998. Soil chemical analytical accuracy and costs: implications from precision agriculture. Special Issue: moving towards precision with soil and plant analysis. *Australian Journal of Experimental Agriculture* 38, 765–775.

VISCARRA ROSSEL R.A., WALVOORT D.J.J., MC BRATNEY A.B., JANIK L.J., 2001. Proximal Sensing of soil pH and lime requirement by mid infrared diffuse reflectance spectroscopy. *In* G. Grenier and S. Blackmore (Eds), *ECPA 2001, Third European Conference on Precision Agriculture*, Vol. 1, Agro Montpellier, 497-508.

VISCARRA ROSSEL R.A., WALTER C., 2002. Towards quantitative assessment of field soil organic carbon using proximally sensed digital imagery. Symposium No. 48, paper No. 1523. *17th World Congress of Soil Science*, Queen Sirikit National Convention Centre, 14-21 August 2002, Bangkok, Thailand.

VISCARRA ROSSEL R.A., WALTER C., 2003. Rapid, quantitative and spatial field measurements of soil pH using an Ion Sensitive Field Effect Transistor. *Geoderma*, 119, 1-2, 9-20.

WACKERNAGEL, 1995. *Multivariate Geostatistics*, Springer, Berlin, Germany.

WALTER C., SCHVARTZ C., CLAUDOT B., BOUEDO T., AUROUSSEAU P., 1997. Synthèse nationale des analyses de terre réalisées entre 1990 et 1994. *Étude et Gestion des Sols* 4, 205-220.

WEBSTER R., BUTLER B.E., 1976. Soil Classification and survey studies at Ginninderra. *Australian Journal of Soil Research* 14: 1-24.

WHITE R.E., 1969. On the measurement of soil pH. *Journal of the Australian Institute of Agricultural Science* 35, 3-14.

Partie 2

Caractérisation spatialisée de la culture

Caractérisation du niveau de croissance du colza en sortie d'hiver par radiométrie visible-proche infrarouge

P. HUET, J.-M. ALLIRAND, R. ROCHE, J.-M. GILLIOT, L. GILLOT, A. JULLIEN

avec la collaboration technique de J. Jean-Jacques et E. Fovart

Introduction

Parmi les objectifs de l'agriculture de précision, et notamment en Europe, l'augmentation de l'efficacité de la fertilisation azotée et la limitation de ses impacts environnementaux tiennent une place importante. Le colza d'automne présente l'avantage de valoriser l'azote minéral du sol lors de son implantation ; au printemps, la détermination de ses besoins en azote implique une estimation de son état de croissance en sortie d'hiver, et, s'il s'agit de moduler l'apport d'engrais, la connaissance de la variabilité spatiale de cet état. En effet, pour déterminer la dose d'azote à appliquer au colza au cours de sa végétation au printemps, plusieurs critères doivent être pris en compte : le rendement objectif, qui contribue à la détermination des besoins totaux de la culture, les disponibilités en sortie d'hiver (stade C1 du Cetiom, ou stade 31 de l'échelle BBCH) avec la quantité d'azote accumulée par le colza dans l'appareil végétatif et le stock d'azote minéral du sol en sortie d'hiver. Les deux dernières variables permettant d'appliquer la méthode du bilan prévisionnel de l'azote minéral, sous l'hypothèse d'absence de pertes dans le milieu, sont les quantités d'azote minéralisé à partir de l'humus du sol et des résidus organiques des cultures précédentes. La quantité d'azote accumulée par le colza en sortie d'hiver est l'un des termes les plus fluctuants du bilan. Pour l'estimer dans la pratique, le Cetiom a proposé et validé une méthode de calcul de la fertilisation azotée, connue sous l'appellation « Réglette azote colza » (Lagarde, 2001). Elle implique l'estimation visuelle de la biomasse pour atteindre un objectif de rendement donné.

L'adaptation de cette méthode de détermination de la fertilisation azotée à une parcelle agricole hétérogène implique d'abord de disposer d'un zonage des types de sols pour déterminer les valeurs correspondantes des fournitures du sol et du rendement objectif. Elle nécessite de plus l'estimation zone par zone de la biomasse du colza en fin d'hiver. Dans une parcelle « homogène », et conduite de façon uniforme, l'échantillonnage destiné à cette estimation peut déjà poser problème en raison de la variabilité à grande échelle (irrégularités de semis, levées échelonnées...). Dans le contexte d'une parcelle nettement hétérogène, la pratique de l'estimation visuelle de la biomasse est difficilement envisageable, et il devient nécessaire de recourir à une méthode de mesure automatisée, et évidemment non destructive.

Si l'objectif est d'estimer la quantité d'azote accumulée par le colza en sortie d'hiver, l'estimation visuelle la plus pertinente dans la pratique doit être réalisée plus précocement avant que le gel ne détruise tout ou partie de l'appareil foliaire. Dejoux (1999) a estimé à 30 % la fraction réutilisée du contenu en azote des feuilles gelées. En règle générale, l'appréciation de l'état de croissance atteint par le colza précède nettement la modulation de l'apport azoté, surtout si c'est le second apport que l'on choisit de moduler ; en effet, cet apport, souvent plus important que le premier, est préconisé vers les stades C-D du colza (Anonyme 2001), c'est-à-dire vers la mi-mars.

Les indices de végétation ont été mis au point pour caractériser les couverts végétaux de façon à mettre en valeur la contribution des surfaces vertes et à minimiser celles des autres facteurs tels que le sol, le rayonnement, etc. (Huete, 1988). Des travaux précédents ont permis de mettre au point une méthodologie visant à prédire les besoins en azote d'une autre culture d'hiver, le blé. Cette méthodologie, testée à l'échelle locale (Akkal *et al.*, 1997), est fondée sur l'estimation en sortie d'hiver de l'état de développement foliaire, par des mesures de réflectance dans le domaine du rouge (R) et du proche infrarouge (PIR). Différents travaux font par ailleurs état de l'utilisation de la réflectance spectrale pour caractériser le niveau de croissance des couverts de *Brassica* sp. (Niwas *et al.*, 1999), ou encore pour détecter un stress hydrique sur colza (Mogensen *et al.*, 1996). Evans *et al.* (2003) ont également utilisé la technologie PIR pour estimer le prélèvement précoce en azote du canola en tant que prédicteur du rendement en graine. Comme dans le cas des autres espèces, c'est en général avec l'indice foliaire (IF), plus qu'avec la biomasse ou le contenu en azote du couvert que les indices de végétation sont les plus corrélés.

L'objectif de cette étude est de tester un indicateur de l'état de croissance du colza répondant aux critères de l'agriculture de précision ; on se propose donc de substituer une quantification radiométrique (R-PIR) de l'indice foliaire à l'estimation visuelle de la biomasse, et de façon complémentaire, de tester l'intérêt de mesures de chlorométrie foliaire pour l'estimation du contenu en azote. La méthodologie établie pourrait alors être utilisée pour la modulation locale des apports azotés, via une mesure radiométrique spatialisée. Le principe en est testé au moyen d'un dispositif de radiométrie embarqué sur tracteur. On traite dans cet article les trois volets suivants :

- La mise au point d'une relation empirique entre l'indice foliaire d'un peuplement de colza jeune et un indice radiométrique.

- La caractérisation de la croissance hivernale du colza sur des placettes caractéristiques de la variabilité du dispositif de la côte des divisions (Grignon), et la validation de la relation précédente sur ces mêmes placettes.

- Enfin, on a utilisé cette relation pour cartographier l'indice foliaire du dispositif expérimental, à partir des mesures de réflectance spatialisées réalisées en continu sur une partie du dispositif.

Matériel et méthode

Les parcelles expérimentales

Les supports expérimentaux sont situés sur la Ferme expérimentale de l'Institut national agronomique Paris-Grignon, Thiverval-Grignon, France (48,9° N, 1,9° E). En raison des objectifs spécifiques à l'origine des deux dispositifs, les caractéristiques des cultures n'ont pas pu être homogénéisées.

Expérience 1 : deux petites parcelles planes, contiguës et homogènes (notées N0 et N) sur limon de plateau. Le semis a été réalisé le 5 septembre avec le cultivar Capitol (densité-objectif de 55 plantes.m^{-2}, inter-rang de 17,5 cm).

Expériences 2 et 3 : parcelle agricole de la « Côte des divisions », d'une superficie d'environ 15 ha, et semée avec le cultivar Goéland. Cette parcelle comporte trois principaux types de sol liés à la topographie : [A] colluvions limoneuses épaisses en bas de pente, [B] sol limono-sableux avec cailloux sur sables calcaires à mi-pente, [C] limon avec cailloux sur calcaire marneux en bord de plateau. Les principales caractéristiques pédologiques sont reportées dans le tableau 1.

Tableau 1. Principales caractéristiques pédologiques des différentes zones.

	Zone A	Zone B	Zone C
Type de sol	Colluvions bas de pente Limon sur limon	Superficiel mi-pente Limon caillouteux sur sable	Rebord du plateau Limon caillouteux sur calcaire marneux
Taux de matière organique (%)	3,2	3,1	3,7
Rapport C/N de la MO	9,6	9,7	9,5
Reliquat d'azote minéral au semis (kg/ha)	98	90	109
Profondeur de sol (cm)	110	70	105
Réserve Utile en eau (RU en mm)	125	80	123

Conduite des cultures

Expérience 1 : les deux parcelles ont été différenciées par un apport de 100 unités d'azote au semis sur la parcelle N, et ont fait l'objet d'une conduite identique et conventionnelle par la suite.

Côte des divisions : à la suite d'une culture continue de blé (paille récoltée), l'essai a été semé en colza en majeure partie le 22 août 2001, et pour une bande d'environ 1,5 ha en bordure ouest du champ, le 24 septembre. Le travail du sol a été simplifié avec deux passages croisés de *cover-crop* juste avant le semis. La dose de semis était de 3 kg/ha pour un peuplement visé d'environ 60 plantes par mètre carré (inter-rang de 24 cm). Du point de vue phytosanitaire, la parcelle a été conduite de façon conforme aux pratiques régionales. Outre le type de sol, la principale différenciation des traitements a porté sur la dose du deuxième apport d'azote, dans une gamme de 0 à 125 unités. Le détail des traitements azotés est reporté dans le tableau 2. Le calcul des différentes doses a été fait en tenant compte des reliquats sortie hiver et des quantités déjà absorbées par la culture. Les objectifs de rendement ont été estimés au moyen du modèle Ceres.

Tableau 2. Traitements azotés utilisés sur le dispositif.

Légende : fractionnement des apports azotés : **semis** + 1er apport + 2^e apport, respectivement : ***24/08/2001***, 20/02/2001 et 14/03/2002.

Type de sol	Objectif de rendement (q/ha)	Semis du 22/08/2001		Semis du 24/09/2001
		Apport au semis (Na)	Dose uniforme (Nx)	ST
A	40	**50** + 0 + 0	**0** + 60 + 45	**0** + 60 + 115
B	35	**50** + 0 + 0	**0** + 60 + 45	**0** + 60 + 115
C	40	**50** + 0 + 0	**0** + 60 + 45	**0** + 60 + 115

Différents traitements ont été appliqués sur des bandes de largeur 12, 24 ou 48 m selon les cas, orientées dans le sens de la pente et délimitées par les passages du pulvérisateur-automoteur utilisé pour l'application de la solution azotée et des traitements pesticides. Parmi l'ensemble des traitements appliqués dans le dispositif, on a utilisé pour cette étude trois traitements (tabl. 2) : Na (apport de 50 kg N.ha^{-1} le 24 août sous forme liquide, sans reprise du sol ultérieure) et Nx (sans apport au semis) dans la partie semée le 22 août 2001, et ST (semis tardif du 24 septembre 2001, sans apport d'azote au semis). Les traitements azotés sont répartis de façon aléatoire au sein de deux répliques (fig. 1).

Plan d'échantillonnage sur la côte des divisions

Pour l'expérience 2, l'échantillonnage a été planifié au sein de six situations culturales combinant les 3 sols et les 3 traitements ST, Na et Nx (réplique 1 uniquement).

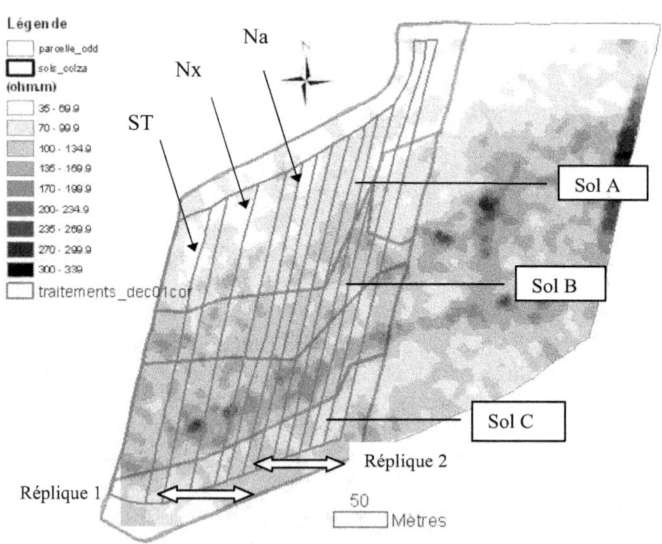

Figure 1. Présentation du dispositif
(en fond de plan : carte de résistivité électrique réalisée par A. Dorigny et *al.*
en juillet 2002 (UR Science du sol, Orléans).

Dans chaque situation 20 placettes ont été jalonnées, géoréférencées et caractérisées par radiométrie le 22 octobre 2001. Afin d'éviter tout biais, on a constitué par tirage au sort les lots de placettes destinées à chacune des 4 campagnes de mesures (P1 à P4) échelonnées du 22 octobre au 15 février. L'indice foliaire estimé à partir de la mesure radiométrique initiale a permis de vérifier l'homogénéité des différents échantillons.

Mesures réalisées

Mesures agronomiques

Expérience 1. Une trentaine de mesures ont été échelonnées du 24 septembre au 02 avril sur les parcelles N0 et N. Après avoir effectué la mesure radiométrique sur chaque placette de dimension 0,5 x 0,35 m (1 placette/parcelle/date), les plantes sont prélevées afin de mesurer le peuplement surfacique, et l'indice foliaire. Il s'agit en fait de l'indice foliaire vert, calculé à partir de la mesure de la surface foliaire verte par planimétrie.

Expérience 2. Quatre dates de prélèvement ont été retenues (tabl. 3) pour caractériser l'établissement de la culture jusqu'en sortie d'hiver et avant le 1er apport d'azote. A chaque date de prélèvement, 3 placettes ont été retenues pour chacune des combinaisons traitement x type de sol (et 6 pour le prélèvement final du 15 février). Les échantillons prélevés ont fait l'objet des mêmes mesures avec en plus, des mesures de chlorométrie foliaire (pour les prélèvements 2, 3 et 4) sur un sous échantillon de 4 plantes, et le dosage de l'azote total (méthode Dumas) sur la biomasse aérienne de la placette (MS). Les mesures de chlorométrie ont été effectuées au moyen du SPAD-502 Chlorophyll Meter (Minolta Camera Co., 1991) sur les deux dernières feuilles étalées, à raison de trois mesures positionnées le long du limbe. On a utilisé la moyenne de ces mesures comme indicateur de l'état azoté du feuillage. À partir de la biomasse et de la teneur en azote total, la teneur optimale en azote des parties aériennes ($N\%_{opt}$) a été calculée avec la relation de Colnenne *et al.* (1998), à partir de la biomasse accumulée au moment considéré

$$N\%_{opt} = 4,48 \times MS^{-0,25}, \text{ avec MS : biomasse sèche en t.ha}^{-1}$$

l'indice de nutrition azotée, égal au rapport entre la teneur en azote de la culture ($N\%_{mesuré}$) et la teneur optimum a ensuite été calculé :

$$INN = N\%_{mesuré} / N\%_{opt}$$

Pour le dosage de la teneur en azote minéral du sol (nitrique et ammoniacal), des prélèvements de terre ont été effectués les 10 septembre 2001, 07 décembre 2001 et 21 février 2002, à raison de 2 sondages composites (mélange des horizons homologues de 2 sondages distants de 3 m environ) pour chacune des 9 combinaisons entre traitements et types de sol, en distinguant les 3 horizons 0-30, 30-60 et 60-90 cm.

Tableau 3. Date des prélèvements végétaux et des mesures radiométriques.

Prélèvements des placettes	Radiométrie sur placettes	Cartographie par radiométrie	Commentaire
1 - 22/10/2001	oui		
2 - 20/11/2001	non		au cours de la 1re période froide
		11/12/2001	avant la 2e période froide du 14/12 au 06/01
3 - 31/01/2002	oui		fin des périodes froides
4 - 15/02/2002	oui		avant 1er apport d'azote

Mesures radiométriques

Les mesures radiométriques (à poste fixe et embarquées) ont été effectuées au moyen de luminancemètres SKYE (modèle SKR 1800). Ces capteurs bi-canaux ont des angles d'ouverture de 17° et comportent (i) une bande rouge centrée sur 660 nm et de largeur 12 nm et (ii) une bande proche infrarouge centrée sur 780 nm et de largeur 15 nm. Pour les mesures d'incident, on prenait une mesure hémisphérique, et non collimatée à 17°. En mesure de luminance les capteurs sont disposés en visée verticale à 2m du sol. Les capteurs fournissent un signal propre à chacun des deux canaux (de 94,776 µmol/µA à 113,24 µmol/µA pour le canal 660 nm et de 84,849 µmol/µA à 90,589 µmol/µA pour le canal 780 nm). Pour l'acquisition, un module électronique d'interface spécifique convertit et amplifie le signal analogique en tension (0 to 10 V).

Pour les mesures de terrain à poste fixe une paire de capteurs (incident/réfléchi) connectés à une centrale d'acquisition Campbell est fixée sur une perche à 2 mètres du sol.

Pour les mesures en continu, on a utilisé un dispositif mis au point par le Cemagref (Le Bars *et al.*, 1997). Sa structure consiste en une rampe de 9 mètres de large et en une nacelle fixées sur l'attelage trois points d'un tracteur (Boissard *et al.*, 2003). À partir de cette nacelle, un opérateur procède à l'acquisition des données. Quatre luminancemètres sont fixés le long de la rampe pour mesurer en visée verticale le rayonnement réfléchi par le couvert. Ces capteurs sont connectés à un module convertisseur électronique analogique/digital. Un cinquième luminancemètre mesure le rayonnement incident ; il est placé au sommet du châssis et maintenu en visée verticale vers le ciel grâce à un système pendulaire amorti. Les mesures de rayonnement incident sont utilisées pour calculer la réflectance du couvert.

Dans les conditions de mesures (entre 11 et 13 h, heure solaire, et sur couvert sec) il n'y a pas d'interférence entre le champ de mesure des luminancemètres et les ombres portées de la rampe et du tracteur.

L'ensemble des capteurs permet de scanner quatre bandes parallèles de part et d'autre du tracteur. La hauteur de la rampe est réglée au moyen d'une crémaillère. Cette solution permet d'ajuster la distance entre les radiomètres et la cible (sol ou culture) et, par conséquent, le champ de mesure des capteurs (60 cm de diamètre pour une hauteur de 2 m). La trajectoire du tracteur au sein du dispositif est la même que celle du pulvérisateur-automoteur.

Deux unités d'acquisition sont embarquées dans la nacelle, l'une pour les signaux radiométriques (PC 486), l'autre, un système Agrocom terminal (ACT) du constructeur de moissonneuses-batteuses CLAAS, pour le géoréférencement. L'unité ACT intègre le DGPS Racal et le module LEM qui sont utilisés sur la moissonneuse-batteuse pour la cartographie du rendement. Le logiciel « Agroline » enregistre les trajectoires du tracteur dans le champ. Les points DGPS sont enregistrés à 5 secondes d'intervalle dans les fichiers de données DGPS. Ces fichiers sont sauvegardés sur une carte PCMCIA. Une carte électronique Microstar Laboratories DAP[1] 24166 complète l'unité d'acquisition pour la radiométrie. Avec un microprocesseur et un convertisseur analogique/digital 16 bits, ce système mesure les signaux radiométriques avec une période de 100 ms pour les 10 canaux. Un logiciel DasyLab version 6 sous Windows est utilisé pour gérer la carte DAP, pour sauvegarder les données à une fréquence de 6 Hz et pour afficher les résultats de mesure sur l'écran du moniteur. Les fichiers de radiométrie et DGPS sont enregistrés séparément et leurs informations sont recombinées a posteriori.

---

[1] *Data Acquisition Processor board.*

Le traitement des données est réalisé avec le logiciel Excel, il consiste d'abord à associer les fichiers de radiométrie et DGPS en utilisant une base de temps commune, on obtient donc un fichier radiométrique géoréférencé. On en a extrait un fichier de réflectances moyennes pour des positions distantes de 2,50 m à gauche et à droite de l'axe du tracteur et espacées d'environ 2 m selon le sens du déplacement.

Les réflectances font d'abord l'objet d'une correction à partir des résultats de l'étalonnage effectué lors de chaque série de mesures (mesure sur cible téflon et mesure avec occultation du capteur « réfléchi »). Différentes opérations mathématiques peuvent être effectuées sur ces valeurs pour les convertir en indice foliaire (Baret *et al.*, 1991). Le rapport de réflectance proche infrarouge/rouge SR = R_{780}/R_{660} (Fernandez *et al.*, 1994) s'avère le plus sensible. Dans cette expression R indique la réflectance et l'indice indique la longueur d'onde (nm).

Comme pour le volet 1, la mesure radiométrique de terrain a été effectuée sur chaque placette juste avant leur prélèvement, sauf pour le prélèvement du 31 janvier (tabl. 3). Deux mesures radiométriques décalées dans l'espace ont permis de caractériser la totalité de la surface de chaque placette (1 x 0,48 m).

La première mesure radiométrique avec le système embarqué sur tracteur a été effectuée le 11 décembre, la suivante qui n'a pu avoir lieu que le 11 mars après l'apport d'azote en sortie d'hiver ne sera pas présentée ici.

Traitement des données

Les analyses statistiques ont été faites avec la procédure *general linear model* de SAS (*Statistical Analysis System, SAS Institute Inc.*, 1989). La spatialisation des données et l'établissement des cartes sont réalisés avec le SIG Arc View 8.

Résultats

Établissement d'une relation empirique entre l'indice foliaire
et le rapport de réflectance SR lors de la phase d'implantation du colza

On a établi la relation entre l'indice foliaire du colza et le rapport de réflectance SR (simple ratio, égal au rapport des réflectances PIR sur rouge) dans l'expérience 1. La figure 2 a montre les évolutions différenciées de l'indice foliaire IF, calculé par planimétrie, des deux parcelles N0 et N au cours de la période d'étude. Après la phase initiale d'extension foliaire au cours de laquelle n'interviennent que les fluctuations d'échantillonnage induites par l'hétérogénéité du peuplement, IF est sensiblement réduit vers le 9 novembre du fait des pertes de feuilles consécutives aux premières gelées (fig. 2 b). Les dégâts foliaires s'accentuent pendant la période froide de la mi-décembre au début janvier entraînant une diminution de l'IF de 30 à 50 % respectivement en N et N0. Dans le cas de N0 la carence en azote, manifeste sur cet essai, a entraîné une sénescence précoce des premières feuilles. L'extension foliaire ne reprendra qu'après la fin des dernières gelées matinales (4 mars).

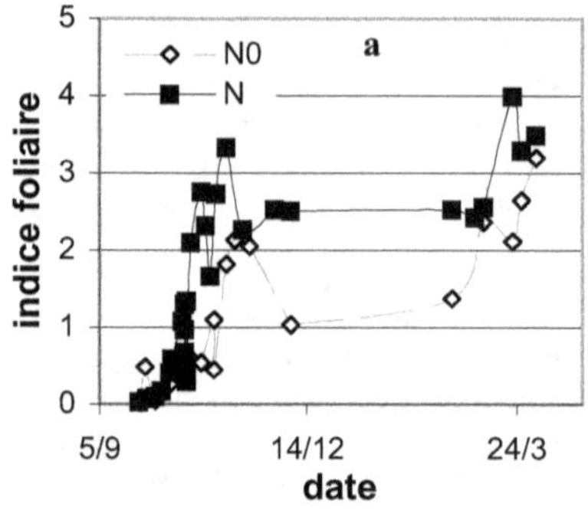
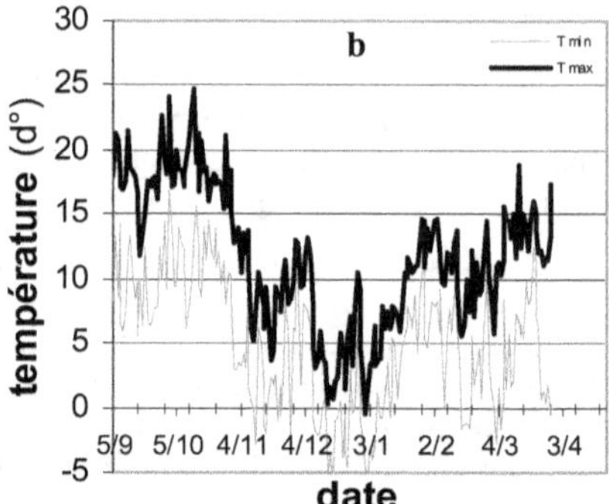

Figure 2. Évolution de l'indice foliaire du colza jusqu'en sortie d'hiver, avec apport de 100 kg N.ha^{-1} au semis (N), ou sans apport (N0) (a). Températures journalières maxi (en noir) et mini (en gris) au cours de la période d'étude (b).

À partir du jeu de données on observe une liaison linéaire entre l'indice de végétation (SR) et l'indice foliaire (IF) (fig. 3). Pour juger de l'influence des disponibilités en azote sur la relation, les données ont été traitées par la procédure GLM de SAS selon le modèle d'analyse de covariance suivant :

$$IF_{tr} = \mu + \alpha_t + \beta.(1+\theta_t).SR_{tr} + \varepsilon_{tr} \qquad (R^2 = 0{,}88)$$

avec : r l'indice de la répétition, α_t l'effet du traitement azoté t, β la pente de la relation linéaire, θ_t l'écart au parallélisme dû au traitement t, et ε_{tr} le résidu aléatoire.

Figure 3. Relation entre l'indice foliaire du colza (obtenu par planimétrie) au cours de la phase d'implantation et le rapport de réflectance SR. Les symboles distinguent les traitements azotés : apport de 50 kg N.ha^{-1} au semis (N), ou sans apport (N0).

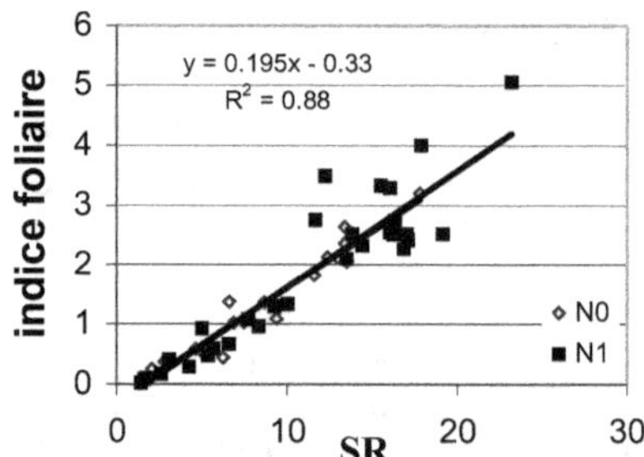

Les résultats des tests statistiques permettent de conclure que les disponibilités en azote influent ni sur la constante ($\forall t$, $\alpha_t = 0$, $P_c= 0{,}85$), ni sur la pente ($\forall t$, $\theta_t = 0$, $P_c= 0{,}81$) ; en revanche, le terme constant ($P_c= 0{,}04$) et la pente ($P_c< 10^{-4}$) sont significativement non nuls. On retient donc le modèle suivant :

$$IF = 0{,}195.SR - 0{,}33$$

avec pour écarts-types respectifs de la constante et de la pente $\sigma_\mu = 0{,}16$ et $\sigma_\beta = 0{,}012$.

Caractérisation de la croissance hivernale du colza sur le dispositif de la côte des divisions

Le contexte de l'expérimentation se caractérise par un peuplement extrêmement hétérogène en raison de levées irrégulières et échelonnées dans le temps, d'où l'intérêt de la planification initiale des placettes à prélever. Par ailleurs, comme dans le cas de l'expérience 1, les fortes gelées survenues entre le 5 décembre et le 5 janvier ont occasionné une importante diminution de la surface foliaire du colza. Les conditions climatiques ont été exceptionnelles. Depuis quarante ans, deux années seulement s'en rapprochent (1979 et 1986). Des températures initiales douces n'ayant pas permis d'induire un endurcissement ont été suivies d'un refroidissement brutal en conditions humides, puis à des cycles de gel-dégel. Il en ressort donc un niveau de biomasse relativement bas avec des feuilles partiellement ou totalement détruites par le gel, et comme cela apparaîtra par la suite, une modification du rapport tige/feuille.

La question qui se pose est de savoir si l'état en sortie d'hiver est représentatif du potentiel réel du peuplement, et en particulier de celui que le peuplement présentait avant l'hiver. Nous présenterons ainsi, d'une part l'évolution détaillée des caractéristiques des couverts sur l'ensemble de la période d'étude, et d'autre part l'analyse de la variabilité de ces caractéristiques avant et après la période gélive, respectivement sur les prélèvements 2 et 4 des 20 novembre et 15 février. Compte tenu de la localisation des placettes sur la seule réplique 1 du dispositif, les analyses de variance sont effectuées selon le modèle additif :

$$Y_{tsp} = \mu + \alpha_t + \beta_s + E_{ts} + E_{tsp} \quad : \textit{modèle (1)}$$

avec α_t l'effet du traitement t, β_s l'effet du type de sol s, E_{ts} et E_{tsp} les effets aléatoires dus respectivement à la combinaison ts et à la placette individuelle tsp. Les tests des facteurs traitement et sol se sont référés au carré moyen résiduel de la parcelle ts. Des covariables C_{tsp} et les interactions éventuelles avec les facteurs traitement et sol ont complété ce modèle.

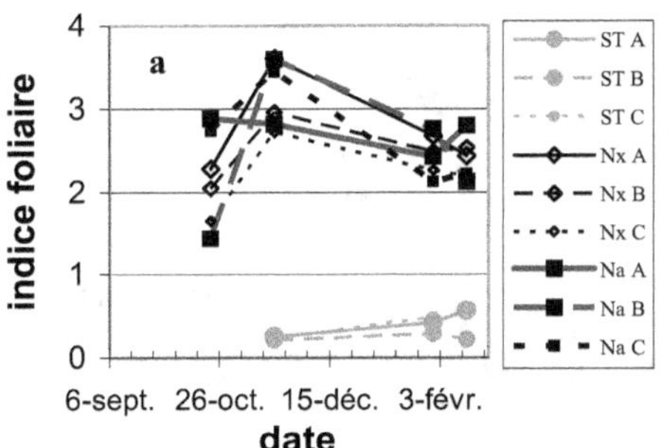

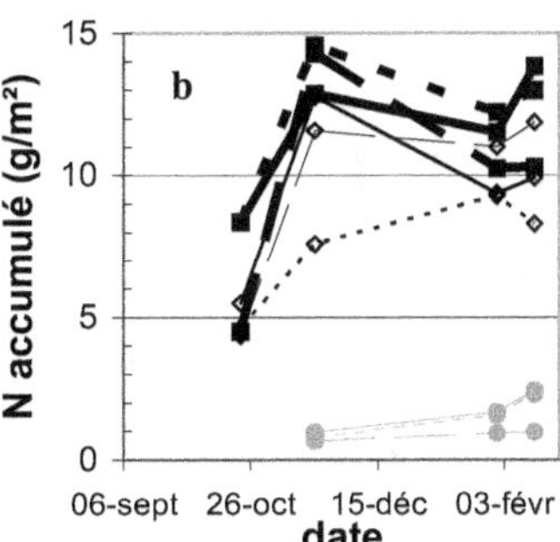

Figure 4. Évolution comparée du colza dans les diverses combinaisons entre les traitements (ST, semis tardif et Nx, semis précoce sans apport d'azote ; et Na semis précoce avec apport de 50 kg N.ha⁻¹) et les types de sol (A, bas de pente ; B, mi-pente et C, rebord de plateau), au vu de l'indice foliaire estimé par radiométrie (**a**) et de la quantité d'azote accumulée dans la biomasse aérienne (**b**).

Malgré le niveau de croissance atteint début décembre par les colzas semés précocement (Na et Nx), leur indice foliaire moyen a été réduit de 27 %, passant de 3,3 à 2,4 entre les prélèvements 2 et 4, alors que le contenu en azote n'évolue pas significativement de

12,2 à 11,2 g.m^{-2}. Au cours de cette période la croissance foliaire et l'accumulation d'azote ne sont pas décelables sur le traitement ST (fig. 4 a et 4 b).

Pour chacune des deux dates l'effet traitement sur le nombre de plantes (C.V. = 23%)[2], la biomasse aérienne (C.V. = 45 %), l'indice foliaire (C.V. = 40 %), et l'azote accumulé (C.V. = 46 %) se limite à un effet hautement significatif de la date de semis, par contre l'apport d'azote au semis ne différencie pas la croissance entre les traitements Na et Nx. Le type de sol n'a pas d'effet significatif sur ces variables avant ou après la période de gel. La prise en compte du nombre de plantes dans les modèles des trois dernières variables précédentes n'en modifie pas les résultats, que ce soit date par date ou pour les 4 dates réunies.

On a recherché les éventuelles influences de la date de mesures et des facteurs étudiés sur les relations entre les trois variables d'état du colza grâce aux modèles d'analyse de covariance dérivés du modèle (1) : la biomasse aérienne (MS) comme fonction de IF (i), et la quantité d'azote accumulée (QN) comme fonction de MS (ii).

(i)   Le premier modèle (R^2 = 0,92) met en évidence que la pente de la relation linéaire MS *vs* IF diffère selon la date de mesure, elle est de 92,8 en novembre, et de 111,1 en février (fig. 5).

(ii) Dans le second modèle (R^2 = 0,96), la relation est plus stable que dans le cas précédent. La pente de la relation QN *vs* MS est stable à 0,041, que ce soit en entrée ou en sortie d'hiver (fig. 6), ce qui résulte de la liaison entre la biomasse et sa teneur en azote total.

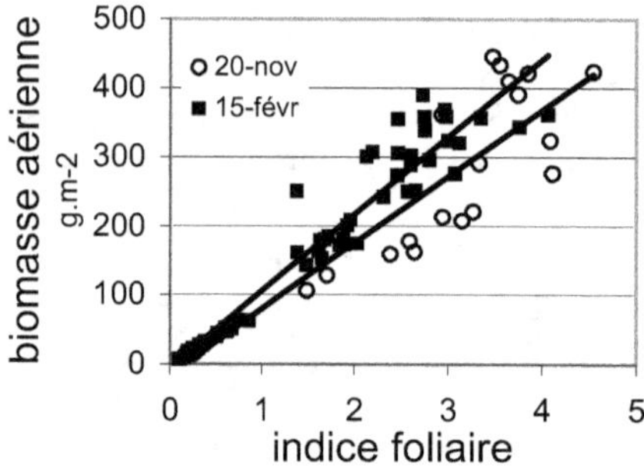

Figure 5. Relations entre la biomasse aérienne et l'indice foliaire du colza en entrée (20-nov.) et en sortie (15-févr.), pour l'ensemble des placettes.

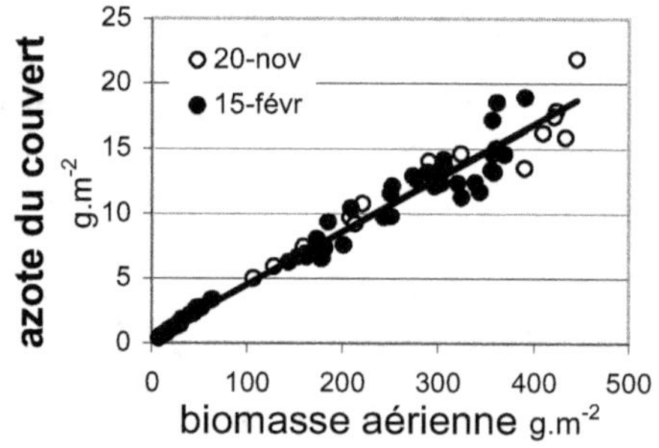

Figure 6. Relation entre la quantité d'azote accumulée dans la couvert et la biomasse aérienne, sur l'ensemble des placettes du 20-nov. et du 15-févr. (mêmes symboles que la fig. 5).

En ce qui concerne l'évolution des reliquats d'azote minéral, elle diffère entre les semis précoces (Na et Nx) et ST. Dans le cas des semis précoces, le stock initial diminue fortement jusqu'au 7 décembre et se stabilise ensuite (fig. 7). Il est à noter que les résultats sur les prélèvements du 10 septembre (une quinzaine de jours après l'épandage de la solution azotée à base d'urée et de nitrate d'ammoniaque) ne font pas apparaître l'écart correspondant à l'apport du traitement Na, mais une différence significative de seulement 17 kg N.ha^{-1}. Cette différence ne subsiste pas lors des analyses suivantes. Dans le cas de ST, le stock d'azote augmente d'environ 30 kg jusqu'en décembre, puis diminue en moyenne d'environ 40 kg

---

[2] Ces coefficients de variation correspondent à la variabilité résiduelle au niveau des combinaisons t x s.

jusqu'en février. Contrairement aux traitements précédents, les stocks diffèrent systématiquement d'un type de sol à l'autre selon l'ordre B<A<C, avec des écarts finaux d'une vingtaine de kilos.

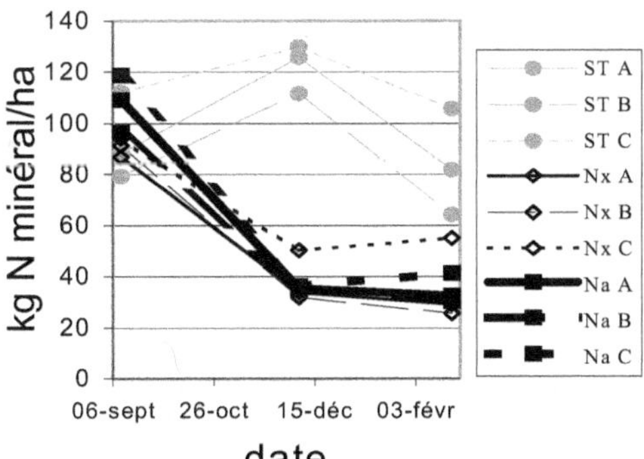

Figure 7. Évolution des stocks d'azote minéral dans l'horizon de sol 0-90 cm, selon les combinaisons entre traitements et types de sol (cf. légende fig. 4).

La diminution de stock calculée comme la différence entre le stock de septembre et celui de février a été confronté à la quantité d'azote accumulée en sortie d'hiver dans la biomasse aérienne (comme première approche de l'azote consommé par le colza). La figure 8 montre une relation linéaire entre cette quantité d'azote accumulée en sortie d'hiver et la diminution du stock d'azote du sol ($y = 0{,}16\ x + 0{,}66$; $R^2 = 0{,}95$). Ceci traduit la bonne valorisation de disponibilités en azote minéral non limitantes par les cultures. L'étude des résidus par rapport au modèle de la régression fait ressortir le cas de la combinaison Na-B caractérisée par une réduction plus marquée du stock d'azote minéral du sol avec une moindre consommation azotée du colza.

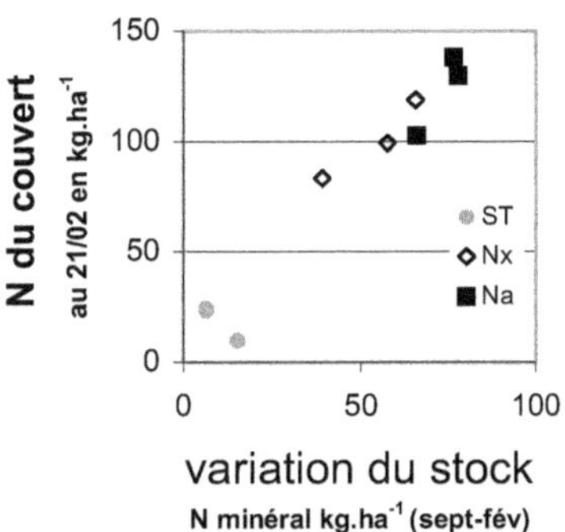

Figure 8. Quantité d'azote accumulée dans la biomasse aérienne du colza et différence de stock d'azote minéral du sol dans l'horizon 0-90 cm, entre septembre et février (stock$_{sept}$-stock$_{fév}$) (cf. légende des traitements fig. 4).

L'indice de nutrition azotée (INN) a été calculé afin de suivre l'état azoté du colza dans les 9 situations culturales. Il apparaît que dans les conditions expérimentales le colza n'a jamais souffert de disponibilités azotées insuffisantes (fig. 9), les valeurs moyennes de l'INN, même si elles tendent à diminuer jusque vers la fin de l'hiver sont quasiment toutes significativement supérieures à 1. En semis précoce, l'état azoté initial est très excédentaire, il tend vers l'optimum jusqu'au 31 janvier avant de s'enrichir à nouveau (sauf pour Nx-C) au début février. L'apport de 50 unités d'azote au semis confère à Na un INN systématiquement supérieur à celui de Nx (tabl. 4). L'état azoté de ST, également excédentaire, reste stable avec un INN de l'ordre de 1,2 entre novembre et février. Quelle que soit la date de mesure, l'interaction traitement-sol n'est pas significative ; en février, l'INN diffère entre les zones (B<A).

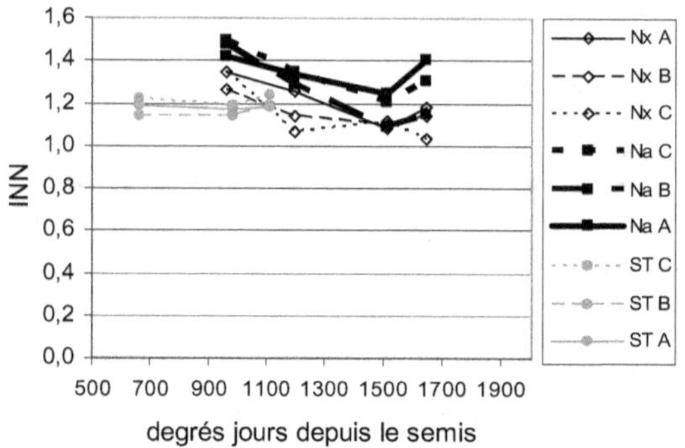

Figure 9. Évolution de l'indice de nutrition azotée du colza en fonction des traitements et des types de sol (cf. légende fig. 4).

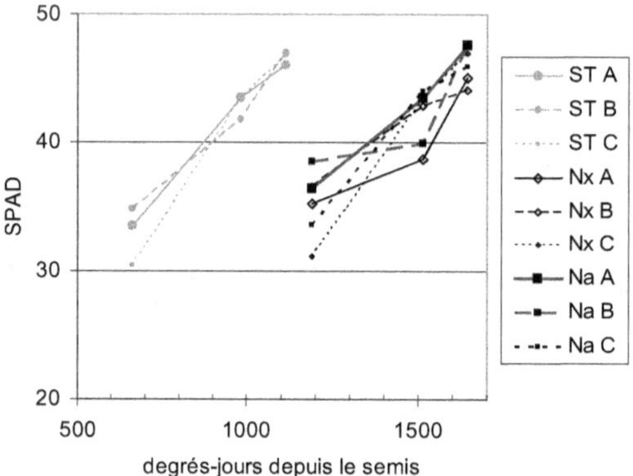

Figure 10. Évolution de la chlorométrie foliaire entre le 20 novembre (prél. 2) et le 15 février (prél. 4) sur la moyenne des trois dernières feuilles étalées. Influence des traitements et des types de sol.

Tableau 4. Valeurs moyennes de l'indice de nutrition azotée en début et en fin d'hiver, selon les traitements (cf. légende fig. 4). *Groupes homogènes (Bonferroni P = 0,05).*

date	Na	Nx	ST
20/11	1,32*a*	1,15*b*	1,18*b*
15/02	1,28*a*	1,12*b*	1,20*ab*

Le suivi de la chlorométrie foliaire entre le 20 novembre et le 15 février (fig. 10) visait à tester son intérêt en tant que méthode rapide et non destructive pour apprécier l'état azoté du colza. À l'opposé de l'INN, l'indicateur SPAD augmente régulièrement de 35 à 46 en moyenne au cours de la période d'étude. Les seules différences significatives sont observées lors du prélèvement du 20 novembre ; elles sont dues au traitement Na qui présente une valeur moyenne de 36,5 contre respectivement 34,3 et 32,9 pour Nx et ST. Dans ce contexte d'absence de stress azoté, l'étude des corrélations, tant date par date que sur l'ensemble des données, ne met pas en évidence de liaison statistique entre cet indicateur et les variables caractéristiques de l'état azoté (teneur en azote de la biomasse et INN).

Validation de la relation entre l'indice foliaire et l'indice radiométrique

L'indice foliaire du colza a été estimé à partir des mesures radiométriques effectuées à poste fixe sur les placettes échantillonnées lors des 22 octobre, 20 novembre et 15 février, et en utilisant la relation entre IF et RR présentée précédemment. La confrontation entre valeurs observées (planimétrie) et valeurs estimées est présentée sur la figure 11.

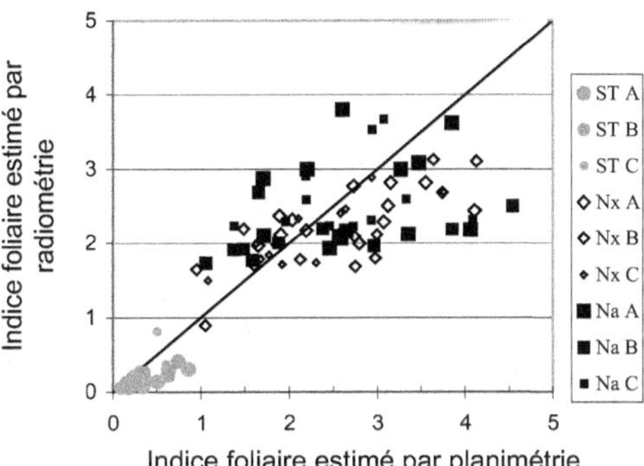

Figure 11. Indice foliaire estimé par planimétrie et indice foliaire estimé par radiométrie. Ensemble des résultats des 22 octobre, 20 novembre et 15 février (cf. légende fig. 4).

On observe une concordance globale entre les estimations et les observations avec des points représentatifs répartis de part et d'autre de la 1re bissectrice. Cependant l'estimation radiométrique présente des défauts notables :

- le RMSE (0,65) est élevé, il faut signaler cependant que les cinq cas les plus aberrants prend en compte 32 % de la valeur totale du MSE. La décomposition du MSE (Willmott, 1981) en une composante systématique MSE_s et une composante non systématique MSE_u donne respectivement, sur l'ensemble des trois dates, les valeurs de 0,13 et 0,29. L'importance relative de MSE_s qui représente près du tiers de MSE montre que les résultats fournis par le modèle 1 sont sensiblement biaisés.
- l'estimation radiométrique tend à sous-estimer l'IF dans le cas des peuplements jeunes, ce qui ici est le cas de toutes les mesures faites sur le traitement ST.
- la variance des estimations augmente avec les valeurs observées, ce qui évidemment affecte les mesures correspondant aux colzas les plus développés en sortie d'hiver et surtout celles des 20 novembre et 15 février.
- les écarts observés-estimés les plus élevés (|écarts|≥1) concernent majoritairement des cas de sous-estimation (12 fois sur 16). Le traitement Na et la zone B sont sensiblement plus représentés que les autres modalités dans ces anomalies.

Cartographie de l'indice foliaire du dispositif expérimental à partir des mesures radiométriques en continu

La cartographie de l'indice foliaire a été établie à partir des mesures du 11 décembre, elle est représentative du niveau de croissance maximum atteint par le colza après l'automne, car à cette date le gel n'avait pas encore trop affecté l'appareil foliaire. La figure 12 représente la carte de l'indice foliaire du colza sur l'ensemble de la parcelle. Les points représentent les valeurs moyennes intégrant 6 mesures par seconde, leur espacement moyen est de 2 mètres.

Le niveau de gris des symboles disposés de part et d'autre de la trajectoire du tracteur caractérise l'indice foliaire moyen du couvert dans les bandes explorées par les radiomètres. Les irrégularités apparentes du cheminement relèvent des artéfacts de fonctionnement du DGPS, ce qui peut se vérifier en comparant les passages, dans les mêmes traces, enregistrés à des dates différentes. L'examen général de cette carte fait apparaître la différence d'IF due au semis tardif (ST en bordure ouest du champ), la zone correspondant au type de sol B orientée S-SW/N-NE qui présente un IF sensiblement plus faible, et des contrastes entre les résultats correspondants à des bandes de traitement contiguës.

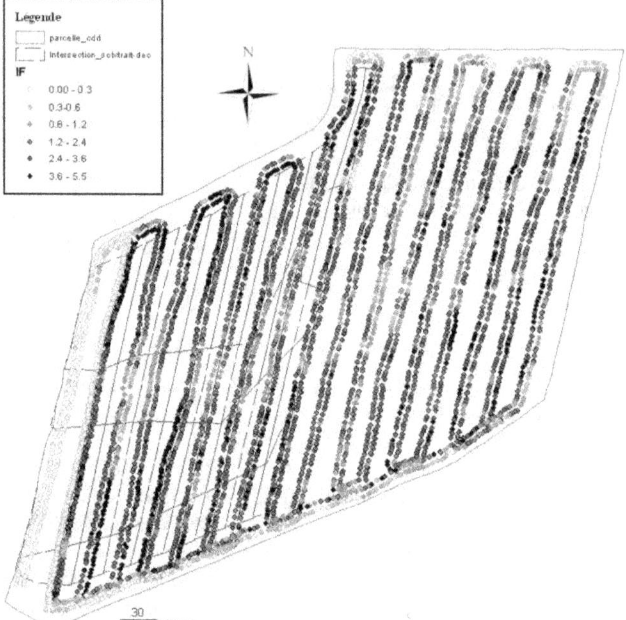

Figure 12. Carte de l'indice foliaire du colza sur la côte des divisions. La mesure de radiométrie embarquée a été effectuée le 11/12/01.

Le détail des résultats obtenus sur les trois traitements considérés dans cet article est illustré par leurs profils respectifs d'IF en bordure des passages de tracteur, c'est-à-dire pratiquement selon des transects N-S (fig. 10). La dispersion des mesures est conforme à l'hétérogénéité réelle du couvert, les valeurs faibles paraissant aberrantes correspondent en fait soit à des emplacements où le colza n'a pas levé, soit aux allées tracées pour délimiter les zones de sol. La variabilité moyenne le long des profils traduit les différences de croissance du colza selon la nature du sol, en particulier, dès ces stades de développement et même pour ST, la moindre croissance sur la zone des sables calcaires (B) est manifeste. L'analyse de variance sur les valeurs moyennes des combinaisons traitement-type de sol met en évidence que les effets des traitements et des zones de sol sont additifs, et qu'ils sont chacun significatifs ($P<0{,}0002$). L'effet traitement se limite à celui de la date de semis, on ne met pas en évidence d'effet dû à l'apport de 50 unités d'azote au semis (tabl. 5). L'indice foliaire moyen diffère entre les zones avec le classement B < C = A, ce qui confirme l'observation faite sur les profils de la figure 13.

Tableau 5. Effets du traitement et du type de sol sur l'indice foliaire moyen estimé par radiométrie embarquée (traitements : ST semis tardif et Nx semis précoce : sans apport d'azote ; Na semis précoce avec apport de 50 kg N.ha^{-1}. Zones : A, bas de pente ; B, mi-pente et C, rebord de plateau).

Traitement	Indice foliaire moyen	Groupes homogènes Bonferroni (P=0,05)
Na	3,01	a
Nx	2,68	a
ST	0,25	b

Zone	Indice foliaire moyen	Groupes homogènes Bonferroni (P=0,05)
A	2,55	a
B	2,00	b
C	2,54	a

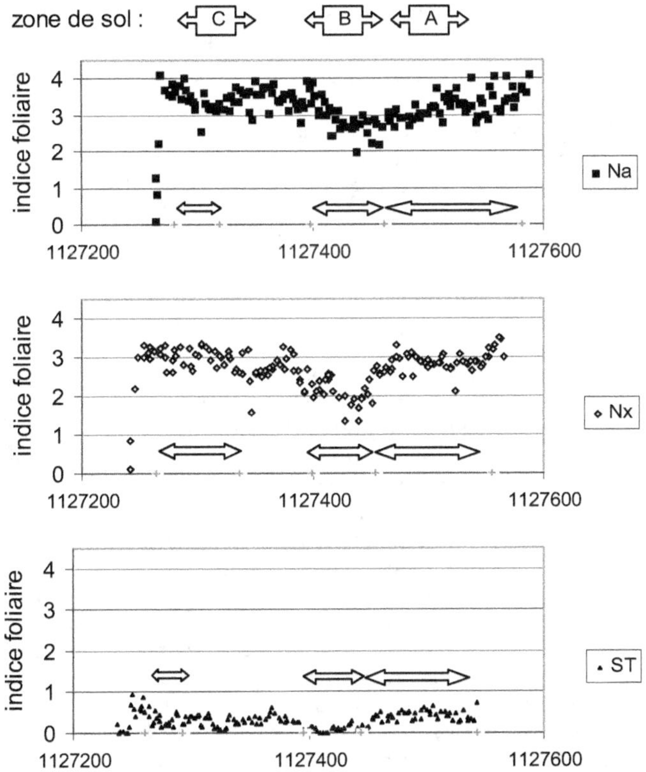

Figure 13. Profils de l'indice foliaire estimé par radiométrie embarquée pour chacun des 3 traitements : ST semis tardif et Nx semis précoce : sans apport d'azote ; Na semis précoce avec apport de 50 kg N.ha^{-1}. Les passages de tracteurs, approximativement orientés N-S recoupent les 3 zones : A, bas de pente ; B, mi-pente et C, rebord de plateau.

Discussion

Dans cette discussion, il convient tout d'abord d'évoquer les limites de l'étude. Les conditions climatiques assez exceptionnelles de l'hiver ont particulièrement affecté le feuillage du colza. La relation entre IF et SR n'a pas pu être établie sur des situations culturales strictement analogues à celles de la parcelle agricole. Et par ailleurs, il n'a pas été possible d'organiser une validation à partir de l'étude de placettes disposées au sein de la parcelle agricole. Placettes qui auraient pu faire l'objet de mesures d'IF (par planimétrie et par radiométrie de terrain) réalisées en parallèle avec les mesures embarquées.

On distinguera les aspects suivants (i) l'analyse de la variabilité intraparcellaire de la culture, et (ii) la mise au point de la méthode de caractérisation du couvert à un stade précoce du colza, sa validation, ainsi que son extension spatiale.

En ce qui concerne la variabilité spatio-temporelle de la culture au sein de cette parcelle hétérogène, l'essai de validation du modèle d'estimation radiométrique de l'IF a permis par les mesures réalisées de fournir des informations complémentaires.

- Conformément aux résultats présentés dans la littérature, l'objectif privilégié était l'IF, la caractéristique du couvert généralement la plus corrélée avec les indices de végétation R-PIR. Sur les résultats correspondant à nos placettes (nov.+ fév.), l'indice de végétation SR est pratiquement aussi étroitement corrélé avec la biomasse aérienne (r^2 = 0,84), et avec le contenu en azote du couvert (r^2 = 0,83), qu'avec l'IF (r^2 = 0,89). Ceci résulte des relations étroites mises en évidence entre ces trois variables (fig. 5 et 6), et vérifie les hypothèses prises en compte dans le principe de la réglette azote colza. En ce qui concerne l'estimation de la biomasse à partir de l'IF, un modèle écophysiologique prenant en compte le ratio feuilles/tiges permettrait sans doute d'améliorer la relation.

- Les contrôles réalisés sur les évolutions du contenu en azote du couvert et des disponibilités en azote minéral du sol ont permis de mettre en évidence (i) une même efficience des disponibilités du sol sur l'accumulation dans le couvert (fig. 6), mais aussi (ii) l'anomalie relative au traitement Na. En effet, l'apport de 50 unités d'azote sous forme de solution deux jours après le semis, et dans ces conditions sans incorporation, n'a pas eu d'efficacité significative sur la croissance du colza. Le 10 septembre on ne retrouve que 17 kg de plus par rapport à Nx dans le stock d'azote minéral du sol (fig. 5), et le 22 octobre, le différentiel du contenu en azote du couvert entre ces deux traitements (à l'exception de Na-B) n'est que de 30 unités (fig. 4 b). La combinaison Na-B présente un déficit marqué sur ces deux critères comme si les pertes ayant affecté l'apport azoté avaient été amplifiées. L'hypothèse du lessivage de l'azote, accentué dans la zone B, serait plausible pour expliquer la différence de consommation observée le 22 octobre, les précipitations cumulées depuis l'apport du 24 août jusqu'à cette date atteignant 125 mm. Par contre, au vu des profils d'azote minéral observés le 10 septembre et avec les précipitations cumulées limitées à 21 mm, cette même hypothèse n'est pas suffisante sur la période allant du 24 août au 10 septembre. On peut donc supposer que la majeure partie de l'azote apporté a été volatilisée du fait de son non-enfouissement et des conditions météorologiques.

- Pour compléter l'estimation radiométrique de l'IF, le recours à la chlorométrie foliaire visait à renseigner sur l'état azoté du colza. Par ailleurs les contrôles effectués sur les placettes ont permis de mettre en évidence que le colza n'a jamais souffert de stress azoté (INN>>1, cf. fig. 7), il a bénéficié du reliquat important disponible lors du semis (100 kg. ha^{-1}), et de la minéralisation automnale que l'on peut estimer à environ 40 kg.ha^{-1} d'après l'évolution du stock du traitement ST. Ceci contribue également à l'efficacité faible de l'apport d'engrais au semis (Na). Dans ces conditions les résultats fournis par le *Chlorophyll Meter* n'ont pratiquement pas discriminé les situations culturales et ne sont pas directement liés à la teneur en azote de la biomasse ou à l'INN. Ceci pourrait s'expliquer par le fait qu'en période hivernale, une part importante de l'azote soit sous forme nitrique et ne contribue donc pas à la pigmentation. La variabilité du SPAD dépend principalement de la date de la mesure mais aussi de la masse surfacique foliaire, laquelle a augmenté progressivement de 6,5 à 7,5 mg.cm^{-2} entre le 20 novembre et 15 février. Il serait donc intéressant d'estimer la part de ces variations « parasites » dans le cas d'une gamme d'états azotés plus large.

En ce qui concerne la caractérisation de l'état de croissance du colza par radiométrie R-PIR, les résultats de l'expérience 1 vérifient l'intérêt de l'indice de végétation SR pour estimer l'IF lors de la phase d'implantation. Le modèle de régression simple (1) s'avère satisfaisant dans la gamme d'IF correspondant aux besoins de l'étude (< 4), il rend compte sans biais des différences d'état azoté du jeune colza. La validation réalisée en parcelle agricole apparaît bruitée avec un MSE élevé de 0,65. On peut regretter une discontinuité de l'intervalle de variation de l'IF, avec les valeurs du traitement ST qui sont systématiquement beaucoup plus faibles que celles de Na et Nx (fig. 8). L'analyse statistique de la confrontation entre les valeurs calculées par planimétrie et estimées par radiométrie fait cependant apparaître une assez forte composante systématique MSE$_s$ (1/3 de MSE), traduisant ainsi un biais. Dans les conditions de la côte des divisions, l'estimation radiométrique tend à sous-estimer l'IF, que ce soit pour les colzas jeunes (ST) ou pour les couverts plus âgés. Différentes hypothèses, qui n'ont pas encore pu être testées, peuvent être avancées. En l'occurrence ce sont les conditions de la côte des divisions différentes de celles de l'expérience 1 qui peuvent être incriminées, et vraisemblablement les propriétés spectrales du sol, voire la géométrie du semis. On peut admettre dans un premier temps que la différence variétale, sur la phase de végétation considérée, n'expliquerait qu'une faible part de la variabilité. La variabilité des propriétés spectrales du sol, déjà manifeste dans le visible sur les vues aériennes du sol nu, relève de l'hétérogénéité à différentes échelles de la texture, de la pierrosité de nature variable et également de la topographie. Le choix d'un indice de végétation a priori moins dépendant du sol (PVI, SAVI, TSAVI) aurait pu améliorer l'estimation de l'IF en particulier pour les mesures précoces. Ce qui aurait impliqué des mesures de réflectance sur des placettes de sol nu représentatives des différentes zones du champ. La topographie est probablement à l'origine d'un biais pour les mesures réalisées avec le système embarqué. En effet la fixation des radiomètres sur la rampe n'assure la visée verticale qu'en terrain plat, en pente, les axes de visée sont obliques par rapport à la végétation. Il en résulte des effets liés à l'éclairement, compte tenu de l'orientation de la pente par rapport au soleil, mais surtout des effets liés à la directionnalité de la réflectance, qui sont non négligeables en cas de pente importante et de couverts développés. Dans le cas de la Côte des divisions diverses corrections pourraient être recherchées a posteriori, à partir notamment de la carte des pentes dérivée du MNT[3] existant, et de cartes de réflectance du sol (à établir). Il s'agirait de spatialiser un indice de végétation[4] corrigé des variations induites par la surface du sol.

L'utilisation des radiomètres embarqués pour saisir en continu la réflectance du couvert, calculer localement l'indice de végétation géoréférencé a permis d'établir une carte de l'indice foliaire de la parcelle et en particulier du dispositif expérimental. Cette carte n'a pas pu être validée, une telle opération aurait impliqué d'appréhender l'indice foliaire de stations de plusieurs m² avec une méthode de mesure de référence, par ailleurs, il n'a pas été possible de scanner la parcelle à plusieurs reprises au cours de la période concernée. Compte

---

[3] Réalisé par A. Dorigny et *al.* en juillet 2001 (UR Science du sol, Orléans).

[4] Tel que le TSAVI, *Transformed Soil Adjusted Vegetation Index* (Baret et Guillot, 1991).

tenu de l'utilisation du même type de luminancemètre et du même modèle de passage de l'indice de végétation que pour l'opération réalisée sur les placettes, la carte obtenue doit présenter un biais et une variabilité aléatoire analogues à ce qui a été mis en évidence dans l'essai de validation.

La confrontation entre l'IF moyen estimé dans chaque combinaison traitement*zone par radiométrie embarquée et les mesures moyennes correspondantes obtenues sur les prélèvements des 20 novembre et 31 janvier n'est pas présentée ici car le réseau de placettes ne visait pas à être représentatif de ces combinaisons, cet examen montre une cohérence d'ensemble sauf pour le cas de Nx-B où les placettes conduiraient à une surestimation importante de l'IF. En l'état, les informations fournies par cette carte sont susceptibles d'être valorisées d'une part pour le zonage de la parcelle au vu du comportement du colza à l'époque considérée, et d'autre part pour caractériser le niveau de croissance atteint dans les différentes zones. Sur le premier point, l'observation des profils d'IF obtenus, bien orientés par rapport à la variabilité des sols, rend compte, ne serait-ce que de façon relative, des différences de croissance du colza (fig. 10). Au sein de chacun des traitements, la différence d'IF est manifeste avec notamment sa réduction marquée dans la zone B au sol sableux comportant des réserves minérales et des fournitures par minéralisation plus faibles. De façon globale la carte obtenue peut être utilisée pour préciser les limites des zones dans les conditions de l'année. Par ailleurs la spatialisation de l'IF ainsi estimé peut permettre de stratifier le champ selon le niveau de croissance atteint par le colza, ce qui constitue une étape pour l'élaboration de la carte de préconisation en vue de la modulation de la fertilisation azotée. Dans le cadre du dispositif expérimental l'IF estimé par radiométrie embarquée discrimine de façon significative les sols et les traitements (tabl. 5). Même si en raison du bruitage de la mesure la sensibilité est limitée, les performances de la méthode doivent être suffisantes dans le cadre de l'application de la réglette azote colza à des parcelles hétérogènes. Makowski *et al.* (2004) ont montré, par comparaison de différentes versions de la Réglette sur 53 essais, l'intérêt relatif des mesures de biomasse en sortie d'hiver (et de reliquat azoté). L'utilisation de 5 classes de biomasse plutôt que les mesures exactes ne dégrade pas sensiblement les performances moyenne de la méthode d'ajustement.

Conclusion

Les expériences conduites dans le cadre de cette étude ont mis en évidence le fort potentiel des approches radiométriques pour une meilleure estimation des quantités en azote à apporter à une culture de colza. Elles ont aussi produit des relations simples et directement utilisables sur une large gamme d'états de croissance pour le calcul des apports azotés restant à faire.

Ces relations, dont la précision paraît suffisante en première approche, montrent l'intérêt que pourrait avoir l'utilisation de modèles écophysiologiques prenant en compte l'évolution de la répartition des assimilats entre organes. En effet, le critère radiométrique retenu est surtout sensible à l'indice foliaire, alors que la part relative des autres organes (tige et pivot) ne fait qu'augmenter avec le développement et les accidents de culture (gel, carences,...), jusqu'à pouvoir représenter dans certaines situations extrêmes la majorité des réserves azotées.

La quantité d'information accessible dans le domaine R-PIR reste néanmoins assez limitée. Afin d'estimer, au delà de l'IF, l'azote prélevé par la culture, il serait pertinent de prendre en compte d'autres bandes spectrales donnant l'accès à la teneur en chlorophylle du

feuillage. D'autres méthodes alternatives à la démarche suivie pourraient être développées :
(i) soit par l'établissement de fonctions de transfert empiriques impliquant l'étalonnage de
relations statistiques entre radiométrie et IF dans les différentes situations (sol, variété, stade,
etc.), soit (ii) par le recours à des modèles de transfert radiatif qui, par inversion, peuvent
fournir une solution au problème d'estimation de l'IF.

Enfin, il est à noter que l'étude ayant été conduite dans une parcelle assez peu
discriminante du point de vue de la fourniture azotée, la précision des relations pourrait être
améliorée par l'utilisation de parcelles plus limitantes en azote pour la croissance automnale.

Références bibliographiques

AKKAL N., JEUFFROY M.-H., MEYNARD J.-M., BOISSARD P., HELBERT J., VALÉRY P., LEWIS P., 1997. Assessment of a method for estimating the nitrogen requirements of a wheat crop based on an early estimate of cover fraction. Stafford, J.V. (ed.), SCI Agriculture and Environment Group (GBR), *Precision Agriculture '97*, 1, 405-412.

Anonyme 2001. Colza d'hiver. Les techniques culturales, le contexte économique. *Brochure Proléa*, Édition Cetiom, 36 p.

BARET F., GUYOT G., 1991. Potentials and limits of vegetation indices for LAI and APAR assessment, *Remote Sens. Environ.,* 35, 161-173.

BOISSARD P., BOFFETY D., DEVAUX J.F., ZWAENEPOEL P., HUET P., GILLIOT J.-M., HEURTAUX J., TROIZIER J., 2003. Cartographie et utilisation de l'indice foliaire du blé à partir de données radiométriques acquises par des capteurs embarqués sur tracteur. *Ingénieries,* 33, 67-74.

COLNENNE C., MEYNARD J.-M., REAU R., JUSTES E., MERRIEN A., 1998. Determination of a critical nitrogen dilution curve for winter oilseed rape. *Ann. Bot.,* 81, 311-317.

DEJOUX J.-F., 1999. *Evaluation d'itinéraires techniques du colza d'hiver en semis très précoces. Analyse agronomique, conséquences environnementales et économiques.* Thèse de doctorat, Ina P-G, Paris, 244 p. + annexes.

EVANS M., MC CUTCHEON A., NORTON R., MARCROFT S., 2003. Early nitrogen uptake in canola in 2001. *Solutions for a better environment: Proceedings of the 11th Australian Agronomy Conference,* Geelong, Victoria, Australia, 2-6 February 2003, 1-4.

FERNANDEZ S., VIDA D., SIMON E., 1994. Radiometric characteristics of *Triticum aestivum cv Astral* under water and N stress, *Int. J. Remote Sens.,* 15, 1867-1884.

FOURNIER B., KING D., 1982. Apports complémentaires de deux méthodes en cartographie pédologique à grande échelle. *Revue Sols,* Ina P-G, 6, 67-85.

HUETE A. R., 1988. A soil-ajusted vegetation index. *Remote Sensing of Environment,* 25, 295-309.

LAGARDE F., 2001. Dossier Réglette azote colza. *Le bulletin du Cetiom* n°59. *Oléoscope.*

LE BARS, BOFFETY D., 1997. Qualification du couvert par radiométrie. *In Rap. Programme d'intérêt national Structure du couvert et Gestion des Intrants.* Cemagref, Division Capteurs et procédés pour l'agriculture l'agroalimentaire et l'environnement. Groupement de Clermont-Ferrand.

MAKOWSKI D., MALTAS A., MORISON M., REAU R., 2004. Réglette azote colza = même revenu, mois d'engrais, plus d'huile. *Oléoscope,* 74, 12-16.

MINOLTA CAMERA Co, 1991. *Manual for chlorophyll meter SPAD-502.* Minolta Camera, Osake.

MOGENSEN V.O., JENSEN C.R., MORTENSEN G., THAGE J.H., KORIBIDIS J., AHMED A., 1996. Spectral reflectance index as an indicator of drought of a field grown oilseed rape (*Brassica napus* L.), *European Journal of Agronomy,* 5, 1/2, 125-135.

PEÑUELAS J., FILELLA I., 1998. Visible and near-infrared reflectance techniques for diagnosing plant physiological status, *Trends Plant Sci.* 3, 151-156.

NIWAS R., JAGLAN R.K., SHEORAN R.K., 1999. Influence of nitrogen levels on reflectivity of *Brassica* species in visible and infra-red bands. *Cruciferae Newsletter,* 21, 17-18.

SERRANO L., FILELLA I., PEÑUELAS J., 2000. Remote sensing of biomass and yield of winter wheat under different nitrogen supplies, *Crop Sci.,* 40, 723-731.

STAFFORD J.V., BOLAM H.C., 1999. Spatial variability in crop condition, *Proc. Fourth Int. Conf. on Precision Agriculture*, Minnesota University, 291-302.

VOUILLOT M.-O., HUET P., BOISSARD P., 1998. Early detection of N deficiency in a wheat crop using physiological and radiometric methods, *Agronomie,* 18, 117-130.

WILLMOTT C.J., 1981. On the validation of models. *Physical Geography,* 2, 184-194.

Estimation de variables biophysiques du couvert par ajustement de modèles de transfert radiatif sur des réflectances

S. Moulin, R. M. Zurita, M. Guerif

Introduction

En agriculture de précision, il est nécessaire d'estimer précisément la variabilité intra-parcellaire de la croissance et du développement d'une culture. De nombreux travaux ont été menés pour utiliser l'information sur ces états dans des approches d'aide à la décision.

Deux approches sont proposées (Guérif *et al.*, 2001a). La première utilise directement des variables indiquant l'état de croissance de la culture dans des démarches d'aide au pilotage. Il s'agit de la transposition de méthodes classiquement utilisées à l'échelle parcellaire. Dans le domaine de la fertilisation azotée par exemple, ces méthodes sont basées sur l'estimation de la teneur en chlorophylle des feuilles à partir de mesures de transmittance des feuilles (Hydro-N-Tester de Yara (http://www.hydroagri.fr) ou SPAD-502 de Minolta) (Piekielek et Fox, 1992 ; Reeves *et al.*, 1993 ; Feibo *et al.*, 1998 ; Vidal *et al.*, 1999), ou bien sur la biomasse du peuplement à un certain stade dans le cas du blé (Akkal *et al.*, 1997) et du colza (Huet *et al.*, dans cet ouvrage). De récents travaux (Houlès *et al.*, cet ouvrage) montrent comment utiliser simultanément la biomasse et la teneur en azote des feuilles (dérivées respectivement de l'indice foliaire et de la teneur en chlorophylle des feuilles) pour estimer directement un déficit d'azote absorbé. Un deuxième type d'approche vise à proposer des outils de diagnostic et de décision facilement spatialisables, dynamiques et pouvant gérer les effets d'interaction entre facteurs. Ces outils sont basés sur l'utilisation d'un modèle de culture et proposent une recommandation en terme de pratiques culturales selon différentes méthodes : calcul dynamique d'un bilan d'azote, utilisation de courbes de réponse à l'azote, ou choix entre différents scénarios par optimisation d'un critère agro-environnemental (pour plus de détail sur ces méthodes, voir Houlès *et al.*, cet ouvrage). Dans cette dernière approche, on utilise des valeurs d'indice foliaire et de contenu en azote des feuilles estimées à partir de mesures de télédétection acquises à différentes dates qui permettent, via une procédure d'assimilation, de réaliser une calibration du modèle en chaque point de la parcelle et de fournir des préconisations spatialisées.

La réflectance des couverts végétaux mesurée par télédétection est communément utilisée pour estimer les variables biophysiques et biochimiques telles que l'indice foliaire, le contenu en chlorophylle de la feuille ou le taux de couverture via des relations semi-empiriques ou par inversion de modèles de transfert radiatif. Les relations semi-empiriques conduisent à de bonnes estimations de ces variables dans une situation donnée. Cependant, leur fiabilité à des échelles plus larges ou pour des conditions différentes (type de biomes, caractéristiques du capteur) mérite d'être évaluée. Leur robustesse est en particulier amoindrie par les variations spatiales et temporelles de la contribution spectrale du sol, les effets atmosphériques et les effets directionnels. L'utilisation des modèles de transfert radiatif est une alternative à l'établissement d'indicateurs par des relations empiriques. Plusieurs auteurs se sont intéressés à l'estimation des caractéristiques biophysiques à partir de mesures radiométriques par inversion de ces modèles (Privette *et al.*, 1996 ; Knyazikhin *et al.*, 1998a ; Knyazikhin *et al.*, 1998b; Ganapol *et al.*, 1998 ; Weiss et Baret, 1999 ; Weiss *et al.*, 2002 ; Bacour *et al.*, 2002). C'est cette approche, plus physique et donc potentiellement plus précise, que nous avons choisi de mettre en œuvre dans le cadre de l'agriculture de précision.

Inverser des modèles de transfert radiatif consiste à ajuster les variables biophysiques pour que les réflectances simulées s'accordent au mieux aux réflectances observées. Lorsque l'on se base uniquement sur la minimisation de la distance entre réflectances observées et simulées, les solutions de la procédure d'optimisation peuvent être multiples, i.e. plusieurs jeux de paramètres peuvent minimiser la fonction coût. Le problème est dit « mal-posé ». Pour le résoudre, des méthodes de régularisation sont proposées comme utiliser de l'information *a priori* sur les variables que l'on cherche à estimer (Tarantola, 1987, 2005). Ces méthodes évitent de tomber dans les minima locaux. Dans le cas de l'estimation des variables biophysiques d'un couvert végétal, Combal *et al.* (2002) ont montré qu'ajouter une information *a priori* améliorait l'estimation des paramètres.

Un autre aspect est lié aux observations. Lorsqu'on s'intéresse à la restitution de variables biophysiques à partir de données de réflectance, le choix de la meilleure configuration spectrale ou directionnelle du capteur est crucial. En effet, la restitution des variables dépend aussi des caractéristiques spectrales du capteur utilisé pour acquérir les données radiométriques. Le nombre de bandes, leur résolution spectrale et leur position déterminent la nature et le nombre de variables restituables. La configuration optimale ne consiste pas à utiliser toutes les bandes disponibles car le rapport signal sur bruit est spectralement dépendant et, en raison de fortes corrélations entre certaines bandes, on n'ajoute pas d'information en terme d'estimation de variables. Grâce à une procédure de sélection de bandes du capteur hyperspectral Aviris, Price (1998) a montré qu'un nombre limité d'entre elles était nécessaire pour discriminer l'eau, la neige, la végétation et les brûlis. De plus, Weiss *et al.* (2000) ont montré sur un jeu de données synthétiques que, selon la variable étudiée, quatre à six bandes sur les neuf disponibles suffisaient à restituer les variables biophysiques. Au cours de cette étude, nous montrerons les atouts comparés de deux capteurs de configurations spectrales différentes en terme de nombre et largeur de bandes.

L'objectif de cet article est d'exposer la mise en œuvre et d'évaluer les performances d'une méthode d'estimation des variables *gLAI* (indice foliaire vert) et *Cab* (contenu en chlorophylle de la feuille) à partir de capteurs optiques par inversion de modèles de transfert radiatif. Au cours d'une expérimentation conduite entre 1999 et 2001 sur le site de Chambry près de Laon (Picardie), deux parcelles de blé ont été suivies du point de vue des variables biophysiques ainsi que des caractéristiques radiométriques. Les données de deux capteurs ont été utilisées. Le capteur aéroporté Casi offre une grande richesse spectrale, il a permis d'étudier l'intérêt d'introduire de l'information *a priori* dans les procédures d'inversion afin d'améliorer l'estimation des variables biophysiques. Le capteur HRVIR embarqué sur le satellite Spot, malgré une richesse spectrale relativement faible, offre l'avantage de fournir des mesures robustes en terme de précision radiométrique. Nous avons évalué la capacité de chacun des capteurs à estimer une partie des variables d'intérêt requises en agriculture de précision puis nous avons considéré la cohérence des variations temporelles et spatiales entre les grandeurs observées et simulées.

Matériel et méthode

Données

Cette partie décrit le jeu de données utilisé dans cette étude : données de télédétection aéroportées et satellite et mesures radiométriques de terrain associées (utilisées pour calibrer les capteurs aéroportés) ; mesures biologiques réalisées au sol pour calibrer et valider les modèles et les méthodes (mesures destructives et mesures indirectes).

Le site de Chambry, situé près de Laon (latitude 49°38N, longitude 3°40E) est composé de deux parcelles d'une dizaine d'hectares cultivées en blé d'hiver (*Triticum aestivum* L.), variété Shango, P1 en 1999-2000 et P2 en 2000-2001. La description de l'expérimentation est détaillée par Houlès (2004). Sur chaque parcelle, deux dispositifs de mesures au sol ont été mis en place. Un dispositif local (sites-test) constitué de six microparcelles ayant reçu des doses d'azote contrastées est utilisé pour réaliser à la fois des mesures directes (destructives) et indirectes (*gLAI*, *Cab*) servant respectivement à étalonner et valider les méthodes d'estimation des variables biophysiques. Le second dispositif est constitué d'un maillage de points (grille régulière, points espacés de 36 m) permettant de valider l'extension spatiale de la technique d'estimation de variables. Sur chaque point (de 20 à 85 en fonction des dates), des mesures indirectes de (*gLAI*, *Cab*) ont été réalisées.

Données radiométriques aéroportées et satellitales

Deux capteurs de télédétection caractérisés par des bandes spectrales réparties dans le visible, le proche et le moyen infrarouge ont été mis en oeuvre en 2000 et 2001 : quatre images Casi en 2000 sur la parcelle 1 ; quatre images Casi et quatre images Spot en 2001 sur la parcelle 2 (tabl. 1). Les images aéroportées ont été, dans la mesure du possible, acquises en conditions de ciel clair autour de 12:00 HTU.

Le capteur Casi (*Compact Airborne Spectrographic Imager*, ITRES, Canada) possède 32 bandes spectrales de 10 nm de large dans la gamme spectrale 350-1050 nm ; il était embarqué sur un avion volant à une altitude de 1500 m, conduisant à une résolution au sol de 2 m. Quatre images sont exploitables en 2000, trois en 2001, pendant la saison de croissance du blé. Elles ont été corrigées des effets atmosphériques en utilisant des cibles de référence au sol dont la réponse spectrale a été mesurée par des radiomètres de terrain (FieldSpec/ASD et Cimel). Des images exprimées en réflectance de surface ont ainsi été obtenues.

Tableau 1. Calendrier d'acquisition des images de télédétection acquises sur le site de Chambry.

Capteur	Parcelle	Date d'acquisition (jour/mois/année)	Heure d'acquisition (HTU)
Casi	P1	08/04/2000	10:26
Casi	P1	06/05/2000	09:09
Casi	P1	02/06/2000	12:09
Casi	P1	28/06/2000	11:06
Casi	P2	02/04/2001	09:16
Casi	P2	21/04/2001	13:59
Casi	P2	08/05/2001	12:02
Spot-4/ HRVIR 1	P2	15/01/2001	10:45
Spot-1/ HRV 2	P2	12/05/2001	10:54
Spot-4/ HRVIR 1	P2	19/06/2001	11:04
Spot-1/ HRV 2	P2	03/07/2001	10:55

En 2001, plusieurs images Spot ont pu être acquises. Le système Spot (Système probatoire d'observation de la terre) consiste actuellement en trois satellites Spot–1, 2 et 4 équipés notamment des capteurs HRV (*High Resolution Visible*) pour Spot 1 et 2 et HRVIR (*High Resolution Visible Infra Red*) pour Spot 4. HRVIR possède un canal supplémentaire permettant d'explorer le domaine du moyen infrarouge en plus du visible et du proche infrarouge. En mode multispectral, les bandes spectrales disponibles sont les suivantes : 0,50-0,59 µm (vert), 0,61-0,68 µm (rouge), 0,79-0,89 µm (proche infrarouge) et 1,58-1,75 µm (moyen infrarouge). La résolution spatiale au sol est de 20 m. L'étalonnage et les corrections atmosphériques des images Spot ont été réalisées avec le modèle Smac (Rahman et Dedieu, 1994). Ce modèle est basé sur une approche simplifiée du transfert radiatif dans l'atmosphère (Launay *et al.*, 1999). Il définit une équation pour chaque processus d'interaction dans l'atmosphère (albédo, transmission, réflexion, diffusion, absorption) et en ajuste les coefficients à un modèle de transfert radiatif précis (5S).

Les procédures d'étalonnage et de corrections atmosphériques, ainsi que les données radiométriques de terrain utilisées dans ces procédures, sont détaillées dans les documents suivants (Sanchez, 2002 ; Pohl, 2002 ; Zago, 2002 ; Zurita, 2003). Toutes les images ont été géoréférencées (*Lambert Conformial Conic projection, spheroid*: Clarke 1880) pour les rendre superposables. Des extractions spatiales des deux parcelles étudiées ont été réalisées afin de n'effectuer les estimations de variables que sur les pixels d'intérêt. Enfin, des extractions spatiales ont été réalisées sur les deux dispositifs mentionnés ci-dessus (sites-test et grilles) pour la mise au point et la validation des méthodes d'estimation des variables biophysiques.

Données biologiques

Les techniques d'inversion des données Casi ont été mises au point grâce à des mesures destructives réalisées sur les sites-test en 2000 et 2001 ; la validation repose sur des mesures indirectes effectuées au même endroit. Les estimations issues du capteur Spot-HRV, ainsi que l'étude des variations spatio-temporelles des estimations Casi, découlent de mesures indirectes réalisées sur les grilles.

Nous décrirons ici les protocoles utilisés pour les mesures destructives et indirectes ainsi que la procédure d'extension spatiale des mesures à l'échelle de la parcelle.

Mesures destructives

Les mesures destructives ont permis de déterminer *gLAI* et *Cab* pour chaque parcelle/microparcelle/date. Sur le site-test, chaque microparcelle correspond à une dose d'azote différenciée. Pour P1-2000, l'échantillonnage a été réalisé à sept dates du jour julien (jj) 65 au jj 180 (total : 29 configurations microparcelle x dates), avec deux échantillons par configuration ; pour P2-2001, les échantillons ont été prélevés à huit dates du jj 65 au jj 164 (total : 42 configurations) avec trois échantillons par configuration. Pour une date donnée, les surfaces échantillonnées étaient 0,85 m² pour P1-2000 et 1,233 m² pour P2-2001.

La surface des feuilles vertes de sous-échantillons a été évaluée avec des LICOR® LI-3000A et LI-3050A, permettant le calcul de *gLAI* (exprimé en m² m^{-2}). Les pigments foliaires correspondant à des sous-échantillons de 20 cm² ont été extraits dans 50 ml de N,N-Dimethylformamid (DMF) ; la densité optique des extraits mesurée à 664 nm, 647 nm et 470 nm grâce au spectrophotomètre Beckman Du-64® a permis de calculer les concentrations en chlorophylle et caroténoïdes (Moran, 1982) ; elles sont exprimées en g.m^{-2} de feuille (Houlès *et al.*, 2001).

Mesures indirectes

Des mesures indirectes ont été réalisées sur les sites-test P1-2000 et P2-2001 à différentes dates : indice foliaire avec un LICOR® LAI-2000 et concentration en chlorophylle avec un Hydro N-tester.

La mesure avec le LAI-2000 intègre tous les organes de la plante et à la fois les éléments verts et jaunes. Comme on s'intéresse au LAI vert (qui est la variable d'entrée des modèles), on utilise le LAI total mesuré par ce dispositif comme un indicateur de *gLAI*. Une acquisition LAI-2000 est la résultante de 16 mesures le long de 4 transects, ce qui caractérise approximativement une surface de 1 m x 3 rangs.

On a caractérisé le contenu en chlorophylle des feuilles par des mesures HN-tester réalisées sur les deux dernières feuilles complètement développées d'une plante (indicateur de *Cab*). Une acquisition N-tester est la moyenne de 30 mesures (15 plantes, 2 feuilles par plante). Les mesures de N-tester sont effectuées au niveau de la partie centrale de la feuille.

Ces mesures indirectes ont été réalisées sur les mêmes échantillons que ceux ayant servi aux mesures destructives. Nous avons ainsi pu établir des relations de calibration entre mesures LAI-2000 et *gLAI* d'une part et entre mesures N-tester et *Cab* d'autre part.

Des jeux indépendants de mesures indirectes ont par ailleurs été acquis sur les points de grille. Ces mesures sont étalonnées avec les relations comme mentionné ci-dessus et permettent ainsi l'estimation de *gLAI* et *Cab*. C'est ce jeu de données qui est utilisé par la suite.

Interpolation spatiale

Afin de comparer les variables biophysiques estimées par inversion à celles mesurées, à l'échelle de la parcelle, il est nécessaire de spatialiser ces dernières. Nous avons utilisé la méthode du krigeage (Chilès et Delfiner, 1999) qui permet d'interpoler des mesures locales après calcul et ajustement du semi-variogramme (cf. Bruchou *et al.*, cet ouvrage).

L'interpolation spatiale des mesures de *gLAI* et *Cab* fut possible pour la date du 5 mai 2000 sur la parcelle 1, correspondant à une acquisition Casi car nous disposions d'un nombre suffisant de mesures acquises sur les 81 points de la grille et sur 23 points espacés de 2 m répartis selon une croix échantillonnant les courtes distances.

Dans ce cas, le modèle choisi (car minimisant la RMSE) pour modéliser le variogramme a été le modèle sphérique.

Méthodes d'estimation des variables biophysiques par inversion de modèles de transfert radiatif.

Modèles

La réflectance de la culture est simulée grâce à deux modèles couplés décrivant l'interception du rayonnement solaire avec une feuille et un couvert.

Le transfert radiatif dans la feuille est décrit par le modèle Prospect (Jacquemoud et Baret, 1990) qui suppose que la feuille est constituée de N couches élémentaires séparées par de l'air. Chaque couche est caractérisée par un indice de réfraction n et un coefficient d'absorption $K(\lambda)$. Le coefficient d'absorption est lié à la biochimie de la feuille (Fourty *et al.*, 1996) selon la relation :

$$K(\lambda) = \sum_i k_i(\lambda) \cdot C_i \qquad (1)$$

où k_i et C_i sont respectivement le coefficient d'absorption spécifique dans la longueur d'onde λ et la concentration (en poids par unité de surface de feuille) du composant i.

Les composants sont les chlorophylles a et b (i = ab), les caroténoïdes (i = c), la matière sèche (i = dm) et l'eau (i = w). Afin de prendre en compte l'apparition de pigments bruns lors de la sénescence des feuilles, nous avons ajouté un terme à l'équation (i = bp).

La réflectance bidirectionnelle du couvert végétal est simulée par le modèle SAIL (*Scattering by Arbitrarily Inclined Leaves*) développé par Verhoef (1984, 1985). Ce modèle considère un couvert homogène, infiniment étendu avec des feuilles distribuées aléatoirement. L'effet de « hot-spot » a été pris en compte d'après Kuusk (1991) par Andrieu *et al.* (1997). Le modèle calcule la réflectance spectrale du couvert en fonction des réflectances et transmittances spectrales des feuilles calculées par Prospect. Le sol est caractérisé par un spectre de réflectance $\rho_{soil}(\lambda)$ suivant une loi de Lambert. On suppose que la distribution des feuilles est elliptique et décrite par un angle moyen d'inclinaison *ALA*. La structure de la plante est aussi décrite par l'indice foliaire vert (*gLAI*) et le paramètre de « hot-spot » h. Les paramètres externes sont les angles zénithaux solaire (θ_s) et de visée (θ_v), l'azimut relatif entre la visée et le soleil ($\Delta\varphi$), et la fraction diffuse du rayonnement incident (*SKY (λ)*). Le couplage des modèles Sail et Prospect constitue le modèle Prosail.

Le modèle Prosail a été utilisé pour simuler les réflectances de surface du site d'étude dans les conditions correspondant aux acquisitions effectuées avec les capteurs Casi et Spot, en terme de géométrie et de caractéristiques spectrales. Les paramètres d'entrée sont décrits dans le tableau 2.

Tableau 2. Bornes supérieures (X^{ub}) et inférieures (X^{lb}) des variables de Prosail, valeurs a priori (X^p) utilisées pour les inversions.

Variable	Symbole	Unité	X^{lb}_v	X^{ub}_v	X^p_v
Indice foliaire vert	$gLAI$	$m^2\,m^{-2}$	0	6	dépend de la date
Contenu en chlorophylle de la feuille	Cab	$g\,m^{-2}$	0	0,80	dépend de la date
Contenu en eau de la feuille	C_w	$g\,m^{-2}$	0,005	0,030	0,0539
Contenu en matière sèche	C_{dm}	$g\,m^{-2}$	0	0,015	0,0192
Contenu en pigments bruns	C_{pb}	Unité relative	0	5	0
Paramètre de structure de la feuille	N	/	0,5	2	1,5
Angle moyen d'inclinaison de la feuille	ALA	Degré	10	86	57,3
Paramètre de Hot spot	h	/	0,05	2	0,1
Indice de brillance du sol	sb	Unité relative	0,1	0,35	0,2385

Méthodologie

Le problème inverse en télédétection consiste à estimer les caractéristiques d'une cible à partir d'un nombre limité d'observations (fig. 1). Le modèle de transfert radiatif (ici Prosail) permet de simuler les observations (réflectance spectrale et directionnelle) à partir des caractéristiques des cibles (variables biophysiques du couvert). Comme le modèle de transfert radiatif est complexe, non linéaire et implique plusieurs variables biophysiques, il n'est pas possible de calculer analytiquement le modèle inverse. Par ailleurs, le modèle est limité par ses hypothèses simplificatrices et les mesures sont contaminées par des erreurs qui peuvent être importantes. Le problème inverse est donc mal posé : une petite perturbation dans les entrées du problème (erreur sur les réflectances) peut engendrer de grandes variations sur l'estimation des variables biophysiques. Afin d'aboutir à des estimations plus précises et robustes, il est nécessaire de fournir au système un maximum d'informations pertinentes (sur les incertitudes liées au modèle et aux données observées, sur les valeurs attendues des variables), appelées information *a priori*.

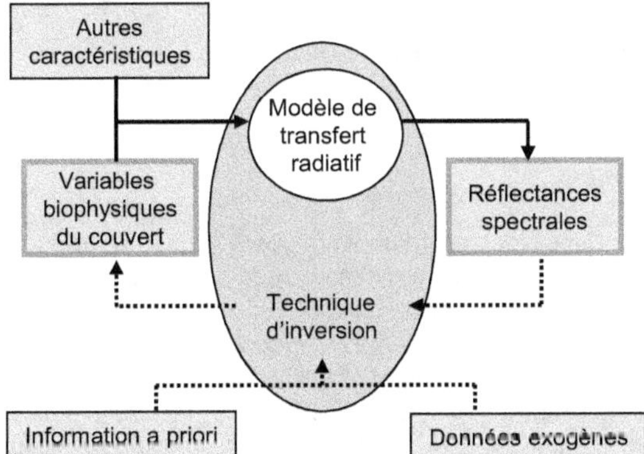

Figure 1. Schéma montrant le principe de l'inversion. Les flèches pleines correspondent au fonctionnement des modèles dans le sens direct. Les flèches discontinues correspondent à l'inversion des modèles (d'après Guérif *et al.*, 2001a).

Nous détaillerons dans la suite les variables biophysiques estimées, la technique d'inversion, en particulier la fonction coût et l'algorithme d'optimisation choisis, puis nous qualifierons l'information *a priori* utilisée.

Les variables estimées selon le type de capteur

La richesse spectrale du capteur Casi (32 bandes) permet d'estimer les neuf paramètres du modèle Prosail. En revanche, le capteur Spot-HRV ne dispose que de trois ou quatre bandes spectrales larges. À cause de cela, mais aussi du mauvais échantillonnage de la transition rouge-proche infrarouge, ces données ne permettent pas d'estimer *Cab*. Pour inverser les données de ce capteur, certains paramètres ont dû être fixés et seuls le *gLAI* et la brillance du sol (*sb*) sont estimés.

La fonction coût

Afin d'ajuster au mieux les réflectances simulées et les réflectances observées, l'estimation des paramètres du modèle se fait en minimisant une fonction coût C basée au premier ordre sur la RMSE des réflectances. Combal *et al.* (2002) ont signalé l'importance d'introduire une connaissance *a priori* dans cette fonction afin de réduire la nature « mal-posée » du problème d'inversion. Cela consiste à ajouter dans C un second terme, constitué de la RMSE sur l'information à priori relative aux variables biophysiques. La fonction coût C s'exprime alors par :

$$C = \sum_{\lambda=1}^{q} \left(\frac{Y_{\lambda}^{s} - Y_{\lambda}^{o}}{\varepsilon_{\lambda}^{Y}} \right)^2 + \sum_{v=1}^{m} \left(\frac{X_{v}^{s} - X_{v}^{p}}{\varepsilon_{v}^{X}} \right)^2 \tag{2}$$

où Y_{λ}^{s} est la réflectance simulée dans la longueur d'onde λ, Y_{λ}^{o} est la réflectance observée dans la longueur d'onde λ, $\varepsilon_{\lambda}^{Y}$ tient compte à la fois des erreurs sur les mesures et le modèle, q est le nombre d'observations, c'est-à-dire de bandes spectrales, X_{v}^{p} est la valeur *a priori* pour la variable v et ε_{v}^{X} est l'incertitude associée à la variable v, m est le nombre de variables estimées.

L'algorithme d'optimisation

Plusieurs algorithmes ont été comparés par Combal *et al.* (2002) : quasi-Newton, réseau de neurones et tables de correspondances. Les conclusions de ce travail montrent que des différences significatives de temps d'exécution sont observées mais qu'aucun de ces algorithmes testés ne prédomine dans l'estimation des variables. Nous avons utilisé l'algorithme de quasi-Newton (logiciel Matlab®) pour résoudre le problème inverse car il converge vers le minimum de la fonction coût très efficacement. C'est un algorithme classiquement utilisé (Tarantola, 1987) qui nécessite un point de départ, c'est-à-dire une valeur initiale X_{v}^{st} pour chaque variable recherchée v. De plus, on peut définir des bornes inférieure X_{v}^{lb} et supérieures X_{v}^{ub} pour la variable v, de sorte que la solution X_{v} se trouve dans la gamme $X_{v}^{lb} \leq X_{v} \leq X_{v}^{ub}$.

Information a priori *sur gLAI et Cab*

Pour les estimations à partir de données Casi, l'information *a priori* est déterminée à partir de l'information radiométrique mesurée sur les sites-test. Des relations empiriques ont été établies sur un jeu de calibration, qui expriment d'une part *gLAI* en fonction du *NDVI* et d'autre part *Cab* en fonction de la position du red-edge. Pour les estimations à partir du capteur Spot-HRV, la résolution spatiale ne permet pas d'utiliser des mesures radiométriques issues des sites-test ; aussi l'information *a priori* a été établie à partir de simulations effectuées avec le modèle de culture STICS pour *gLAI* et à partir de mesures biologiques pour Cab (voir Zurita, 2003).

Les paramètres de la fonction coût (ε_λ^Y, ε_v^X et q) ainsi que la configuration spectrale (sélection des bandes spectrales) ont été optimisés dans le cas des données Casi. On a montré que les conditions optimales (valeurs minimales de C) étaient obtenues avec une incertitude $\varepsilon_v^X = 2kX_v^o$ calculée avec un k égal à 40 %, avec des valeurs non biaisées de X_v^p telles qu'estimées par la littérature ou à partir du signal radiométrique, et avec des valeurs de départ X_v^{st} pour l'algorithme d'optimisation égales aux valeurs *a priori* ($X_v^{st} = X_v^p$). La configuration spectrale a été fixée en terme de nombre et de position de bandes de façon que les RMSE*gLAI*, RMSE*Cab* et RMSE*gLAI_Cab* soient optimisés pour chacune des variables *gLAI*, *Cab* et *gLAI_Cab*, respectivement (tabl. 3).

Tableau 3. Les symboles noirs repèrent les longueurs d'onde qui optimisent la RMSE des variables suivantes *gLAI*, *Cab* et *gLAI_Cab*.

λ (nm)	440	456	473	490	557	574	591	711	729	781	798	815	833	850	885	919	954
gLAI			●	●	●		●	●	●	●	●		●	●	●	●	●
Cab						●	●	●									●
gLAI_Cab	●	●	●					●	●	●	●	●	●				●

Résultats

Les résultats de l'estimation des variables biophysiques sont présentés ci-dessous, avec dans un premier temps une analyse des résultats obtenus par type de capteur, puis l'interprétation de la dynamique temporelle des estimations au cours d'une saison et enfin la cohérence des variations spatiales intra-parcellaires observées.

Résultats par type de capteur

Capteur Spot-HRV

L'inversion a été effectuée pour chaque pixel pour lequel une mesure au sol de *gLAI* existe (de 20 à 80 points en fonction de la date). Les résultats de l'inversion ont été comparés aux mesures terrain. Ils sont satisfaisants en terme d'erreur quadratique moyenne sur le *gLAI* (RMSE*gLAI* = 0,4 m²m⁻², soit en valeur relative RRMSE = 13,1%). Cependant, le r² est très faible (0,0035), et ceci peut être imputé en partie à la relativement faible précision des mesures au sol.

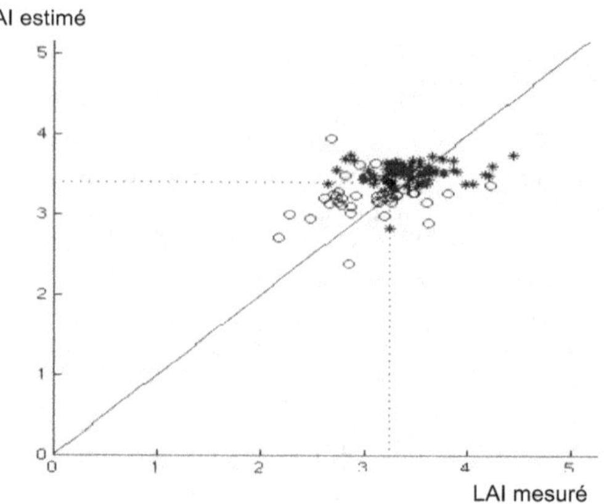

Figure 2. Comparaison des valeurs de *gLAI* estimées à partir du capteur Spot-HRV
avec les mesures réalisées au sol (* : 12/05/2001 ; o : 19/06/2001).

En effet, la valeur inversée de *gLAI* pour un pixel donné est comparée à la mesure faite sur le point de grille situé dans ce pixel. Au-delà du problème possible de positionnement (à 0,5 pixel près au mieux), la représentativité spatiale de la mesure est en cause : la mesure réalisée avec le LAI-2000 porte sur une surface de 1 m² alors qu'un pixel Spot représente une surface 400 fois plus grande. À contrario, le point identifié par les lignes en pointillés sur la figure 2 a bénéficié d'un support d'échantillonnage au sol plus important (21 mesures de *gLAI*, représentant une surface équivalente à un pixel Spot) : sa situation, proche de la première bissectrice, traduit la meilleure représentativité des mesures au sol vis-à-vis du pixel Spot. L'autre aspect de la précision des mesures peut être lié à la mauvaise représentativité des mesures indirectes par le LAI-2000 vis-à-vis de la variable *gLAI*, la phase de calibration de ces mesures indirectes via la comparaison avec les mesures destructives, réalisée sur les sites-test, pouvant ne pas représenter complètement les conditions rencontrées dans l'ensemble de la parcelle.

Capteur Casi

Les résultats sont présentés sur les sites test de l'année 2000 en comparant, pour toutes les microparcelles et toutes les dates, les variables estimées et mesurées (fig. 3). Les RMSE calculées sur les réflectances après inversion sont estimées entre 0,02 et 0,03 en fonction de la date considérée. Des critères d'évaluation pour les variables biophysiques ont été calculés (tabl. 4). La restitution de gLAI est satisfaisante avec une RMSEgLAI de 0,37 m^2 m^{-2} et un coefficient de détermination r² de 0,97. Concernant l'estimation de *Cab*, la qualité des résultats dépend de la date (fig. 3).

Sur l'ensemble des cas (dates et sites-test), RMSE*Cab* = 0,12 g m^{-2} et r^2 = 0,65. Cependant, on observe dans deux cas, une forte sous-estimation de *Cab* (jj 180) probablement due à une valeur erronée de X_v^p pour cette date (de 30 % supérieure à la moyenne des valeurs mesurées). Or nous avons montré l'importance d'un tel biais dans la restitution de la variable. Un test effectué en utilisant une valeur réduite de 30 % pour X_{Cab}^p ce jour là améliore l'estimation globale (RMSE*Cab* = 0,10 g m^{-2} et r^2 = 0,64). Finalement, lorsqu'on estime le contenu en chlorophylle du couvert (à travers le produit *gLAI* × *Cab*), on obtient RMSE*gLAI_Cab* = 0,28 g m^{-2} et r^2 = 0,95 (fig. 3).

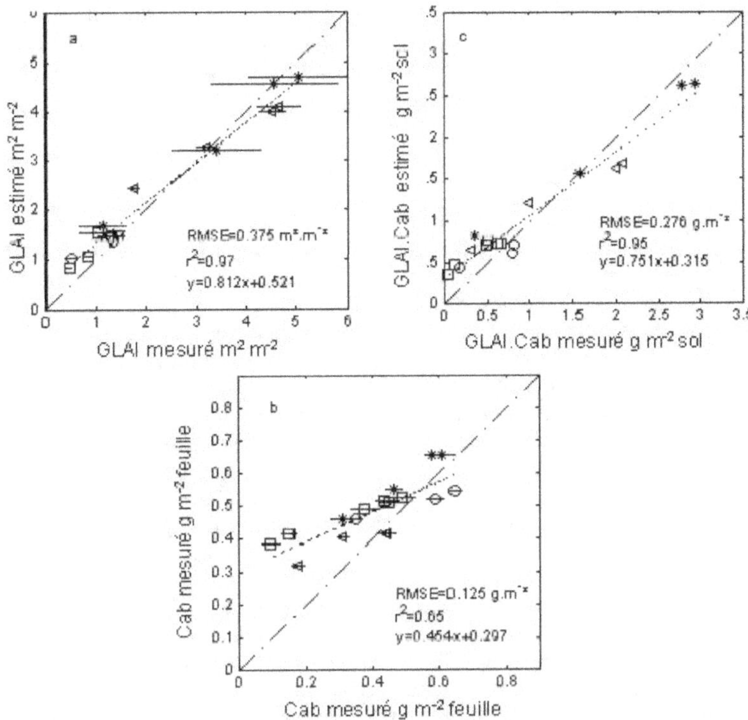

Figure 3. Comparaison des valeurs estimées et mesurées de *gLAI* (a), *Cab* (b) et du produit *gLAI_Cab* (c) par inversion de données Casi. O,*,◁, et □ correspondent respectivement aux jj 99, 127, 154 et 180. Les barres horizontales représentent les incertitudes associées aux mesures.

Grâce à une bonne précision sur l'estimation de *gLAI*, le contenu en chlorophylle du couvert est mieux estimé que la teneur en chlorophylle des feuilles. Les résultats sont significativement améliorés par la sélection des bandes spectrales, effectuée en testant successivement toutes les combinaisons possibles. Le choix de la configuration optimale (440, 456, 473, 711, 729, 781, 798, 815, 833 et 954 nm) améliore la RMSEgLAI_*Cab* de 40 %.

Tableau 4. Résultats de l'inversion réalisée à partir des images Casi avec la configuration spectrale optimale sous forme de cinq critères d'évaluation.

Variable v	RMSE$_v$ (m^2 m^{-2})	RRMSE$_v$(%)	RMSE$_v^s$ (m^2 m^{-2})	RMSE$_v^u$ (m^2 m^{-2})	r_v^2
gLAI	0,375	16,8	0,311	0,211	0,973
Cab	0,125	30,6	0,113	0,052	0,650
gLAI_Cab	0,276	27,2	0,230	0,152	0,951

Weiss et Baret (1999) ont estimé les variables biophysiques à partir de données satellite simulées et un réseau de neurones pour effectuer l'inversion. Ils obtiennent des valeurs de RMSE*gLAI* = 0,55 m^2 m^{-2} et RMSE*gLAI_Cab* = 27 g m^{-2}, proches des nôtres. Combal *et al.* (2002) ont également utilisé des données de réflectances simulées pour comparer trois techniques d'inversion. Dans les cas de l'algorithme de quasi-Newton, *gLAI* a été estimé avec une RMSE dans la gamme [0,6 - 1,1 m^2 m^{-2}] et *Cab* avec une RMSE dans la gamme [8 - 15 g m^{-2}] en fonction du bruit associé aux données de réflectances simulées. Dans notre étude, nous obtenons des résultats avec des gammes d'erreur comparables en utilisant de « vraies » données de télédétection.

Analyse multi-temporelle

Nous avons réalisé l'inversion sur les points de la grille mesurés au sol pour la même série temporelle des quatre images Casi en 2000. Pour évaluer la cohérence temporelle de ces résultats, nous avons comparé pour chaque date les valeurs moyennes des estimations aux mesures (en utilisant l'ensemble des 20 à 80 points). Une extraction des spectres de réflectances à partir des images Casi a été effectuée pour chaque date sur une surface de 9 pixels (soit 36 m^2) au voisinage de chaque point. Ces spectres ont été utilisés pour estimer *gLAI* et *Cab* par inversion sur les points caractérisés au sol. La comparaison entre ces estimations et les mesures (valeurs moyennées sur l'ensemble des points) est présentée figure 4. On constate que les sens des évolutions temporelles au cours du développement de la culture sont globalement en bon accord. Cependant, on note une sur-estimation de *gLAI*, surtout pour les valeurs fortes, qui n'apparaissait pas dans les estimations réalisées sur les sites test et qui conduit à une RMSE assez élevée (de 1,24 m^2 m^{-2}). La surestimation est moins importante pour *Cab*, dont la RMSE est également supérieure (0,059 g m^{-2}) à celle observée sur les sites-test. Ces moins bonnes performances sont probablement à mettre au compte de la qualité des données mesurées au sol auxquelles on compare les estimations. Il faut là encore évoquer les deux aspects mentionnés pour l'évaluation des inversions réalisées à partir des données Spot-HRV. Le premier réside dans la faiblesse de l'échantillonnage au sol sur les points de la grille, au regard de la surface extraite de l'image. Le second peut être lié à la mauvaise représentativité des mesures indirectes par le LAI-2000 et le HN-tester vis-à-vis des variables *gLAI* et *Cab*.

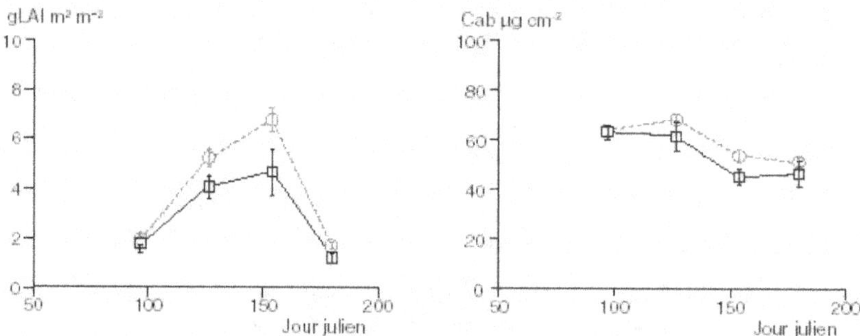

Figure 4. Profils temporels des inversions réalisées à partir des données Casi sur les points de grille, pour la parcelle 1 en 2000. À gauche : *gLAI* : mesures (□), estimations (o) ; à droite : *Cab* : mesures (□), estimations (o).

Variations spatiales

Nous avons réalisé l'inversion des images Spot-HRV et Casi pour tous les pixels contenus dans la parcelle. Nous avons ainsi obtenu des cartes de variables à la résolution spatiale du pixel élémentaire (20 m pour Spot-HRV et 2 m pour Casi).

Les acquisitions Spot-HRV ont permis de dresser des cartes de g*LAI* et de brillance du sol *sb* (Zurita, 2003). Les estimations réalisées à partir des images Casi ont permis de dresser des cartes des neuf paramètres estimés par inversion de modèles.

On constate une bonne adéquation entre la distribution spatiale des valeurs des cartes de brillance du sol obtenue par inversion d'une image Spot-HRV avec végétation (fig. 5 a, planche couleur 6) ou d'une image Casi sans végétation (fig. 5 b), et que cette distribution est très cohérente avec la distribution des sols représentée par une cartographie simplifiée issue de la carte pédologique (fig. 5 c).

Les calcosols développés sur craie sableuse et les sols calco-magnésiens sableux correspondent aux plus fortes valeurs de brillance de sol, en lien avec leur couleur claire ; la variabilité de leur brillance est liée à celle leur teneur en carbonate de calcium et de la présence de cailloux. Les autres calcosols, moins cailouteux et les luvisols ont une brillance plus faible dont la variabilité dépend de leur teneur en limons grossiers, argile et carbone organique (Michot, 2003).

Afin d'établir une comparaison d'ordre qualitatif, les données acquises au sol ont été interpolées lorsque l'échantillonnage le permettait. Ceci a en particulier été réalisable pour la date du 5 mai 2000 pour la parcelle P1.

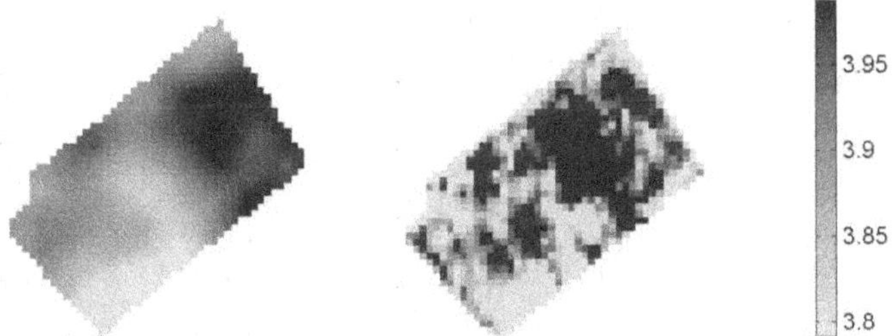

Figure 6. Cartes de la variable g*LAI* (m^2 m^{-2}). À gauche : valeurs observées interpolées par krigeage ; à droite valeurs estimées par inversion de données Casi (6 mai 2000).

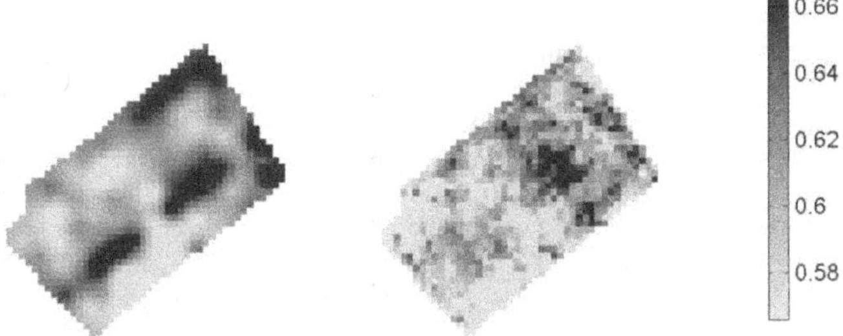

Figure 7. Cartes de la variable *Cab* (g m^{-2}). À gauche : valeurs observées interpolées par krigeage ; à droite : valeurs estimées par inversion de données Casi (6 mai 2000).

Les figures 6 et 7 montrent la comparaison des cartographies de g*LAI* et *Cab* obtenues par krigeage avec les estimations obtenues par inversion de l'image Casi correspondante. On constate que la structure spatiale des cartes estimées correspond bien à celle des cartes observées. C'est particulièrement le cas pour *gLAI* (les positions des zones à faibles et fortes valeurs sont bien concordantes). Ceci n'est pas aussi général pour *Cab*, pour laquelle certaines structures à forte valeur de la carte des données mesurées ne sont pas bien reproduites dans le processus d'inversion. Il est difficile pour cette situation d'élucider l'origine de cette différence : qualité des données au sol ou précision de la procédure d'estimation ?

Conclusion

À travers cette étude, nous avons cherché à évaluer les potentialités de deux types de capteurs de télédétection opérant dans le domaine solaire pour caractériser la variabilité intra-parcellaire d'une culture en terme de variables biophysiques.

L'inversion d'un modèle de transfert radiatif à partir de données Spot-HRV a permis de fournir des estimations de l'indice foliaire vert sur les différents points de grille pour 2 dates d'acquisition, avec une erreur quadratique moyenne de l'ordre de 0,4 point. Ce résultat peut être considéré comme très satisfaisant, sachant qu'aucune méthode d'estimation de l'indice foliaire ne permet d'atteindre des précisions meilleures, et que les mesures qui constituent la référence à laquelle on compare les estimations est obtenue avec une faible précision. Cependant les caractéristiques spectrales de ce capteur ne permettent pas d'estimer le contenu en chlorophylle des feuilles (position et largeur de bandes), limitant ainsi leur utilisation pour des applications liées à la fertilisation azotée. L'inversion réalisée à partir de données issues du capteur hyperspectral Casi offre plus de possibilités. On a montré que la richesse spectrale du capteur permettait d'estimer l'ensemble des paramètres des modèles, et donc particulièrement *gLAI*, *Cab* et la brillance du sol (qui peut être utilisée comme aide à la cartographie des sols et à la définition de zones) à condition de sélectionner judicieusement les bandes spectrales les plus adaptées et d'introduire de l'information exogène afin de mieux contraindre le système. On estime ainsi les variables avec une précision sensiblement du même ordre que celle obtenue à partir des données Spot pour le *gLAI* (RMSE de 0,38) et de 0,1 g m^{-2} pour *Cab,* sur les sites-test pour lesquels on a une bonne précision sur les mesures au sol, mais une gamme de variation très supérieure à celle rencontrée pour l'inversion des données Spot-HRV. En tout état de cause, il est très important de bien résoudre auparavant la question délicate des corrections atmosphériques.

L'inversion des données de télédétection s'est montrée spatialement cohérente : nous avons retrouvé dans les cartes estimées des variables biophysiques les structures spatiales observées soit à partir de mesures interpolées (cas de *gLAI* et *Cab* obtenus à partir d'images Casi), soit de cartographies des sols dressées par les pédologues (cas de la brillance des sols), malgré l'aspect plus lissé des cartes observées.

Enfin, nous avons observé une cohérence entre les évolutions temporelles des variables observées et simulées par Casi au cours d'un cycle cultural. Cependant cette procédure de validation reste pénalisée par la faiblesse de l'échantillonnage au sol n'assurant pas une bonne représentativité.

Des marges de progrès sont évidemment encore possibles pour améliorer la précision des estimations. Elles résident à la fois dans l'amélioration des modèles de transfert radiatif par des formalismes plus réalistes (de la distribution de la chlorophylle dans le couvert par exemple) et dans le renforcement des procédures d'inversion des modèles. Si l'adjonction d'information *a priori* a été un apport important, d'autres pistes de recherche sont en cours de développement, comme la prise en compte des contraintes spatiales pour réduire la nature « mal posée » du problème d'inversion (Lauvernet, 2005).

Remerciements

L'ensemble du personnel technique de l'Unité d'agronomie de Laon est remercié pour son importante contribution à l'acquisition des données sol, et tout particulièrement Florence Barrois, Daniel Boitez, Frédéric Bornet, Cécile Colliot, Patrick Devaux, Caroline Dominiarczyk, Eric Gréhan, Charles Leforestier, Frédéric Mahu, Éric Venet. Matthew Pringle est remercié pour le travail d'interpolation des données. La société Astrium est remerciée pour la mise à disposition des données Casi.

Références bibliographiques

AKKAL N., JEUFFROY M.H., MEYNARD J.-M., BOISSARD P., HELBERT J., VALÉRY P., LEWIS P., 1997. Assessment of a method for estimating the nitrogen requirements of a wheat crop based on an early estimate of cover fraction. *Stafford, J.V. (Ed.), SCI Agriculture and Environment Group (GBR), Precision Agriculture '97*, 1, 405-412.

ANDRIEU B., BARET F., JACQUEMOUD S., MALTHUS T., STEVEN M., 1997. Evaluation of an Improved Version of SAIL Model for Simulating Bidirectional Reflectance of Sugar Beet Canopies, *Remote Sensing of Environment*, 60. 247-257.

ASNER G.P., 1998. Biophysical and Biochemical Sources of Variability in Canopy Reflectance. *Remote Sensing of Environment*, 64, 234-253.

BACOUR C., JACQUEMOUD S., LEROY M., HAUTECOEUR O., WEISS M., PRÉVOT L., BRUGUIER N., CHAUKI H., 2002. Reliability of the estimation of vegetation characteristics by inversion of three canopy reflectance models on airborne POLDER data. *Agronomie*, 22, 555-565.

BARET F., VANDERBILT V.C., STEVEN M.D., JACQUEMOUD S., 1994. Use of spectral analogy to evaluate canopy reflectance sensitivity to leaf optical properties, *Remote Sensing of Environment*, 48(2), 253-260.

CHILES J.-P., DELFINER P., 1999. Geostatistics: Modelling Spatial Uncertainty. *In Wiley Series in Probability and Statistics*, Wiley & Sons, Inter-Science, 695 p.

COMBAL B., BARET F., WEISS M., TRUBUIL A., MACÉ D., PRAGNÈRE A., MYNENI R., KNYAZIKHIN Y., WANG L., 2002. Retrieval of canopy biophysical variables from bi-directional reflectance data. Using prior information to solve the ill-posed inverse problem. *Remote Sensing of Environment*, 84, 1-15.

DAWSON T.P., CURRAN P.J., NORTH P.R.J., PLUMMER S.E., 1999. The propagation of foliar biochemical absorption features in forest canopy reflectance: a theorical analysis, *Remote Sensing of Environment*, 67, 147-159.

DAWSON T.P., CURRAN P.J., PLUMMER S.E., 1998. LIBERTY-Modeling the Effects of Leaf Biochemical Concentration on Reflectance Spectra, *Remote Sensing of Environment*, 65, 50-60.

FEIBO W., LIANGHUAN W., FUHUA X., 1998. Chlorophyll meter to predict nitrogen sidedress requirements for short-season cotton (Gossypium hirsutum L.). *Field Crops Research*, 56, 309-314.

FOURTY T., BARET F., JACQUEMOUD S., SCHMUCK G., VERDEBOUT J., 1996. Leaf optical properties with explicit description of its biochemical composition: direct and inverse problems, *Remote Sensing of Environment*, 56, 104-117.

GANAPOL B.D., JOHNSON L.F., HAMMER P.D., HLAVKA C.A., PETERSON D.L., 1998. LEAFMOD A New Within-Leaf Radiative Transfer Model, *Remote Sensing of Environment*, 63, 182-193.

GANAPOL B.D., JOHNSON L.F., HLAVKA C.A., PETERSON D.L., BOND B., 1999. LCM2 A coupled leaf/canopy radiative transfer model, *Remote Sensing of Environment*, 70, 153-166.

GUERIF M., BARET F., MOULIN S., BEGUE A., 2001a. Prise en compte de l'hétérogénéité parcellaire et de son évolution temporelle dans la gestion des interventions techniques : potentiel de la télédétection. *In « Modélisation des agro-écosystèmes et aide à la décision »*, E. Malézieux (ed), collection Repères, Cirad, Montpellier (FRA), p 303-326.

GUERIF M, BEAUDOIN N., DURR C., MACHET J.-M., MARY B., MICHOT D., MOULIN S., NICOULLAUD B., RICHARD G., 2001b. Designing a field experiment for assessing soil and crop spatial variability and defining site specific management strategies. *Third European Conference on Precision Farming*, 18-20 June 2001 – Montpellier, France, p. 677-682.

HOULES V., GUERIF M., MARY B., MACHET J.-M., MOULIN S., 2001. Assessment of nitrogen nutrition index from biophysical variables obtained by remote sensing. *11th Nitrogen Workshop*, Reims, France, 9-12 September 2001, p. 461-462.

HOULES V., 2004. *Mise au point d'un outil de modulation intra-parcellaire de la fertilisation azotée du blé d'hiver basé sur la télédétection et un modèle de culture.* Thèse Ina P-G, 269 p.

JACQUEMOUD S., BARET F., 1990. PROSPECT: a model of leaf properties. *Remote Sensing of Environment*, 34:75-91.

JACQUEMOUD S., USTIN S. L., VERDEBOUT J., SCHMUCK G., ANDREOLI G., HOSGOOD B., 1996. Estimating Leaf Biochemistry Using the PROSPECT Leaf Optical Properties Model. *Remote Sensing of Environment*, 56, 3, 194-202.

KNYAZIKHIN Y., MARTONCHIK J., DINER D., MYNENI R., VERSTRAETE M., PINTY B., GOBRON N., 1998a. Estimation of vegetation canopy leaf area index and fraction of absorbed photosynthtically active radiation from atmosphere corrected MISR data, *Journal of Geophysical Research*, 103(D24), 32239-32256.

KNYAZIKHIN Y., MARTONCHIK J., MYNENI R., DINER D., RUNNING S., 1998b. Synergistic algorithm for estimating vegetation canopy leaf area index and fraction of absorbed photosynthtically active radiation from MODIS and MISR data, *Journal of Geophysical Research*, 103(D24), 32257-32276.

KUUSK A., 1991, The hot spot effect in plant canopy reflectance, in Myneni and Ross (Ed.), *Photon-vegetation interactions. Applications in optical remote sensing and plant ecology*, Springer Verlag, 139-159.

LAUNAY M., GUERIF M., DEDIEU G., 1999. Utilisation d'un modèle de correction atmosphérique (SMAC) pour le calcul des réflectances au sol à partir d'images Spot. *Photo-interprétation*, 3-4, 3-27.

LAUVERNET C., 2005. Assimilation variationnelle d'observations de télédétection dans les modèles de fonctionnement de la végétation : utilisation du modèle adjoint et prise en compte de contraintes spatiales. Thèse Université Joseph Fourier-Grenoble I, 202 p. + annexes.

MICHOT D., 2003. *Intérêt de la géophysique de subsurface et de la télédétection multispectrale pour la cartographie des sols et le suivi de leur fonctionnement hydrique à l'échelle intraparcellaire.* Thèse de l'Université Pierre et Marie-Curie – Paris VI, 394 p.

MORAN R., 1982. Formulae for determination of chlorophyllous pigments extracted with N,N-Dimethylformamide. *Plant Physiology,* 69, 1376-1381.

MORAN M.S., VIDAL A., TROUFLEAU D., QI J., CLARKE T.R., PINTER P.J., MITCHELL T.A., INOUE Y., NEALE C.M.U., 1997. Combining multifrequency microwave and optical data for crop management, *Remote Sensing of Environment*, 61, 96-109.

MOULIN S., ZURITA MILLA R., GUERIF M., BARET F., 2003. Characterizing the Spatial and Temporal Variability of Biophysical Variables of a Wheat Crop Using Hyperspectral Measurements. *International Geoscience and Remote Sensing Symposium*, 21-25 July 2003, Toulouse, France, vol. IV, p. 2206-2208.

PIEKELEK W.P., FOX R.H., 1992. Use of a chlorophyll meter to predict sidedress nitrogen requirements for maize. *Agronomy Journal*, 84, 59-65.

POHL E., 2002. *Estimation of water vapor ontent and aerosol optical thickness using a Cimel photometer,* Master thesis, Trier University (bourse LEONARDO) (GER), 20 p.

PRICE J.C., 1998. An approach for analysis of reflectance spectra, *Remote Sensing of Environment*, 64, 316-330.

PRIVETTE J., MYNENI R., EMERY W., HALL F., 1996. Optimal sampling conditions for estimating grassland parameters via reflectance model inversions, *IEEE Transactions on Geoscience and Remote Sensing*, 34(1), 272-284.

RAHMAN H., DEDIEU, G., 1994. SMAC: a simplified method for the atmospheric correction of satellite measurements in the solar spectrum. *Int. J. Remote Sensing*, 15, 123-143.

REEVES D.W., 1993. Determination of wheat nitrogen status with a hand-held chlorophyll meter: influence of management practices. *Journal of Plant Nutrition*, 16, 781-796.

SANCHEZ N., 2002. *Agriculture de précision : correction et mise en formes des images aéroportées Casi 2000 et 2001* (in french), Thèse, 72 p.

TARANTOLA A., 1987. *Inverse problem theory. Methods for data fitting and model parameter estimation.* Elsevier, Amsterdam. 613 p.

TARANTOLA A., 2005. Inverse Problem Theory and Model Parameter Estimation. SIAM. http://www.ipgp.jussieu.fr/~tarantola/

VERHOEF W., 1984. Light scattering by leaf layers with application to canopy reflectance modelling: the SAIL model, *Remote Sensing of Environment*, 16, 125-141.

VERHOEF W., 1985. Earth observation modelling based on layer scattering matrices, *Remote Sensing of Environment*, 17, 165-178.

VIDAL I., LONGERI L., HETIER J.-M., 1999. Nitrogen uptake and chlorophyll measurements in Spring Wheat. *Nutrient Cycling in Agroecosystems*, 55, 1-6.

WEISS M., BARET F., 1999. Evaluation of Canopy Biophysical Variable Retrieval Performances from the Accumulation of Large Swath Satellite Data, *Remote Sensing of Environment*, 70, 3, 293-306.

WEISS M., BARET F., MYNENI R.B., PRAGNÈRE A., KNYAZIKHIN Y., 2000. Investigation of a model inversion technique to estimate canopy biophysical variables from spectral and directionnal reflectance data, *Agronomie*, 3-22.

WEISS M., BARET F., LEROY M., HAUTECOEUR O., BACOUR C., PREVOT L., BRUGUIER N., 2002. Validation of neural net techniques to estimate canopy biophysical variables from remote sensing, *Agronomie*, 22, 547-553.

ZAGO M., 2002. *Traitement d'images en télédétection*, Maîtrise d'informatique, Université de la Méditerranée, 35 p.

ZURITA R., 2003. *Retrieving biophysical variables from optical remote sensing in the frame of precision farming*, Thesis report, Wageningen University, 102 p.

Caractérisation par stéréovision de l'hétérogénéité d'un peuplement adventice dans une culture

L. Assemat, M. Chapron, R. Stegerean

Introduction

La réduction de l'utilisation des herbicides est nécessaire pour de nombreuses raisons : importance de leurs résidus retrouvés dans les eaux superficielles et souterraines, coût économique du désherbage chimique, développement de résistance aux matières actives, réduction de la biodiversité (Aubertot *et al.*, 2005). Limiter leur usage aux seules taches d'adventices présentes dans les champs constitue un des moyens les plus efficaces pour limiter les quantités introduites dans l'environnement, sans réduire l'efficacité du désherbage.

Les taches d'adventices dans une parcelle représentent un continuum dans la répartition typiquement agrégative de ces espèces. La caractérisation de ces taches doit donc prendre en compte localement la nature des espèces, leur densité et leur stade de développement, afin de pouvoir en estimer la nuisibilité. La nuisibilité globale du peuplement sera l'intégration spatialisée des états compétitifs de toutes les parties du champ. Toutefois, cette nuisibilité globale est – dans l'état de l'art actuel – indéterminée en raison de la méconnaissance des distributions conjointes des espèces dans la parcelle. Il a ainsi été démontré qu'une même population de mauvaises herbes exerce une nuisibilité extrêmement dépendante de la façon dont elle est distribuée dans le champ ; quand plusieurs populations d'espèces différentes coexistent dans une parcelle, en possédant des distributions différentes (cela est le cas général), la nuisibilité réelle exercée sur la culture devient d'autant plus difficile à apprécier (Kropff *et al.*, 1997).

Il convient donc de développer des méthodes visant à cartographier les taches d'adventices dans une parcelle et d'en caractériser les propriétés. Ces méthodes devraient également permettre l'estimation du potentiel de croissance des espèces, telle qu'on puisse le prévoir à partir de l'état initial du système à la levée des plantes. Localisation, densité, stade de développement et taille sont les variables à estimer qui vont déterminer l'intensité de la compétition au sein du couvert.

État de l'art sur les méthodes d'acquisition des caractéristiques du couvert nécessaires à l'estimation des interactions biologiques entre espèces dans une parcelle cultivée

En écologie, la description des effets d'interaction entre espèces végétales constitue un domaine central de recherches (Barbault, 1997). Quand ces interactions sont décrites en terme de consommation de ressources (lumière, eau, azote, etc.), la prévision de ces effets devient théoriquement possible et sous une forme permettant d'innombrables applications agronomiques (Bonhomme & Ruget, 1990, Boote *et al.*, 1996). En ce qui concerne les mauvaises herbes (un peuplement d'une ou plusieurs populations au sein d'une parcelle cultivée) ces interactions peuvent entraîner une réduction de croissance de la culture, qui est la mesure directe de la nuisibilité du peuplement adventice. De façon plus précise, en fonction de la hiérarchie qui va s'instaurer entre les plantes – surtout contrôlée par les patrons d'émergence des espèces dans le contexte climatique et cultural présent – la culture pourra subir localement la compétition d'une ou de plusieurs espèces adventices présentes. Pourtant, si l'espace alloué à la culture est contrôlé par un semis en rang qui peut être relativement précis, celui utilisé par les adventices reste le plus souvent agrégatif et imprévisible (Christensen & Heisel, 1998), rendant très problématique la prévision de la nuisibilité adventice avant la levée des plantes. Pour ce qui concerne le court terme (nuisibilité directe) et la seule ressource lumière, la description des relations spatiales entre les différents capteurs foliaires appartenant aux espèces présentes dans la parcelle offre ainsi un défi extraordinaire et constitue un verrou important pour tous les travaux sur la gestion dynamique intra-parcellaire de la nuisibilité exercée par les mauvaises herbes.

Dans la littérature, la description de l'hétérogénéité intra-parcellaire de la distribution des adventices est réalisée par acquisition d'images numériques couleurs ou multispectrales (Pérez *et al.*, 2000, Chapron *et al.*, 2000, Gerhards & Sokefeld, 2001, Aitkenhead *et al.*, 2003, etc.). À un premier niveau d'observation et dès la phase de levée des plantes achevée, la parcelle apparaît constituée par les rangs de la culture et par les taches d'adventices les plus précoces, les plus denses et constituées de plantules à feuilles larges. Quand on observe la parcelle à une résolution plus fine, les plantules et certaines feuilles également, peuvent être détectées individuellement, permettant par exemple une modélisation morphométrique des objets végétaux par diverses techniques d'analyse d'images (Woebbecke *et al.*, 1995). Le premier cas pourrait correspondre à des prises de vue effectuées par des drones avec un pixel d'acquisition de 5 cm (Vioix *et al.*, 2002), le second à des prises de vue réalisées au sol avec un pixel de 0,05 cm (Martin-Chefson *et al.*, 1999). Une fois la phase d'acquisition réalisée, le traitement des images (2D) débute par la segmentation de la végétation par rapport au sol, suivie par une classification des pixels plantes en classes, permettant d'extraire de l'image des objets classifiés et géo-référencés. Ces objets auront une signification agronomique variable (rangs, taches, groupe de plantes, plantes, partie de plante) en fonction de la résolution de l'image et du niveau de connaissance disponible qui aura pu être intégré aux algorithmes de calcul. Cette signification devra être en accord avec les objectifs recherchés.

L'objectif de reconnaissance des espèces exige des données de forme précises obtenues par ailleurs par acquisition d'images haute résolution, accompagnées de connaissances également précises sur les attributs morphométriques (Manh *et al.*, 2001, Assémat *et al.*, 2003), spectraux (Gée *et al.*, 2004) ou polarimétriques (Assémat *et al.*, 2004) des espèces. Dans le cas où seul le pool des adventices présentes est à décrire au sein d'une composante unique, les paramètres discriminants utilisés pour classifier les objets pourront être simplifiés. Néanmoins, même dans ce cas, toute erreur d'indexation dans la classification aura des conséquences inacceptables, ces données devant quantifier la balance compétitive entre la culture et ses adventices, et permettre – le cas échéant - l'utilisation de modèles de fonctionnement. Actuellement, un consensus existe pour poursuivre les recherches sur de meilleures méthodes algorithmiques de segmentation et de description des images (Oebel et Gerhards, 2005, Bossu *et al.* 2005) ainsi que sur celles permettant le regroupement d'objets segmentés en classes (De Mezzo *et al.*, 2003). Enfin, il apparaît très vraisemblable que seule la combinaison de différentes méthodes complémentaires, utilisant divers attributs du couvert, permettra de résoudre efficacement la complexité contenue dans ces scènes naturelles. En sortie de l'analyse d'image, chaque classe de plantes est ainsi représentée par un taux de recouvrement au sol, qui sert d'entrée aux modèles de calcul des interactions biologiques.

Indépendamment de ces aspects, la vision 2D reste une vision simplifiée de la réalité. Si aux stades les plus jeunes de la vie d'une plantule, la structure architecturale (topologie des feuilles) peut être décrite en 2D pour beaucoup d'espèces, l'apparition de feuilles nouvelles à la base de la plante et les processus de ramification débutant, une dimension supplémentaire apparaît indispensable. D'autre part, il a été maintes fois observé que le devenir des relations compétitives entre espèces est très fortement corrélé aux différences de hauteur des plantes dès les premiers stades de leur croissance.

Positionnement des travaux présentés dans cet article

La stéréovision est une méthode qui permet d'accéder à la troisième dimension (celle de la hauteur du couvert) : des développements récents en ont démontré le fort potentiel pour la caractérisation de la géométrie des couverts (Chapron *et al.*, 2001). La scène est observée par deux caméras au lieu d'une seule, et le résultat de l'acquisition se fait donc sous forme de deux images 2D.

L'objectif de ce travail est donc de développer une telle méthode basée sur la stéréovision, qui permette d'accéder à :

- la hauteur des plantes, permettant ainsi d'améliorer l'estimation des densités de surface foliaire et la mesure de dominance entre les espèces, variables clés des modèles de fonctionnement via le calcul du bilan radiatif du couvert ;

- un paramètre supplémentaire pour classifier les espèces (port des plantes).

La méthodologie présentée nécessite des outils d'analyse d'images complémentaires en 2D pour la classification des plantes dans différentes classes (espèces ou groupe d'espèces) mais ceux-ci ne sont pas décrits dans ce texte (Assémat *et al.*, 2005).

La caractérisation du couvert adventice, telle que nous la définissons, répond donc à un double questionnement : qualitatif (quelles espèces sont présentes ?) et quantitatif (quelle est leur importance en terme de facteur de réduction de la productivité de la culture ?). Ces deux aspects sont à décrire dans un contexte spatialisé et dans les phases les plus précoces de la mise en place de la culture, afin de constituer un outil futur d'aide à la décision du désherbage.

Dans la suite du texte, on se concentrera sur les développements 3D, leurs apports relativement au 2D et sur l'interface avec un modèle de compétition.

Matériel et méthode

Acquisition stéréoscopique et reconstitution 3D des couverts végétaux

La reconstruction tri-dimensionnelle de la couche supérieure des feuilles des végétaux nécessite la réalisation des étapes suivantes :

- calibrage des prises de vue des deux caméras ;
- correction de la distorsion géométrique des deux images numériques originales ;
- mises en correspondances stéréoscopiques de pixels ;
- reconstruction des primitives appariées.

Calibrage des deux caméras

Le calibrage des deux prises de vues stéréoscopiques consiste à modéliser la projection des points objets repérés, dans un seul repère absolu de la scène, sur les deux plans images 1 et 2. Pour cela, on modélise couramment la géométrie de perception stéréoscopique à l'aide du modèle à projection centrale ou *pin hole* en anglais (Faugeras, 1988). Ce modèle apparaît sur la figure ci-dessous (fig. 1).

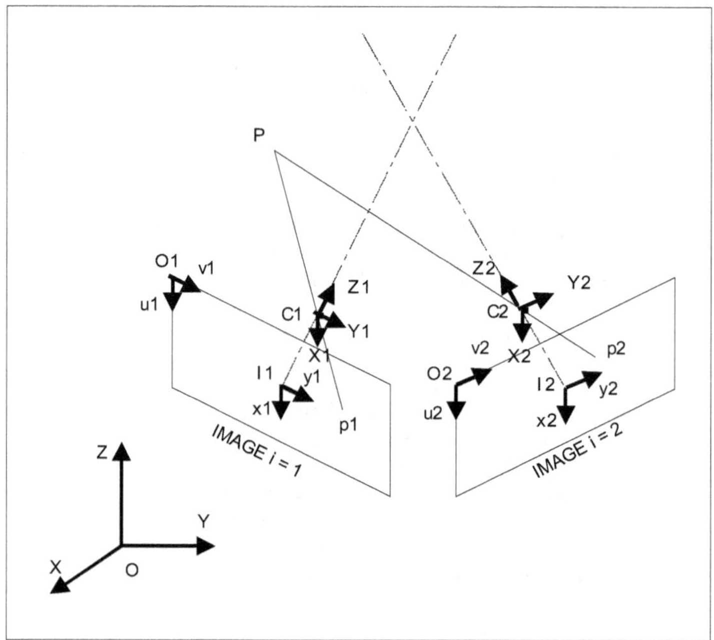

Figure 1. Géométrie de la stéréovision.

Le modèle de projection d'une caméra se calcule à partir de plusieurs repères :

- le repère de la scène (O, X, Y, Z) commun aux deux acquisitions d'images gauche et droite numérotées i égal à 1 et 2 ;

- le repère (I_i, x_i, y_i) représente le repère image avec le point origine I_i et ses axes x_i et y_i. Les deux axes sont parallèles aux axes X_i et Y_i du repère caméra i ;

- le repère caméra i (C_i, X_i, Y_i, Z_i) a pour origine le centre de projection C_i, l'axe Z_i définit l'axe optique de la caméra i ;

- le repère (O_i, u_i, v_i) représente le repère pixels de l'image i.

Le calibrage du système de stéréovision consiste à estimer toutes les relations géométriques entre les différents repères associés à chacune des deux caméras et en particulier à établir les deux matrices de projections entre le point P objet et les pixels images p_1 et p_2. Le principe de la stéréovision consiste à partir des pixels p_1 et p_2 et de la connaissance des positions des centres optiques C_1 et C_2 à localiser le point P objet par intersection des deux demi-droites (p_1C_1) et (p_2C_2). La mire de calibrage est formée par un damier plan acquis numériquement par les deux caméras à deux hauteurs différentes, encadrant le volume que les plantes occuperont. Le repère absolu de la scène (O, X, Y, Z) est situé au coin en haut et à gauche de la mire placée à la hauteur basse. On peut établir la relation matricielle de projection entre les coordonnées du pixel et les coordonnées du point objet :

$$\begin{bmatrix} \alpha u_1 \\ \alpha v_1 \\ \alpha \\ 1 \end{bmatrix} = \begin{bmatrix} m_{11} & m_{12} & m_{13} & m_{14} \\ m_{21} & m_{22} & m_{23} & m_{24} \\ m_{31} & m_{32} & m_{33} & m_{34} \\ 0 & 0 & 0 & 1 \end{bmatrix} \cdot \begin{bmatrix} X \\ Y \\ Z \\ 1 \end{bmatrix} \tag{1}$$

Pour estimer les éléments de cette matrice M, une mire damier planaire rigide (fig. 2) est disposée à deux hauteurs.

 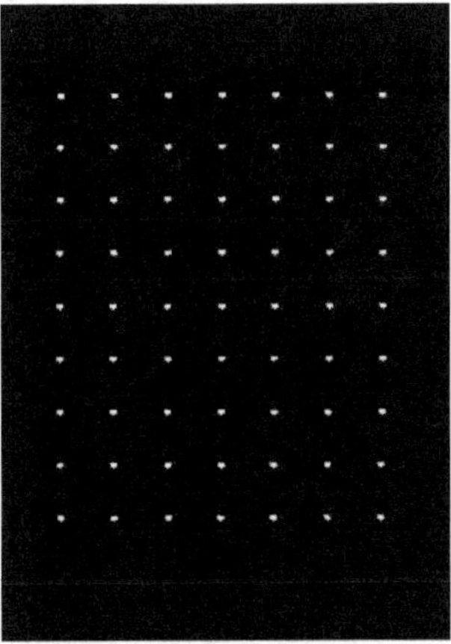

Figure 2. Image de la mire (à gauche) et détection automatique des coins des carrés blancs (à droite).

Les points de calibrage utilisés sont les coins des carrés blancs de cordonnées (u_i,v_i) dans le plan image localisés automatiquement par traitement d'image et de coordonnées connues (X_i, Y_i, Z_i) par construction de la mire dans le repère de la scène (O, X, Y, Z).

Pour un point quelconque de numéro i, on a à partir de (1) la relation suivante :

$$\begin{cases} m_{34}\, u_i = m_{11}X_i + m_{12}\, Y_i + m_{13}\, Z_i + m_{14} - m_{31}\, u_i\, X_i - m_{32}\, u_i\, Y_i - m_{33}\, u_i\, Z_i \\ m_{34}\, v_i = m_{21}X_i + m_{22}\, Y_i + m_{23}\, Z_i + m_{24} - m_{31}\, v_i\, X_i - m_{32}\, v_i\, Y_i - m_{33}\, v_i\, Z_i \end{cases} \qquad (2)$$

Pour N points, on obtient 2N équations. Ces équations sont regroupées en un système d'équations qu'on peut écrire sous la forme matricielle :

$$A_{(2N \times 1)} = B_{(2N \times 11)} X_{(11 \times 1)} \qquad (3)$$

Le vecteur A rassemble les coordonnées images connues (u_i, v_i), la matrice B les coordonnées connues images (u_i, v_i) et objets (X_i, Y_i, Z_i) des points utilisés lors du calibrage, et X l'ensemble des éléments de la matrice de calibrage M à estimer. Couramment pour obtenir une solution au système ci-dessus, on pose m_{34} égal à 1, ce qui revient à prendre t_z égal à 1, ceci est licite car expérimentalement t_z est non nul (la caméra n'est pas disposée dans le plan de la mire), la matrice de calibrage M est ainsi estimée à un facteur multiplicatif près. Plusieurs algorithmes d'estimation des paramètres de la matrice X peuvent être utilisés. Le plus simple correspond à la technique des moindres carrés, il consiste à calculer la pseudo-inverse B^+ de B et à multiplier B^+ par A pour obtenir le vecteur X cherché :

$$X = B^+ A. \qquad (4)$$

Cette technique d'estimation peut être améliorée en utilisant soit une technique d'optimisation non linéaire de descente de gradient fondée sur une minimisation d'une fonction de coût quadratique, soit une technique itérative d'estimation robuste initialisée par la solution X donnée par la technique des moindres carrés (Horaud & Monga, 1995).

Cette estimation robuste converge rapidement et élimine l'influence des points erronés qui biaisent l'estimation des paramètres de calibrage.

Un autre parti pris que $t_z = 1$ peut être envisagé. Il consiste à ajouter la contrainte correspondant à la dernière ligne de la matrice de rotation du déplacement rigide. Cela donne la relation suivante :

$$r_{31}{}^2 + r_{32}{}^2 + r_{33}{}^2 = 1 \qquad (5)$$

En résumé, le calibrage appliqué aux deux prises de vues des deux caméras du système stéréoscopique est complètement automatique et s'effectue une seule fois avant l'acquisition des couples d'images stéréoscopiques. Avant de passer à cette reconstruction 3D, nous allons rapidement présenter la mise en correspondance stéréoscopique, en laissant de côté la correction de la distorsion géométrique des caméras.

Mise en correspondance stéréoscopique des images

Cette étape considérée habituellement comme la plus difficile de la stéréovision peut être envisagée de plusieurs manières dans le cadre des végétaux. Tout d'abord, pour faciliter les appariements entre les images gauche et droite, les caméras sont disposées mécaniquement pour délivrées des images rectifiées c'est-à-dire qu'un point image de l'image gauche (u_{i1}, v_{i1}) sera apparié avec un point de l'image droite (u_{i1}, v_{i2}) situé sur la même ligne.

L'expérience a montré que les méthodes d'appariement utilisant l'inter-corrélation entre les deux images ne sont pas satisfaisantes car elles donnent des hauteurs sous-évaluées pour les contours des feuilles et les hauteurs données à l'intérieur des feuilles sont très bruitées. Les méthodes donnant les hauteurs des végétaux en 3D à partir de la luminance (*shape from shading*) sont très imprécises (Ivanov, 1994). Nous proposons une méthode qui s'affranchit de ces inconvénients. Elle consiste d'abord à classifier les pixels des deux images en deux classes « végétation » et « sol » puis à effectuer une inter-corrélation entre les pixels contours des feuilles.

Reconstruction 3D des feuilles

À partir des couples de pixels appariés sur les contours des feuilles et du calibrage des deux caméras dans le même repère la scène, il est possible de tracer deux demi-droites passant respectivement par chaque pixel du couple apparié et chaque centre optique associé. L'intersection de ces deux demi-droites dans l'espace donne la position du point objet dans le repère de la scène (fig. 1). En réalité, les imperfections dues au calibrage et à différents défauts des caméras empêchent l'intersection exacte de ces deux demi-droites ; on effectue donc, pour contourner cette difficulté, le calcul de la distance minimale entre ces deux droites dans l'espace et le point objet est pris sur le milieu de cette distance minimale. Ce processus de calcul de la hauteur d'un contour de feuille s'effectue sur tous les pixels des contours de feuilles. Ce procédé permet de reconstruire un modèle fil de fer de feuilles en 3D. Pour reconstruire l'intérieur des feuilles de manière réaliste, une diffusion des hauteurs fondée sur une équation aux dérivées partielles depuis les contours vers le centre des feuilles est mise en œuvre. Cette équation est connue sous le nom de *diffusion de la chaleur* (Alvarez *et al.*, 1992) et sa formule est :

$$I_{i,j}^{k+1} = w\frac{I_{i-1,j}^{k} + I_{i+1,j}^{k} + I_{i,j-1}^{k} + I_{i,j+1}^{k}}{4} + (1-w)I_{i,j}^{k} \qquad \forall i,j \in \,]0,n]\,,\, w \in \,]0,1[\tag{6}$$

La primitive de mise en correspondance utilisée ici est le pixel. Dans d'autres cas de stéréovision, il a été utilisé le segment, la région, ou le contour. Dans ce cas précis, un pixel est caractérisé par la hauteur à un instant k qui lui est associé. Cette hauteur est désignée par la notation $I_{i,j}^{k}$. Le paramètre ω correspond à la vitesse de diffusion de la propriété des pixels, c'est-à-dire à leur hauteur. Si ω est proche de zéro, le premier terme de l'équation (6) est proche de zéro lui aussi, et la diffusion est lente.

Estimation d'un indice de compétition entre espèces

Des outils complémentaires à la stéréovision ont été développés pour le calcul d'un indice de compétition entre les espèces (Assémat *et al.*, 2005). Au stade plantule et aux périodes de l'année où ont lieu les semis, la température est le facteur de développement principal et le rayonnement est la ressource limitante au développement foliaire. En conséquence, on a choisi de calculer cet indice à partir de l'estimation des efficiences d'interception du rayonnement par les différentes composantes (espèces ou groupe d'espèces) :

$$ci = \left(\varepsilon_{c,0} - \varepsilon_{c,a}\right)\big/\varepsilon_{c,0} \tag{7}$$

où les ε sont les efficiences d'interception du rayonnement de la culture en présence (*a*) et absence (*0*) du pool adventice. La valeur de cet indice varie entre 0 (pas de compétition ou aucune adventice présente) et 1 (dominance totale du couvert par les adventices). Pour une situation donnée, la valeur de l'indice va varier dans le temps, en relation avec les différences entre les taux de croissance des espèces.

Ces outils sont en cours d'intégration dans un progiciel unique regroupant trois fonctions.

D'une part, en coopération avec le Cemagref, a été réalisée l'estimation des taux de couverture de la culture et du pool adventice dans les différentes parties d'intérêt dans l'une des images 2D (zones du rang de la culture et de l'inter-rang) (Assémat *et al.*, 2005).

D'autre part, une ébauche de base de données a été réalisée, où chaque espèce à chaque stade de développement (quantifié par le nombre de feuilles) est représentée par deux cônes (dont un inversé) dans lesquels les feuilles sont distribuées de façon aléatoire ou suivant une distribution spécifique. La projection de ce cône définit une *efp* (*e*nveloppe *f*oliaire *p*rojetée) qui permet d'estimer le taux de recouvrement d'une plante et donc le nombre de plantules nécessaires pour obtenir les taux de couverture estimés dans l'image. Une fois ce nombre estimé, ces maquettes de plantules sont positionnées et distribuées sous forme de rangs, parallèles aux rangs de la culture, dans une image symbolique résumant l'image de départ. Cette approche permet de simplifier les calculs de transfert radiatif et reste en accord avec la logique de désherbage (désherbage sur le rang de la culture et/ou dans l'inter-rang).

Enfin, le calcul des échanges radiatifs au sein de ce couvert virtuel est réalisé grâce a une version adaptée du programme « riri3d », modèle discret de simulation de transferts radiatifs dans un couvert en rang (Sinoquet et Bonhomme, 1992).

Résultats

Nous donnons un exemple de l'information qu'il est possible d'obtenir par la méthode proposée et de son utilisation pour le calcul de la compétition entre espèces et l'aide à la reconnaissance.

Aide à la reconnaissance des espèces

La reconstruction 3D appliquée à la couche supérieure des feuilles est valable pour les feuilles les plus hautes. En effet, pour les autres feuilles cela est très difficile car les nombreuses occlusions dans les deux images gauche et droite rendent la mise en correspondance très difficile. Nous l'avons tentée en calculant les points d'intersection des contours des feuilles qui se croisent, puis en prolongeant les contours cachés des feuilles par des b-splines. Cela donne de bons résultats s'il n'y a pas trop d'occlusions de feuilles. En outre, pour la compétition inter-plantes ou inter-spécifique qui requiert les hauteurs relatives des plantes, cela n'est pas très utile. L'image stéréoscopique suivante (fig. 3, planche couleur 7) a été prise dans une culture de maïs enherbée expérimentalement par des taches de morelles (*Solanum nigrum*). La surface utile délimitée par le cadre aluminium fait 113 x 76 cm.

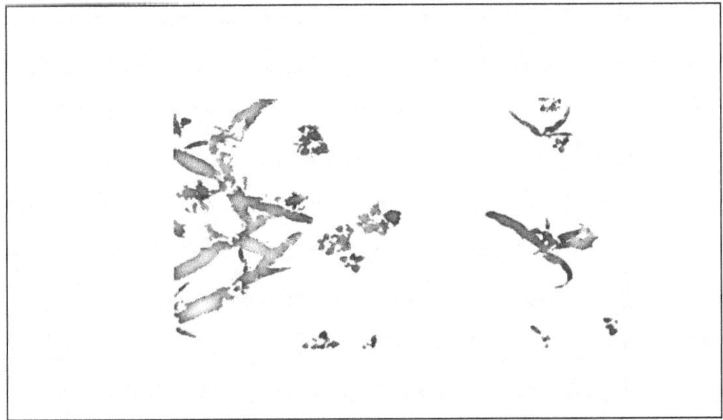

Figure 4. Reconstitution du couvert en niveau de gris (valeur de la disparité).
Les valeurs plus claires correspondent aux parties les plus hautes du couvert.

Le résultat de l'analyse est donné en représentant la valeur de la disparité (fig. 4). La disparité, pour un point objet, correspond à la distance entre les deux points images pris dans les images gauche et droite ; elle estime directement la hauteur des plantes.

Nous présentons la complémentarité entre l'information 2D et 3D dans la figure 5. En abscisse, le nombre de pixels du contour de chaque plante (périmètre) constitue une variable discriminante utilisée dans les techniques de classification. Cette mesure est faite en 2D à l'aide d'une des 2 images disponibles. En ordonnée, on trouve la hauteur maximale des plantes telle qu'obtenue par l'analyse stéréo en 3D. Dans cet exemple particulier, les groupes « maïs » et « morelle » sont bien différenciés sur chacun de ces deux critères, mais un autre exemple montrerait que l'utilisation des 2 critères simultanés serait indispensable pour classer les espèces sans ambiguïté.

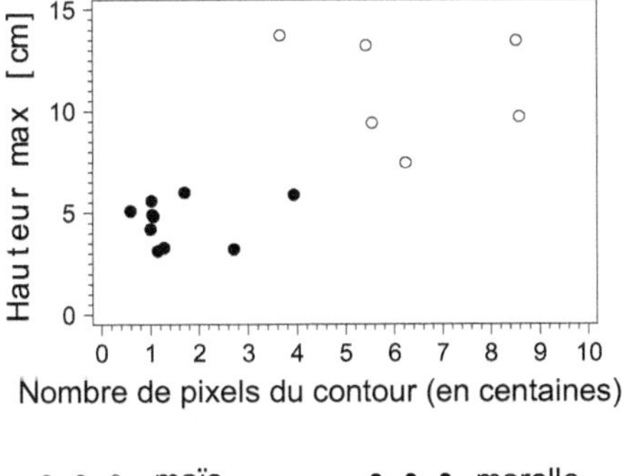

Figure 5. Relation entre hauteur estimée (obtenue par stéréoscopie) et périmètre du contour des plantules (obtenu par une méthode 2D) pour l'image précédente.

De même, le critère de discrimination optimal en 2D pourra être une autre variable (variable globale ou locale de forme ou de taille ; voir par exemple Horgan 2001) ou une combinaison linéaire de plusieurs variables. Dans notre exemple, si la hauteur n'est pas un caractère indispensable pour reconnaître les deux espèces entre elles, elle intervient pour réaliser la représentation 3D géo-référencée et simplifiée de la micro-parcelle décrite dans la suite du travail et qui nous permettra d'inférer sur les relations compétitives entre les 2 espèces.

Calcul du coefficient de compétition

Des maquettes informatiques simplifiées de plantes ont été construites à partir de connaissances *a priori* sur les relations d'allométrie qui définissent les différentes dimensions d'une plantule pour des espèces adventices majeures en fonction de leur stade de développement : hauteur de la plantule, largeur maximale et sa hauteur, hauteur du début du feuillage, surface foliaire, recouvrement au sol. La figure 6 illustre certaines de ces données pour l'espèce morelle. Cette base de données a été réalisée indépendamment de l'essai d'où provient l'image présentée.

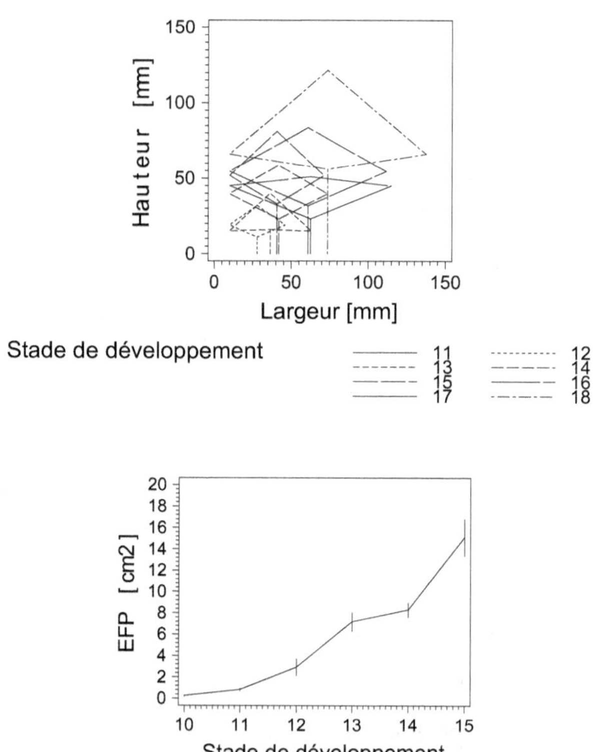

Figure 6. Maquette de la plantule de morelle (échelle BBCH, Hess *et al.*, 1997) : tailles (figure supérieure) et recouvrement (ou efp) (figure inférieure) en fonction du stade de développement.

L'estimation du taux de couverture de chaque espèce dans l'image (mesurée en 2D) permet d'estimer la densité des plantes nécessaires pour simuler la tache considérée (fig. 7), grâce à la relation suivante :

$$densité = taux\ de\ couverture\ /\ efp \qquad (8)$$

La discrétisation de l'espace ainsi reconstitué en cellules 3D - à l'intérieur desquelles densité foliaire et distribution d'inclinaison sont considérés uniformes - permet le calcul des efficiences d'interception du rayonnement. Le module calcul des efficiences donne pour chaque « rang » virtuel de l'image les valeurs suivantes (les deux premières valeurs correspondent aux deux rangs de maïs, les autres aux cinq « rangs » de mauvaises herbes).

0,0492 0,0193   0,004 0,005 0,007 0,001 0,0015   en présence des mauvaises herbes
0,0538 0,0199   0,000 0,000 0,000 0,000 0,000   en absence de mauvaises herbes.

En additionnant les efficiences correspondantes au maïs d'une part, et aux adventices d'autre part, on obtient une valeur de 0,0706 pour l'indice de compétition ci.

La cartographie de ces indices, calculés à l'aide d'un échantillonnage représentatif de la parcelle, permettrait d'identifier la présence des taches d'adventices à une plus grande échelle et de quantifier leur nuisibilité potentielle à la date de la prise de vue et - par simulation - dans les jours qui suivent cette date (aspects non présentés ici). La qualité de l'information extraite par l'analyse de chaque micro-parcelle photographiée, devra être estimée pour intervenir de façon pondérée dans cette reconstitution géo-statistique de l'indice de compétition (le krigeage permettant de définir des zones homogènes dans la parcelle vis-à-vis de la variable ci est en cours de réalisation). L'analyse d'images devenant trop incertaine quand le couvert adventice est très avancé (densités fortes, plantes déjà très développées), un indice de compétition de 1 pourra être assigné à ces quadrats.

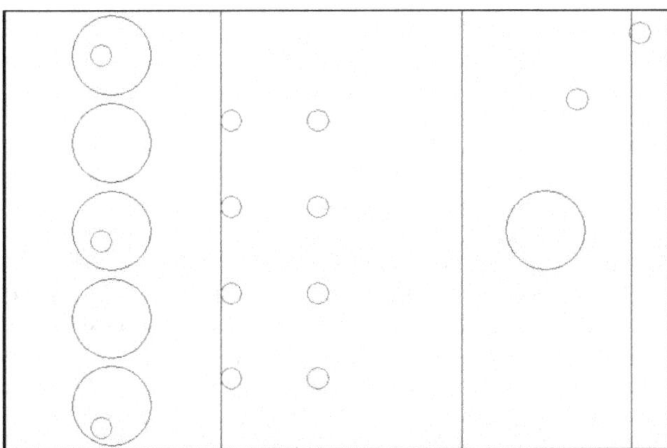

Figure 7. Résultat synthétique de la cartographie de l'occupation du sol par le maïs (grands cercles) et l'adventice (petits cercles) après traitement de l'image stéréo et incorporation des connaissances sur les caractéristiques des espèces (relations allométriques entre le recouvrement d'une plantule et son architecture en 3D).

Discussion

Nous avons montré que la détermination de la hauteur des plantes grâce à la stéréoscopie pouvait être, pour la reconnaissance des objets végétaux et la classification des espèces, un élément complémentaire de l'analyse 2D. Pour l'instant, ces deux fonctionnalités ne sont pas intégrées dans le même outil informatique : la réalisation d'un outil unique permettant cette fusion 2D-3D est ainsi un objectif important à atteindre (Chapron *et al.*, 2001). La comparaison entre la hauteur du couvert mesurée sur le terrain et la hauteur des maquettes de plantules simulant ces mêmes plantes (issue d'une base de données) permettra d'estimer la cohérence globale de la méthodologie proposée et d'en estimer la précision. Cette capacité est en cours de mise en place et permettra une validation du système en condition agronomique.

Dans l'exemple décrit précédemment, le calcul du coefficient de compétition c_i est réalisé dans un contexte simple (une seule adventice et répartie sur tout l'espace). Mais il est possible de décomposer cette interaction en séparant les adventices situées sur le rang ou dans dans l'entre-rang, et – si la scène comportait plus d'une espèce adventice et si la partie classification permettait de les reconnaître – pour chacune de ces espèces séparément. Cette propriété générique du coefficient c_i est importante car elle permet d'imaginer le développement d'une aide à la décision du désherbage qui tienne compte structurellement de la nature plurispécifique du peuplement adventice. En particulier, cette approche permet la prise en compte du système de culture dans son ensemble, par exemple contrôler l'espèce adventice dans la culture qui s'y prête le mieux (une mauvaise herbe dicotylédone dans une céréale, ou une graminée adventice dans une betterave ou un tournesol).

Un intérêt majeur de la méthode proposée est de pouvoir utiliser les informations extraites de la stéréovision directement dans des modèles de transfert radiatif et de fonctionnement des plantes. Ici aussi, des progrès peuvent être accomplis. Ainsi, l'interface avec le module de calcul de la compétition entre les espèces peut également être amélioré, soit en modifiant les maquettes de plantes utilisées (en les rendant plus réalistes que de simples cônes inversés), ou en y intégrant une variabilité due à la densité locale, soit en précisant les règles de distribution de ces maquettes dans le couvert reconstruit. Toutefois, comme la variabilité des peuplements adventices est énorme en terme de gamme de densité de plantes ou de nombre d'espèces, entre et à l'intérieur des parcelles cultivées, l'utilité d'un tel système de caractérisation reposera sur des choix raisonnables concernant les informations et les modèles nécessaires à son fonctionnement (Renton *et al.*, 2005).

La précision des mesures est un élément déterminant Actuellement, la précision de reconstruction 3D en hauteur peut être estimée à environ 1,5 mm (précision mise en évidence à l'aide d'un télémètre laser lors d'un travail précédent sur la reconstitution 3D de sols) (Zribi *et al.*, 2000). Cette précision est essentiellement liée à la mise en œuvre pratique de la stéréoscopie. Celle-ci devra être adaptée en fonction de la forme des feuilles et de la taille des plantes. Dans le cadre de ce travail, un cadre aluminium de 2 m de hauteur - suffisamment léger pour être déplacé dans le champ – a servi de support aux deux appareils photos, et le rapport entre écartement des deux plans focaux et la distance au sol était de 0,10. Ce rapport devrait pouvoir être modifié en fonction de la taille des plantes et des différences maximales de hauteurs entre elles. Un déclencheur à distance permettait un déclenchement simultané des 2 caméras et un diffuseur portable de 1,20 m de diamètre permettait d'éviter la présence d'ombres dans les champs de vision des appareils si besoin.

Le temps de calcul est également un élément à prendre en considération si l'on veut aboutir à un système opérationnel en temps réel. La méthode que nous avons retenue se base sur l'analyse du contour des feuilles et évite les traitements sur la texture des feuilles qui n'apporte pas d'information supplémentaire. Cette méthode de calcul peut être améliorée en remplaçant les fenêtres de corrélation carrées par des fenêtres longilignes plus adaptées aux formes souvent allongées des feuilles des végétaux, ou en utilisant la stéréovision multi-vues qui traite les occlusions plus complètement, mais au prix d'un surcoût du dispositif stéréoscopique et d'un temps de calcul plus long.

Conclusion

Les techniques de vision qui ont été développées sur les adventices sont le plus souvent en 2D. La méthode de stéréovision 3D développée dans cet article apporte une information sur les couverts adventices inaccessible par les autres techniques : la hauteur des plantes. Cette mesure permet d'accéder à deux propriétés indépendantes : la hauteur du couvert, qui détermine le sens et l'importance des relations compétitives entre plantes voisines (compétition pour la lumière), mais aussi le port des plantes. qui est un élément supplémentaire de reconnaissance des espèces (on distingue des plantules à port dressé ou prostré, correspondant à des adventices à rosette, à tige, etc). En effet, les attributs morphométriques, texturaux ou spectraux des éléments foliaires – qui sont utilisés en 2D - ne suffisent en effet pas toujours pour identifier leur appartenance à une espèce donnée, compte tenu de notre déficit en information sur ces attributs, des variations des conditions d'éclairement et de la variabilité biologique et environnementale qui modifient leur réponse spectrale ou parfois la forme des organes.

En apportant une information quantitative sur la capacité des espèces à intercepter le rayonnement au sein d'un couvert plurispécifique, la stéréovision possède le potentiel d'interfacer l'analyse d'image du couvert vers les modèles de fonctionnement des cultures (Yin et Van Laar, 2005). Néanmoins, au-delà des difficultés techniques qu'elle a en commun avec l'acquisition et le traitement des images 2D, certains aspects restent à améliorer pour faire de la stéréovision une méthodologie réellement de terrain.

En ce qui concerne le développement d'une véritable ingénierie pour un désherbage plus localisé, la stéréovision pourra intervenir à plusieurs titres en sécurisant la phase de caractérisation des mauvaises herbes sur le terrain. Comme on l'a dit en introduction, la nature compétitive des relations entre les adventices et la culture, nécessite de réduire absolument tout risque de confusion entre le compartiment culture et le compartiment adventice. D'une part, en complément des méthodes de détection 2D, la stéréovision rajoutera à la connaissance des espèces présentes, une information de dominance entre elles, minimisant encore les erreurs de classification entre la culture et le pool mauvaises herbes, ou entre mauvaises herbes entre elles (validation du port des plantes). D'autre part, quand on souhaitera aller jusqu'à l'estimation d'un indice de compétition, ou quand des éléments structuraux du couvert seront utiles pour la gestion d'autres éléments concernant la culture (fertilisation, maladies, etc), l'information, même ponctuelle, de hauteur des plantes sera très utile. Le développement de techniques de pulvérisation adaptées au désherbage localisé pourra également profiter de cette connaissance de la hauteur du couvert. Enfin, comme outil de recherche, la stéréovision pourra permettre une meilleure comparaison des modèles spatiaux de la compétition en permettant l'acquisition de données de terrain et la relaxation de certaines hypothèses simplificatrices faites souvent dans les modèles actuels (concept de « plante moyenne », associations aléatoires d'espèces adventices dans une zone donnée, etc.) ou pour les études de dynamique des populations (Dicke *et al.*, 2005) ou d'écologie des communautés (Thompson *et al.*, 2005), où une même espèce pourra s'exprimer de façon différente relativement à sa situation dans la mosaïque parcellaire (au centre ou en bordure des parcelles, près d'une haie, etc.).

L'agriculture de précision a déjà démontré sa capacité à identifier des zones homogènes dans une parcelle cultivée, hétérogène par nature, possédant des objectifs de rendement différents, et permettant d'optimiser localement l'usage des intrants (fertilisation NPK, densités de semis, etc.). En ce qui concerne les mauvaises herbes, la pression psychologique qui leur est associée exige de la part des chercheurs une attention particulière : les mauvaises herbes se voient dans les champs ! Même si tous les essais grandeur nature ont démontré les bénéfices économiques et environnementaux du désherbage localisé (Timmermann *et al.*, 2003), la quasi totalité des agriculteurs continue à désherber de façon uniforme. La recherche d'outils de vision et d'analyse, robustes et adaptés à la détection des mauvaises herbes, doit être poursuivie ; mais probablement aussi la simple précision topologique (cartographie des adventices) doit être complétée par une précision fonctionnelle, où la présence des plantes adventices sera traduite en facteurs de réduction des ressources utilisables par la culture. Il est possible de dire que la stéréovision est une des voies d'avenir pour réaliser cette intégration fonctionnelle dans la parcelle cultivée. La fabrication d'un outil d'aide à la décision du désherbage consisterait en la cartographie des indices de compétition (*ci*) pour chaque espèce adventice significative qui aura été détectée, et complétée par une prévision des risques des pertes de rendement attendues sous divers scénarios de désherbage (précision et étendue de la pulvérisation, choix des produits, date d'application, etc.).

Un des enjeux important des futures recherches consiste à améliorer notre capacité à estimer la réalité du risque malherbologique et à développer des moyens de lutte adaptés à cette réalité. Il est à noter que chaque herbicide (anti-graminées, anti-dicot, anti-gaillet...) contrôlant un spectre variable d'espèces, le niveau de précision de reconnaissance dépendra du produit et de la culture. Quelques espèces adventices définies comme majeures (très forte nuisibilité) ou, au contraire, celles entrant dans un objectif de maintien de la biodiversité (espèces utiles, patrimoniales ou rares) devraient pouvoir être reconnues individuellement et un effort de recherche particulier devrait être réalisé sur ces espèces.

Références bibliographiques

AITKENHEAD A.J., DALGETTY I.A., MULLINS C.E., MC DONALD A.J.S, STRACHAN N.J.C, 2003. Weed and crop discrimination using image analysis and artificial intelligence methods. *Computers and Electronics in Agriculture*, 39, 157-171.

ALVAREZ L., LIONS P.L., MOREL J.-M., 1992. Image selective smoothing and edge detection by nonlinear diffusion. *SIAM Journal of Numerical Analysis*, vol. 29 (3), 845-966.

ASSEMAT L., 2000. Compétition et nuisibilité des mauvaises herbes. *In Fonctionnement des peuplements végétaux sous contraintes environnementales*, P. Maillard, R. Bonhomme (eds). Inra, Paris, 423-432.

ASSEMAT L., LONCHAMP J.-P., THIEBAUT M., 2003. Discrimination de données morphométriques pour la reconnaissance d'adventices. *3ᵉ Symposium Morphométrie et évolution des formes*, Paris, 13-14 mars 2003, GRD CNRS 2474.

ASSEMAT L., GAUVRIT C., TERRIER P., DEVLAMINCK V., CHARBOIS J.-M., WAUQUIER F., CHAPRON M., 2004. Perspectives d'utilisation de la lumière polarisée pour la discrimination des espèces adventices. *19ᵉ*

Conférence du Columa, Journées internationales sur la lutte contre les mauvaises herbes, Dijon, 8-10 décembre 2004, 8 p, Cd-rom.

ASSEMAT L., RABATEL G., BERCHER N., STEGEREAN R., 2005. A software to compute early weed competition from cover images analysis. *Symposium of the European Weed Research Society*, Bari, Italie, Cd-rom.

AUBERTOT J.-N., BARBIER J.-M., CARPENTIER A., GRIL J.-J., GUICHARD L., LUCAS P., SAVARY S., SAVINI I., VOLTZ M. (éditeurs), 2005. *Pesticides, agriculture et environnement. Réduire l'utilisation des pesticides et limiter leurs impacts environnementaux.* Rapport d'expertise scientifique collective, Inra et Cemagref (France).

BARBAULT R., 1997. *Biodiversité*. Les Fondamentaux, Hachette, Paris.

BOSSU J., GEE C., GUILLEMIN J.-P. TRUCHETET F., 2005. Feasibility of a real-time weed detection system using spectral reflectance. *Precision Agriculture*, 5, 123-130.

BONHOMME R., RUGET F., 1990. Modélisation du fonctionnement d'une culture de maïs : cas de CORNGRO et CERES-Maize. *In : Physiologie et Production du maïs*, Picard D. (éd.) Inra Paris, 385-391.

BOOTE K.J., JONES J.W., PICKERING N.B., 1996. Potential uses and limitations of crop models. *Agronomy Journal*, 88, 704-716.

CHAPRON M., BOISSARD P., ASSEMAT L., 2000. A multiresolution based method for recognizing weeds in corn fields. *International Conference on Pattern Recognition*, IAPR, Barcelona (Spain), september 3-7, 303-305.

CHAPRON M., ASSEMAT L., BOISSARD P., HUET P, 2001. Weed and corn recognition using 2D and 3D data fusion. *3rd European Conference on Precision Agriculture*, Montpellier, 18-21 June 2001. 169-174.

CHRISTENSEN S., HEISEL T., 1998. Patch spraying using historical, manual and real-time monitoring of weeds in cereals. *Zeitschrift für Pflanzenkrankheiten und Pflanzenschutz Sonderheft* XVI, 257-263.

DE MEZZO B., RABATEL G., FIORIO C., 2003. Weed leaf recognition in complex natural scenes by mode-guided edge pairing. *4th European Conference on Precision Agriculture*, Berlin 2003, 141-147.

DICKE D., GERHARDS R., KUHBAUCH W., 2005. Predicting dynamics of *Chenopodium album* in a four year crop rotation using sie-specific weed control. *Precision Agriculture*, 5, 779-785.

FAUGERAS O., 1988. Quelques pas vers la vision artificielle en trois dimensions. *Technique et Science Informatiques*, vol 7 (6), 547-590.

GEE C., BONVARLET L., MAGNIN-ROBERT J.-B., GUILLEMIN J.-P., 2004. Weeds classification based on spectral properties. *7th International Conference on Precision Agriculture*, Ed. D.J. Mulla, University of Minneapolis, St Paul, Mn, USA, Cd-rom.

GERHARDS R., SOKEFELD M., 2001. Sensor systems for automatic weed detection. *The BCPC Conference – Weeds 2001*, 827-834.

HESS M., BARRALIS G., BLEIHOLDER H., BUHR L., EGGERS T., HACK H., STAUSS R., 1997. Use of the extended BBCH scale, *Weed Research*, 37, 433-441.

HORAUD R., MONGA O., 1995. *Vision par ordinateur. Outils fondamentaux*. Hermès, Paris.

HORGAN G., 2001. The statistical analysis of plant part appearance – a review. *Computers and Electronics in Agriculture*, 31, 169-190.

IVANOV N., 1994. *Estimation des paramètres de structure et des profils d'éclairement des feuilles d'un couvert végétal par télédétection rapprochée utilisant la stéréovision*. Thèse de doctorat, Univ. Paris-VII.

KROPFF M.J., WALLINGA J., LOTZ L.A.P., 1997. Modelling for precision weed management. *In Precision Agriculture: spatial and temporal variability of environmental quality*. Wiley, Chichester (Ciba Foundation Symposium 210), p. 182-204.

MANH A.-G., RABATEL G., ASSEMAT L., ALDON M.-J., 2001. Weed leaf image segmentation by deformable templates. *Journal of Agric. Engineering Res.*, 80, 139-146.

MARTIN-CHEFSON L., CHAPRON M., PHILIPP S., ASSEMAT L., BOISSARD P., 1999. A two dimensional method for recognising weeds from multiband image processing. *2nd European Conference on Precision Agriculture*, JV Stafford (Ed), Sheffield (Academic Press), 473-483.

PEREZ A.J., LOPEZ F., BENLLOCH J.V., CHRISTENSEN S., 2000. Colour and shape analysis techniques for weed detection in cereal fields. *Computers and Electronics in Agriculture*, 25, 197-212.

OEBEL H., GERHARDS R., 2005. Site-specific weed control using digital image analysis and georeferenced application maps: on-farm experiences. *Precision Agriculture*, 5, 131-138.

RENTON M., HANAN J., BURRAGE K., 2005. Using the canonical modeling approach to simplify the simulation of function in functional-structural plant models. *New Phytologist*, 166, 3, 845-857.

SINOQUET H., BONHOMME R., 1992. Modelling radiative transfer in mixed and row intercropping systems. *Agricultural and Forest Meteorology*, 62, 219-240.

THOMPSON K., ASKEW A.P., GRIME J.P., DUNNETT N.P., WILLIS A.J., 2005. Biodiversity, ecosystem function and plant traits in mature and immature plant communities. *Funct. Ecology*, 19, 355-358.

TIMMERMANN C., GERHARDS R., KUHBAUCH W., 2003. The economic impact of site-specific weed control. *Precision Agriculture,* 4, 249-260.

VIOIX J.-B., DOUZALS J.-P., TRUCHETET F., ASSEMAT L., GUILLEMIN J.-P., 2002. Spatial and spectral methods for weed detection and localization. *Eurasip J. on Applied Signal Processing*, 7, 679-685.

WALTER A.M., CHRISTENSEN S., SIMMELSGAARD S.E., 2002. Spatial correlation between weed species densities and soil properties. *Weed Research*, 42, 26-38.

WOEBBECKE D.M., MEYER G.E., VON BARGEN K., MORTENSEN D.A., 1995. Shape features for identifying young weeds using image analysis. *Transactions of the ASAE*, 38, 271-281.

YIN X., VAN LAAR H.H., 2005. *Crop Systems Dynamics*. Wageningen Academic Publishers, 155 p.

ZRIBI M., CIARLETTI O., TACONET O., BOISSARD P., CHAPRON M., RABIN B., 2000. Backscattering on soil structure described by planes facets. *Int. Journal of Remote Sensing*, 21, 1, 137-153.

Cartographie du rendement du blé et des caractéristiques qualitatives des grains

J.-M. Machet, A. Couturier, N. Beaudoin
avec la collaboration technique de O. Delfosse, J. Duval, É. Grehan, F. Mahu et
É. Venet

Introduction

En parcelle agricole hétérogène, les interactions climat x sol x plante x pratiques agricoles génèrent de fortes variations spatiales des rendements. La possibilité d'élaborer des cartes de rendement, grâce à l'association d'un système de positionnement par satellite et de capteurs de rendement, constitue un outil précieux d'accès à une connaissance de la variabilité intra parcellaire (Pierce *et al.*, 1999). Elles sont un levier important pour sensibiliser au concept d'agriculture de précision. Cependant, leur utilisation concrète pour opérer une modulation spatiale des apports d'intrants reste encore à l'étude.

Plusieurs auteurs ont proposé des méthodes statistiques s'appliquant à des séries pluriannuelles de cartes de rendement pour la définition de zones pouvant bénéficier de conduite technique homogène (par exemple, Gilliot *et al.*, 2003, Shatar et Mc Bratney, 2001, Bourennane *et al.*, 2004). Les cartes de rendement constituent par ailleurs des outils de validation essentiels pour :
- des modèles de fonctionnement des cultures : la cartographie du rendement permet en effet de confronter en chaque point de la parcelle le rendement mesuré et estimé par le modèle spatialement distribué (Guérif *et al.*, 2001) ;
- des règles de décision : la cartographie du rendement permet de comparer, pour la fertilisation azotée par exemple, des applications modulées d'engrais à des applications homogènes à l'intérieur d'une même parcelle.

La cartographie de rendement peut donc servir de base au calage et au test des règles de décision ou d'un outil de modulation spatiale. Cependant, avant d'interpréter une carte de rendement, il faut absolument vérifier la pertinence et la précision des données, et s'assurer que la carte représente réellement les variations du rendement dans la parcelle, sans erreurs systémiques (Blackmore et Marshall, 1996). Plusieurs sources d'erreur sont en cause dans l'établissement des cartes et leur validation reste difficile à cause des discordances d'échelle entre les objets mesurés. De plus, de fortes variations du poids spécifique à l'intérieur de la parcelle peuvent poser problème pour l'utilisation de capteurs de rendement volumétriques (Six, 1999) ; il convient donc d'en vérifier la variabilité. Enfin, la qualité des produits récoltés devrait être intégrée pour différentes raisons : (i) pratique, car, en matière de production de céréales, elle constitue un aspect de plus en plus important de la rémunération ; (ii) méthodologique, car pouvoir valider un modèle également sur sa prédiction de la teneur en azote des grains et *in fine* sur sa prédiction des exportations d'azote, représente un enjeu majeur.

Le travail présenté dans cet article a pour objectif d'évaluer la qualité et la précision des cartes de rendement réalisées sur la culture de blé d'hiver, de montrer à l'aide de ces cartes les effets des caractéristiques du milieu et de la fertilisation azotée, d'analyser des mesures qualitatives des grains pour compléter les données de rendement.

Matériel et méthode

Le dispositif expérimental

Le dispositif expérimental situé à Chambry, près de Laon (Aisne), mis en place à partir de 1999 (Guérif *et al.*, 2001), est composé de 2 parcelles agricoles de 10 ha environ chacune (Chambry 1 et 2). Ces dernières ont fait l'objet d'une cartographie pédologique à très haute résolution, *i.e.* au 1/2 500e (Nicoullaud *et al.*, cet ouvrage). Les conduites de la fertilisation azotée des parcelles cultivées en blé d'hiver (variété Shango) ont été optimisées à l'aide du logiciel Azobil (Machet *et al.*, 1990) ; elles sont récapitulées dans le tableau 1.

Tableau 1. Succession des cultures et conduites de la fertilisation azotée du blé sur les parcelles Chambry 1 et Chambry 2 au cours des différentes campagnes agricoles.

Campagne agricole	Culture Chambry 1	Culture Chambry 2	Fertilisation du blé	Nombre d'apports d'azote	Dose totale (kg N ha^{-1})
1999-2000	Blé	Betterave	Uniforme	4	240
2000-2001	Betterave	Blé	Uniforme	4	220
2001-2002	Blé	Pois	Modulée	4	140 à 260
2002-2003	Colza	Blé	Modulée	4	140 à 200

Sur la parcelle Chambry 1 (campagne agricole 2001-2002), une modulation systématique a été réalisée sur le 3e apport d'azote (40, 70 et 100 kg N ha^{-1}) et le 4e apport (0, 30 et 60 kg N ha^{-1}) ; les doses totales épandues, respectivement de 140, 200 et 260 kg N ha^{-1} ont été réparties en carré latin (3 répétitions). Sur la parcelle Chambry 2 (campagne agricole 2002-2003), le 3e apport a été modulé entre 0 et 60 kg N ha^{-1} sur la moitié de la parcelle ; la dose totale varie de 140 à 200 kg N ha^{-1} dans la zone modulée et la zone non modulée a reçu 180 kg N ha^{-1}. Les apports modulés d'azote ont été pratiqués à l'aide d'un épandeur centrifuge Sulky, par le Cemagref de Montoldre (E. Piron).

L'échantillonnage relatif au sol et aux plantes a été réalisé, soit sur une grille régulière principale de 82 et 85 nœuds, espacés de 36 m, respectivement pour Chambry 1 et Chambry 2, soit sur une grille secondaire de 22 nœuds (1 nœud sur 4).

Prélèvements des plantes et mesures biologiques réalisées

Pour valider les données de rendement mesurées par le capteur, des prélèvements de plantes ont été effectués sur 22 stations centrées sur les nœuds d'une grille secondaire

(1 nœud sur 4 de la grille principale). Chaque station est un carré de 5 x 5 m, dont les coins sont échantillonnés : 4 placettes de 0,55 m^2 chacune sont prélevées (fig. 1).

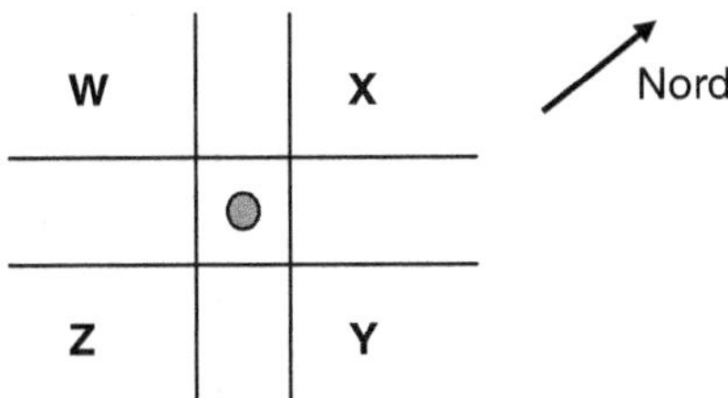

Figure 1. Représentation schématique d'une station de mesure du rendement biologique ; le point noir est le nœud de la grille régulière.

Les plantes sont séparées en grains, glumes et paille. La matière sèche et la teneur en azote des différents organes sont mesurées. Pour compléter les mesures, des échantillons de grains ont été prélevés à la sortie de l'élévateur à grains de la moissonneuse-batteuse lors de la récolte, au droit de chaque nœud de la grille principale. La masse de grain échantillonnée est d'environ 1 kg. Sur ces échantillons sont déterminés le poids spécifique, l'humidité, le poids de mille grains et la teneur en azote.

Réalisation de la carte de rendement

Le système de cartographie

Un système de cartographie de rendement est composée de deux modules : un module de localisation avec correction différentielle (DGPS) en temps réel associé à un module de mesure du rendement. Ces deux modules localisent et quantifient le rendement instantané d'une culture en tout point d'une parcelle. L'ensemble des valeurs forment un fichier de données brutes, stockées sur un support mémoire mobile : carte PMCIA. La récolte du blé au cours des différentes campagnes est réalisée avec une moissonneuse-batteuse New Holland, équipée du système de cartographie RDS couplé à un DGPS Omnistar.

Le système de mesure de rendement

Le système de mesure repose sur l'utilisation d'un capteur volumétrique à barrière lumineuse (fig. 2). Ce capteur, composé de deux cellules photoélectriques mesurant un taux de remplissage des pales de l'élévateur à grains, donne toutes les 5 secondes un débit volumétrique. Ce dernier est transformé en débit massique en utilisant le poids spécifique du grain, pour calculer en une position donnée le rendement à l'hectare.

Le rendement est calculé par la formule suivante :

$$\text{Rendement instantané (kg.m}^{-2}) = D(t)/[V(t) * L(t)]$$

$D(t)$: débit instantané (kg s^{-1}).
$V(t)$: vitesse instantanée de la moissonneuse-batteuse (m s^{-1}).
$L(t)$: largeur de coupe effective (m).

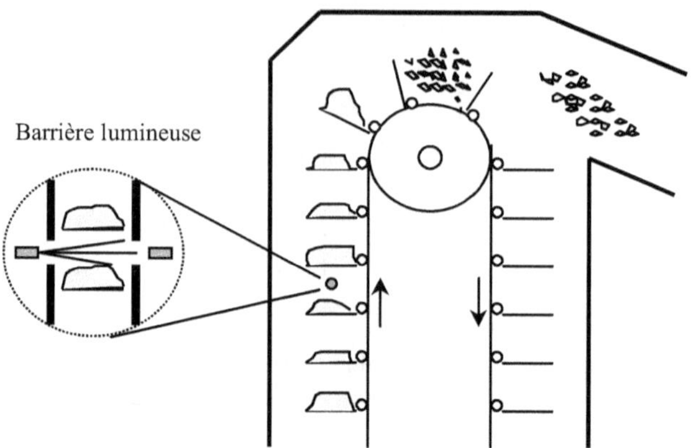

Figure 2. Capteur volumétrique à barrière lumineuse.

Le rendement instantané est calculé au niveau d'un terminal situé dans la cabine de la moissonneuse-batteuse. D'autres paramètres sont nécessaires à la détermination du rendement :

- l'humidité du grain mesurée par un capteur capacitif situé sur la vis à grain à l'intérieur de la trémie ;
- l'inclinaison de la moissonneuse-batteuse mesurée par un capteur pendulaire situé sur l'essieu ;
- un coefficient de calibration fixé au moment de la récolte qui prend en compte le poids spécifique moyen.

Les précautions à prendre dans l'établissement des cartes de rendement

Blackmore et Moore (1999), Berducat (2000), Fruleux *et al.* (2000) ont identifié plusieurs sources d'erreur en cause dans l'établissement des cartes : précision du capteur, du positionnement, évaluation de la fonction de transfert du système, de la largeur de coupe, estimation du poids spécifique du grain, pertes de grain,... La validation reste difficile. Si aujourd'hui, les logiciels de cartographie de rendement permettent de « nettoyer » les données avant de les intégrer dans une carte, toutes les erreurs ne sont pas éliminées, même par le meilleur logiciel disponible sur le marché (Doerge, 1999).

Lors de la récolte, un certain nombre de règles de « bonnes pratiques » doit être suivi :

- calibrer précisément le capteur de rendement volumétrique par une bonne estimation du poids spécifique du grain ;
- vérifier régulièrement l'encrassement du capteur de débit (colmatage par la poussière ou des résidus divers) ;
- travailler toujours au maximum de la largeur de coupe et en ligne droite, en évitant un morcellement trop important de la parcelle (trop d'entailles) afin de réduire le nombre de bandes étroites en fin de travail. Avec le système de cartographie RDS utilisé, la barre de coupe de la moissonneuse-batteuse d'une largeur de 5 m peut être divisée en 5 segments de 1 m qui permettent de s'adapter à la bande de culture en fin de travail. On notera

cependant qu'une déviation de 50 cm par rapport à la ligne de récolte induit une variation de rendement de 10 % ;
- éviter le changement fréquent de la vitesse d'avancement et si possible les manœuvres marche avant-arrière ;
- relever la coupe à chaque fin de raie afin de suspendre le cumul de surface ;
- abaisser la coupe toujours à la même distance du front d'attaque (répercussions sur le temps de montée en charge du capteur de débit).

Traitement des données d'enregistrement du rendement

L'ensemble du couple de valeurs « rendement - position » est importé et traité sous le logiciel ArcInfo en intégrant les points suivants :

- Géoréférencement :
Les coordonnées des points, exprimées en degrés décimaux dans le fichier d'origine, sont projetées en coordonnées Lambert I France.
- Repérage des points et des mesures exploitables :
Cette opération consiste à éliminer tous les points pour lesquels les coordonnées X ou Y sont erronées, un poids de grain humide nul ou une humidité ou une largeur de récolte nulles.
- Calcul du rendement à une humidité standard :
Pour une humidité standard de 15 %, le poids de grain à cette humidité est égal à :
poids de grain humide x [(100 – humidité du grain) / (100 – 15)].
- Correction du décalage temporel :
Pour chaque point de mesure du rendement, il existe en effet un décalage entre la position DGP et la zone d'où provient le rendement mesuré par le capteur. Ce décalage résulte du temps de transfert du grain entre la récolte au niveau de la barre de coupe et le passage du grain devant le capteur photoélectrique de l'élévateur. Le temps de décalage est de 13 secondes environ pour la moissonneuse-batteuse utilisée au cours des différentes récoltes. Cette procédure n'a pas été appliquée sur les cartes de rendement de Chambry, car le système RDS mis en œuvre intègre la correction.
- Bornage des rendements :
Les points présentant des valeurs aberrantes de rendement sont éliminés. Les bornes minimale et maximale retenues sont respectivement de 20 et 140 q ha^{-1}.

Validation de la carte des rendements

Pour s'assurer de la pertinence des données de la carte des rendements, une validation est faite à deux niveaux : local et global. La validation locale consiste à comparer sur chaque nœud géoréférencé de la grille secondaire, le rendement estimé à partir des prélèvements manuels de plantes et le rendement moyen donné par le capteur. Pour la validation globale, on compare le poids total de grain de la parcelle enregistré par le capteur et le poids de grain réel des remorques livré à la coopérative. Connaissant exactement la surface récoltée, les poids de grain sont transformés en rendement par hectare.

Analyse de la qualité des grains

Au-delà de la cartographie de rendement des céréales, les caractéristiques de qualité des grains et leurs répartitions spatiales au niveau de la parcelle méritent d'être étudiées. L'augmentation des exigences exprimées par les industriels de la transformation, en matière de qualité des grains, fait que cette dernière est un aspect de plus en plus important de la rémunération à l'agriculteur. L'installation sur moissonneuse-batteuse d'un dispositif capable de prélever, conditionner et géoréférencer automatiquement les échantillons de grains, permettrait d'appréhender avec une grande précision la variabilité spatiale de la qualité selon différents critères : teneur en protéines, poids spécifique, taux de casse, poids de 1 000 grains, etc. À ce jour, il n'existe pas d'équipement commercialisé permettant d'automatiser la réalisation de cartographies « qualité ». Le Cemagref a développé une maquette de faisabilité permettant de prélever des échantillons géoréférencés au moment de la récolte, avec dépôt d'une demande de brevet (Vigier *et al.*, 2000). Des travaux de fiabilisation de la maquette sont prévus pour appuyer la phase de transfert industriel vers les constructeurs de moissonneuses-batteuses et équipementiers. La mise en œuvre effective de ce transfert conditionne l'équipement de nouvelles machines.

Les échantillons de grains sont prélevés, à leur arrivée dans la trémie, au droit de chaque nœud de la grille principale. Le poids spécifique est déterminé au laboratoire par pesée d'un litre de grains. Après broyage d'un échantillon de grains, leur teneur en azote total est déterminée par un analyseur élémentaire (méthode Dumas). La teneur en protéines est calculée en multipliant la teneur en azote par le coefficient 5,7. Les calculs de moyenne, d'écart-type ont été réalisés sur les caractéristiques de qualité des grains au cours des différentes campagnes de récolte.

Résultats et discussion

Validation de la carte de rendement

Validation locale

La comparaison porte entre le rendement donné par le capteur sur des nœuds géoréférencés et le rendement biologique déterminé par prélèvement manuel sur des placettes autour de ces nœuds. Le rendement capteur correspond à la moyenne des rendements mesurés dans un cercle d'un rayon de 8 mètres autour du point géoréférencé ; le rendement biologique est issu d'une zone représentative de 4 m².

La figure 3 montre les résultats de cette comparaison pour 2002 (Chambry 1 avec 3 niveaux de fertilisation azotée) et 2003 (Chambry 2 avec zones modulée et non modulée). Le rendement biologique mesuré sur placettes (rendement moyen de 90 q ha^{-1}) est un peu supérieur au rendement donné par le capteur (rendement moyen de 86 q ha^{-1}). L'écart de rendement placette / capteur (environ 5 %) est lié aux aspects suivants :
- les défauts de rendement estimé par le capteur, à cause des passages de roues du tracteur et du pulvérisateur (80 cm pour 24 m), soit 3,5 % ;
- la part de grains, non récoltés par la machine, et donc non pris en compte par le capteur (pertes des petits grains et grains cassés par la moissonneuse-batteuse), soit 1 % ;
- les défauts de rendement estimé par le capteur dans les zones de fourrières et zones écrasées, soit 0,5 % ;
- la variabilité du poids spécifique.

L'analyse de variance montre qu'il n'y a pas de différence significative entre le rendement capteur et le rendement placettes. La carte de rendement est validée localement, et la mesure de l'amplitude des variations de rendements au sein de la parcelle par le capteur est jugée fiable.

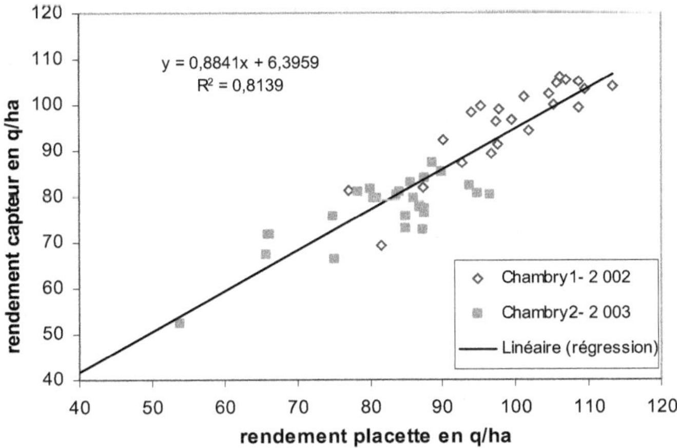

Figure 3. Comparaison du rendement capteur et du rendement biologique (placettes) du blé sur les parcelles de Chambry en 2002 et 2003.

Validation globale

Elle s'effectue par la comparaison entre la quantité de grain totalisée par le capteur et le poids de grain réel des remorques livré à la coopérative.

Tableau 2. Comparaison du rendement capteur et du rendement réel

Année de la récolte	Rendement (q ha^{-1})		Déviation du capteur
	par capteur	gravimétrique	(%)
2000	83,40	82,60	1,0
2001	87,53	86,41	1,3
2002	96,04	94,20	2,0
2003	79,69	78,50	1,5

Sur la totalité de la parcelle, pour les différentes années, on ne constate pas de différence entre le rendement capteur et le rendement réel (différence moyenne de 1,5 %). Ces résultats confirment d'autres études qui montrent que l'erreur du capteur est inférieure à 5 % (Blackmore et Moore, 1999). L'estimation du rendement moyen par le capteur est donc fiable.

Analyse des données spatialisées de cartes de rendement

La figure 4 (planche couleur 7) représente la carte de rendement du blé réalisée sur la parcelle Chambry 2 en 2003. Cette carte présentée point par point n'a subi que le traitement relatif à la mise en forme des données d'enregistrement du rendement. Les points traduisent le rendement instantané mesuré toutes les 5 secondes. La carte de rendement Chambry 2 fait apparaître des zones entre lesquelles le rendement varie d'un facteur 2 : zones de faible rendement de 40 à 60 q ha^{-1} (zones à points rouges ou oranges a3, b4-b5, d5) et des zones de fort rendement de 80 à 100 q ha^{-1} (zones à points verts ou bleus a7-a9, f3-f5). Globalement, on observe bien une diversité des rendements en fonction de l'hétérogénéité d'origine pédologique (fig. 5, voir fig. 6 de Nicoullaud, planche couleur 2) : les zones de faible production correspondent aux sols calcomagnésiens sur sable grésifié présentant une faible profondeur et une réserve en eau très limitée ; les zones les plus productives correspondent à des sols limoneux profonds et des calcosols développés sur la craie cryoturbée (Nicoullaud *et al.*, cet ouvrage). L'analyse de variance montre un effet significatif du type de sol sur le rendement au seuil de 5 % (F calculé = 3,014, F théorique = 2,236), particulièrement sur les composantes nombre de grains par m^2 et poids de 1 000 grains.

En 2002, sur Chambry 1, une modulation systématique de la fertilisation azotée a été mise en œuvre. Les 3e et 4e apports d'azote ont été modulés, conduisant à l'épandage de 3 doses totales respectivement de 140, 200 et 260 kg N ha^{-1} selon la carte d'apport d'azote de la figure 6 (planche couleur 8). La carte de rendement Chambry 1 fait apparaître assez distinctement l'impact de la fertilisation différenciée : les zones avec un apport de 140 kg N ha^{-1} (situées sur la diagonale NW-SE) sont caractérisées par des points en majorité de couleur orange-rouge, et leur rendement moyen atteint 83,2 q ha^{-1}. À l'opposé, les zones avec un apport de 260 kg N ha^{-1} caractérisées par des points de couleur vert-bleu, présentent un rendement moyen de 100,4 q ha^{-1}. On remarque toutefois pour la zone 260 située au sud-ouest de la parcelle, une hétérogénéité plus forte des rendements. Cette dernière est liée à la présence en majorité de sols à texture sableuse dans lesquels l'eau est le principal facteur limitant du rendement ; il est à noter que la lentille de sable, positionnée près du nœud g7 de la grille principale est bien détectée par le capteur de rendement qui enregistre des valeurs très faibles. Les zones ayant reçu la dose de 200 kg N ha^{-1} ont un rendement moyen de 96,9 q ha^{-1}. Les effets du type de sol et de la fertilisation azotée sur le rendement sont présentés dans le tableau 3.

Tableau 3. Effet du type de sol et de la fertilisation azotée sur le rendement de la parcelle Chambry 1 en 2002.

Source des variations	Degré de liberté	F calculé	F seuil
Type de sol	7	1,504	2,764
Dose d'azote	2	15,801	3,7389
Erreur	14		
Total	23		

L'analyse de variance à 2 facteurs montre un effet significatif (au seuil de 5 %) de la dose d'azote sur le rendement, alors que le type de sol n'apparaît pas. Cependant, si on considère individuellement les doses d'azote, l'analyse de variance montre un effet significatif du type de sol sur le rendement pour les doses 140, 200 et 260 kg N ha^{-1}. Il y a donc une interaction type de sol x fertilisation azotée pour les différentes doses d'azote appliquées.

Dans les 2 exemples précédents, les variations de rendement enregistrées par le capteur de la moissonneuse-batteuse peuvent s'interpréter qualitativement comme les résultats de l'extériorisation des propriétés du sol, ou de la modulation de la fertilisation azotée dans la mesure où les différentes sources d'erreurs sont maîtrisées. Le fait de disposer de cartes de rendement fiables permet de rechercher les causes de la variabilité intra parcellaire généralement observée. Les causes des hétérogénéités de rendement constatées ne sont pas obligatoirement liées aux seules potentialités agronomiques des sols. Il se superpose ensuite l'effet des techniques culturales. En effet des causes diverses peuvent intervenir, comme des incidents liés aux techniques culturales, à l'emploi des produits phytosanitaires, à des attaques parasitaires, à la présence d'adventices ou tout simplement à une modulation des apports de fertilisants. Pour ce qui est du milieu, cette variabilité résulte de facteurs intrinsèques (sol), de facteurs variables (climat) et de leurs interactions. Seule la modélisation spatialement distribuée (Guérif *et al.,* cet ouvrage) permet de quantifier l'impact des principales interactions. Cependant l'examen visuel des cartes permet de prendre en compte de façon qualitative un plus grand nombre de facteurs que le modèle.

L'estimation, pour une parcelle, de la variabilité liée au sol à partir de l'analyse des cartes de rendement nécessite plusieurs années de données. Différentes méthodes permettant d'intégrer plusieurs années de cartes de rendement sur une même parcelle, ont été proposées afin de faire ressortir les zones « stables » pouvant servir de base à un zonage intra parcellaire (Blackmore *et al.,* 1999, Panneton *et al.,* 2001). Bien que disposant de plusieurs cartes sur les parcelles de Chambry 1 et 2, il nous est difficile de faire cette estimation car, dans les 2 situations, la fertilisation azotée a été modulée sur la deuxième culture de blé d'hiver ; par ailleurs, une culture de betteraves sucrières a été implantée entre les 2 cultures de blé et la cartographie de rendement sur cette culture s'est avérée délicate à cause des problèmes de « tare terre », des conditions d'arrachage, des encrassements du matériel de récolte et des capteurs (résultats non présentés).

Caractéristiques de la qualité des grains

Les caractéristiques des grains présentées ci-après, sont mesurées, au cours des différentes récoltes, sur des échantillons de grains prélevés manuellement à la sortie de l'élévateur à grains situé dans la trémie de la moissonneuse-batteuse. Les échantillons sont prélevés au droit de chaque nœud de la grille principale.

Poids spécifique et humidité du grain

La connaissance du poids spécifique est indispensable sur les systèmes volumétriques pour remonter à la masse du produit récolté.

Tableau 4. Variabilité du poids spécifique du grain de la variété Shango (g l^{-1}).

Année	Fertilisation	Poids spécifique (g l^{-1})			
	(kg N ha^{-1})	minimum	maximum	moyenne	écart-type
2000	240	705	734	722	7
2001	220	728	797	767	10
2002	140	750	811	778	9
2002	200			780	10
2002	260			786	9
2003	modulée	712	791	766	15
2003	fixe (180)			770	10

Le poids spécifique (tabl. 4) ne varie que très légèrement une année donnée à l'intérieur d'une parcelle (1 à 2 %). Cela est cohérent avec des résultats obtenus sur les parcelles du site de Bruyères, encore plus hétérogènes, où le coefficient de variation a varié entre 1 % et 2,5 % (Machet *et al.,* 2001). La variabilité observée sur la variété Shango au cours des années d'expérimentation est liée aux conditions climatiques prévalant juste avant la récolte. La forte pluviométrie de l'année 2000 avant moisson induit un poids spécifique moyen de 722 g l^{-1}, alors qu'en 2002 avec des conditions sèches il est de 780 g l^{-1}, soit une augmentation de 9 % environ.

Un autre facteur de variation du poids spécifique est la variété (Machet *et al.*, 2001). Dans une parcelle de blé comportant plusieurs variétés, il est absolument nécessaire de récolter chaque variété séparément et d'introduire une nouvelle valeur du poids spécifique dans le système de mesure du rendement à chaque changement de variété.

Humidité du grain

Le taux d'humidité du grain est un autre facteur important de la variation du rendement. Au cours d'une journée de récolte, le taux d'humidité peut varier de 5 % (0,05 g d'eau par g de grain) entre le début et la fin de la récolte, en fonction des conditions climatiques. Par exemple, durant la récolte de Chambry 2 (1er août 2001), le taux d'humidité du grain a varié de 17 à 13 % entre 11 h et 18 h. Ce taux peut également fluctuer spatialement dans la parcelle : la présence de mauvaises herbes ou de « verdillons » (plantes de blé immatures dans les zones écrasées par les roues de tracteur et de pulvérisateur lors des différents traitements) entraîne généralement une augmentation de l'humidité du grain. La moissonneuse-batteuse utilisée au cours des différentes récoltes est équipée d'un capteur d'humidité capacitif, fixé sur la face intérieure de la vis de transfert acheminant le grain dans la trémie. Ce capteur permet de corriger le rendement en tout point de la parcelle et d'obtenir une carte de rendement avec un taux constant d'humidité du grain. Au cours de la récolte, des mesures d'humidité ont été réalisées sur des prélèvements de grains pour les comparer aux données du capteur. L'erreur du capteur d'humidité est inférieure à 2 %.

Poids de mille grains

Tableau 5. Variabilité du poids de 1 000 grains à l'humidité standard (g).

Année	Fertilisation	Poids de mille grains (g)			
	(kg N ha^{-1})	minimum	maximum	moyenne	écart-type
2000	240	42,4	49,1	46,0	1,4
2001	220	34,8	48,2	43,3	2,7
2002	140	41,4	55,1	47,7	2,1
2002	200			47,8	2,3
2002	260			46,9	1,9
2003	modulée	36,1	49,8	41,6	2,4
2003	fixe (180)			43,0	2,2

Le poids de 1 000 grains (tabl. 5) fluctue selon les années avec une valeur minimale de 41,6 g en 2003 et une valeur maximale de 47,8 g en 2002. Cette composante du rendement est très dépendante des conditions climatiques, particulièrement de la température, durant la phase de remplissage du grain. En 2002, une pluviométrie régulière et des températures inférieures à la normale sur la période 15 juin – 15 juillet, favorisent le remplissage du grain ; en 2003 sur cette même période, la chaleur, associée à une relative sécheresse du sol, va provoquer de l'échaudage sur blé.

L'année 2002 montre qu'il n'y a pas d'effet de la dose totale d'azote apportée sur le poids de 1 000 grains. Celle-ci joue en effet exclusivement sur le nombre de grains par m^2. Le traitement géostatistique des informations acquises devrait permettre de croiser la carte de rendement et la carte de poids de 1 000 grains, et ainsi d'accéder à une carte de nombre de grains par m^2, utile pour un diagnostic agronomique.

Teneur en protéines

Tableau 6. Variabilité de la teneur en protéines (%).

Année	Fertilisation	Teneur en protéines des grains (% MS)			
	(kg N ha^{-1})	minimum	maximum	moyenne	écart-type
2000	240	10,0	12,0	11,0	0,6
2001	220	8,7	11,5	9,7	0,5
2002	140	6,5	10,3	9,2	0,6
2002	200	8,5	11,7	9,8	0,5
2002	260	10,2	13,8	11,4	0,6
2003	modulée	9,4	14,1	11,7	1,2
2003	fixe (180)	9,3	15,5	11,7	1,0

Dans nos conditions expérimentales, la teneur moyenne en protéines des grains (tabl. 6) varie de 9,2 à 11,7 %. Comme le montre l'année 2002, cette teneur est très liée au niveau de fertilisation azotée : l'écart de dose de 120 kg N ha^{-1} se traduit par une différence de 2,2 points de protéines. La récolte 2001 présente un niveau faible de protéines lié à une mauvaise efficience de l'azote de l'engrais. En 2003, la sécheresse a limité le rendement induisant une concentration en azote plus élevée des grains. La variation maximale de la teneur en protéines sur une parcelle est d'environ 10 % pour l'ensemble des campagnes de récolte. Reyns (1999) montre que, sur une parcelle de blé de 10 ha, le taux de protéines d'échantillons prélevés manuellement et analysés au laboratoire par spectrométrie infrarouge, varie entre 10 et 15 % avec une moyenne à 13 %.

Il serait intéressant de pouvoir mesurer la teneur en protéines des grains en continu. La teneur en protéines du blé est l'un des principaux critères pris en compte pour juger de sa qualité. Or, il n'existe pas de capteur de ce type sur les systèmes commercialisés. Ce type de capteur pourrait être basé sur la technique SPIR (spectrophotométrie infrarouge), technique largement utilisée dans les industries agroalimentaires. Une mesure du taux de protéines en temps réel a été mis en œuvre par le Cemagref (Vigier *et al.*, 2000). Un capteur directement embarqué sur la moissonneuse-batteuse pour la mesure en temps réel du taux de protéines permettrait de réaliser un tri directement dans 2 ou 3 trémies indépendantes (Stafford, 1999).

La figure 7 représente la carte de teneur en protéines des grains de la parcelle Chambry 1 pour l'année 2002. Cette carte est obtenue à partir du traitement géostatistique de la teneur en azote total mesurée sur les échantillons de grains prélevés au cours de la récolte, au droit de chaque nœud de la grille principale. L'impact du niveau de fertilisation azotée apparaît nettement avec des taux de protéines faibles (taux moyen de 9,2 %) dans les zones situées sur la diagonale NW-SE, qui n'ont reçu que 140 kg N ha^{-1} ; les zones avec 260 kg N ha^{-1} ont une teneur en protéines moyennes de 11,4 %. Le croisement des cartes de rendement et de teneur en azote devrait aboutir à une carte des exportations en azote, et *in fine* à une carte de la balance apports – exportations en azote, utile au diagnostic environnemental.

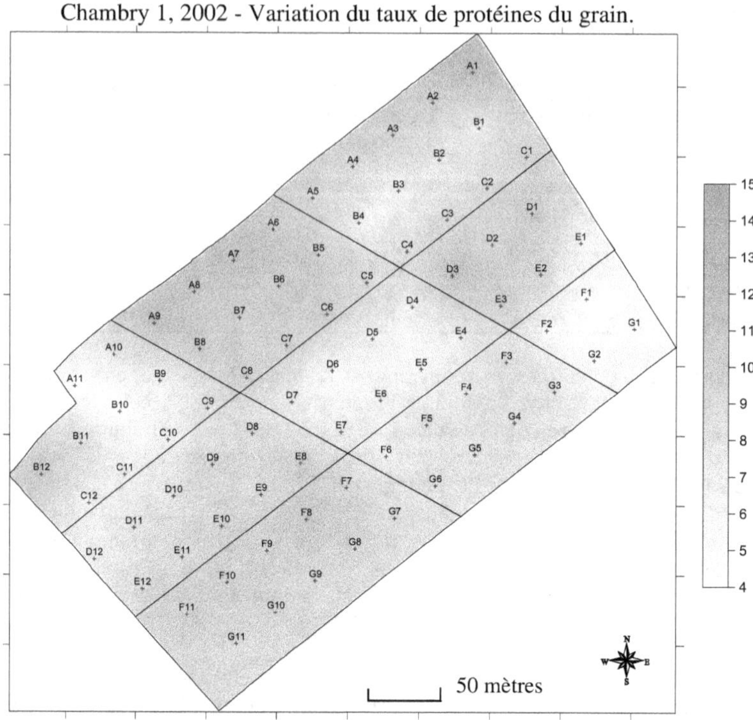

Figure 7. Carte de la teneur en protéines spatialisée de la parcelle Chambry 1 pour l'année 2002.

Conclusion

Les cartes de rendement sont des outils précieux d'accès à une connaissance de la variabilité intra parcellaire. Nos travaux ont permis de prévenir les erreurs éventuelles et de s'assurer *in fine* de la bonne qualité des cartes de rendement élaborées à Chambry de 2000 à 2004. La pertinence et la précision des données est une condition nécessaire à une bonne interprétation des cartes et à l'identification des facteurs de variations du rendement.

La cartographie de rendement présente de nombreux intérêts : elle est un outil complémentaire de l'utilisation d'autres moyens de mesure spatialisée : elle peut permettre de valider les données acquises par télédétection sur une culture tout au long de son cycle de développement, les données acquises par mesure géophysique sur la caractérisation du sol. Elle constitue également un outil de validation de règles de décision comme la mise en œuvre d'une modulation de la fertilisation azotée. Enfin, les cartes de rendement établies sur une parcelle pendant plusieurs années permettent, par inversion des modèles de fonctionnement de culture, d'accéder à des caractéristiques permanentes et spatialisées des sols, comme la réserve utile en eau et la profondeur maximale d'enracinement.

Nous avons montré l'importance de compléter la carte de rendement par l'acquisition de variables qualitatives des grains. La cartographie de la teneur en protéines des grains est d'un intérêt équivalent à celui de la connaissance du rendement et il serait important de pouvoir mesurer la teneur en protéines des grains en continu. Aujourd'hui, les capteurs de ce type existent à l'état de prototype. L'accès à la cartographie de la teneur en protéines est un élément important pour les sorties « agriculture de précision » car elle permettrait d'évaluer des règles de conduite de la culture en matière de gestion de la fertilisation azotée, d'assurer la traçabilité du produit dès la récolte et d'accéder au bilan d'azote spatialisé de la culture. Ce serait donc un élément déterminant pour l'amélioration de notre connaissance du déterminisme de cette variable.

Références bibliographiques

BERDUCAT M., 2000. Caractérisation du rendement et de la qualité de la récolte. *In Agriculture de précision : avancées de la recherche technologique et industrielle*, Actes du colloque UMR Cemagref-ENESAD, Dijon, 29-30 mai, 237-248.

BLACKMORE S., MARSHALL C.J., 1996. Yield Mapping; errors and algorithms. *3rd International Conference on Precision Agriculture*, June 23-26, Minneapolis, Minnesota, 403-405.

BLACKMORE S., MOORE M., 1999. Remedial correction of yield map data. *Precision Agriculture*, 1, 53-56.

BLACKMORE S., GOLDWIN R.J., TAYLOR J.C., COSSER N.D., WOOD G.A., EARL R., KNIGHT S., 1999. Understanding variability in four fields in the United Kingdom. *4th International Conference on Precision Agriculture*, July 19-22, Madison, WI, 3-18.

BOURENNANE H., NICOULLAUD B., COUTURIER A., KING D., 2004. Exploring the spatial relationships between soil property and wheat yields in two soil types. *Precision Agriculture*, 5, 521-536.

DOERGE T.A., 1999. Yield map interpretation. *J. Prod. Agric.*, Vol. 12, n°1, 54-61.

FRULEUX A., POUILLARD L., SCHRIFVE Y., 2000. Capteurs de débit sur moissonneuse-batteuse : Précision et post-traitement pour cartographie. *In Agriculture de précision : avancées de la recherche technologique et industrielle*, Actes du colloque UMR Cemagref-ENESAD, Dijon, 29-30 mai, 249-254.

GILLIOT J.-M., JULLIEN A., HUET P., MICHELIN J., 2003. Delimiting intra-field zones from yield and soil maps. *4th European Conference on Precision Agriculture*, June 15-19, Berlin, Germany, 411-412.

GUERIF M., BEAUDOIN N., DURR C., HOULES V., MACHET J.-M., MARY B., MOULIN S., BRUCHOU C., MICHOT D., NICOULLAUD B., 2001. Designing a field experiment for assessing soil and crop spatial variability and defining site specific management strategies. *3rd European Conference on Precision Agriculture*, June 18-20, Montpellier, France, 677-682.

MACHET J.-M., DUBRULLE P., LOUIS P., 1990. Azobil: a computer program for fertilizer N recommendations based on a predictive balance-sheet method. *1st ESA Congress*, Paris.

MACHET J.-M., BEAUDOIN N., MARY B., BOFFETY D., BERNARD M., 2001. Characterization of the variability in grain production and quality within a winter wheat field. *3rd European Conference on Precision Agriculture*, June 18-20, Montpellier, France, 821-825.

PANNETON B., BROUILLARD M., PIEKUTOWSKI T., 2001. Integration of yield data from several years into a single map. *3rd European Conference on Precision Agriculture*, June 18-20, Montpellier, France, 73-78.

PIERCE F.J., NOWAK P., ROBERTS P.C., 1999. Aspects of Precision Agriculture. *Advances in Agronomy*, 67, 1-85.

REYNS P., 1999. Site specific relationship between quality and yield. *2nd European Conference on Precision Agriculture*, 665-675.

SIX V., 1999. *Analyse des perspectives de l'agriculture de précision pour les agriculteurs*. Mémoire d'ingénieur de l'ISAB, 102 p. + annexes.

SHATAR T.M. and McBRATNEY A.B., 2001. Subdiving a field into contiguous management using a k-zone algoritm. *3rd European Conference on Precision Agriculture*, June 18-20, Montpellier, France, 115-120.

STAFFORD M., 1999. An investigation into the within-field spatial variability of grain quality. *2nd European Conference on Precision Agriculture*, 353-359.

VIGIER F., BOFFETY D., MARIONNEAU A., OLLIVIER E., VIALLIS B., 2000. Technique d'échantillonnage et mesure de qualité du grain sur moissonneuse-batteuse. *In Agriculture de précision : avancées de la recherche technologique et industrielle*, Actes du colloque UMR Cemagref-ENESAD, Dijon, 29-30 mai, 277-287.

Partie 3

**Méthodes mathématiques
pour décrire la structuration spatiale
des propriétés des parcelles**

Analyse statistique de caractéristiques permanentes et non-permanentes du sol d'une parcelle agricole

C. BRUCHOU, B. MARY

Introduction

L'agriculture de précision regroupe un ensemble de techniques ayant pour objectif une meilleure gestion des intrants en prenant en compte la variabilité spatiale d'une parcelle agricole. L'étape préliminaire à la mise en place de techniques agricoles spatialement variables consiste à bien caractériser l'hétérogénéité de la parcelle. Ainsi dans le cas de la fertilisation azotée, il est nécessaire de connaître la variabilité des propriétés physico-chimiques du sol qui déterminent la fourniture du sol en azote pour la plante. Ces propriétés peuvent être temporaires, c'est-à-dire variant rapidement au cours d'un cycle cultural, ou permanentes, c'est-à-dire quasi invariantes à l'échelle de l'année et même de la décennie. Parmi les caractéristiques permanentes qui permettent de prévoir la minéralisation d'azote par le sol, on peut citer les teneurs en argile et en matière organique. Inversement, les teneurs en eau et en azote minéral du sol au semis de la culture sont des variables temporaires qui déterminent la disponibilité instantanée en eau et en azote. Ces deux types de variables sont pris en compte dans les modèles de prévision de la fertilisation azotée (i.e. article de Houlès *et al.*, cet ouvrage).

Il est donc essentiel de savoir si ces variables présentent une structuration spatiale afin d'en établir une cartographie. Une deuxième question essentielle qui se pose dans le cas des variables temporaires est de savoir si la structuration spatiale observée à une date donnée se conserve au cours du temps ou si elle est liée à d'autres variables. Il n'existe que très peu de références bibliographiques relatives à ce sujet dans le cas des stocks d'eau et d'azote minéral du sol. Cette carence s'explique surtout par la difficulté à mesurer ces variables en de nombreux points d'une parcelle agricole sur une profondeur adéquate (au moins égale à la profondeur maximale atteinte par le système racinaire). Le travail présenté ici a donc pour but de répondre à ces deux questions dans le cas d'une parcelle agricole présentant *a priori* une hétérogénéité pédologique marquée. Son objectif est de faire l'état des lieux de la variabilité spatiale de caractéristiques permanentes et non permanentes du sol à plusieurs dates.

Les données ont été collectées pendant 4 ans sur une parcelle agricole du nord de la France, au cours d'une expérimentation visant à définir une méthode de modulation de la fertilisation azotée. Une carte pédologique détaillée a été établie classiquement à partir de sondages à la tarière. Des prélèvements de terre ont été réalisés à une date pour déterminer les caractéristiques physico-chimiques de la couche de surface du sol (variables permanentes). Il s'agit des classes granulométriques : taux d'argile (*AR*, g/kg), de limon fin (*LF*, g/kg), de limon grossier (*LG*, g/kg), de sable fin (*SF*, g/kg) et sable grossier (*SG*, g/kg), ainsi que la teneur en $CaCO_3$ (*CA*, g/kg), le pH du sol (*pH*), les teneurs en carbone organique (*C*, g/kg) et en azote total du sol (*N*, g/kg). Les caractéristiques temporaires sont les quantités d'eau (*QH*, mm) et d'azote minéral (*QN*, kg N/ha) cumulées sur la profondeur du sol. Elles ont été mesurées à 9 dates successives. Ces données sont analysées afin de construire les interpolations destinées à alimenter un modèle de culture spatialement distribué. Nous analysons aussi l'apport de l'information pédologique à travers une carte simplifiée des sols pour améliorer les prédictions. La liaison statistique entre le type de sol et les caractéristiques permanentes sera étudiée à l'aide de variantes d'une méthode géostatistique classique, le krigeage ordinaire (KO). Des modèles intégrant l'information type de sol étant définis, nous proposons une stratégie de choix par validation croisée.

Matériel et méthode

Variables pédologiques et protocole expérimental

La parcelle agricole, dénommée P2, est située à Chambry, près de Laon (Aisne). Elle a eu la rotation suivante : betterave à sucre (2000), blé d'hiver (2000-2001), pois (2002) et blé d'hiver (2002-2003). Les caractéristiques permanentes citées précédemment (*AR, LF, LG, SF, SG, pH, CA, C, N*) ont été déterminées sur la couche 0-30 cm en différents points de la parcelle lors de prélèvements effectués le 14 février 2001. Les deux caractéristiques non permanentes du sol, à savoir le stock d'azote minéral cumulé *QN* (kg N/ha) et le stock d'eau cumulé *QH* (mm), ont été mesurées aux mêmes points de la parcelle et à 9 dates successives, allant du 20 mars 2000 au 22 juillet 2003. Les mesures ont été effectuées au semis des cultures, à la récolte et en fin d'hiver. Les échantillons de terre ont été prélevés de 0 à 120 cm au moyen d'une sonde hydraulique et analysés séparément sur 4 couches : 0-30, 30-60, 60-90 et 90-120 cm. Seuls les cumuls sur 0-120 cm (*QN* et *QH*) sont analysés dans cet article. Compte tenu de la faible surface prélevée par la sonde ($3 \ cm^2$), nous avons choisi d'associer 3 carottes de sol prélevées à 50 cm de distance pour constituer chaque échantillon de sol. Les prélèvements ont toujours été réalisés sur une grille régulière carrée, comportant 85 nœuds espacés de 36 m. Des prélèvements supplémentaires (80 points) ont été effectués à 5 dates : il s'agit de prélèvements à plus courte distance (2 à 12 m), répartis sur 2 directions perpendiculaires en quatre endroits de la parcelle et formant 4 croix (fig. 1). Nous n'analysons ici que les résultats de ces 5 dates de prélèvements effectués en février 2001, mars 2002, juillet 2002, octobre 2002 et février 2003. En juillet 2002 le dispositif a été simplifié pour les courtes distances, il ne comportait que 4 mesures à l'emplacement des croix (soit 16 points).

Description de la carte du sol simplifiée

La carte du sol utilisée dans cette étude comprend quatre classes issues du regroupement de classes d'une carte plus fine (fig. 1). La première classe de la carte simplifiée (notée *A*) représente les sols profonds, non calcaires et non cailouteux. La deuxième classe (*B*) représente les sols calcaires développés sur craie peu profonde (50/60 cm) et des sols colluviaux sur craie moyennement profonde. La troisième classe (*C*) représente les sols calcaires sur des matériaux issus de la craie ou sur des limons et sables cryoturbés. La quatrième classe (*D*) est formée de sols sur grès magnésiens ; bien qu'elle soit moins représentée, elle est typique et ne peut être regroupée avec d'autres sols.

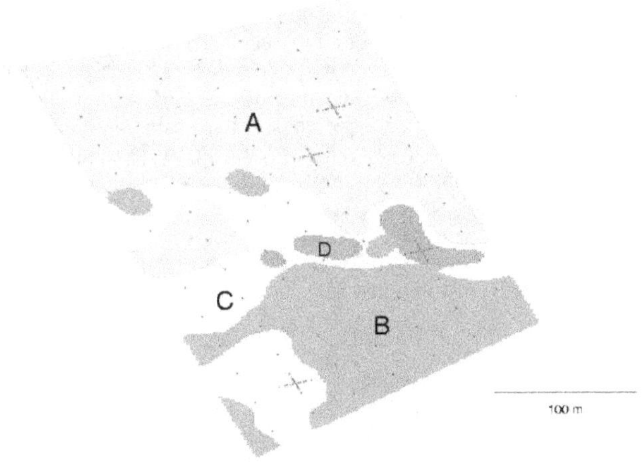

Figure 1. Plan de la parcelle montrant le réseau de points de mesure. La carte des sols simplifiée en quatre classes A, B, C, D (cf. définition dans le texte) est superposée.

Analyses statistiques exploratoires spatio-temporelles

L'analyse exploratoire tente de définir les grandes tendances dans les données. Des outils d'inférence, intervalles de confiance ou tests *sous hypothèse d'indépendance* des observations, constituent des garde-fous pour l'interprétation. L'espace est pris en compte ici par l'intermédiaire des classes définies par la carte des sols et non en terme de dépendances entre observations. L'analyse de la variance est couramment utilisée pour comparer des moyennes selon les niveaux d'un facteur (Draper et Smith, 1981). Les variances calculées sous hypothèse d'indépendance sont sous estimées dans le cas de corrélations positives entre observations (c'est le cas dans cette étude comme on le verra ultérieurement). Par conséquent, observer des différences entre moyennes et variances d'une variable dans une classe de sol est une condition nécessaire mais non suffisante pour inférer un effet de la carte du sol. De plus, ces statistiques usuelles donnent des ordres de grandeur utiles pour l'interprétation.

L'analyse en composantes principales (ACP, Lebart *et al.*, 1984) est une méthode descriptive couramment utilisée dans les problématiques agronomiques comprenant de nombreuses variables dans un contexte spatial (Webster et Oliver, 1990). Sous hypothèse de liaison linéaire entre variables, hypothèse que l'on vérifiera de manière qualitative en examinant les nuages de points de chaque couple de variable, la méthode permet de bien mettre en évidence les redondances entre variables. Les variables sont les caractéristiques non-permanentes QN et QH mesurées à plusieurs dates et des caractéristiques permanentes. La mise en évidence de cette structure de corrélation permet de fonder des interprétations agronomiques. L'autre résultat fourni par l'ACP concerne la visualisation des points échantillonnées dans la parcelle. La comparaison multivariable des moyennes par classe de sol constitue un complément intéressant de l'analyse uni-variable précédente. En effet, les classes de sol peu discriminées pour les variables prises une par une peuvent s'avérer mieux différenciées en moyenne dans l'analyse multivariable. De plus, un test de comparaison des moyennes des classes de sol est proposé. Comme dans l'analyse uni-variable, les variabilités étant sous estimées sous l'hypothèse d'indépendance des observations, l'observation d'une différence constitue une condition nécessaire pour espérer mettre en évidence des différences entre classes en utilisant une modélisation des dépendances spatiales. Sur un plan méthodologique non abordé dans cette étude, les facteurs de l'ACP, dans le cas de fortes redondances notamment, peuvent donner lieu à des analyses spatiales spécifiques. Les sorties d'ACP présentées comprennent la représentation des variables dans le premier plan factoriel. Le cosinus de l'angle entre vecteurs s'interprète comme une corrélation. La représentation est d'autant meilleure que la longueur des vecteurs est proche de 1. On représente aussi dans le premier plan factoriel l'ellipse de confiance à 95 % des moyennes des points ou nœuds appartenant aux différentes classes. L'absence d'intersection entre deux ellipses indiquera une différence entre moyennes multidimensionnelles des classes de sol.

Modélisation géostatistique

La modélisation de la liaison statistique dans les réalisations d'une variable a fait l'objet de nombreux travaux théoriques ou appliquées dans un cadre temporel (Box et Jenkins, 1970) ou spatial (Chilès, 1999). Le krigeage, méthode emblématique de la géostatistique, est particulièrement prisé dans les sciences du sol (Webster et Oliver, 1990), les sciences géographiques par l'intermédiaire des Systèmes d'Information Géographique et bien sûr en agronomie. Son grand mérite est de proposer un cadre mathématique clair pour analyser et représenter un phénomène spatial. Ce cadre repose sur des hypothèses statistiques relativement simples par rapport à une certaine complication du réel. La production d'une carte repose sur la modélisation d'une statistique de corrélation spatiale et la définition d'un interpolateur minimisant l'erreur quadratique moyenne de prédiction (Cressie, 1991, Chilès, 1999). Dans un contexte scientifique, elle fait l'objet d'interprétation et peut servir par exemple de variable d'entrée dans un modèle de culture. Dans un contexte plus appliqué, cette carte sert de support à la prise de décision. Le krigeage constitue l'outil privilégié dans cette étude et nous essaierons d'en détailler la mise en œuvre et l'interprétation sur un plan agronomique sans prétention d'innovation méthodologique. La modélisation géostatistique repose sur un ensemble d'hypothèses concernant les caractéristiques d'un processus aléatoire $Z(x)$ représentant la variable mesurée en un point x de la parcelle. Le processus Z est décomposé en la somme d'un processus P, appelé effet pépite, à réalisations indépendantes dans l'espace et d'un processus Y à réalisations dépendantes dans l'espace. Une hypothèse de stationnarité caractérise l'espérance, la variance et la covariance de Y. Le modèle peut s'écrire en tout point x de la parcelle :

$$Z(x) = \mu + \eta\ P(x) + \sigma\ Y(x),$$

où μ est une constante, P et Y sont des variables aléatoires d'espérance nulle, de variance unité et indépendantes entre elles. Selon ce modèle, l'espérance de Z sera μ et sa variance sera $\eta^2 + \sigma^2$. La « variance de structure » de Z peut être caractérisée par le rapport des variances :

$$r = 100\frac{\sigma^2}{\eta^2 + \sigma^2}$$

On suppose que la covariance C_Y de Y en deux points x et $x+h$ de la parcelle, x et h désignant des vecteurs du plan, ne dépend que de leur distance euclidienne, soit :

$$Cov\big(Y(x), Y(x+h)\big) = C_Y\big(\|h\|\big)$$

On suppose l'isotropie de la covariance de Y, hypothèse qu'il est difficile de valider dans notre cas compte tenu des effectifs. Une caractéristique importante de la covariance spatiale de Y est la portée, notée a, distance entre deux points à partir de laquelle Y ne présente plus de corrélation. Sous l'hypothèse d'une espérance constante nous utiliserons un outil équivalent à la covariance. Il s'agit du variogramme défini par :

$$\gamma(h) = \frac{1}{2} E(Y(x) - Y(x+h))^2$$

Au delà de la portée, le variogramme atteint la variance du processus Y. Pour réaliser l'interpolation, il sera nécessaire d'ajuster un modèle au variogramme empirique. Le modèle de variogramme choisi *a priori* est le modèle sphérique défini par :

$$\gamma(h) = \frac{3}{2}\left(\frac{h}{a}\right) - \frac{1}{2}\left(\frac{h}{a}\right)^3 \qquad \text{si} \qquad 0 \leq h \leq a$$

$$\gamma(h) = 1 \qquad \text{si} \qquad h \geq a$$

Faute d'arguments physique ou théorique particuliers, ce choix courant s'est avéré suffisant dans l'analyse des données. Les paramètres a et r seront estimés à partir du variogramme empirique par une méthode des moindres carrés pondérés (Cressie, 1991). L'interpolation de Z en un point de la parcelle est définie comme combinaison linéaire des observations. Cette estimation sera construite dans le but de minimiser l'erreur quadratique moyenne. La méthode utilisée est le krigeage ordinaire (Webster et Oliver, 1990, Cressie, 1991). Elle fournit une estimation de la variance d'erreur, $\overset{2}{_K}(x)$, en tout point interpolé. Les méthodes dérivées du krigeage ordinaire qui ont été utilisées pour caractériser l'apport de la carte des sols sont explicitées dans ce qui suit.

Analyse de l'apport de la carte des sols

Nous tenterons de caractériser à l'aide du variogramme les liaisons inter et intra classes de la carte des sols. Les analyses exploratoires portant sur QH et QN ont indiqué des différences plausibles en moyenne et variance entre les classes, ce qui nous conduit à proposer différentes méthodes d'interpolation. Pour simplifier les notations, nous nous placerons sans perte de généralité en un point situé dans la classe pédologique A de coordonnées x.

Le premier modèle (MOY) suppose que le processus Z a ses réalisations indépendantes. Z est caractérisé par une espérance et une variance spécifiques dans chaque classe. Soit pour la classe A :

$$[\text{MOY}] \qquad Z(x) = \mu_A + \eta_A \, P(x)$$

L'erreur de prédiction aura pour variance l'estimation de la variance de la moyenne d'une classe.

Le deuxième modèle, sous jacent au krigeage ordinaire (KO), suppose sur toute la parcelle un processus de la forme :

$$[\text{KO}] \qquad Z(x) = \mu + \eta \, P(x) + \sigma \, Y(x)$$

KO ne prend pas en considération l'effet de la structuration de la parcelle établie sur la base de la carte des sols simplifiée. C'est en quelque sorte l'hypothèse nulle des modèles présentant une structure spatiale.

Le modèle suivant suppose que Z a une espérance, une variance et des paramètres du variogramme, i.e. portée et plateau, spécifiques de chaque classe pédologique. Les réalisations de Z en deux points situés dans deux classes distinctes seront supposées indépendantes. Il est associé au krigeage intra classe (Kintra) :

[Kintra] $\qquad Z(x) = \mu_A + \eta_A\, P(x) + \sigma_A\, Y_A(x)$

On notera que Y_A présente une covariance spécifique dans la classe A. Sous ces hypothèses, l'interpolation consiste à effectuer un krigeage ordinaire à l'intérieur de chaque classe.

Le dernier modèle suppose des moyennes et variances différentes dans chaque classe mais suppose, contrairement au modèle précédent, un champ aléatoire unique Y. Les réalisations de Z sont dépendantes pour tout couple de points. La méthode d'interpolation correspond au krigeage avec dérive externe de classe, KDE (Monestiez, 1999, Royer, 1999). Soit :

[KDE] $\qquad Z(x) = \mu_A + \eta_A\, P(x) + \sigma_A\, Y(x)$

Ce modèle est *a priori* le plus proche de la configuration de la parcelle.

Les équations de krigeage, la méthode d'estimation des variogrammes et une illustration sur QN et QH mesurées en février 2003 sont proposées dans une annexe (cf. www.avignon.inra.fr/biometrie/AP/Bruchou-Mary.pdf).

Comparaison des modèles

La validation croisée est utilisée pour comparer les prédictions des quatre modèles précédents. Soit un modèle dont on souhaite quantifier les performances de l'interpolation. Chaque observation i est retirée à tour de rôle de l'échantillon, le modèle (et notamment le variogramme) est re-estimé sur les n-1 observations restantes. Ensuite, l'observation fait l'objet d'une estimation au moyen du modèle. On note e_i la différence valeur prédite - valeur observée, et $\sigma_{K,i}^2$ la variance de l'erreur de krigeage ainsi obtenue pour l'observation i. Les erreurs peuvent faire l'objet de différents traitements statistique : distribution, médiane, variance, variogramme notamment. Nous présentons un critère synthétique, la moyenne quadratique des erreurs :

$$MQE = \frac{1}{n}\sum_i e_i^2$$

qui sera d'autant plus faible que la qualité de prédiction d'un modèle est bonne. Ces erreurs sont aussi à comparer à l'erreur de prédiction par le modèle au point considéré. On propose un critère prenant en compte le niveau moyen de variance des prédictions. Soit :

$$CQE = \frac{MQE}{\dfrac{1}{n}\sum_i \sigma_{K,i}^2}$$

Un autre critère, plus fréquemment employé, consiste à calculer la moyenne des quantités $\sum_i \dfrac{e_i^2}{\sigma_{K,i}^2}$ mais il présente toutefois quelques inconvénients numériques si $\sigma_{K,i}$ est faible. On vérifiera toutefois que ces deux derniers critères donnent des résultats comparables.

Résultats

Analyses exploratoires et inférence classique

Les analyses uni-variables concernent les variables QN et QH. Sous hypothèse d'indépendance des observations, des tests statistiques donnent confirmation des différences observées (fig. 2). Le test de Fisher de comparaison des moyennes des classes pédologiques est significatif ($p < 0,01$) pour les deux variables à l'ensemble des dates. Le test de Fligner (Conover *et al.*, 1981) rejette l'homogénéité des variances pour QN en mars 2002 ($p = 0,003$) et octobre 2002 ($p = 0,01$). À chaque date, on fait la comparaison multiple des moyennes au niveau de confiance global de 95 % en utilisant la correction proposée par Holm (1979). Selon ce test, la classe D, plus faible en moyenne que les autres, se distingue nettement des autres classes à toutes les dates. Les moyennes de QH par classe pédologique se distinguent significativement à toutes les dates sauf en juillet 2002 pour les classes B et C. La situation est moins contrastée pour QN que pour QH. La moyenne de QN dans la classe D est toujours significativement différente des autres moyennes à une date donnée. Les différences des moyennes des classes B et C ne sont significatives qu'en octobre 2002. L'évolution temporelle des moyennes de QN et QH est similaire. Le rang des moyennes des classes pédologiques est conservé au cours du temps. Cette observation est également vraie lorsqu'on inclut les 4 dates supplémentaires non analysées ici (mars 2000, octobre 2000, août 2001, juillet 2003).

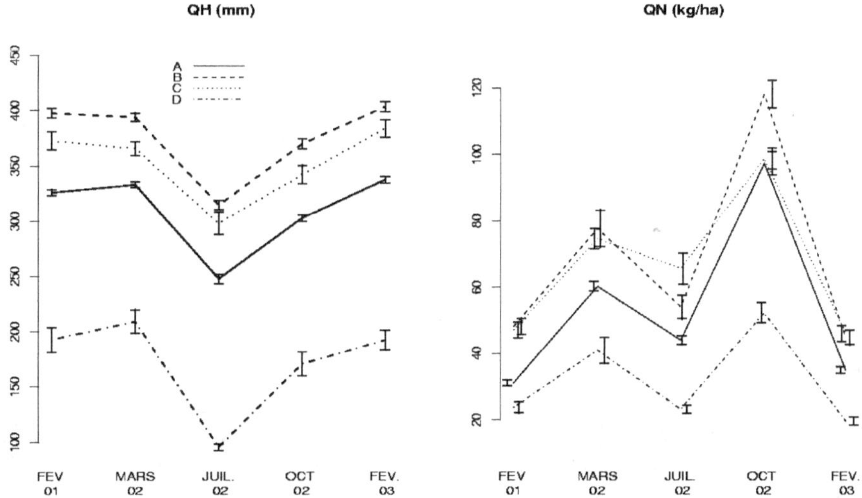

Figure 2. Évolution temporelle des moyennes ($\pm$ un écart-type de la moyenne) des caractéristiques non permanentes du sol (stock d'eau QH et stock d'azote minéral QN) par classe de sol (A, B, C, D).

Le premier axe factoriel de l'ACP des caractéristiques permanentes (fig. 3) montre une opposition entre LG et les autres variables (coefficient de corrélation ρ compris entre -0,04 et -0,80, n = 80), à l'exception de SF ($\rho \sim -0,16$). Un groupe de variables est constitué de AR, C et N corrélées positivement entre elles ($\rho \sim 0,5$). Un autre groupe est constitué de CA, SG et pH ($\rho \sim 0,6$). Ces deux groupes sont faiblement corrélés entre eux. On notera une corrélation négative entre *SF* et les variables *N*, *AR*, *LF* et *LG*. Cette analyse montre une forte dispersion des classes pédologiques. Il semble, au vu des ellipses de confiance à 95 % autour des moyennes, que l'on ne puisse distinguer, pour les caractéristiques permanentes, que les classes A et C (fig. 3). La classe B joue un rôle intermédiaire entre elles. Les variables les plus discriminantes pour les classes A et C sont *CA*, *SG*, *LG* et *pH*, ce qui est conforme à la définition des classes de sol. Les variabilités des classes sont analogues dans cet espace.

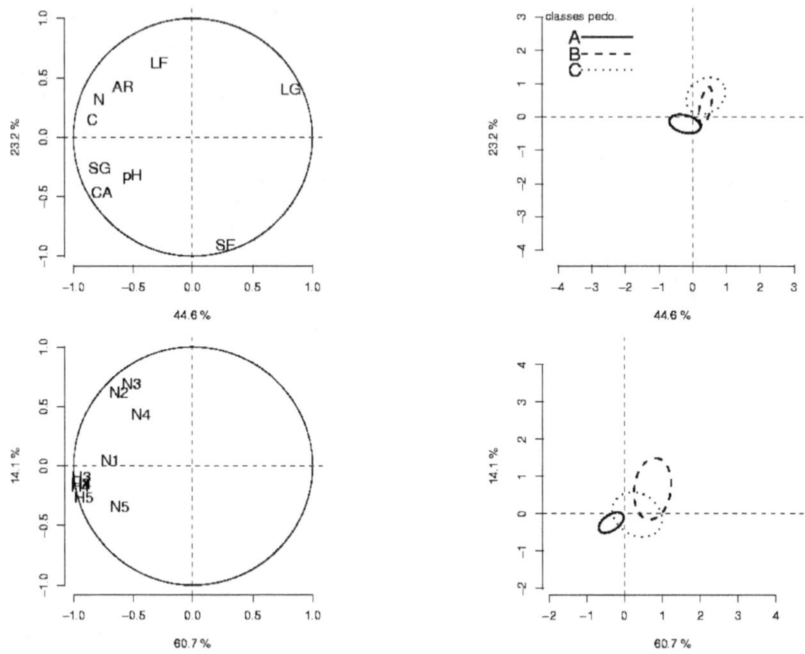

Figure 3. Premier plan factoriel issu de l'ACP des caractéristiques permanentes (graphiques du haut) et non-permanentes (graphiques du bas). Les caractéristiques non-permanentes sont les stocks d'eau (noté H) et d'azote minéral (noté N) à plusieurs dates (notées 1=février 2001, 2=mars 2002, 3=juillet 2002, 4=octobre 2002 et 5=février 2003). On notera que les points représentant les stocks d'eau à plusieurs dates sont quasi confondus. Les figures de droite représentent les ellipses correspondant aux intervalles de confiance à 95% de la moyenne des projections des points d'une classe pédologique sur le premier plan factoriel sous hypothèse de normalité. L'ellipse de la classe D n'est pas tracée faute d'un nombre suffisant de points. L'échelle des axes de ces derniers graphiques donne la gamme de variation des projections sur les deux facteurs des individus ou échantillons.

L'ACP de *QN* et *QH* a été effectuée sur les points de mesure communs aux 5 dates (fig. 4).

L'analyse est basée sur le premier plan factoriel qui résume 75% de l'inertie totale. Les stocks d'eau sont fortement corrélés positivement à toutes les dates ($\rho \sim 0{,}9$, n = 80). Les stocks d'azote sont aussi corrélés positivement entre eux mais avec une plus faible intensité. Le groupe de variables mesuré en 2002 est assez cohérent (ρ compris entre 0,4 et 0,7). La corrélation des variables de ce groupe avec QN mesuré en février est plus faible (ρ compris entre 0,2 et 0,4). De plus, QN est assez bien corrélé avec QH aux 2 dates de février ($\rho \sim 0{,}6$), moyennement à la date de mars ($\rho \sim 0{,}4$), plus faiblement encore en juillet et octobre ($\rho \sim 0{,}3$).

Ces résultats s'interprètent assez bien sur le plan agronomique : le sol a subi un lessivage d'azote assez important en février 2001 et février 2003, après deux hivers assez pluvieux ; le stock d'azote minéral résiduel est lié à la capacité du sol à retenir l'eau, donc à son stock d'eau. La mesure de juillet 2002 se situe à la récolte du pois et le stock d'azote minéral dépend alors davantage de l'absorption par la plante et de la minéralisation d'azote par le sol, qui dépendent moins de la réserve en eau du sol. Il en est de même en octobre 2002 après une période d'interculture (sol nu) où le stock d'azote a été accru sous l'influence de la minéralisation. Les ellipses de confiance indiquent une différence des moyennes multi-dimensionnelles des classes A et B due essentiellement aux stocks d'eau. La classe B est plus variable dans le temps pour le stock d'azote minéral ; la date de février 2003 (N5) semble jouer un rôle particulier dans la variation au cours du temps.

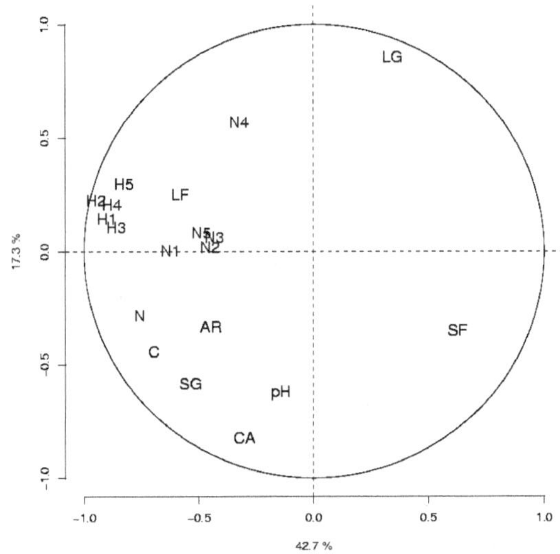

Figure 4. Représentation dans le premier plan factoriel du cercle de corrélation issu de l'ACP de *QN* et *QH* à 5 dates (1 = février 2001, 2 = mars 2002, 3 = juillet 2002, 4 = octobre 2002 et 5 = février 2003) et des caractéristiques permanentes (*C, N, AR, LF, LG, SF, SG, CA, pH*).

Une dernière ACP est effectuée sur l'ensemble des variables (fig. 4). Le premier axe est caractérisé par le stock d'eau et les variables qui lui sont liées. Les corrélations entre le stock d'eau (H) et les caractéristiques permanentes sont fortes : *C* ($\rho \sim 0{,}5$), *N* ($\rho \sim 0{,}45$), *LF* ($\rho \sim 0{,}5$) et *SF* ($\rho \sim -0{,}6$). Effectivement, ces variables conditionnent la réserve en eau du sol. Le deuxième axe est constitué principalement par les caractéristiques permanentes du sol. Il est formé notamment par l'opposition entre *LG* et le groupe *pH*, *CA*. La variable *QN* semble atypique pour la date d'octobre 2002 (N4). Le stock d'azote minéral à cette date est négativement corrélé à la teneur en sable fin de la couche de surface (*SF*). Ce résultat s'explique par le fait qu'à cette date (interculture après pois), le stock d'azote minéral résulte surtout du processus de minéralisation d'azote. La capacité de minéralisation d'azote est donc plus forte dans les sols à texture fine (faible valeur de *SF*) que dans les sols plus sableux (*SF* élevé), sachant que la teneur en sable grossier (*SG*) est faible.

Analyses géostatistiques

On modélise ici la dépendance spatiale pour les caractéristiques non permanentes (fig. 5, 6) et permanentes (fig. 7). Les variogrammes de QH présentent un très faible effet pépite (*r* est proche de 100 %). Ils sont fortement structurés à toutes les dates et présentent des caractéristiques (*a, r*) remarquablement stables (tabl. 1). La portée moyenne est de 75 m et l'hypothèse de la constance de ce paramètre aux différentes dates semble pertinente.

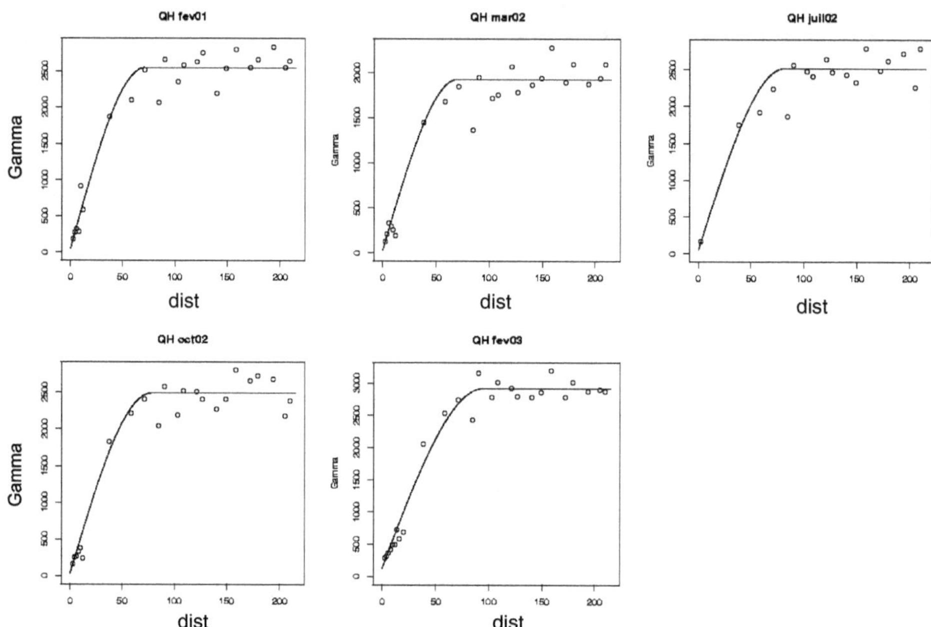

Figure 5. Variogrammes du stock d'eau sur 0-120 cm (*QH*) ajustés par un modèle sphérique.

Le stock d'azote minéral sur 0-120 cm (*QN*) présente une structure spatiale moins forte mais cependant non négligeable (Figure 6). La variance de structure la plus forte s'observe en février 2001 et octobre 2002 : *r* ~ 88 % (tabl. 1). Elle est plus faible aux 3 autres dates (*r* ~ 50 %), avec une incertitude forte sur la date de mars 2002, comme le suggère l'allure du variogramme. Les portées calculées en juillet 2002 et octobre 2002, après récolte, sont plus élevées que celles obtenues aux 3 autres dates, en fin d'hiver. Ce résultat indique que la structure spatiale induite par le lessivage, processus dominant au cours de l'hiver, soit de plus courte portée que celle induite par l'absorption d'azote par la plante et la minéralisation d'azote par le sol, processus dominants après récolte. On notera la moindre structuration et l'aspect plus linéaire du variogramme en juillet 2002, à la récolte du pois.

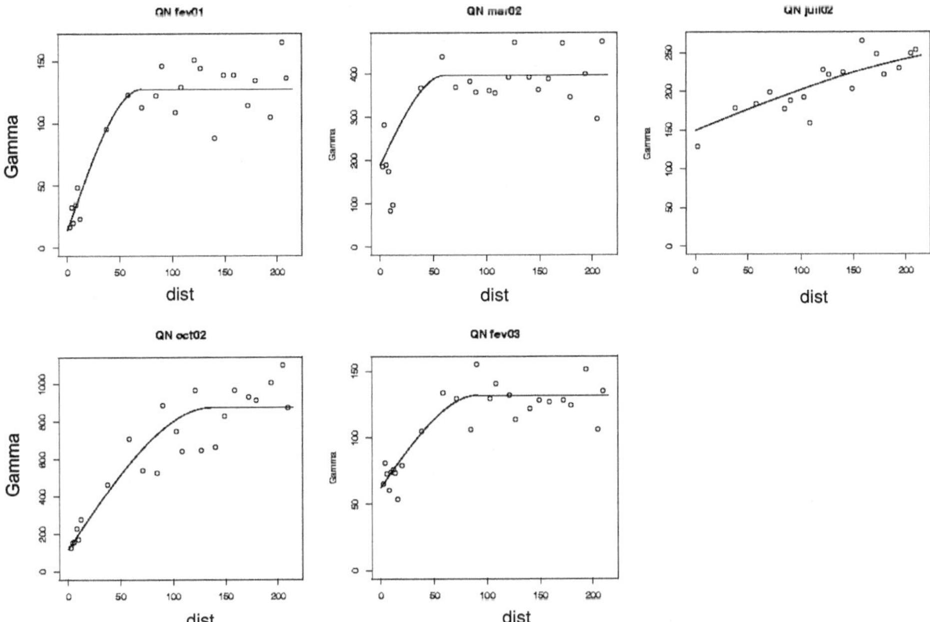

Figure 6. Variogrammes du stock d'azote minéral 0-120 cm (*QN*) ajustés par un modèle sphérique.

Tableau 1. Paramètres du modèle sphérique de variogramme pour les caractéristiques non permanentes du sol. *a* est la portée, *r* est la variance de structure.

Variable	Date	a (m)	r (%)	$\sigma^2 + \eta^2$
QH	fév. 01	71	98	2 546
(mm)	mar. 02	70	98	1 927
	juil. 02	60	100	2 506
	oct. 02	77	99	2 489
	fév. 03	94	96	2 918
QN	fév. 01	89	89	127
(kg N/ha)	mar. 02	60	52	397
	juil. 02 *	>200	40	250
	oct. 02	137	86	874
	fév. 03	91	53	132

* Cas où le variogramme a une allure linéaire et croissante. Dans ce cas l'hypothèse d'une tendance est à confronter à celle d'une portée trop grande pour être accessible dans cette expérimentation.

Les variogrammes des caractéristiques permanentes sont sensiblement différents (fig. 7). Les portées sont de l'ordre de 200 m, excepté pour *LF* et *SF* où elles sont de 100 m (tabl. 2). Elles sont plus élevées que celles des caractéristiques non permanentes. On note le caractère très linéaire des variogrammes de la teneur en limon grossier (*LG*) et en calcaire

(*CA*). Ces deux variables sont très spécifiques du type de sol, notamment de la classe A, ce qui peut expliquer que la portée dépasse les 200 m. La variance de structure est forte pour la plupart des variables. La plus faible variance s'observe pour la teneur en limon fin, mais cette caractéristique est celle qui varie le moins (plus faible CV et $\sigma^2 + \eta^2$).

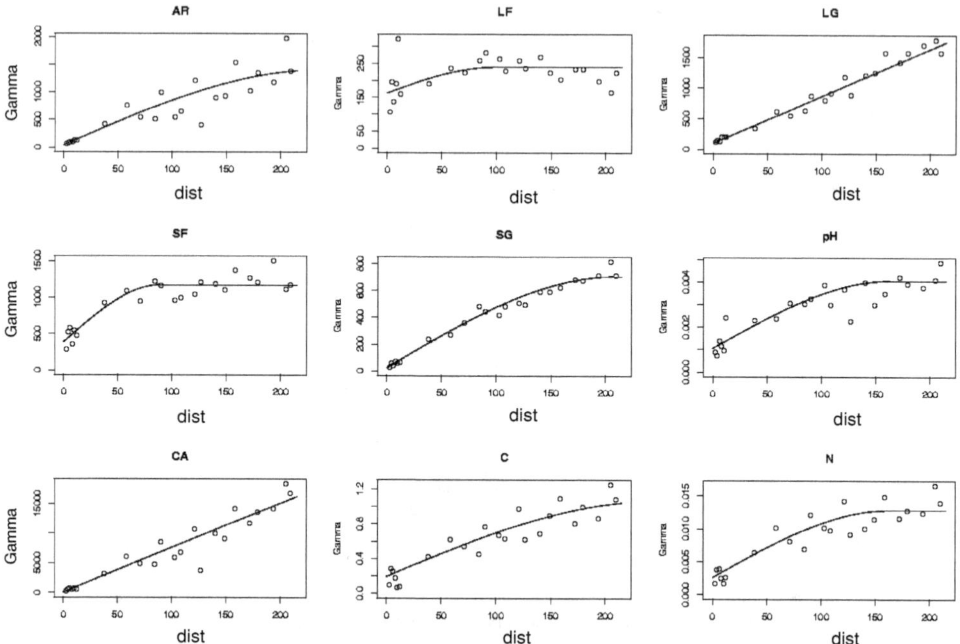

Figure 7. Variogrammes des caractéristiques permanentes du sol ajustés par un modèle sphérique.

Tableau 2. Paramètres du modèle sphérique de variogramme pour les caractéristiques permanentes. Les symboles sont identiques à ceux du tableau 1.

Variable		a (m)	r (%)	$\sigma^2 + \eta^2$
AR *	g/kg	>200	92	1 500
LF	g/kg	100	40	240
LG *	g/kg	>200	94	1 430
SF	g/kg	100	57	1 200
SG *	g/kg	>200	96	760
pH		164	75	0,004
CA *	g/kg	>200	96	13 100
C *	g/kg	>200	79	1,1
N	g/kg	164	83	0,012

À l'aide de ces variogrammes et du krigeage ordinaire, nous avons établi les cartes des variables non permanentes (fig. 8 et 9, planche couleur 9) et permanentes (fig. 10, planche couleur 9). La structuration du stock d'eau dans l'espace apparaît très stable dans le temps, conformément aux observations précédentes. La carte obtenue ressemble largement à la carte des sols (fig. 8, planche couleur 9). Par contre, les cartes de stock d'azote minéral QN diffèrent fortement d'une date de mesure à l'autre, plus fortement que ce qu'on pourrait attendre de la variabilité des variogrammes. Quant aux variables permanentes, ce sont les cartes de teneur en carbone organique (C) et N total (N) qui sont les plus proches de la carte de sol (fig. 10, planche couleur 9).

Comparaison des qualités de prédiction des modèles

La comparaison des modèles qui prennent en compte la carte du sol a été effectuée par validation croisée en excluant le mois de juillet 2002, car le dispositif de mesure a été allégé à cette date et il n'a pas été possible d'analyser l'apport de la carte à cette date sans faire d'hypothèse supplémentaire. L'analyse des critères MQE et CQE indique que les modèles sont équivalents pour QN en février 2001 et mars 2002 (tabl. 3). Ce qui indiquerait le faible apport de la modélisation de l'effet spatial avec ces méthodes. Toutefois, le modèle basé sur le calcul des moyennes empiriques est moins performant (MQE plus grand) à la date d'octobre 2002. On observe à cette date un fort effet spatial et une grande portée. On notera enfin que la variabilité des erreurs simulées est du même ordre de grandeur que celle proposée par le modèle. Seule la méthode Kintra (février 2001 octobre 2002) et dans une moindre mesure KDE semblent surestimer la variance de l'erreur (CQE > 1,1) par rapport à celle calculée dans la validation croisée.

La situation est plus contrastée pour la variable QH. Le modèle MOY est en général moins performant que les méthodes de krigeage. Chaque krigeage surestime la variance d'erreur à une seule date (tabl. 3). La prise en compte de la pédologie semble plus pertinente en mars et octobre avec une légère supériorité de Kintra.

Tableau 3. Valeurs du critère MQE (moyenne quadratique des erreurs de prédiction) obtenue par validation croisée.

Variable	Date	Moy	KO	Kintra	KDE
QH	fév. 01	1182 (1,03)	767 (0,92)	**709** (0,96)	843 (1,18)
	mar. 02	702 (1,02)	608 (0,96)	**514** (1,01)	617 (0,92)
	oct. 02	1080 (1,02)	845 (1,01)	758 (0,93)	**756** (1,01)
	fév. 03	1076 (1,03)	1037 (1,30)	**884** (1,28)	916 (1,02)
QN	fév. 01	84 (1,03)	77 (1,10)	**67** (1,17)	70 (1,15)
	mar. 02	309 (1,03)	295 (0,90)	283 (1,07)	**281** (1,05)
	oct. 02	665 (1,02)	**332** (1,06)	337 (1,18)	333 (1,14)
	fév. 03	106 (1,03)	106 (1,05)	**97** (1,05)	103 (1,02)

Moy = moyenne locale, KO = krigeage ordinaire, Kintra = krigeage ordinaire intra classe, KDE = krigeage avec dérive externe de classe. Valeurs entre parenthèses = valeurs du critère CQE. Valeurs en gras = valeurs minimales du critère.

La comparaison des méthodes d'interpolation n'a pas mis en évidence une nette supériorité des modèles Kintra et KDE, qui sont les seuls modèles spatiaux à prendre en compte un effet de la pédologie en moyenne et variance. Le modèle KDE suppose une portée identique dans les classes, alors que ce n'est pas le cas pour le modèle Kintra. Ce dernier modèle suppose une indépendance des classes, ce qui n'est pas le cas du modèle KDE. Ces deux modèles apparaissent quasi équivalents en terme de qualité de prédiction. Dans l'objectif de fournir des interpolations pour des modèles culturaux, notre choix s'est porté sur le modèle KO du fait de performances comparables avec les autres modèles spatiaux et de son moindre coût en terme de paramètres.

Discussion

Structuration spatiale

Le tableau 4 récapitule les résultats obtenus par d'autres auteurs ayant réalisé un traitement géostatistique sur les variables permanentes (C et N) et non permanentes du sol (QH et QN). L'existence de la forte structuration spatiale (forte valeur de r) que nous avons observée pour les caractéristiques chimiques permanentes est confirmée par ces résultats, puisque les valeurs de r vont de 41 % à 97% pour la teneur en carbone organique (C) et de 23% à 91% pour la teneur en azote total (N). La portée calculée par les différents auteurs est très variable, mais il faut remarquer qu'elle dépend du modèle de variogramme adopté et de la distance maximale explorée : l'allure des variogrammes suggère que les études faites à courte distance (moins de 50 m) ont pu sous-estimer la portée réelle. Nos résultats (portée allant de 164 à 244 m) sont en accord avec les quatre études faites sur de longues distances (> 200 m). La portée est sans doute fortement dépendante de la structure pédologique du sol puisque les variables C et N sont liées aux caractéristiques texturales du sol, comme les teneurs en argile et limon grossier (fig. 4).

Tableau 4. Synthèse de résultats bibliographiques d'analyse géostatistique des propriétés du sol étudiées ici. a représente la portée et r la fraction de variance structurale (cf. équations).

Référence	Prof [1]	Dist [2]	C a (m)	C r (%)	N a (m)	N r (%)	QH a (m)	QH r (%)	QN a (m)	QN r (%)
Delcourt *et al.*	0-25	20	10	45	-	-	-	-	-	-
Boerner *et al.*	0-10	30	2*	55*	-	-	-	-	8*	68*
Bahri *et al.*	0-20	40	15	-	>40	-	-	-	-	-
Tsegaye et Hill	0-15	45	-	40*	-	-	-	-	-	40*
Bhatti *et al.*	0-15	50	-	-	-	-	-	-	-	>50
Baxter *et al.*	0-30	180	-	-	-	-	>180	>92	>180	>65
Cahn *et al.*	0-15	200	>180	97	-	-	140	75	-	<25
Cambardella *al*	0-15	250	115*	94*	100*	91*	-	-	200	40*
Shukla *et al.*	0-15	300	163	41	243	23	-	-	-	-
Robertson *et al.*	0-25	330	75*	63*	-	-	-	-	-	-
Huang *et al.*	0-20	600	-	-	-	-	-	-	165	75
Wendroth *et al.*	0-30	500	-	-	-	-	-	-	90	25
Stenger *et al.*	0-30	50	41	66	42	66	20*	19*	37	10*
Ferguson *et al.*	0-90	300	-	-	-	-	-	-	65**	65**
Ferguson *et al.*	0-90	200	-	-	-	-	-	-	12**	74**
Ferguson *et al.*	0-90	500	-	-	-	-	-	-	237**	40**

[1] Profondeur de prélèvement du sol (cm).
[2] Distance maximale de la parcelle utile au calcul du variogramme (m).
* Valeur moyenne de plusieurs résultats.
** Valeur moyenne de 3 ou 4 années successives.

Pour les caractéristiques non permanentes, stocks d'eau (QH) et d'azote minéral (QN), on constate une grande variabilité de résultats. On remarque que la majorité des études ont étudié les stocks en surface et très peu sur une profondeur accessible à la plante (d'au moins

90 cm). Certains auteurs ont trouvé une quasi absence de structuration spatiale des stocks de nitrate (Cahn *et al.*,1994, Stenger *et al.*, 2002), alors que d'autres en observent une forte (Boerner *et al.*, 1998, Huang *et al.*, 2004). Ces différences pourraient résulter de la diversité des conditions opératoires : profondeurs de mesure, volumes de sol prélevés pour l'analyse, dates de prélèvement, techniques agricoles. Il serait nécessaire de normaliser ces critères pour pouvoir faire des mesures comparatives. Les différences importantes entre effets pépitiques peuvent provenir des points du dispositif servant à caractériser le variogramme. Nous avons constaté que la présence dans une croix de notre dispositif de points appartenant à deux types de sol a une influence sur l'effet pépitique.

Les obtenus par Ferguson *et al.* (2002) sont les seuls véritablement comparables aux nôtres pour les stocks d'azote minéral. En effet leurs mesures de *QN* portent sur une grande profondeur (90 cm), concernent 3 sites et 3 années consécutives. Ces auteurs ont observé une forte structure spatiale de *QN* (*r* va de 40 % à 74 %), mais des comportements différents au cours du temps selon les parcelles étudiées : portée et variance structurale sont très stables sur une parcelle, alors qu'elles varient fortement sur les 2 autres parcelles. La variabilité que nous observons dans nos résultats (tabl. 1) est comparable à ces 2 parcelles.

Méthodes statistiques

Dans le cas d'une parcelle agricole, les pratiques peuvent générer des effets périodiques qui risquent de passer inaperçus dans les analyses statistiques si le dispositif expérimental n'est pas adapté. Ainsi, dans notre cas, le travail des engins présente une périodicité de l'ordre de 4 m et le sens de déplacement est parallèle aux lignes du dispositif. L'effet éventuel des pratiques ne peut donc pas être détecté à l'aide de notre dispositif car les mailles de la grille sont de 36 m (multiple de 4 !). De plus, la moyenne d'une variable sera biaisée et sa variance sous estimée. Des informations complémentaires sur la question de l'échantillonnage sont fournies dans Webster (1990) notamment.

Chaque classe de la carte des sols n'est pas homogène car elle est définie, dans un souci de simplification, par regroupement de classes d'une carte plus précise. De plus, les frontières ne sont pas aussi précises que le laisse supposer leur représentation. L'incertitude sur le classement des points échantillonnés est donc une source de variabilité qui n'est pas prise en compte dans cette étude. Une étude par simulation consistant à déplacer des points entre classes donnerait quelques informations sur les modifications des structures spatiales par classe. Un modèle statistique reste toutefois à définir pour analyser ce problème. Un article de cet ouvrage aborde la question de la construction de zones de changement abrupt. On pourra confronter ses résultats à ceux de la carte des sols.

La modélisation géostatistique a précisé la structure spatiale de variables agronomiques. Une stabilité de cette structure et une concordance avec la littérature permet d'envisager l'interprétation des paramètres du variogramme en terme de caractéristiques physique du sol ou de pratiques agronomiques effectuées sur la parcelle. La modélisation géostatistique est basée sur des hypothèses difficiles à valider. Un point clef de cette modélisation réside dans l'estimation des paramètres du variogramme. Une estimation robuste semble nécessaire. En effet, on a pu constaté l'influence importante de quelques points sur les estimations des paramètres lors de l'analyse statistique par classe de sol. L'incidence de ce problème n'apparaît pas dans la cartographie car on suppose le variogramme estimé exact. Les variances de krigeage fournies par Kintra et KDE sont probablement sous-évaluées.

Les cartes issues du krigeage que nous avons obtenues sont plausibles. Dans quelle mesure une cartographie obtenue à l'aide d'une moyenne glissante dont on calculerait la variance prenant en compte les corrélations spatiales ne donnerait-elle pas des résultats comparables ? On peut noter tout de même le fait que les cartes issues du krigeage ordinaire mettent en évidence des zones correspondant à celles de la carte du sol.

Deux approches, l'une reposant sur une hypothèse d'indépendance et l'autre géo-statistique, ont été proposées pour juger l'apport d'une carte des sols.

La première approche semble confirmer statistiquement des écarts entre les moyennes et variances des variables dans les différentes zones. L'approche géostatistique compare les performances des prédictions de différents modèles. L'inférence dans ce cas est plus empirique. Ne disposant pas d'un échantillon conséquent, une validation croisée élémentaire a été proposée qui ne montre pas l'apport primordial de la carte du sol. Nous n'avons pas montré des différences notables entre les méthodes géostatistiques. Pour certaines variables, un modèle simple basé sur la moyenne arithmétique est aussi performant que les autres. La critique sur la validation croisée mise à part, la question se pose de caractériser la sensibilité et la puissance des méthodes géostatistiques utilisées en fonction de la taille de l'échantillon et des différences entre moyennes des classes de sol notamment. Avec pour conséquence le fait de savoir quand il est nécessaire de faire intervenir la dépendance spatiale du processus dans la gestion d'une parcelle. Des résultats, non publiés dans cet article, sont intéressants à signaler. Nous avons comparé les moyennes des classes de sol en prenant en compte la fonction de covariance de KO. Les écarts entre moyennes sont analogues à ceux présentés en première partie de l'article. Toutefois, un test de comparaison multiple de moyennes en contexte spatial reste à définir.

La méthodologie statistique n'est pas simple à établir et l'interprétation physique de la structure spatiale est un objectif important. Il semble donc judicieux de confronter les résultats statistiques à ceux fournis par les simulations d'un modèle explicatif, bio-physique ou de culture. Cette confrontation permettrait d'aborder l'interprétation physique de la structure spatiale mais aussi de mettre en évidence la capacité des modèles à reproduire cette structure.

Une problématique concerne le suivi de la parcelle dans le temps. Dans quelle mesure la stabilité temporelle de la structure spatiale, en terme de ratio r et de portée, et les liaisons statistiques entre caractéristiques permanentes et non-permanentes sont-elles utiles pour définir un modèle prédictif efficace et élaborer une stratégie d'échantillonnage moins coûteuse que celle de cette étude ? Une voie consiste à définir un modèle de régression spatio-temporel et tenter de le valider à l'aide des données disponibles à plusieurs dates. Du fait de l'évolution des pratiques agricoles, la prédiction de la moyenne et de la variance est difficile à réaliser. Par contre, le couplage du modèle de régression et de ces estimations donne la possibilité d'une prédiction de la carte d'une variable. L'estimation de ces statistiques est pensable à une date donnée à l'aide d'un échantillonnage prenant en compte la structure spatiale supposée, la carte des sols. La procédure est à définir pour obtenir un niveau de précision souhaitée des estimations.

Conclusion

Ce travail avait pour but de caractériser l'hétérogénéité et la structuration de variables d'importance agronomique dans une parcelle agricole connue pour avoir une hétérogénéité pédologique « moyenne ». Il montre que l'hétérogénéité intra-parcellaire des variables permanentes et non permanentes du sol peut être aussi grande que celle que l'on rencontre en inter parcellaire. Ceci peut justifier l'intérêt d'une gestion modulée des techniques agricoles, notamment pour optimiser la fertilisation azotée. L'approche géostatistique (spatialement continue) s'avère possible pour utiliser les propriétés permanentes du sol. Par contre, elle est insuffisante pour spatialiser les stocks d'azote minéral, compte tenu de la moindre structuration de cette variable et de son instabilité dans le temps. Nous avons testé l'intérêt d'utiliser la carte des sols comme co-variable pour réaliser le krigeage des mesures. Une analyse statistique spatio-temporelle du stock d'azote et du stock d'eau en fonction des caractéristiques permanentes pourrait constituer une suite à cette étude.

Remerciements

Nous sommes redevables à B. Nicoullaud et collègues (Inra Orléans) de la réalisation de la carte des sols. Les très nombreux prélèvements de sol (3 500) ont été réalisés par E. Gréhan, C. Herre, F. Mahu, F. Millon et E. Venet, que nous remercions chaleureusement. Nous remercions également G. Alavoine, F. Barrois, O. Delfosse et S. Millon pour les extractions et les analyses de sol. Nous remercions enfin F. Ariès (Inra Avignon) pour son appui informatique et statistique et M.C. Bouhedi (Inra Avignon) pour son aide dans la mise en forme de ce document.

Références bibliographiques

BAXTER S.J., OLIVER M.A., GAUNT J., 2001. Understanding the spatial variation of mineral nitrogen and potentially available nitrogen at the field scale. Proc. *3rd ECPA Conference*, Montpellier (France), 887-892.

BAXTER S.J., OLIVER M.A., GAUNT J., 2003. A geostatistical analysis of the spatial variation of soil mineral nitrogen and potentially available nitrogen within an arable field. *Precision Agriculture* 4, 213-226.

BAHRI A., BERNDTSSON R., 1996. Nitrogen source impact on the spatial variability of organic carbon and nitrogen in soil. *Soil Science* 161, 288-297.

BHATTI A.U., KAKHSH A., AFZAL M., GURMANI A.H., 1999. Spatial variability of soil properties and wheat yields in an irrigated field. *Communications in soil science and plant analysis* 30, 1279-1290.

BOERNER R.E.J., SCHERZER A.J., BRINKMAN J.A., 1998. Spatial patterns of inorganic N, P, availability and organic C in relation to soil disturbance: a chronosequence analysis. *Applied Soil Ecology* 7, 159-177.

BOX G.E.P., JENKINS G.M., 1970. *Time Series Analysis: Forecasting and Control*, Holden Day, San Francisco, CA, 575 p.

CAHN M.D., HUMMEL J.W., BROUER B.H., 1994. Spatial analysis of soil fertility for site-specific crop management. *Soil Science Society of America Journal* 58, 1240-1248.

CAMBARDELLA C.A., MOORMAN T.B., NOVAK J.M., PARKIN T.B., KARLEN D.L., TURCO R.F., KONOPKA A.E., 1994. Field-scale variability of soil properties in Central Iowa soils. *Soil Science Society of America Journal* 58, 1501-1511

CONOVER W.J., JOHNSON M.E., JOHNSON M.M.W., 1981. A comparative study of tests for homogeneity of variances, with applications to the outer continental shelf bidding data. *Technometrics* 23, 351-361.

CRESSIE N., 1991. *Statistics for Spatial Data*, Wiley, New York, 900 p.

DRAPER N., SMITH H., 1981. *Applied Regression Analysis*, Wiley, New York, 407 p.

DELCOURT H., DARIUS P.L., DE BAERDEMAEKER J., 1996. The spatial variability of some aspects of topsoil fertility in two Belgian fields. *Computers and Electronics in Agriculture* 14, 179-196.

FERGUSON R.B., HERGERT G.W., SCHEPERS J.S., GOTWAY C.A., CAHOON J.E., PETERSON T.A., 2002. Site-specific nitrogen management of irrigated maize: yield and soil residual nitrate effects. *Soil Science Society of America Journal* 66, 544-553.

HOLM S., 1979. A simple sequentially rejective multiple test procedure. *Scandinavian Journal of Statistics* 6, 65-70.

HUANG S.W., JIN J.Y., YANG L.P., BAI Y.L., LI C.H., 2004. Spatial variability of nitrate on cabbage and nitrate-N in soil. *Soil Science* 169, 640-649.

LEBART L., MORINEAU A., WARWICK K.M., 1984. *Multivariate descriptive statistical analysis*, Wiley, 231 p.

MONESTIEZ P., ALLARD D., NAVARRO SANCHEZ I., COURAULT D., 1999. Kriging with categorical external drift: Use of thematic maps in spatial prediction and application to local climate interpolation for agriculture. *In: Geostatistics for Environmental Applications*, Kluwer Academic Publishers, Dordrecht, 163-174.

ROBERTSON G.P., CRUM J.R., ELLIS B.G., 1993. The spatial variability of soil resources following long-term disturbance. *Oecologia* 96, 451-456.

ROYER C., 1999. *Krigeage avec carte thématique et classification spatiale.* Centre de Géostatistique, Fontainebleau, 56 p.

SHUKLA M.K., SLATER B.K., LAL R., CEPUDER P., 2004. Spatial variability of soil properties and potential management classification of a chernozemic field in lower Austria. *Soil Science* 169, 852-860.

STENGER R., PRIESACK E., BEESE F., 2002. Spatial variation of nitrate-N and related soil properties at the plot scale. *Geoderma* 105, 259-275.

TSEGAYE T., HILL R.L., 1998. Intensive tillage effects on spatial variability of soil test, plant growth, and nutrient uptake measurements. *Soil Science* 163, 155-165.

WEBSTER R., OLIVER M.A., 1990. *Statistical Methods in Soil and Land Resource Survey*, Oxford University Press, 316 p.

WENDROTH O., JURSCHIK P., KERSEBAUM C., REUTER H., VAN KESSEL C., NIELSEN D.R., 2001. Identifying, understanding and describing spatial processes in agricultural landscapes: four case studies. *Soil and Tillage Research* 58, 113-127.

Détection de zones de changement abrupt pour des variables non permanentes du sol : vers la définition de zones homogènes ?

D. Allard, É. Gabriel

Introduction

Cartographier les zones où une variable d'intérêt varie brusquement est un problème rencontré fréquemment en agronomie, notamment en agriculture de précision où l'on cherche à moduler les techniques culturales (par exemple la fertilisation azotée) en fonction des caractéristiques locales de la parcelle. La modulation peut se faire point à point, en travaillant à la résolution minimale possible, par exemple celle imposée par les machines. Mais dans ce cas les difficultés techniques sont considérables : nécessité de connaître les variables du sol avec une précision suffisante en tout point (ou en tout cas aux nœuds d'une grille ayant la résolution choisie), problèmes de positionnement, utilisation intensive du modèle de culture (qui plus est, à une résolution à laquelle il n'a pas été conçu), etc. De plus, la carte de préconisation qui sera issue de l'inversion du modèle de culture risque de présenter des discontinuités importantes, difficiles, voire impossibles, à gérer par les machines.

Une étape intermédiaire entre la modulation point à point et l'absence de modulation consiste à rechercher des zones considérées comme homogènes du point de vue de la préconisation. Ces zones seraient de préférence en petit nombre, et géométriquement simples (afin de satisfaire aux contraintes techniques des machines). C'est l'approche adoptée dans Shatar et Mc Bratney (2001), Boydell et Mc Bratney (2001) et Cupitt et Whelan (2001). Il faut donc pouvoir identifier ces zones. Le sol étant le facteur explicatif le plus important, il est naturel, en l'absence de cartes de rendement, de chercher à définir ces zones homogènes à partir des caractéristiques échantillonnées du sol. Shatar et Mc Bratney (2001) proposent un algorithme de *clustering* dérivé des nuées dynamiques qui prend explicitement en compte les distances géographiques entre échantillons. Cette approche est prometteuse, mais outre qu'elle n'est pas construite sur des fondations théoriques solides dans sa version actuelle, elle présente certains inconvénients : le nombre de zones doit être spécifié à l'avance au lieu d'être le résultat de l'analyse des données ; la méthode, itérative, nécessite des solutions initiales qui ont une influence très importante sur le résultat de classification. D'autres méthodes de classification spatiale pourraient être mises en œuvre. Voir par exemple Lawson et Denison (2002) pour un panorama complet et très intéressant de cette problématique.

Nous proposons ici une approche alternative qui repose sur la détection des zones où la variable étudiée varie brusquement. De telles zones constituent potentiellement des frontières entre zones homogènes, si celles-ci existent. Nous appellerons ces lieux des Zones de changement abrupt (ZCAs).

Méthode

Le cadre général dans lequel nous travaillons est celui des champs aléatoires et de la géostatistique (Cressie, 1993, Chilès et Delfiner, 1999). Dans ce cadre, on considère que les données géoréférencées $(Z_1,...,Z_n)$ sont la réalisation d'un champ aléatoire $Z(x)$. On note $x=(x^1,x^2)$ un point du domaine d'étude D et $(x_1,...,x_n)$ les coordonnées des points échantillonnés. On fait l'hypothèse que le champ $Z(x)$ possède une fonction d'autocovariance stationnaire, notée $C(h)$, c'est-à-dire que $Cov(Z(x), Z(x+h))=C(h)$ pour tout point x de D et tout vecteur h tel que $x+h$ est dans D. On rappelle que, sous ces hypothèses, $C(h)$ est reliée au variogramme $\gamma(h)$ par la relation $\gamma(h) = \sigma^2 - C(h)$, où σ^2 est la variance de $Z(x)$. En langage statistique, détecter des ZCAs consiste à rejeter l'hypothèse nulle de stationnarité de la moyenne (i.e. $E[Z(x)] = \mu$, pour tout x), en posant comme hypothèse alternative la présence de discontinuités de la moyenne. L'hypothèse nulle d'absence de ZCA s'écrit : H_0 : l'espérance de $Z(x)$ est stationnaire ; l'hypothèse alternative est H_1 : il existe des courbes $\Gamma \subset D$ sur lesquelles $E[Z(x)]$ est discontinue. Lorsque la variable n'est connue qu'en un nombre limité de points, la discontinuité de $Z(x)$ se traduit sur les cartes interpolées par un gradient localement élevé. L'approche utilisée pour détecter ces éventuelles discontinuités sera donc basée sur l'étude du gradient local. Dans une première étape, on estime de façon optimale le gradient local par une méthode géostatistique. Ensuite, dans une seconde étape, on décline au niveau local le test H_0, en définissant un test local $H_0(x)$: $E[Z(\cdot)]$ est constant dans le voisinage de x, contre $H_1(x)$: $E[Z(\cdot)]$ possède une discontinuité en x. On considère qu'il y a changement abrupt au point x lorsque $H_0(x)$ y est rejetée. Un test global pour la présence de ZCAs dans D est construit à partir des tests locaux calculés aux nœuds d'une grille. Cependant ces tests locaux ne sont pas indépendants et les méthodes classiques pour les tests multiples ne peuvent pas être utilisées. Dans une troisième étape, on agrège donc ces différents tests locaux en calculant une statistique de test à partir de la surface des ensembles connexes où l'hypothèse est rejetée. Les ensembles pour lesquels H_0 est rejetée forment les Zones de changement abrupt. Ces trois étapes sont présentées plus en détail ci-dessous, en omettant les développements purement techniques. Ceux-ci peuvent être trouvés dans Allard, Gabriel et Bacro (2005).

Interpolation du gradient

La géostatistique offre un cadre méthodologique permettant une estimation optimale du gradient local (Chilès et Delfiner, 1999). Nous supposerons tout d'abord que l'espérance de $Z(x)$ est connue, et nous aborderons le cas d'une espérance inconnue plus tard. Le prédicteur linéaire optimal en un point x non échantillonné, appelé krigeage simple en x, est

$$Z^*(x) = \mu + C(x)^t C^{-1} (Z-\mu\mathbf{1}), \qquad (1)$$

où $\mathbf{Z}$ est le vecteur $(Z_1,...,Z_n)$ de données, C est la matrice de covariance construite à partir de la fonction de covariance calculée pour tous les couples de points d'échantillonnage ($C[ij] = C(x_i-x_j)$), et $C(x)$ est le vecteur de covariance entre le point d'interpolation et les points d'échantillonnage, $C(x)[i] = C(x-x_i)$ et $\mathbf{1}$ est un vecteur de 1 de longueur n. En général, l'espérance de $Z(x)$ n'est pas connue. Notons que l'estimateur $Z^*(x)$ est une fonction de x à travers le vecteur de covariance $C(x)$ uniquement.

Lorsque la fonction de covariance $C(h)$ est deux fois dérivable à l'origine, la fonction aléatoire $Z(x)$ est dérivable en moyenne quadratique. Dans ce cas, le gradient de $Z(x)$, $W(x) = \nabla Z(x)$ existe, et est le champ (bivarié) gradient. Le gradient étant un opérateur linéaire, son estimation linéaire optimale, notée $W^*(x)$, coïncide alors avec le gradient de $Z^*(x)$:

$$W^*(x) = \nabla Z^*(x) = (\nabla C(x))^t\, C^{-1}\, Z. \qquad (2)$$

Cette expression peut toutefois se calculer pour des conditions de régularité moins sévères sur $C(h)$: il suffit que $C(h)$ soit continue et différentiable pour $h \neq 0$. Sous ces conditions, $W^*(x)$ existe en tout point différent d'un point d'échantillonnage ; $W(x)$ n'existe plus nécessairement, mais on peut toujours considérer, comme dans Chilès et Delfiner (1999, p. 314), que $W^*(x)$ reste, par extension, une estimation du gradient local.

Test local de changement abrupt

Nous considérons qu'il y a un changement abrupt au point x si l'estimation du gradient local en ce point est trop élevée par rapport à ce qui est vraisemblable sous une hypothèse de stationnarité. Formellement, nous testons localement $H_0(x) : E[Z(\cdot)]$ est constant dans le voisinage de x, contre $H_1(x) : E[Z(\cdot)]$ possède une discontinuité en x.

Un résultat classique de la statistique est que, sous une hypothèse Gaussienne, le champ

$$T(x) = (W^*(x))^t\, \Sigma(x)^{-1}\, W^*(x) \qquad (3)$$

est distribué sous H_0 comme une $\chi^2(2)$ pour tout x de D, où $\Sigma(x)$ est la matrice 2×2 de variance-covariance de l'estimateur du gradient :

$$\Sigma(x) = E[W^*(x)W^*(x)^t\,] = (\nabla C(x))^t\, C^{-1}\, \nabla C(x).$$

Notons que la matrice $\Sigma(x)$ est une fonction de x à travers les dérivées partielles de la fonction de covariance calculée entre le point x et les points d'échantillonnage. Elle ne dépend pas explicitement des données mesurées. Le test se fera en comparant $T(x)$ avec le quantile $(1-\alpha)$, noté $t_{1-\alpha}$, d'une $\chi^2(2)$. Si $T(x) \geq t_{1-\alpha}$, l'hypothèse $H_0(x)$ sera rejetée au point x. Cette procédure peut être appliquée en tout point x. En pratique, elle sera appliquée aux nœuds d'une grille (ou pixels) préalablement définie, par exemple la grille sur laquelle la variable est interpolée. L'ensemble

$$A_{1-\alpha} = \{\, x : T(x) \geq t_{1-\alpha} \} \qquad (4)$$

constitue l'ensemble des lieux où il y a potentiellement un changement abrupt. Si la variable $Z(x)$ est stationnaire et ne présente pas de discontinuité, il y aura environ une proportion α de pixels pour lesquels $H_0(x)$ sera rejetée et ces pixels ne seront pas particulièrement organisés dans l'espace. En revanche, s'il existe une discontinuité ou une variation brusque de l'espérance, alors cette proportion sera largement supérieure à α et ces pixels seront préférentiellement situés le long de la discontinuité. Dans une troisième étape il est donc nécessaire d'agréger ces différents tests locaux afin de déterminer si l'ensemble $A_{1-\alpha}$ est non significatif (hypothèse H_0), ou au contraire s'il présente une organisation significative (hypothèse H_1).

Zones de changement abrupt

Il s'agit maintenant d'agréger les tests locaux définissant les lieux de changements abrupts potentiels détectés à l'étape précédente pour construire un test global testant l'hypothèse nulle globale H_0 contre son alternative H_1. Pour cela, nous travaillons sur les parties connexes de $A_{1-\alpha}$ (notons $C_{1-\alpha}$ l'une d'entre elles) pour lesquelles nous pouvons établir un test permettant de voir si $C_{1-\alpha}$ provient d'un champ stationnaire (hypothèse H_0) ou au contraire d'un champ présentant une discontinuité passant dans $C_{1-\alpha}$ (hypothèse H_1). Ce test est basé sur la surface de l'ensemble connexe $C_{1-\alpha}$, qui est comparé à sa loi théorique sous H_0. Notons $S_{1-\alpha}$ sa surface, et x_0 la position du maximum (toujours unique) de $T(x)$ dans $C_{1-\alpha}$. Il faut remarquer que $S_{1-\alpha}$ diminue lorsque $1-\alpha$ augmente. Dans le cadre de la théorie des ensembles d'excursion de champs aléatoires sur $\mathbf{R}^2$ (Adler, 2000), Allard Gabriel et Bacro (2005) ont montré que, lorsque $t_{1-\alpha} \to \infty$ (c'est-à-dire lorsque $\alpha \to 0$), on obtient asymptotiquement la convergence en loi suivante :

$$t_{1-\alpha}\, S_{1-\alpha}\, det\, (\ \Lambda(x_0)\ )^{\,1/2} / \pi \to E(2), \tag{5}$$

où $E(2)$ est une variable aléatoire exponentielle d'espérance 2, indépendante de $Z(x)$. Dans l'équation (5), $\Lambda(x_0)$ est une matrice 2×2 associée à la courbure du champ $T(x)$ autour du maximum $T(x_0)$. Cette matrice est une fonction (assez complexe) de la fonction de covariance $C(h)$, dans laquelle intervient ses dérivées premières et secondes ainsi que le dispositif d'échantillonnage à travers les localisations $(x_1,\ldots,x_n)$. Les détails mathématiques et les équations permettant de calculer $\Lambda(x_0)$ se trouvent dans Allard, Gabriel et Bacro (2005). Cette convergence en loi permet de calculer une p-valeur pour chaque composante connexe :

$$p = \exp \{\, - t_{1-\alpha}\, S_{1-\alpha}\, det\, (\Lambda(x_0\,))^{\,1/2} / 2\pi\, \}. \tag{6}$$

Cette p-valeur est alors comparée à un niveau de référence, par exemple 5 %. Si p est supérieure à 5 %, l'ensemble connexe $C_{1-\alpha}$ n'est pas jugé significatif. Si p est inférieure à 5 %, C_0 sera jugé comme un ensemble significatif de pixels. Les parties connexes de $A_{1-\alpha}$ jugées significatives forment alors les ZCAs.

Mise en œuvre

Choix de α et discrétisation de la grille

La convergence en loi (5) et la p-valeur associée (6) sont établies sur le plan $\mathbf{R}^2$ ou sur une partie de celui-ci. En pratique, les changements abrupts sont détectés aux nœuds d'une grille dont le pas de discrétisation doit être pris en compte lors de la détermination de α. D'une part, la théorie présentée ci-dessus nécessite que $t_{1-\alpha} \to \infty$, c'est-à-dire $\alpha \to 0$ afin que la surface de la composante connexe puisse être approchée de manière correcte en utilisant la courbure de $T(x)$ en un maximum local. D'autre part, la surface des ZCAs diminuant nécessairement avec $t_{1-\alpha}$, il y a un risque de ne pas détecter les ZCAs significatives si le niveau est trop élevé relativement au pas de discrétisation. Le niveau de confiance $1-\alpha$ définissant les lieux où un changement abrupt est détecté localement devra donc être un compromis entre ces deux exigences antagonistes.

La procédure que nous avons appliquée consiste, pour une configuration d'échantillonnage, une discrétisation et un variogramme donnés, à rechercher le niveau $1-\alpha$

qui détecte 5 % de ZCAs sur des simulations réalisées en l'absence de discontinuité (c'est-à-dire sous H_0). De façon pratique, après avoir estimé le variogramme sur les données Z, on réalise une série de N simulations Monte-Carlo d'un champ Gaussien ayant même variogramme sur la même configuration d'échantillonnage que les données analysées. La valeur $1-\alpha$ est obtenue à partir du quantile $t_{1-\alpha}$ qui détecte la présence de ZCAs sur exactement $0,05N$ simulations.

Espérance inconnue

Moyennant de légères modifications des équations il est possible de généraliser la méthode présentée ci-dessus au cas où l'espérance de $Z(x)$ est inconnue. Dans ce cas, l'interpolateur optimal est le krigeage ordinaire et non plus le krigeage simple (Chilès et Delfiner, 1999), qui s'écrit :

$$Z^{\#}(x) = \mu* + C(x)^t C^{-1}(Z-\mu*1) \tag{7}$$

avec $\mu*= 1^t C^{-1}Z \; (1^t C^{-1}1)^{-1}$. Dans ce cadre, le gradient estimé et la statistique locale de test gardent une écriture formellement identique aux équations (2) et (3), dans lesquelles la matrice $\Sigma(x)$ est remplacée par $\Sigma^{\#}(x)= (\nabla C(x))^t \, K^{-1} (\nabla C(x))$ où $K^{-1} = (C^{-1}-C^{-1}11^t C^{-1}) \, (1^t C^{-1}1)^{-1}$.

Estimation de la covariance

La méthode présentée ci-dessus considère que la fonction de covariance $C(h)$ est connue. Or, en pratique, il faut estimer $C(h)$ en même temps que les éventuelles ZCAs. Avant de présenter comment réaliser cette estimation, nous énonçons tout d'abord quelques résultats concernant la sensibilité de la méthode par rapport à trois paramètres importants de la fonction de covariance : la forme paramétrique, la portée et le palier. Les résultats complets de cette analyse conduite sur des simulations peuvent être trouvés dans Gabriel *et al.*, 2003.

- La forme paramétrique exacte de la fonction de covariance (fonction exponentielle, sphérique,…) est d'importance secondaire relativement aux paramètres de variance et de portée de ces variogrammes.

- Lorsque la portée utilisée pour détecter les ZCAs est supérieure à la portée vraie (cas d'une surestimation de la portée en condition réelle), on détecte plus souvent des ZCAs situées le long de la discontinuité, mais au prix d'un plus grand nombre de fausses alarmes (ZCAs jugées significatives, mais ne correspondant à aucune discontinuité réelle) ; dans ce cas, les ZCAs détectées sont plus grandes. Une sous-estimation de la portée produit le résultat inverse. En effet, augmenter la portée de la covariance dans les équations revient à augmenter la régularité supposée de la fonction aléatoire, donc à un rejet plus fréquent de H_0 en présence d'une discontinuité. Toutefois la méthode n'est sensible au paramètre de portée que si celui-ci est grossièrement mal estimé, du double ou de la moitié, par exemple. Pour des erreurs relatives plus faibles (+/- 30 %), les discontinuités détectées se superposent en général, mais leur taille peut varier.

- La statistique $T(x)$ est inversement proportionnelle à la variance σ^2. Une sur-estimation de la variance entraîne donc de faibles valeurs de $T(x)$ et une sous estimation des ZCAs. Cela pose notamment un problème lorsque la méthode est utilisée en présence d'une discontinuité réelle. En effet, la fonction de covariance est estimée à partir du variogramme expérimental :

$$\gamma^*(h) = 1/2n(h) \; \Sigma_{x\text{-}x'\approx h} \left(\, Z(x) - Z(x') \, \right)^2 , \qquad (8)$$

avec

$$C^*(h) = \gamma^*(\infty)\text{-} \; \gamma^*(h). \qquad (9)$$

Le variogramme expérimental à la distance h est la demi-moyenne de l'écart quadratique entre tous les couples de données séparés d'une distance environ égale à h. Dans le cas d'une discontinuité, l'écart quadratique des couples dont le vecteur $x\text{-}x'$ coupe la discontinuité est lié d'une part à la variabilité modélisée par le variogramme et d'autre part au saut de discontinuité. Ce saut de discontinuité introduit un biais dans l'estimation du variogramme en sur-estimant la variance, c'est-à-dire en entraînant une perte de puissance de la méthode.

On l'a vu ci-dessus, la principale difficulté réside dans l'estimation de la covariance, qui est biaisée dans le cas où il existe réellement une ZCA. Pour résoudre cette difficulté, nous proposons d'estimer itérativement la fonction de covariance et les ZCAs. Dans un premier temps, on estime une fonction de covariance initiale à l'aide du variogramme expérimental. En appliquant la méthode décrite au paragraphe précédent, on en déduit un premier ensemble $A_{1\text{-}\alpha}$. On réestime la fonction de covariance en excluant du calcul du variogramme expérimental tous les couples de points dont le segment traverse $A_{1\text{-}\alpha}$. À l'aide de cette nouvelle fonction de covariance on réestime $A_{1\text{-}\alpha}$. Cette procédure est itérée jusqu'à convergence, c'est-à-dire jusqu'à ce que $A_{1\text{-}\alpha}$ soit stable. Sur tous les cas testés, données simulées ou données réelles, la convergence est atteinte en moins de 5 itérations.

Analyse des données de Chambry

Présentation des données

Dans le cadre d'un projet Agriculture de précision conduit par l'Inra (Guérif *et al.*, 2001), deux parcelles expérimentales situées à Chambry (près de Laon) ont fait l'objet de campagnes de mesures intensives afin de caractériser la variabilité spatiale d'un grand nombre de variables d'état du sol, permanentes et non permanentes. Ces campagnes de mesures se sont étalées sur plusieurs années, à des dates choisies en fonction des cycles culturaux, pour pouvoir analyser l'évolution dans le temps de cette variabilité. Des travaux antérieurs (Mary *et al.*, 2001, Bruchou et Mary, cet ouvrage) ont fait apparaître que la parcelle P1 possédait une très grande hétérogénéité spatiale, y compris aux courtes distances, rendant difficile une interprétation pédologique de la parcelle et la conduite d'expériences de modulation spatialisée de l'apport azoté. En revanche, la parcelle P2 présente une forte structuration spatiale, organisée globalement selon une direction nord-sud. La carte pédologique de cette parcelle, dressée à partir des variables permanentes du sol montre que le nord est essentiellement constitué de sols profonds non calcaires alors que le sud est essentiellement constitué de sols calcaires développés sur craie peu profonde. On trouve une zone de transition au centre, constituée de sol grésifié.

À l'aide de la méthode décrite précédemment, nous allons analyser deux variables non permanentes du sol de la parcelle P2 de Chambry : humidité totale (QH, en mm) et azote minéral (QN, en kg ha^{-1}) dans l'objectif de voir s'il est possible de détecter des zones de changement abrupt entre ces grandes zones, à partir des variables non permanentes.

Les variables ont été mesurées par carottage sur cinq horizons de 30 cm, dont le plus profond n'a pas toujours été mesuré. Les valeurs étudiées seront donc les cumuls sur les quatre premiers horizons, moyennés sur trois carottages voisins de 50 cm. Les points d'échantillonnage ont été prélevés sur une grille régulière dont la distance entre nœuds est de 36 m, pour cinq dates : mars 2000, octobre 2000, février 2001, août 2001 et mars 2002. Le nombre d'échantillons varie entre 66 et 85, la date la moins bien échantillonnée étant octobre 2000. La succession culturale est betterave-blé-betterave ; les traitements azotés ont toujours été homogènes. Le tableau 1 présente les statistiques élémentaires des deux variables pour les 5 dates. Les niveaux moyens de QH varient de 270 mm à 351 mm, les moyennes les plus faibles étant observées en octobre 2000 et août 2001. Pour QH, l'écart-type est assez stable, de 46 à 52 mm. En revanche les niveaux moyens pour QN sont très variables selon la position temporelle l'échantillonnage, comparé aux dates d'apport azoté. QN varie entre 18 et 38 kg ha^{-1} pour mars et octobre 2000 et août 2001 ; mais QN atteint 63 et 70 kg ha^{-1} pour mars 2000 et mars 2002. Aux faibles niveaux sont associées de faibles écart-types : de 6 à 10 kg/ha. Aux niveaux élevés sont associées des écart-types plus élevés : 16 et 17 kg ha^{-1}.

Tableau 1. Statistiques élémentaires des échantillons collectés sur la parcelle Chambry 2.

Date	N	QH (mm)				QN (kg ha^{-1})			
		Min	Moyenne	Max	σ	Min	Moyenne	Max	σ
03/2000	85	180	342	435	49	39	70	111	16
10/2000	66	137	270	412	50	8	18	34	6
02/2001	84	179	350	462	52	20	39	68	10
08/2001	77	130	275	448	54	18	28	41	6
03/2002	83	200	351	433	46	36	63	110	17

Une forme paramétrique exponentielle sans effet de pépite a été choisie pour l'ensemble des dates. La portée des variogrammes ajustés sur ces données varie de 25 à 36 m pour QH et de 33 à 50 m pour QN. Les figures 1 et 2 représentent le dispositif d'échantillonnage sur lequel nous avons superposé l'interpolation par krigeage pour les deux variables et les cinq dates.

Ces cartes montrent que l'humidité totale, et dans une moindre mesure l'azote minéral, sont plus élevés dans la partie nord de la parcelle que dans la partie sud. Une zone de plus faible humidité encore est visible dans la partie centre–est de la parcelle. Ces observations sont à rapprocher de la carte pédologique simplifiée (fig. 3, planche couleur 10).

Détection des ZCAs

La méthode décrite ci-dessus est illustrée en détail pour QH en mars 2002. Pour cette date, il y a 83 échantillons ; le variogramme exponentiel ajusté a une portée de 33 m et une variance (palier du variogramme) de 2 280 mm^2. L'analyse faite à partir d'une série de 100 simulations de données synthétiques gaussiennes ayant le même variogramme, localisées aux mêmes points d'échantillonnage montre que pour $1-\alpha = 0{,}9989$ on ne détecte de ZCA que sur 5 simulations sur les 100, alors que le modèle ne suppose pas de changement abrupt. Pour cette valeur de $1-\alpha$, il n'y a donc que 5 chances sur 100 pour que nous détections une ZCA à tort.

Cette valeur est alors utilisée pour estimer les ZCAs sur les données réelles : on détecte quatre ensembles connexes, dont trois sont jugés significatifs, avec des p-valeurs allant de 0,000013 à 0,021 (fig. 3 gauche, planche couleur 10).

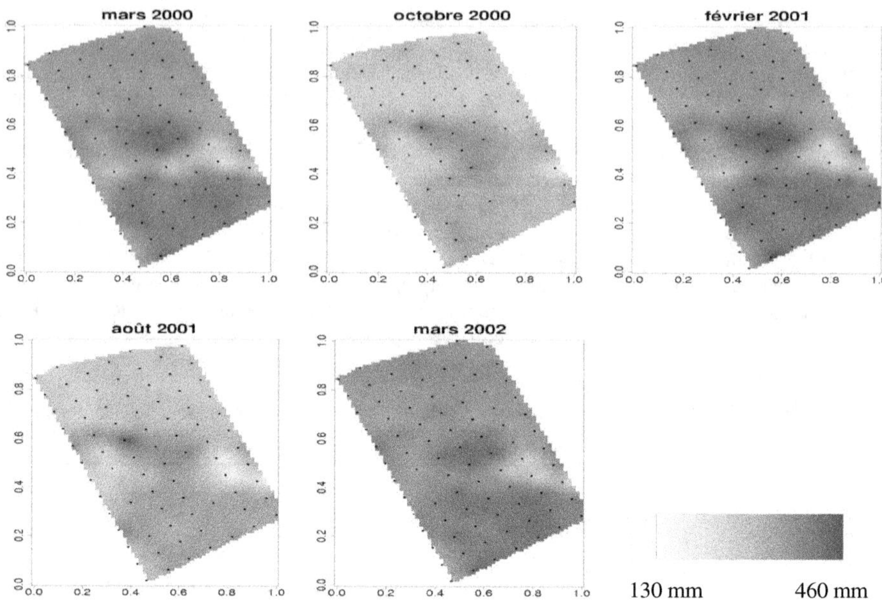

Figure 1. Variable QH : dispositif d'échantillonnage et interpolation par krigeage ordinaire.

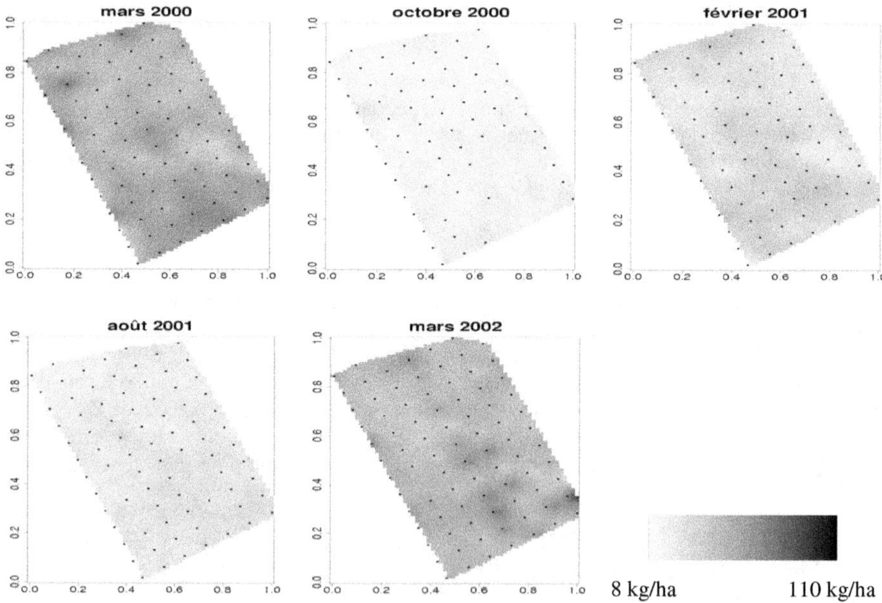

Figure 2. Variable QN : dispositif d'échantillonnage et interpolation par krigeage ordinaire.

L'ensemble jugé non significatif a une p-valeur de 0,92 et n'est constitué que d'un seul pixel, sur le bord à droite de la parcelle. On réestime le variogramme en supprimant tous les couples dont le segment traverse l'ensemble $A_{1-\alpha}$ détecté à la première itération. Le nouveau variogramme estimé a une portée un peu plus grande, 36 m et une variance un peu plus faible, 2 120 mm^2. Le seuil de coupure $1-\alpha$ dépendant du variogramme, une nouvelle série de simulations fournit une nouvelle valeur $1-\alpha = 0,9987$. Nous ne détectons que trois ZCAs dont les p-valeurs vont de 0,000011 à 0,00067 (fig. 3 droite, planche couleur 10). Le variogramme réestimé en tenant compte de ces nouvelles ZCAs est similaire au précédent. L'algorithme a donc convergé en deux itérations. On remarque que les différences entre les deux images sont très faibles. Lorsqu'on analyse les cinq dates de la même façon, on constate que l'algorithme converge en trois itérations au maximum (tabl. 2), et que d'une façon générale les ZCAs sont peu différentes entre la première et la dernière itération. La même analyse a été faite pour plusieurs niveaux de discrétisation et donne des résultats très similaires.

Tableau 2. Evolution des paramètres du variogramme (variance σ^2 et portée a) et du niveau $1-\alpha$ en fonction des itérations. Les cases vides indiquent que l'algorithme a convergé.

Date	Itération 1			Itération 2			Itération 3		
	σ^2	a	$1-\alpha$	σ^2	a	$1-\alpha$	σ^2	a	$1-\alpha$
03/2000	2260	25	0,9991						
10/2000	2640	36	0,9976	2320	25	0,9986			
02/2001	2960	30	0,9990						
08/2001	3185	35	0,9984	3250	43	0,9974	2550	36	0,9983
03/2002	2280	33	0,9989	2120	36	0,9987			

La figure 4 représente les ZCAs pour la variable QH et pour les 5 dates. À la première ligne sont représentées les ZCAs détectées pour le niveau $1-\alpha$ figurant au tableau 2. Afin de mieux visualiser les ZCAs, on peut choisir de représenter les ZCAs jugées significatives à un niveau inférieur : la seconde ligne de la figure 4 montre ces mêmes ZCAs au niveau $t_{0,99}$. Il faut souligner qu'il ne s'agit que d'un artifice de représentation, le test ayant toujours été fait au niveau de confiance supérieur. On peut voir que les mêmes zones, situées au centre de la parcelle dans la partie est, apparaissent aux trois dernières dates. Nous pouvons constater qu'il s'agit de la zone de craie sableuse sur la partie sommitale de la parcelle.

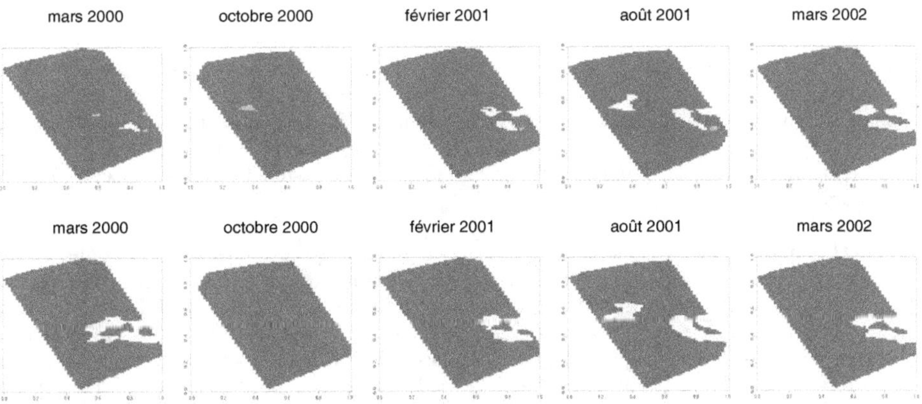

Figure 4. Ligne du haut : ZCAs significatives (en blanc) et pixels non significatifs (en gris foncé). Ligne du bas : ZCAs significatives représentées au seuil $t_{0,99}$.

Cette structure n'est pas détectée en octobre 2000, car pour cette date là il n'y a pas eu d'échantillons prélevés dans cette partie de la parcelle. En l'absence d'échantillons dans cette région, la variable estimée y est proche de la moyenne ; le gradient estimé y est donc peu élevé, et de plus entaché d'une importante variance d'estimation. La statistique $T(x)$ y sera localement faible, rendant toute détection de ZCA (réellement existante ou non) impossible. Notons que pour mars 2000, représenter les ZCAs au niveau $t_{0,99}$ permet de retrouver toute la ZCA entourant la partie sommitale, uniquement visible sur son flanc sud au niveau $t_{0,9991}$. Par ailleurs, en août 2001 apparaît une autre ZCA, toujours située dans la partie centrale de la parcelle, mais du côté ouest cette fois. Cette ZCA correspond à la transition entre les parties nord (limon) et sud (craie) décrite sur la carte pédologique. En octobre 2000, cette zone est également détectée localement, mais sans être jugée significative lors du test global (p= 0,26).

Une analyse de sensibilité a été menée en faisant varier la maille de la grille et les paramètres de covariance (portée plus petite et plus grande, covariance sphérique). On observe que la discrétisation a très peu d'influence dès lors qu'elle est suffisamment importante. L'analyse précédente a été réalisée sur une grille 62 x 98 de maille 5 m x 5 m. Une discrétisation plus fine n'entraîne aucune modification notable. Avec des paramètres de portée initiaux variant de +/- 20 % la méthode converge vers les mêmes ZCAs. Avec une covariance sphérique de même portée pratique, on observe quelques petites différences : on voit apparaître une ZCA pour octobre 2000, au centre-ouest et centre-est de la parcelle ; pour les autres dates, les ZCAs détectées sont assez proches et confirment l'analyse précédente. On en conclut que cette analyse est stable par rapport à des variations raisonnables des paramètres de calcul.

La même analyse menée cette fois-ci sur l'azote minéral n'a en revanche permis de détecter aucune ZCA, ce qui signifie que les variabilités observées sur les cartes de QN ne correspondent pas à des variations brusques. Ce résultat confirme l'impression visuelle de plus grande homogénéité et de transitions plus douces visibles sur les cartes de QN en comparaison avec les cartes de QH. Il indique également que la variable QN n'est pas une variable dynamique pertinente pour mettre en évidence les grandes structures de la parcelle.

Discussion

Au sujet des données analysées

L'analyse précédente a permis de mettre en évidence des ZCAs pour l'humidité totale mais non pour l'azote minéral. Les résultats obtenus sont très similaires pour les 5 dates lorsque l'échantillonnage le permet. Il est remarquable de constater que les structures ainsi obtenues se superposent parfaitement avec la carte pédologique qui avait été obtenue de façon indépendante à partir de données différentes (variables permanentes du sol). Ceci entraîne plusieurs conclusions :

- D'un point de vue méthodologique, cela montre que l'approche que nous avons proposée peut être un outil intéressant d'exploration des données, venant compléter la boîte à outils statistique et géostatistique habituelle. Lorsque les pédologues dressent une carte des sols, c'est en suivant un modèle pédogénétique ; mais lorsqu'il faut tracer les frontières entre zones, ce sont les variations brusques des variables considérées qui servent de guide. La méthode de détection de Zone de changement abrupt que nous proposons formalise et quantifie cette démarche.

- Au niveau de la connaissance de la parcelle de Chambry, cela signifie que la variable QH reflète assez bien les caractéristiques permanentes du sol, ce qui n'est pas le cas de la variable QN dont les variations sont nettement moins importantes.

- Du point de vue de l'agriculture de précision, ces résultats montrent que la parcelle peut être subdivisée en trois zones. Deux grandes zones, nord et sud, et une troisième zone, plus petite dans la partie centrale de la parcelle, vers l'est. Il reste encore à vérifier que cette subdivision est pertinente d'un point de vue agronomique, soit par l'analyse des cartes de rendement, soit par la simulation en utilisant des modèles de croissance.

Au sujet de la méthode

La méthode proposée ci-dessus ne requiert pas particulièrement que les données soient régulièrement espacées. Comme dans toute analyse géostatistique, il faut trouver un bon compromis entre une bonne couverture du domaine d'étude, et un échantillonnage de toutes les distances afin de parvenir à une bonne estimation du variogramme. Cette remarque générale est cruciale ici, car d'une part le variogramme a besoin d'être bien estimé, et d'autre part, la méthode étant basée sur l'étude du gradient local, celui-ci doit également être bien estimé, ce qui nécessite une densité d'échantillonnage suffisante en tout point. Ainsi par exemple, en octobre 2000, nous n'avons pas pu détecter de ZCAs car les échantillons manquaient précisément dans la région où se trouve la transition. Une analyse de la puissance du test permettrait de répondre à la question de la densité d'échantillonnage nécessaire pour pouvoir détecter une discontinuité. Des résultats préliminaires montrent qu'avec un variogramme dont la portée vaut environ le quart du domaine d'étude, une centaine d'échantillons assez régulièrement répartis (mais permettant tout de même une bonne estimation du comportement à l'origine du variogramme) suffisent pour mettre en évidence une discontinuité de l'ordre de deux écarts-type. La méthode suppose que les données sont Gaussiennes. Lorsque cette hypothèse n'est pas réaliste, on peut être amener à transformer les données (par exemple en utilisant une transformation paramétrique comme la fonction racine, ou logarithme).

Au sujet des ZCAs

Détecter des ZCAs est une tâche différente qu'estimer (et tester) une tendance globale. Notre méthode ne détectera pas les tendances globales, ni les variations lentes, car elle est spécifiquement destinée à détecter des gradients localement élevés, structurés à moyenne ou grande échelle.

Il y a une dualité entre estimer des zones homogènes et estimer des ZCAs. Estimer des zones homogènes mène forcément à la définition de frontières. Les techniques statistiques pour répondre à ce problème font appel à des outils de *clustering* et de segmentation, voir à ce sujet Lawson and Denison (2002) par exemple. La segmentation ne mène pas nécessairement à des variations brusques le long des frontières, même si cela peut être le cas localement. Inversement, détecter des ZACs ne fournit que rarement des groupes bien séparés. C'est en ce sens que nous pensons que notre méthode est un outil d'exploration des données, qui vient compléter la boîte à outils habituelle. Cet outil permet de mettre en évidence des structures éventuellement présentes, pour autant que ces structures présentent des variations brusques, offrant une aide au scientifique pour construire son modèle.

Références bibliographiques

ADLER R., 2000. On excursion sets, tube formulas and maxima of random fields. *The Annals of Applied Probability*, 10, 1-74.

ALLARD D., GABRIEL E., BACRO J.-N., 2005. *Estimating and Testing Zones of Abrupt Changes for Spatial Data.* Research Report n° 2, janvier 2005. Inra-Mia Avignon, 35 p.

BOYDELL B.C., MC BRATNEY A.B., 2001. Identifying Potential Within-Field Management Zones from Cotton Yield Estimates. *Precision Agriculture*, 3, 9-23.

CUPITT J., WHELAN B.M., 2001. Determining potential within-field crop management zones. *In*: G. Grenier & S. Blackmore (Eds.) *ECPA 2001, Proceedings of the 3rd European Conference on Precision Agriculture*, 7-12.

GABRIEL E., ALLARD D., BACRO J.-N., 2003. Detecting Zones of Abrupt Change: Application to Soil Data. *In*: X. Sanchez-Vila, J. Carrera and R. Froidevaux (Eds.) *Proceedings of the 4th European Conference on Geostatistics for Environmental Applications*, Kluwer Academic Publisher, 437-448.

GODTLIEBSEN F., MARRON J.S., PIZER S.M., 2002. Significance in Scale-Space for Clustering. *In*: A. Lawson and D. Denison (Eds.) *Spatial Cluster Modelling*, Chapman & Hall/CRC. 23-36.

GUÉRIF M., BEAUDOIN N., DÜRR C., HOULÈS V., MACHET J.-M., MARY B., MOULIN S., RICHARD G., BRUCHOU C., MICHOT C., NICOULLAUD N., 2001. Designing a field experiment for assessing soil and crop spatial variability and defining site-specific management strategies. *In*: G. Grenier and S. Blackmore (Eds.) *ECPA 2001, Proceedings of the 3rd European Conference on Precision Agriculture*, 677-681.

LAWSON A. B. and DENISON D.G.T., 2002. *Spatial Cluster Modelling,* Chapman & Hall/CRC.

MARY B., BEAUDOIN N. and MACHET J.-M., 2001. Characterization and anallysis of soil variability within two agricultural fields: the case of water and mineral profiles. *In*: G. Grenier and S. Blackmore (Eds.) *ECPA 2001, Proceedings of the 3rd European Conference on Precision Agriculture*, 431-436.

SHATAR T., MC BRATNEY A., 2001. Subdividing a field into contiguous management zones using a k-zone algorithm. *In*: G. Grenier & S. Blackmore (Eds.). *ECPA 2001, Proceedings of the 3rd European Conference on Precision Agriculture*, 115-120.

Partie 4

Élaboration de préconisations spatialisées pour la gestion des intrants : application à la fertilisation azotée

Élaboration d'un indicateur de nutrition azotée du blé basé sur l'indice foliaire et la teneur en chlorophylle pour la préconisation de doses d'azote

V. Houlès, M. Guérif, B. Mary, P. Gate, J.-M. Machet, S. Moulin

Introduction

Des méthodes de préconisation de la fertilisation azotée éprouvées existent et sont utilisées en routine à l'échelle de la parcelle dans les grandes régions de production céréalières. On peut en distinguer deux principales catégories : celles qui sont basées sur des analyses de sol et celles qui sont issues d'un diagnostic de l'état de nutrition azotée de la culture. Dans la première catégorie on trouve notamment la méthode du bilan azoté (Stanford, 1973) dont le logiciel Azobil (Machet *et al.*, 1990) est une des applications les plus employées dans le nord de la France. Elle consiste en une évaluation en sortie d'hiver de la quantité d'azote dont la culture aura besoin jusqu'à la récolte. Pour ce faire, on mesure la quantité d'azote minéral restant dans le sol après la lixiviation hivernale et qui constitue une réserve pour la plante. On mesure également la teneur en azote organique de l'horizon labouré de façon à pouvoir prédire l'azote alloué à la culture par la minéralisation. Enfin, on évalue les besoins absolus de la plante en azote d'après un objectif de rendement que l'on se fixe notamment en fonction de l'historique de la parcelle. La seconde catégorie de méthodes de préconisation est illustrée par la méthode Jubil (Justes *et al.*, 1997). Celle-ci est, dans la pratique, complémentaire de la méthode Azobil. Elle consiste en effet à fractionner les apports préconisés par cette dernière et à en réserver une certaine quantité, par exemple 40 kg.ha^{-1}. Des mesures de son statut azoté sont effectuées à divers rendez-vous au cours du cycle de la culture. En fonction de leur résultat, la quantité d'azote mise de côté est rajoutée ou non. Si dans la méthode Jubil l'évaluation du statut azoté de la culture passe par la mesure de la teneur en nitrates du jus de base de tige du blé, ce qui peut présenter des limites du point de vue pratique, des méthodes telles que le Hydro-N-Tester de Hydro-Agri proposent, sur le même principe, des solutions alternatives. L'évaluation du statut azoté de la culture est ici effectué au moyen d'un chlorophylle-mètre dont les mesures rapides, basées sur la transmittance de la feuille et calibrées pour chaque groupe de variétés, permettent aussi de statuer sur la nécessité d'un apport d'azote complémentaire par des règles de décision analogues à celles de Jubil.

L'ensemble de ces méthodes, si utilisées qu'elles soient, peuvent difficilement s'adapter aux contraintes et requis en densité d'échantillonnage de l'agriculture de précision. La méthode Hydro-N-Tester, si rapide soit-elle dans ses conditions normales d'utilisation, à savoir la caractérisation d'une parcelle entière, ne permet pas de couvrir de façon exhaustive un champ, et donc de caractériser à l'échelle intra-parcellaire le statut azoté de la culture. La société Hydro-Agri propose un autre type de capteur, embarqué sur tracteur, qui est censé donner des mesures équivalentes à celles du chlorophylle-mètre. Il réalise en réalité des mesures de réflectance du couvert lors des passages de l'engin. C'est ce que l'on appelle de la proxydétection, mais en pratique, la couverture spatiale du champ n'est pas exhaustive car les mesures se font de part et d'autres des lignes de passage d'engin, sur une bande trop étroite pour couvrir l'ensemble de la parcelle. Une couverture plus large poserait d'importants problèmes de visée oblique, vu la faible hauteur à laquelle se trouve le capteur.

Un moyen de caractérisation spatiale exhaustive de la culture, proche dans le principe de ce genre de capteur et dont l'utilisation est beaucoup plus développée et généralisée, est de recourir à la télédétection (*cf.* Moulin *et al.,* cet ouvrage). Cette technique d'observation apporte en effet une bonne solution au problème spatial puisque, par définition, elle effectue des mesures en tout point de la parcelle, et ce avec une résolution compatible avec les exigences de l'agriculture de précision ($5 \times 5\text{m}^2$ pour le satellite Spot et jusqu'à $2 \times 2 \text{ m}^2$ pour des capteurs embarqués sur aéronef). Le second intérêt de la télédétection dans la problématique qui nous préoccupe est que les variables auxquelles elle donne accès – le chapitre cité ci-dessus détaille de quelles façons on peut déterminer l'indice de surface foliaire (*LAI*) ou la teneur en chlorophylle des feuilles (*Cab*) – peuvent être liées de façon déterministe à des variables telles que l'indice de nutrition azoté (*INN*) qui fait référence en matière de caractérisation du statut azoté (Lemaire *et al.*, 1997), ou à des variables traduisant un déficit d'absorption de l'azote. Cette liaison, vue sous l'angle expérimental, fait l'objet du présent chapitre : nous chercherons en effet à montrer comment on peut passer des variables biophysiques déterminées par télédétection – *LAI*, *Cab* et le produit des deux, correspondant à la quantité de chlorophylle présente dans le couvert, noté *QCab* – à des préconisations de fertilisation azotée.

Cette façon d'utiliser des informations issues de mesures de télédétection en passant par ce qu'il convient d'appeler des indicateurs peut être mise en parallèle d'approches plus complexes et basées sur l'utilisation de modèles de culture qui font l'objet de développement dans la partie 4 de cet ouvrage.

Principe de l'approche

Cette approche de préconisation de la fertilisation azotée, basée sur le calcul d'indicateurs du statut azoté de la culture à partir de variables biophysiques, est une généralisation à l'échelle intra-parcellaire des méthodes développées pour être utilisées à l'échelle de la parcelle entière. Nous chercherons donc à déterminer un déficit d'absorption par rapport à une situation optimale. Cette dernière sera décrite à l'aide du concept de courbe de dilution rappelé ici.

Courbe de dilution de teneur en azote et déficit de fertilisation

Le concept de courbe de dilution traduit le fait que la teneur en azote des parties aériennes d'un peuplement végétal diminue, se « dilue », au cours de sa croissance. Cette dilution est liée à deux processus : l'auto-ombrage des feuilles et la diminution du rapport feuille sur tige au cours du développement (Justes *et al.*, 1994). La courbe de dilution est définie dans le plan formé en abscisse par l'axe de la biomasse et en ordonnée par l'axe de la teneur en azote des parties aériennes du peuplement (fig. 1 a et b). Elle correspond à une situation de nutrition azotée optimale, aussi parle-t-on également de courbe de dilution critique. Pour chaque espèce, elle peut être construite par l'ensemble des points correspondant, pour une date donnée, à la teneur en azote au-delà de laquelle la matière sèche aérienne n'augmente pas de façon significative malgré une augmentation de la fourniture d'azote (fig. 1a). Pour les plantes en C3, dont le blé, elles peut être paramétrée comme suit (Justes *et al.*, 1997) :

$$N_C = 5{,}35 \text{ si } W \leq 1 \text{ t.ha}^{-1} \tag{1}$$

$$N_C = 5{,}35 \cdot W^{-0{,}442} \text{ si } W \geq 1 \text{ t.ha}^{-1} \tag{2}$$

où N_C est la teneur en azote critique exprimée en g d'azote pour 100 g de matière sèche et W la matière sèche des parties aériennes donnée en t.ha^{-1}.

Cette courbe de dilution critique délimite trois zones dans le plan (fig. 1b). Si la teneur en azote réelle d'un couvert végétal donné, notée N_R, est égale à N_C, le couvert est à l'optimum de la nutrition azotée. Si $N_R < N_C$, le couvert végétal est en état de carence et si au contraire $N_R > N_C$, il est en état de surfertilisation, ce qui se traduit par une consommation d'azote dite de luxe. Cependant, étant donné un couvert caractérisé par le couple $\{W_R - N_R\}$, il y a deux façons de calculer la teneur en azote critique. Dans l'absolu, il faudrait utiliser la valeur de la courbe critique correspondant à la biomasse qu'aurait atteint le couvert s'il n'avait jamais été en état de carence, W_{opt} (fig. 1 b). Mais en pratique, on utilise la teneur en azote critique calculée en fonction de W_R et notée $N_{C\backslash R}$ (fig. 1 b). Ceci est traduit par l'indice de nutrition azoté, *INN*, qui est défini comme le rapport de ces deux teneurs :

$$INN = N_R \,/\, N_{C\backslash R} \tag{3}$$

Ces définitions ne sont néanmoins valables qu'au cours de la période végétative. Durant le remplissage des grains, la teneur en azote de la plante décline plus rapidement du fait de l'accumulation d'amidon dans les grains : l'utilisation de l'*INN* ou de la courbe de dilution au cours de cette phase doit donc se faire avec circonspection (Lemaire & Gastal, 1997).

On peut très simplement passer de la courbe de dilution à une courbe critique d'absorption en azote (fig. 1 c) : il suffit pour cela de multiplier l'axe des ordonnées par la matière sèche, et on obtient la courbe donnant la quantité d'azote absorbée en condition optimale en fonction de la biomasse, notée QN_C. On peut ainsi déterminer, pour des points expérimentaux donnant l'azote absorbé par un couvert, QN_R, et sa biomasse, W_R, l'excès ou le déficit d'absorption, noté ΔQN :

$$\Delta QN = QN_R - QN_{C\backslash R} \tag{4}$$

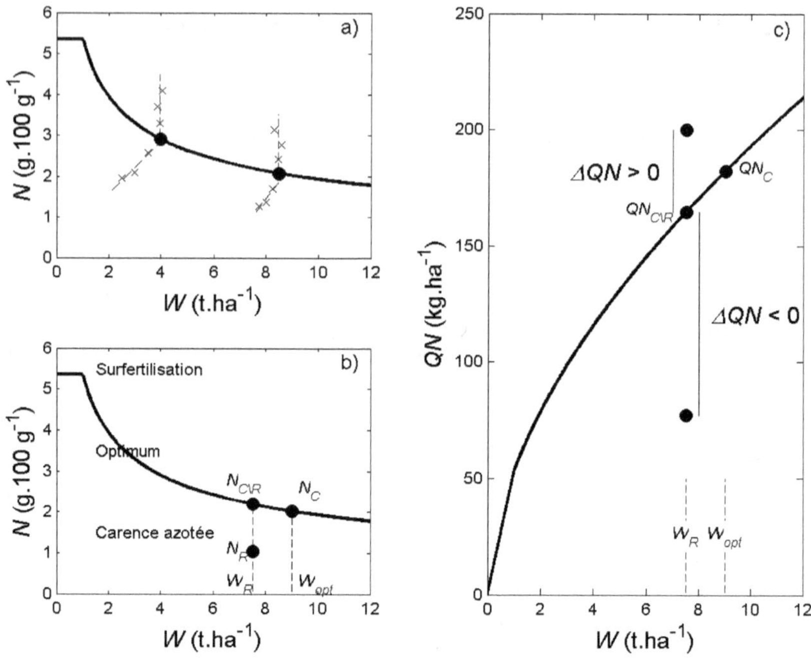

Figure 1. Courbe de dilution et déficit d'absorption. a) Construction de points de la courbe de dilution (ronds pleins) à partir de points expérimentaux (croix) ; b) Les trois zones définies par la courbe de dilution – Définition de la teneur en azote critique à partir d'une mesure de biomasse réelle (W_R) et de teneur en azote réelle (N_R) : N_{CR} est la projection de W_R sur la courbe de dilution, tandis que N_C est déterminé en fonction de la biomasse qu'aurait atteinte le couvert s'il n'avait jamais subi de carence azotée, W_{opt} (ronds pleins) ; c) Courbe d'absorption critique et déficit d'absorption : le déficit ou l'excès d'absorption sera calculé en fonction de la quantité d'azote qu'aurait dû absorber la culture à la biomasse observée plutôt qu'à la biomasse W_{opt}.

De la même façon que l'on utilise N_{CR} pour le calcul de l'INN, on utilisera dans cette étude QN_{CR} pour calculer le déficit ou l'excès d'absorption. On peut en effet considérer qu'une plante qui est dans l'état $\{W_R - N_R\}$ avec $N_R < N_C$ et donc $W_R < W_{opt}$ a accumulé un retard de croissance qu'elle ne pourra pas rattraper. Le but est alors de lui permettre de retrouver le niveau d'absorption d'azote qui est autorisé par sa biomasse réelle. En outre, cela permet d'économiser de l'azote, et de ne pas chercher à surfertiliser pour compenser des carences qui peuvent être liées à d'autres facteurs.

La problématique de ce chapitre consistera donc à lier ΔQN calculé de cette manière aux grandeurs que l'on peut déduire des mesures de télédétection.

Trois voies de calcul de ΔQN à partir de *Cab* et *LAI*

Gate (2000) propose d'estimer l'*INN* par des relations empiriques avec la valeur de *Cab* obtenue grâce aux données de télédétection. La variable *LAI* permet quant à elle d'estimer W_R par le biais de modèles écophysiologiques de conversion. W_R donne alors accès à N_{CR} et QN_{CR} grâce à la courbe de dilution (équations [1] et [2]). Connaissant *INN* et N_{CR}, l'équation [3] permet de retrouver N_R et, partant de là, QN_R grâce à W_R (fig. 2 a). Ce mode de calcule sera nommé « méthode 1 ».

Le calcul de l'*INN* correspond à une volonté de se raccrocher à un indicateur qui fait référence ; mais pour déterminer un déficit d'absorption, il peut être plus simple de ne pas le choisir comme intermédiaire. On propose donc une deuxième méthode (fig. 2 b) qui consiste à calculer directement N_R à partir de *Cab* grâce à des relations expérimentales. De la même façon que pour la première méthode, on peut passer aux quantités absorbées grâce à l'évaluation de W_R à partir de *LAI*.

Toujours pour simplifier les calculs et pour utiliser la variable intégrée *QCab*, *a priori* mieux évaluée par télédétection, on peut choisir d'évaluer QN_R directement à partir de cette dernière : c'est ce que nous appellerons la méthode 3 (fig. 2 c).

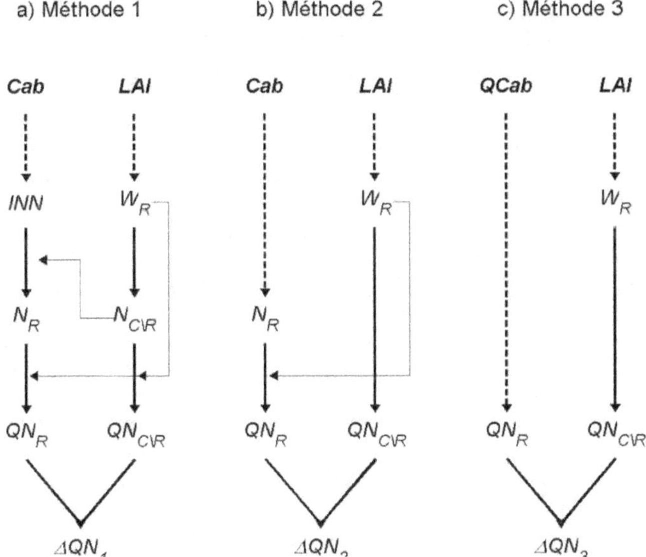

Figure 2. Méthodes de calcul du déficit d'absorption. a) En prenant comme intermédiaire l'*INN* (d'après Gate, 2000) ; b) En prenant comme intermédiaire N_R ; c) En utilisant *QCab* pour calculer directement QN_R. Les flèches pointillées représentent des relations expérimentales, les flèches pleines les relations données par les équations [1] à [4].

Relation entre *LAI* et biomasse et entre chlorophylle et azote

La liaison entre les variables *LAI* et matière sèche (*W*) a fait l'objet de nombreux travaux et est d'ailleurs à la base de la plupart des modèles de culture qui s'appuient sur la relation de Monteith (1972). Celle-ci donne l'accroissement potentiel journalier de la matière sèche en fonction de *LAI* :

$$\Delta W_j = \varepsilon_{a\_\max} \cdot (1 - e^{-k.LAI_j}) \cdot \varepsilon_b \cdot PAR_j \qquad [5]$$

où ΔW_j désigne l'accroissement de matière sèche au jour j (t.ha^{-1}.jour^{-1}), ε_{a_max} l'efficience maximale d'interception du rayonnement par le couvert (sans dimension), k le coefficient d'extinction du rayonnement dans le couvert (sans dimension), ε_b l'efficience de conversion du rayonnement intercepté (t.MJ^{-1}) et PAR_j la quantité de rayonnement efficace du point de vue de la photosynthèse (*Photosynthetically active radiation*, MJ.ha^{-1}.jour^{-1}).

Dans le calcul de ΔQN, nous aurions pu utiliser ce genre de relations, qui nécessitent cependant de connaître la variable *LAI* pour tous les jours de croissance, outre les valeurs de *PAR*. Ou, comme proposé par Gate (2000), nous aurions pu utiliser des modèles simples qui sont du reste basés sur cette équation. Dans le cadre de ce travail, nous nous contenterons néanmoins d'utiliser des relations empiriques entre *LAI* et *W*, ces relations empiriques étant les mêmes pour les trois méthodes de calcul de ΔQN comparées.

En ce qui concerne les relations entre les teneurs en chlorophylle et en azote dans la plante, l'hypothèse de base est que la chlorophylle étant un élément essentiel de la biochimie des feuilles par son rôle dans la photosynthèse, elle est liée à l'ensemble des éléments du métabolisme cellulaire, et notamment les protéines. On peut séparer l'azote contenu dans les feuilles en deux pools : celui qui est directement impliqué dans la photosynthèse et donc associé à la chlorophylle et celui qui est impliqué dans le reste du métabolisme. Hikosaka & Terashima (1996) indiquent un ordre de grandeur de chacun de ces pools : l'azote impliqué dans la photosynthèse représente environ 50 % de l'azote total des feuilles. L'azote contenu dans les protéines non photosynthétiques représenterait environ 30 % et les autres formes d'azote 20 %. Lawlor *et al.* (1997) donnent des ordres de grandeur similaires : 55 % pour l'azote impliqué dans la photosynthèse, 25 % pour les protéines non photosynthétiques et 20 % pour l'azote structural. Hikosaka & Terashima (1995) proposent un modèle, validé par eux-mêmes en 1996, donnant la répartition de l'azote entre les différents constituants de l'appareil photosynthétique en fonction de facteurs trophiques. Celui-ci est basé sur des relations quantitatives entre ces constituants qui s'apparentent à des relations stœchiométriques ; cette approche intéressante présente au demeurant deux limites : elle ne permet pas d'estimer le reste de l'azote contenu dans les feuilles ; de nombreux auteurs mettent en évidence l'extrême complexité des relations « stœchiométriques » liant les différents éléments de l'appareil photosynthétique. Les stress azoté et hydrique notamment affecteraient les relations entre divers constituants impliqués dans la photosynthèse (Macnab *et al.*, 1987 ; Sivanskar *et al.*, 1998 ; Lu & Zhang, 2000 ; Esquível *et al.*, 2000 ; Karrou & Maranville, 1995 ; Shangguan *et al.*, 2000). Le Roux *et al.* (2001) rapportent une influence de la position de la feuille dans le couvert sur la répartition de l'azote disponible dans les différents pools photosynthétiques et d'autres auteurs indiquent également un gradient vertical de la concentration en azote dans le couvert qui pourrait résulter de différences dans la stœchiométrie photosynthétique (Shiraiwa & Sinclair, 1993 ; Lemaire & Gastal, 1997 ; Bindraban, 1999). Esquível *et al.* (2000), Karrou & Maranville (1995) et Shangguan *et al.* (2000) attestent également un effet du génotype sur la stœchiométrie, ce qui constitue une preuve de l'existence d'une régulation complexe, d'ordre génétique, de celle-ci. Enfin, Macnab *et al.* (1987) observent un effet de la température sur la répartition de l'azote entre chlorophylle a et b, et Osaki *et al.* (1993) montrent un effet de l'âge de la plante sur la répartition de l'azote entre les différents pools, dépendant du génotype.

Ce bref aperçu indique que la chlorophylle et l'azote sont bel et bien liés dans le métabolisme cellulaire : la quantité de chlorophylle conditionne l'efficacité de la photosynthèse et celle-ci conditionne le reste du métabolisme par sa fonction de producteur primaire. Mais il existe des régulations complexes entre les différents éléments de la chaîne.

Il faut donc être conscient que les relations expérimentales pouvant être établies à l'échelle du couvert entre des teneurs en chlorophylle et en azote resteront hautement empiriques. En outre, la quantité d'azote contenue dans la chlorophylle est minime par rapport à l'azote total de la feuille. Par exemple, pour une concentration en chlorophylle a et b de 1,33 10^{-2} g g^{-1} et en azote de 4,17 10^{-2} g g^{-1}, pour un ratio de chlorophylle a sur b de 3, et compte-tenu du poids molaire des chlorophylles a et b, l'azote contenu dans les molécules de chlorophylle représente 2 % de l'azote total (ces valeurs ont été extraites du jeu de données utilisé au cours de ce travail).

À l'échelle du couvert, une très grande majorité des travaux traitant de la relation entre teneurs en chlorophylle et en azote remplace les premières par des mesures indirectes effectuées avec des chlorophylle-mètres, de type SPAD (Minolta) ou Hydro-N-Tester (Hydro Agri), basées sur des mesures de transmittance. Ces mesures étant indirectes, il faut percevoir que la relation entre ces mesures et les teneurs en azote contient les deux sous-relations ayant comme intermédiaire la teneur en chlorophylle. À l'origine, les mesures de type chlorophylle-mètre ont été conçues comme un moyen rapide et efficace pour raisonner la fertilisation azotée. Un grand nombre d'auteurs trouvent effectivement une bonne corrélation entre les mesures de chlorophylle-mètre et les teneurs en azote de la plante (Piekelek & Fox, 1992 ; Feibo *et al.*, 1998 ; Vidal *et al.*, 1999 ; Reeves *et al.*, 1993 ; Matsunaka *et al.*, 1997), montrant ainsi la relation à l'échelle du couvert entre la teneur en chlorophylle et en azote. Mais, d'une étude à l'autre, ces relations sont hautement variables. Dumont *et al.* (2001) suggèrent ainsi de travailler à l'échelle intégrée, c'est-à-dire de raisonner non pas en terme de concentration, mais en terme de quantité de chlorophylle et d'azote présente dans le couvert, ce qui permet de lever la difficulté soulevée par plusieurs auteurs qui ont montré (i) une meilleure corrélation entre les mesures *SPAD* et les teneurs surfaciques et non massiques (Peng *et al.*, 1993 ; Chapman & Barreto, 1997) et (ii) la difficulté d'estimer le terme de passage entre teneurs surfacique et massique (Roderick *et al.*, 1999) : la surface foliaire spécifique (*Specific Leaf Area*, SLA).

De l'analyse bibliographique exposée ci-dessus, il ressort qu'il est préférable de travailler sur la relation entre chlorophylle et azote (i) en mesurant réellement la teneur en chlorophylle et sans passer par les mesures de chlorophylle-mètre qui constituent un intermédiaire introduisant des erreurs supplémentaires ; (ii) en prenant en compte l'effet du stade. Le fait de travailler à l'échelle du couvert, c'est-à-dire en déterminant des relations entre $QCab$ et QN_R, contenus en chlorophylle et en azote du couvert, plutôt qu'entre teneurs, peut aussi être préférable : c'est le rôle de la méthode 3. Ce dernier point est particulièrement important, étant donné que $QCab$ est mieux estimée que Cab par inversion de mesures de télédétection.

Évaluation expérimentale des trois voies de détermination de *ΔQN* à partir de *Cab* et de *LAI*

Cette partie décrit la façon dont les différentes relations nécessaires au calcul de *ΔQN* à partir de *LAI*, *Cab* et *QCab* ont été établies expérimentalement, la façon dont l'influence du temps a été prise en compte et les résultats des trois méthodes de calcul.

Matériel et méthode

Expérimentations réalisées

Deux essais de doses d'azote ont été réalisés en 2000 et 2001 à Chambry, près de Laon (Aisne) dans le cadre de l'expérimentation agriculture de précision de l'Inra de Laon (Guérif *et al.*, 2001 ; Guérif *et al.*, cet ouvrage). Cinq ou six placettes par essai ont reçu des doses différentes selon le fractionnement décrit par le tableau 1. Les dates de prélèvement sont données dans le tableau 2. Si à une date de prélèvement donnée, plusieurs placettes avaient reçu le même niveau de fertilisation azotée, une seule d'entre elles était prélevée. Pour ces différentes dates de mesure, des prélèvements de deux (en 2000) ou trois (en 2001) échantillons ont été effectués et ont permis de mesurer les variables *LAI*, *Cab*, N_R, W_R. Le *LAI* a été mesuré sur des sous-échantillons grâce à un *LAI*-mètre LICOR LI-3000A : cet appareil mesure la largeur des feuilles qui sont convoyées sur une bande plastique et par intégration, retrouve la surface des feuilles entières. La biomasse sèche a été mesurée classiquement après séchage à 80°C pendant 48 heures en étuve. L'azote total a été mesuré grâce à un analyseur élémentaire (NA 1500, Fisons). La chlorophylle a et b a été mesurée sur des sous-échantillons selon la méthode de Moran (1982). Soixante-dix disques ponctionnés sur des feuilles, pour une surface totale d'environ 20 cm^2 par sous-échantillon, ont été plongés dans 50 mL d'un solvant organique, le N,N-Diméthylformamide. La chlorophylle a ainsi été extraite pendant 16 heures à 4°C. La concentration du solvant a été calculée à partir de la mesure de l'absorbance de la solution à 664 et 647 nm effectuée grâce à un spectrophotomètre Beckman DU-64. De la concentration de la solution, la teneur surfacique des feuilles a été déduite.

Tableau 1. Dates de fertilisation des essais de 2000 et 2001, stades de développement du blé correspondants (entre parenthèse, stade Zadocks) et doses d'azote apportées (kg.ha^{-1}).

Date	Stade de développement		Traitement					
			P1	P2	P3	P4	P5	P6
Essai 2000								
6 mars	plein tallage	(Z 23)	0	60	60	60		60
20 mars	épi à 1 cm	(Z 30)	0	0	60	60		60
11 avril	premier nœud	(Z 31)	0	0	0	60		60
4 mai	après 2 nœuds	(Z 35)	0	0	0	0		60
24 mai	épiaison	(Z 50)	0	0	0	0		60
	total		0	60	120	180		300
Essai 2001								
20 février	tallage	(Z 22)	0	0	40	40	80	80
2 avril	épi à 1 cm	(Z 30)	0	40	40	100	100	80
2 mai	après 2 nœuds	(Z 35)	0	80	40	80	40	80
1er juin	épiaison	(Z 55)	0	0	40	0	20	40
	total		0	120	160	220	240	280

Tableau 2. Dates de prélèvement des essais de 2000 et 2001 et stades de développement du blé
correspondants (entre parenthèses, stade Zadocks).
Les croix indiquent les traitements prélevés à la date considérée.

Date	Stade de développement		Traitement					
			P1	P2	P3	P4	P5	P6
Essai 2000								
6 avril	premier nœud	(Z 31)	✕	✕				✕
25 avril	2 nœuds	(Z 32)	✕	✕	✕			✕
6 mai	plusieurs nœuds	(Z 35)	✕	✕	✕			✕
24 mai	début épiaison	(Z 50)	✕	✕	✕	✕		✕
Essai 2001								
6 mars	plein tallage	(Z 22-23)	✕		✕		✕	
28 mars	épi à 0,8 cm	(Z 28)	✕		✕		✕	
11 avril	début 1er nœud	(Z 31)	✕	✕	✕	✕	✕	✕
25 avril	début 2 nœuds	(Z 31-32)	✕	✕	✕	✕	✕	✕
2 mai	plusieurs nœuds	Z 35	✕	✕	✕	✕	✕	✕
17 mai	sortie dern. f.	Z 37	✕	✕	✕	✕	✕	✕
31 mai	épiaison	Z 55	✕	✕	✕	✕	✕	✕
13 juin	floraison	Z 65	✕	✕	✕	✕	✕	✕

Les étapes de calcul

On cherchera à déterminer les relations définies dans la figure 2. Elles seront tout
d'abord établies pour chaque date de mesure. Pour prendre en compte l'effet du temps et de
façon à pouvoir extrapoler les mesures à diverses dates de préconisation de la fertilisation
azotée, les coefficients de ces relations seront à leur tour représentés en fonction du temps. Le
temps sera mesuré de plusieurs façons :

- par la somme de températures depuis le semis ;

- par la somme de températures depuis le stade plein tallage ;

- par la somme de PAR (*Photosynthetically active radiation*) depuis le semis ;

- par la somme de PAR depuis le stade plein tallage.

Bien que les sommes de température et de PAR soient très corrélées pour une année
donnée, l'utilisation de cette dernière est susceptible d'améliorer la prise en compte du temps
car les processus impliqués sont influencés par le rayonnement plus que par la température.
L'utilisation du stade plein tallage comme point de départ permet de gommer les écarts entre
années dus aux cumuls de températures ou de PAR éventuels au cours de l'hiver. Ces cumuls
ont en effet moins d'influence que ceux qui surviennent au moment du développement du blé.

Chaque relation à déterminer sera donc également une fonction du temps mesuré en
terme de sommes de températures (ΣT) ou de PAR (ΣP) :

- $W = f_T(LAI, \Sigma T)$ ou $W = f_P(LAI, \Sigma P)$

- $INN = g_T(Cab, \Sigma T)$ ou $INN = g_P(Cab, \Sigma P)$

-    $N_R = \mathrm{h_T}(Cab, \Sigma\mathrm{T})$ ou $N_R = \mathrm{h_P}(Cab, \Sigma\mathrm{P})$

-    $QN_R = \mathrm{i_T}(QCab, \Sigma\mathrm{T})$ ou $QN_R = \mathrm{i_P}(QCab, \Sigma\mathrm{P})$

Les différents paramètres de ces fonctions seront évalués par ajustement par la méthode des moindres carrés (fonction *lsqcurvefit* de Matlab), ce qui permettra de calculer les déficits d'absorption donnés par chacune des trois méthodes.

La qualité des résultats sera évaluée par la mesure de l'erreur quadratique moyenne (RMSE, *Root Mean Square Error*) définie comme suit :

$$RMSE = \sqrt{\frac{1}{I}\sum_{i=1}^{I}\left(Y_i - \hat{Y}_i\right)^2} \tag{6}$$

où I représente le nombre d'observations, Y_i la valeur mesurée de la i^e observation de la variable considérée et $\hat{Y}_i$ sa valeur estimée. Comme proposé par Wilmott (1981), nous décomposerons la RMSE en deux termes, un qui mesure l'erreur systématique (RMSEs) et l'autre qui mesure l'erreur non-systématique (RMSEu), ainsi définies :

$$RMSEs = \sqrt{\frac{1}{I}\sum_{i=1}^{I}\left(Y_i - \hat{Y}_i{}^*\right)^2} \tag{7}$$

$$RMSEu = \sqrt{\frac{1}{I}\sum_{i=1}^{I}\left(\hat{Y}_i - \hat{Y}_i{}^*\right)^2} \tag{8}$$

où $\hat{Y}_i{}^*$ est le résultat de la régression linéaire de $\hat{Y}_i$ sur Y_i. La RMSEs mesure donc l'écart entre cette droite de régression et la première bissectrice alors que la RMSEu mesure la dispersion autour de cette droite de régression des valeurs simulées par le modèle, $\hat{Y}_i$.

Afin d'évaluer les capacités des trois méthodes à prédire correctement les déficits d'absorption dans une situation qui n'a pas servi à estimer les paramètres, nous évaluerons par validation croisée la valeur de la racine carrée de l'erreur quadratique moyenne de prédiction (RMSEP, *Root Mean Square Error of Prediction*) définie d'après Wallach & Goffinet (1987). La validation croisée consiste ici à supprimer une placette du jeu de données, à ajuster les coefficients sur les autres placettes, et à calculer l'erreur commise sur la placette isolée avec ces valeurs des coefficients. Ces opérations sont effectuées pour chaque placette et l'estimation de la RMSEP est la racine carrée de la moyenne des erreurs quadratiques.

Résultats et discussion

Les résultats sont organisés en deux ensembles : le premier montre les relations expérimentales obtenues à chaque date de mesures ; le second expose les résultats des calculs visant à prédire les déficits d'absorption à partir de *LAI*, *Cab* ou *QCab* selon les trois méthodes proposées.

Relations expérimentales obtenues

La relation entre *LAI* et *W* est assez bien décrite par une fonction logarithmique (fig. 3 a et b). Les coefficients de corrélation entre ln(*LAI*) et *W* (tabl. 3) sont en grande majorité supérieurs à 0,9. Dans cette étude, nous utiliserons donc un ajustement de ce type pour estimer W à partir de LAI :

$$W = a_1 . \ln(LAI) + b_1 \qquad [9]$$

Les paramètres a_1 et b_1 seront eux mêmes une fonction du temps, représenté soit par la somme des températures (ΣT), soit par la somme des PAR (ΣP).

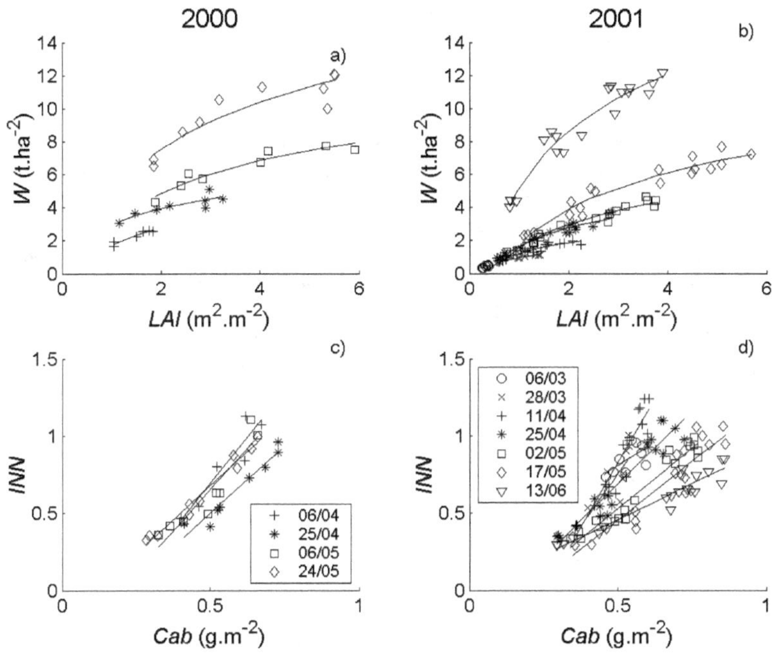

Figure 3. Relations expérimentales entre *LAI* et *W* (a et b) et *Cab* et *INN* (c et d) pour les années 2000 (a et c) et 2001 (b et d).

La relation entre *Cab* et *INN* est bien décrite par date par une simple relation linéaire (fig. 3 c et d). Le fait que cette relation soit linéaire et ne présente pas de phénomène de saturation peut indiquer que les traitements sont généralement en état de carence. La valeur maximale des *INN* est du reste de 1,2 et 89 % des valeurs d'*INN* sont inférieures à 1. Les coefficients de corrélation (tabl. 3) sont corrects sauf pour les prélèvements effectués en mars : il semble qu'aux stades relativement précoces, c'est-à-dire avant l'élongation des tiges, la teneur en chlorophylle des feuilles ne représente pas fidèlement la teneur en azote de la plante (R^2 de 0,63 et 0,71 respectivement pour le 6 et le 28 mars). Mais il est vrai que ces dates ont fait l'objet de moins de prélèvements que les autres de 2001 (tabl. 2). Nous utiliserons donc comme ajustement entre *Cab* et *INN* :

$$INN = a_2 . Cab + b_2 \qquad [10]$$

À l'instar de la précédente, la relation entre *Cab* et N_R est bien décrite par un ajustement linéaire (fig. 4 a et b). Les dates précoces de prélèvement présentent également un plus mauvais ajustement (tabl. 3) que les autres. Deux phases semblent s'esquisser : aux mois de mars et avril (soit jusqu'au stade premier nœud) les points restent relativement groupés, alors que par la suite la teneur en azote pour une même valeur de *Cab* diminue progressivement. Cela peut être relié au phénomène de dilution, la teneur en azote dans la plante diminuant plus rapidement que la teneur en chlorophylle dans les feuilles. Le comportement d'une année à l'autre n'est cependant pas identique : dans la deuxième période dégagée, en 2000, les points sont très regroupés d'une date à l'autre, alors qu'en 2001, ils se distinguent beaucoup plus par dates. Mais les mesures du mois d'avril 2000 se détache nettement des autres. Nous utiliserons ici aussi comme ajustement entre *Cab* et N_R des relations linéaires dont les paramètres devront être fonction du temps :

$$Nr = a_3.\ Cab + b_3 \hspace{3cm} [11]$$

Les relations entre les mesures de *QCab* et de QN_R sont également linéaires (fig. 4 c et d) et sont caractérisées par des coefficients de corrélation très proches de 1 dans la plupart des cas. Les coefficients du mois de mars sont bien meilleurs que pour les autres relations. Ceci illustre que les relations sont meilleures à l'échelle du couvert (Dumont *et al.*, 2001), car on travaille sur des quantités et non plus sur des teneurs. D'ailleurs, si les données de télédétection donnent plus facilement accès à *QCab* qu'à *Cab* et *LAI*, ce sont pour des raisons sommes toutes assez voisines. Quoiqu'il en soit, on a toujours deux groupes de points : avant le stade 2 nœuds et à partir de celui-ci, c'est-à-dire quand les tiges commencent à être de taille non négligeable par rapport à la surface foliaire, ce qui peut induire des modifications dans le métabolisme et le ratio chlorophylle sur azote. La dernière date de mesure néanmoins (13 juin 2001) a tendance à avoir un comportement plus proche des premières dates. Pour représenter la liaison entre *QCab* et QN_R, nous utiliserons encore une fois des relations linéaires :

$$QN_R = a_4.\ QCab + b_4 \hspace{3cm} [12]$$

Évaluation des trois méthodes de calcul des déficits d'absorption

La première étape consiste à calculer les coefficients a_1, b_1, a_2, b_2, a_3, b_3, a_4 et b_4 en fonction de la somme de température (ΣT) ou de PAR (ΣP). Comme nous l'avons dit, le début du calcul de ces sommes pourra se faire à partir du semis ou du stade plein tallage. La figure 5 présente l'évolution des valeurs de ces coefficients avec le temps exprimé, pour cette illustration, en somme de température depuis le semis. Les valeurs du coefficients a_1 par exemple forment une courbe régulière de type puissance, les points des deux années se confondant assez bien. L'évolution du coefficient b_1 peut être représentée par le même type de fonction, même si les points des deux années sont dans ce cas plus distants. Il n'en va pas de même de tous les autres coefficients, même si l'interpénétration des points des deux années peut être améliorée en jouant de façon relative sur l'axe des abscisses : c'est pour cette raison que la somme de PAR a été utilisée, et que deux dates de départ de calcul des sommes ont été comparées. L'évolution des coefficients a_2, b_2 et a_3 peut assez bien être représentée par une simple droite, mis à part le point correspondant au 6 mars 2001 qui sort largement de la tendance générale (les R^2 sont respectivement de –0,84 ; 0,85 et –0,72 pour a_2, b_2 et a_3 sans cette date). Le coefficient b_3 présente une évolution très irrégulière, bien que ces valeurs de pentes de la relation [11] soient loin d'être négligeables par rapport aux valeurs de N_R. Malgré tout, le coefficient de corrélation entre b_3 et ΣT est de 0,75 toujours à la condition de

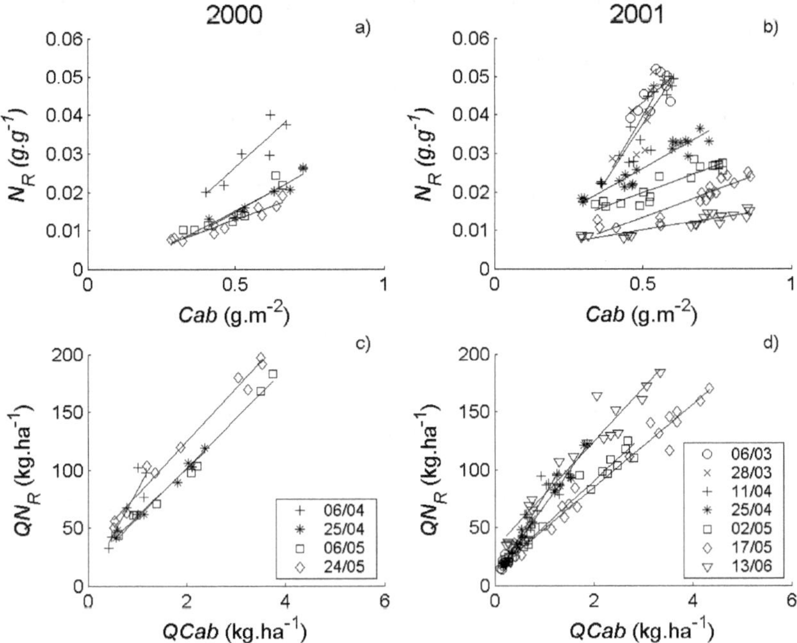

Figure 4. Relations expérimentales entre *Cab* et N_R (a et b) et *QCab* et QN_R (c et d) pour les années 2000 (a et c) et 2001 (b et d).

Tableau 3. Coefficients de corrélation des différentes relations expérimentales.

Date	Coefficients de corrélation			
	ln(LAI)-W	*Cab-INN*	*Cab-N_R*	*QCab-QN_R*
Essai 2000				
6 avril	0,97	0,93	0,9	0,92
25 avril	0,86	0,97	0,96	0,99
6 mai	0,96	0,93	0,92	0,99
24 mai	0,92	0,99	0,96	0,99
Essai 2001				
6 mars	0,85	0,63	0,63	0,77
28 mars	0,99	0,71	0,71	0,99
11 avril	0,96	0,95	0,92	0,94
25 avril	0,97	0,95	0,96	0,99
2 mai	0,98	0,97	0,93	0,99
17 mai	0,97	0,91	0,92	0,99
31 mai	0,97	0,96	0,92	0,97
13 juin	0,97	0,96	0,95	0,99

supprimer le point correspondant au 6 mars 2001. L'évolution du coefficient b_4 quant à elle peut tout aussi avantageusement être représentée par une relation linéaire ($R^2 = 0,87$ avec le 6 mars 2001 et $R^2 = 0,91$ sans cette date). La représentation de a_4 est quelque peu plus problématique, car son évolution présente trois phases, une descendante jusqu'au stade 2 nœuds, une qui est plus constante et une nouvelle augmentation pour les stades les plus tardifs (floraison). Pour représenter cette évolution, un polynôme de degré 2 a été choisi.

Les graphiques de la figure 5 nous ont donc conduit à exprimer l'évolution de ces coefficients selon le formalisme suivant :

$$a_1 = a_{11}.\ \Sigma T^{a12} \qquad\qquad \text{et} \qquad b_1 = b_{11}.\ \Sigma T^{b12} \qquad\qquad [13]$$

$$a_2 = a_{21}.\ \exp(a_{22}.\ \Sigma T) \qquad \text{et} \qquad b_2 = b_{21}.\ \Sigma T + b_{22} \qquad [14]$$

$$a_3 = a_{31}.\ \exp(a_{32}.\ \Sigma T) \qquad \text{et} \qquad b_3 = b_{31}.\ \Sigma T + b_{32} \qquad [15]$$

$$a_4 = a_{41}.\ \Sigma T^2 + a_{42}.\ \Sigma T + a_{43} \quad \text{et} \qquad b_4 = b_{41}.\ \Sigma T + b_{42} \qquad [16]$$

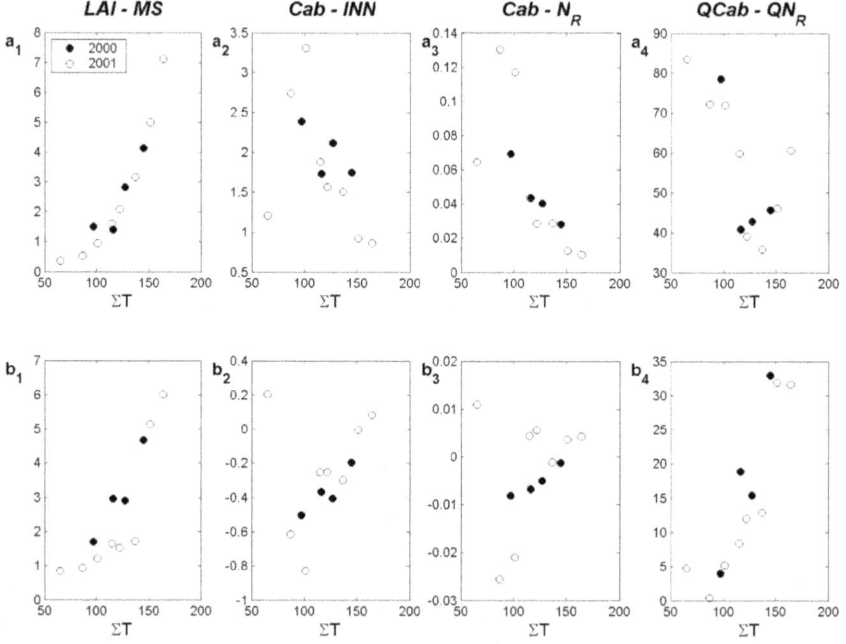

Figure 5. Évolution des coefficients a_1, b_1, a_2, b_2, a_3, b_3, a_4 et b_4 en fonction du temps exprimé en somme de température depuis le semis.

Dans toutes ces relations, ΣT peut être remplacée par ΣP, tous deux pouvant être mesurés depuis le semis ou depuis le stade plein tallage. Les coefficients déterminés par ajustement des courbes de la figure 5 ont servi de points de départ pour l'optimisation basée sur les moindres carrés entre les déficits d'absorption observés et calculés par chacune des trois méthodes.

Le résultat sur l'ensemble du jeu de données des ajustements pour le calcul des déficits d'absorption, ΔQN, est présenté sur la figure 6 dans le cas où l'on calcule ΣT ou ΣP à partir du semis et la figure 7 lorsqu'on calcule ΣT ou ΣP à partir du stade plein tallage. La façon de calculer ΔQN qui donne la meilleure RMSE (13,4 kg.ha^{-1}) est la méthode 3 en représentant les effets du temps par la somme de PAR depuis le semis (fig. 6 f). Les résultats obtenus avec les méthodes 2 et 3 sont cependant assez proches. Selon les cas de figures, la méthode 1 est plus ou moins proche de la 2, mais n'est jamais la meilleure. L'utilisation de sommes de température ou de PAR calculées depuis le stade plein tallage (fig. 7) décrit en revanche ΔQN de façon très peu biaisée d'après les valeurs de RMSEs : cette métrique vaut en effet par exemple 0,9 kg.ha^{-1} seulement avec la somme des températures (fig. 7 c et d), mais la dispersion est beaucoup plus forte.

Il ressort donc que la méthode 3 est la plus efficace pour décrire ΔQN en connaissant *Cab*, *LAI* et les sommes de température ou de PAR. Une façon d'évaluer la capacité de prédiction de ces relations est d'estimer la valeur de la RMSEP par validation croisée. Le tableau 4 indique les valeurs de RMSE déjà données dans les figures 6 et 7 comparées aux valeurs de RMSEP, ainsi que le différentiel entre les deux. Ces résultats indiquent que la tendance esquissée sur les RMSE concernant la robustesse des relations s'amplifie quand on considère leur pouvoir de prédiction : la méthode 3 donne les meilleures prévisions et c'est de façon générale celle pour laquelle la différence entre RMSE et RMSEP est la plus faible. Il semble donc préférable de calculer ΔQN à partir de *QCab* et de *LAI*. La distinction entre ΣT et ΣP a quant à elle moins d'importance, tout comme le fait de commencer à partir du semis ou du stade plein tallage.

Tableau 4. Valeurs de RMSEP estimées par validation croisée pour la prédiction de ΔQN comparées à celle de la RMSE, pour les méthodes de calcul de ΔQN 1 à 3 et en utilisant pour représenter le temps la somme de température ou de PAR à partir du semis ou du stade plein tallage.

	Méthode 1		Méthode 2		Méthode 3	
	ΣT	ΣP	ΣT	ΣP	ΣT	ΣP
Calcul de ΣT et de ΣP depuis le semis						
RMSE	19,4	18,4	15,0	15,1	15,2	13,4
RMSEP	30,2	27,7	23,0	22,3	18,0	17,6
Différence	10,8	9,3	8,0	7,2	2,8	4,2
Calcul de ΣT et de ΣP depuis le stade plein tallage						
RMSE	18,0	16,7	18,3	16,1	14,7	16,1
RMSEP	27,1	25,1	21,9	25,4	18,0	20,3
Différence	9,2	8,4	3,5	9,3	3,3	4,2

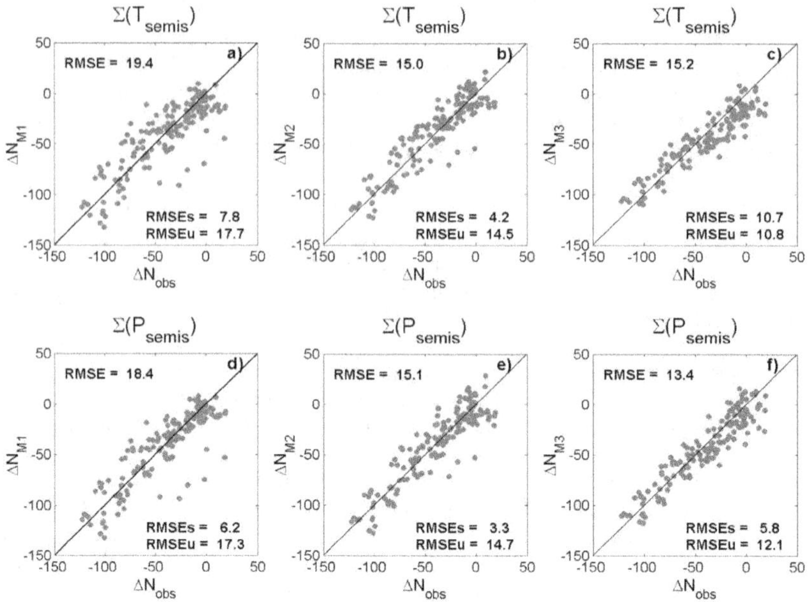

Figure 6. Comparaison des déficits d'absorption (*ΔN*) mesurés et calculés à partir de *Cab* et *LAI* suivant les méthodes 1 (a et d), 2 (b et e) et 3 (c et f). Le temps est représenté dans les relations par la somme de température (a à c) ou de PAR (d à f) depuis le semis.

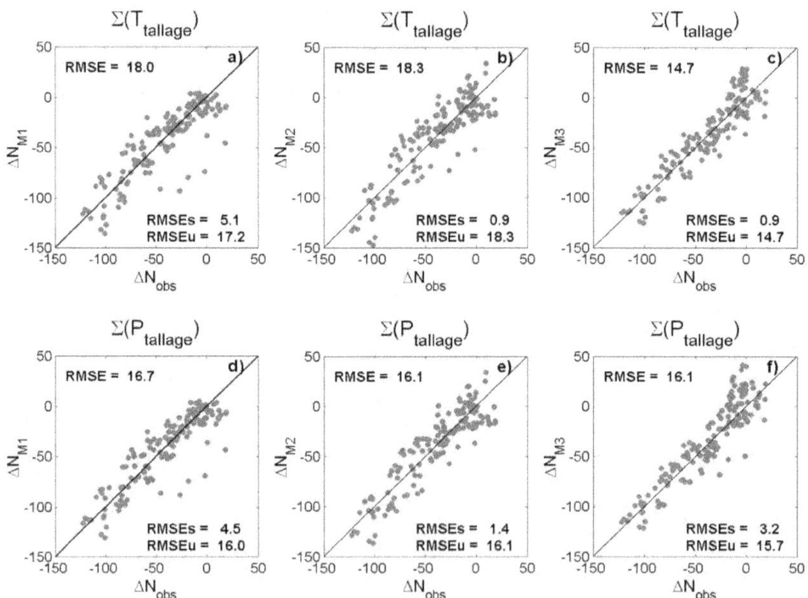

Figure 7. Comparaison des déficits d'absorption (*ΔN*) mesurés et calculés à partir de *Cab* et *LAI* suivant les méthodes 1 (a et d), 2 (b et e) et 3 (c et f). Le temps est représenté dans les relations par la somme de température (a à c) ou de PAR (d à f) depuis le stade plein tallage.

Discussion et conclusion

Une erreur de prévision d'une vingtaine de kilogramme d'azote à l'hectare pour une gamme de variation de −120 à 20 kg.ha^{-1} de ΔQN est relativement acceptable. Mais cette gamme de variation ne reflète pas les conditions réelles d'utilisation : pour une date donnée – correspondant par exemple à la date de décision – et surtout en considérant des parcelles fertilisées normalement, elle sera moindre. À côté de ces considérations, il faut aussi rajouter les erreurs d'estimation de LAI et Cab à partir des données de télédétection, qui peuvent être assez conséquentes elles aussi (*cf.* Moulin *et al.*, cet ouvrage). C'est là que la dernière méthode testée, passant par le calcul de QN_R à partir de $Qcab$, prend tout son intérêt, puisque d'une part elle permet une meilleure estimation de ΔQN à partir des vraies valeurs de LAI et Cab et que d'autre part le produit de LAI et Cab, $QCab$, est mieux estimé que Cab seul.

Si l'on s'en tient à une stricte application des méthodes de type Jubil appliquées à l'échelle intra-parcellaire en remplaçant la mesure du statut azoté classique par l'estimation de ΔQN par télédétection, on raisonne en terme de seuil : au-dessus d'une certaine valeur de ΔQN, on n'applique pas la dose complémentaire, au-dessous, on l'applique. On aura donc, pour une date donnée, deux types de zones dans la parcelle seulement. Si on décide que la valeur de ΔQN est représentative du déficit d'absorption, on peut s'en servir pour calculer des doses à appliquer. Ceci implique de faire des hypothèses sur l'efficience de l'engrais qui peut d'ailleurs être estimée à partir du déficit d'absorption et des doses apportées jusque-là. L'évaluation de la dose correctrice pourrait être précisée en mettant en œuvre des modèles capables de prédire la valeur la plus probable du LAI ou de la biomasse à la floraison, par pixel. En effet, la quantité d'azote absorbé au stade floraison doit correspondre à la production de matière sèche accessible. Cette approche aurait le mérite d'intégrer des éléments dont les enjeux peuvent être significatifs :

- Selon les variétés, les capacités à produire de la biomasse jusqu'à la floraison diffèrent, et ces distinctions sont à mettre en relation avec des besoins en azote ; la méthode permettrait donc de prendre en compte cet effet variétal.

- En parallèle, il faut prendre en compte l'action des principaux facteurs et conditions du milieu à l'origine des variations de production de biomasse entre la date du dernier diagnostic et la date de floraison. Ceci conduit à la mise en œuvre de modèles de prédiction des stades et de production de biomasse, ces derniers devant impérativement prendre en compte les conditions liées au contexte pédoclimatique (en particulier, le régime de température, le rayonnement intercepté et l'alimentation hydrique).

- Une telle approche donne également des possibilités d'intégrer par la suite, des critères de qualité, comme la teneur en protéine, dans le conseil. En effet, des références existent quant à la valeur la plus probable de teneur en protéine de différentes variétés à l'optimum de fertilisation azotée, pour le rendement. Pour parvenir à des objectifs requis et particuliers (par exemple, une teneur en protéine pour être mieux valorisé en panification), il peut être nécessaire pour certaines variétés, d'obtenir à la floraison des statuts azotés différents de celui qui correspond à l'optimum pour la croissance (INN = 1). Ces aspects pourraient être intégrés dans le futur, ce qui conduirait à préconiser des doses correctrices toujours basées sur la variable ΔQN, mais conduisant à des quantités d'azote absorbé à la floraison différente. Les caractéristiques variétales ainsi que les objectifs de teneur en protéines pourraient tous être inclus sous forme de ΔQN à ajouter ou à soustraire, relativement à la quantité à absorber à la floraison à l'optimum vis-à-vis de la croissance.

La carte de préconisation sera dès lors constituée de nombreuses zones qui seront le reflet des cartes issues de la télédétection. Ceci constitue – normalement – un progrès par rapport à la situation à deux zones mais implique de simplifier la carte de façon à ce que ses consignes puissent être appliquées par l'épandeur d'engrais modulable. Cela pose donc la question de savoir comment opérer cette simplification.

Les règles de décision qui servent ici de modèle ont été développées avant tout pour optimiser le rendement. Les problématiques concernant la durabilité de l'agriculture tant du point de vue environnemental qu'économique imposent de prendre en compte ces facteurs dans le raisonnement de la fertilisation azotée. Ceci implique donc de modifier ces règles de décision dont le déterminisme est basé sur des bases de données empiriques. Une première approche, pour limiter les impacts d'une surfertilisation azotée par exemple, serait de rendre les seuils plus sévères : dans la méthode Jubil par exemple, on n'appliquerait la dose complémentaire que pour une carence plus forte. Mais ceci ne permet pas de prendre en compte le fait que des carences en azote peuvent être liées à d'autres facteurs trophiques, comme un stress hydrique. Pour prendre en compte l'effet du sol, on pourrait, dans la méthode Azobil, viser un reliquat à la récolte plus faible, en fonction du type de sol, mais encore faut-il le connaître à l'échelle intra-parcellaire. Par ailleurs, l'impact de toutes ces adaptations sur les conséquences sur la marge de l'agriculteur sont difficiles à prévoir avec ces méthodes. En effet, les impératifs environnementaux et économiques, dans le contexte de prix des engrais actuels, sont souvent antithétiques, l'aspect environnemental tirant vers des doses plus faibles, alors que l'aspect économique a tendance à réclamer des doses plus fortes. Une façon de tenter de résoudre ces problèmes consiste à chercher à prédire le rendement, l'impact sur l'environnement et la marge de l'agriculteur au moment de la date de décision pour plusieurs hypothèses de scénarios de fertilisation. On peut alors, grâce à un critère qui combine harmonieusement ces objectifs opposés, déterminer quelle dose appliquée. Les chapitres jumelés de cet ouvrage, Houlès *et al.* et Guérif *et al.*, montrent une première approche de ce problème qui utilise un modèle de développement des cultures ainsi que des données issues de la télédétection.

Références bibliographiques

BINDRABAN P.S., 1999. Impact of canopy nitrogen profile in wheat on growth. *Field Crop Research*, 63, 63-77.

CHAPMAN S.C., BARRETO H.J., 1997. Using a chlorophyll meter to estimate specific leaf nitrogen of tropical maize during vegetative growth. *Agronomy Journal*, 89, 557-562.

DUMONT K., DE BAERDEMAEKER J., 2001. In field wheat nitrogen assessment using hyperspectral imaging techniques. In: *Third European Conference on Precision Agriculture*, 18-20/06/2001, Montpellier, Grenier & Blackmore eds, 905-910.

ESQUIVEL M.G., FEREIRA R.B., TEIXEIRA A.R., 2000. Protein degradation in C3 and C4 plants subjected to nutrient starvation. Particular reference to ribulose bisphosphate carboxylase/oxygenase and glycolate oxidase. *Plant Science*, 153, 15-23.

FEIBO W., LIANGHUAN W., FUHUA X., 1998. Chlorophyll meter to predict nitrogen sidedress requirements for short-season cotton (*Gossypium hirsutum* L.). *Field Crops Research*, 56, 309-314.

GATE P., 2000. La prise de décision face à la variabilité – exemples d'applications sur les céréales à partir de la télédétection. *In Actes du colloque UMR Cemagref-ENESAD*, Dijon (France), 29-30 mai 2000, Zwaenepoel P. (éd.), Educagri éditions, p. 383-393.

GUÉRIF M., BEAUDOIN N., DURR C., MACHET J.-M., MARY B., MICHOT D., MOULIN S., NICOULLAUD B., RICHARD G., 2001. Designing a field experiment for assessing soil and crop spatial variability and defining site specific management strategies. *Proceedings 3rd European Conference on Precision Agriculture*, Montpellier, June 2001, p. 677-682.

HIKOSAKA K., TERASHIMA I., 1995. A model of the acclimation of photosynthesis in the leaves of C3 plants to sun and shade with respect to nitrogen use. *Plant, Cell and Environment*, 18, 605-618.

HIKOSAKA K., TERASHIMA I., 1996. Nitrogen partitioning among photosynthetic components and its consequence in sun and shade plants. *Functional Ecology*, 10, 335-343.

JUSTES E., MARY B., MEYNARD J.-M., THELIER-HUCHÉ L., 1994. Determination of a critical nitrogen dilution curve for winter wheat crops. *Annals of Botany*, 74, 397-407.

JUSTES E., MEYNARD J.-M., MARY B., PLÉNET D., 1997. Diagnosis using the stem base extract: Jubil method. *In Diagnosis of the nitrogen status in crop*. Lemaire G. (ed.), Berlin Heidelberg, Springer-Verlag, p. 163-187.

KARROU M., MARANVILLE J.W., 1995. Response of wheat cultivars to different soil nitrogen and moisture regimes: III. Leaf water content, conductance, and photosynthesis. *Journal of Plant Nutrition*, 18, 777-791.

LAWLOR D.W., LEMAIRE G., GASTAL F., 1997. Nitrogen, plant growth and crop yield. *In Plant Nitrogen*, Lea P.J., Morot-Gaudry J.-F. (eds.),. Berlin Heidelberg, Springer-Verlag.

LEMAIRE G., GASTAL F.,1997. N uptake and distribution in plant canopies. *In Diagnosis of the Nitrogen Status in Crops*. Lemaire G. (éd.), Chapter 1. Berlin Heidelberg, Springer-Verlag

LE ROUX X., WALCROFT A.S., DAUDET F.A., SINOQUET H., CHAVES M.M., RODRIGUES A., OSORIO L., 2001. Photosynthetic light acclimation in peach leaves: importance of changes in mass:area ratio, nitrogen concentration, and leaf nitrogen partitioning. *Tree Physiology*, 21, 377-386.

LU C., ZHANG J, 2000. Photosynthetic CO_2 assimilation, chlorophyll fluorescence and photoinhibition as affected by nitrogen deficiency in maize plants. *Plant Science*, 151, 135-143.

MACHET J.M., DUBRULLE P., LOUIS P., 1990. Azobil: a computer program for fertilizer N recommendations based on a predictive balance sheet method. *In Proceedings of the 1st ESA Congress*, Paris, p. 21-22.

MACNAB F., LAWLOR D.W., BAKER N.R., YOUNG A.T., 1987. Effects of nitrate on chloroplast composition and photosynthetic activities in wheat. *In Progress in photosynthesis research*, Volume 2. NIJHOFF M. (éd.), Dordrecht, Netherlands.

MATSUNAKA T., WATANABE Y., MIYAWAKI T., ICHIKAWA N., 1997. Prediction of grain protein content in winter wheat through leaf color measurements using a chlorophyll meter. *Soil Science and Plant Nutrition*, 43, 127-134.

MONTEITH J.L., 1972. Solar radiation and productivity in tropical systems. *Journal of Applied Ecology*, 9, 747-766.

MORAN R., 1982. Formulae for determination of chlorophyllous pigments extracted with N, N-Dimethyl-formamide. *Plant Physiology*, 69, 1376-1381.

OSAKI M., MORIKAWA K., MATSUMOTO M., SHINANO T., IYODA M., TADANO T., 1993. Productivity of high-yielding crops. III. Accumulation of Ribulose-1,5-Bisphosphate Carboxylase/Oxygenase and chlorophyll in relation to productivity of high-yielding crops. *Soil Science and Plant Nutrition*, 39, 399-408.

PENG S., GARCIA F.V., LAZA R.C., CASSMAN K.G., 1993. Adjustment for specific leaf weight improves chlorophyll meter's estimate of rice leaf nitrogen concentration. *Agronomy Journal*, 85, 987-990.

PIEKELEK W.P., FOX R.H., 1992. Use of a chlorophyll meter to predict sidedress nitrogen requirements for maize. *Agronomy Journal*, 84, 59-65.

REEVES D.W., 1993. Determination of wheat nitrogen status with a hand-held chlorophyll meter: influence of management practices. *Journal of Plant Nutrition*, 16, 781-796.

RODERICK M.L., BERRY S.L., NOBLE I.R., FARQUHAR G.D., 1999. A theoretical approach to linking the composition and morphology with the function of leaves. *Functional Ecology*, 13, 683-695.

SHANGGUAN Z., SHAO M., DYCKMANS J., 2000. Effects of nitrogen nutrition and water deficit on net photosynthetic rate and chlorophyll fluorescence in winter wheat. *Journal of Plant Physiology*, 156, 46-51.

SHIRAWAI T., SINCLAIR T.R., 1993. Distribution of nitrogen among leaves in soybean canopies. *Crop Science*, 33, 804-808.

SIVANSKAR A., LAKKINENI K.C., VANITA JAIN, KUMAR P.A., ABROL Y.P., 1998. Differential response of two wheat genotypes to nitrogen supply. I. Ontogenic changes in laminae growth and photosynthesis. *Journal of Agronomy & Crop Sciences*, 181, 21-27.

STANFORD G., 1973. Rationale for optimum nitrogen fertilization in corn production. *Journal of Environmental Quality*, 2, 159-166.

VAN ANDEL J., 1987. Disturbance of grassland. Outline of the theme. *In Disturbance in grasslands*. Van Andel J. (ed.), Dordrecht, Dr. W. Junk Publishers, p. 1-13.

VIDAL I., LONGERI L., HETIER J.M., 1999. Nitrogen uptake and chlorophyll measurements in Spring Wheat. *Nutrient Cycling in Agroecosystems*, 55, 1-6.

WALLACH D., GOFFINET B., BERGEZ J.E., DEBAEKE P., LEENHARDT D., AUBERTOT J.-N., 2001. Parameter estimation for crop models: a new approach and application to a corn model. *Agronomy Journal*, 93, 757-766.

WILMOTT C.J., 1981. On the validation of models. *Physical Geography*, 2, 184-194.

Figure 2. Exemple d'image obtenue avec le radiomètre Casi (Chambry 1).

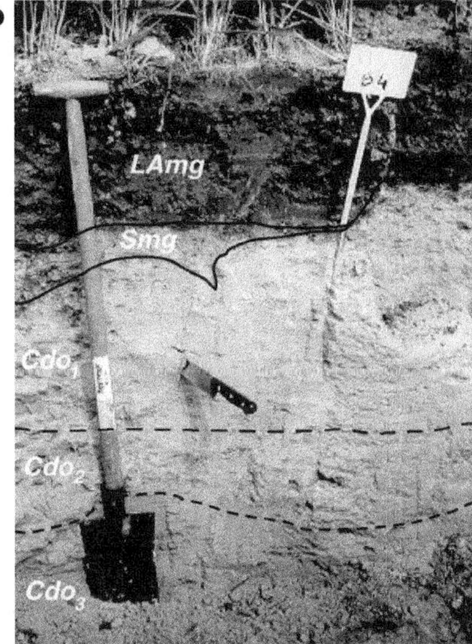

Figure 3. Principaux sols de la parcelle Chambry 2 (d'après Michot, 2003).
a) Calcosol sur craie remaniée,
b) Calco magnésisol sur sable magnésien,
c) Néoluvisol tronqué sur sable argileux cryoturbé,
d) Néoluvisol sur sable vert remanié.

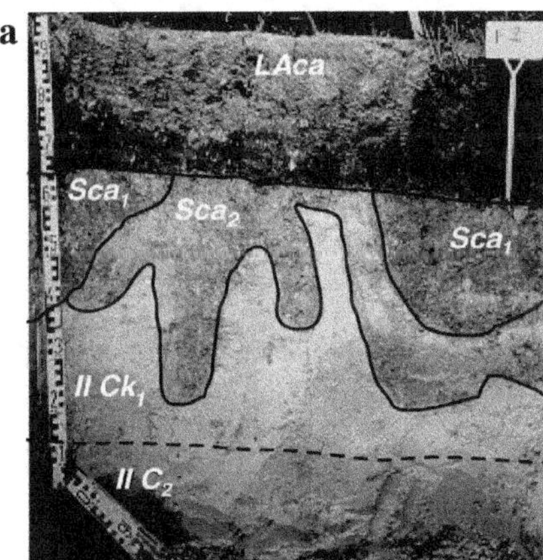

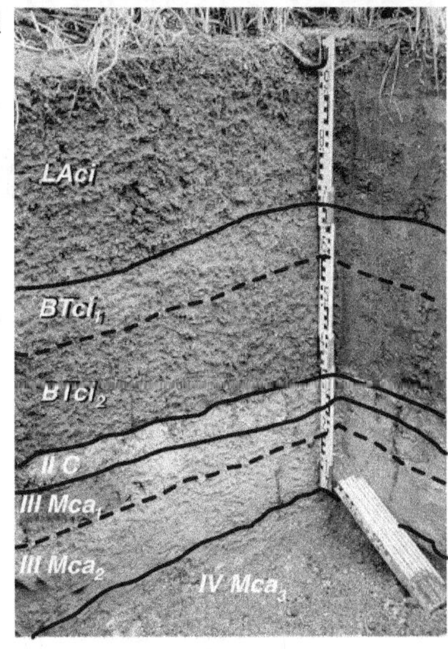

Planche 2 (Nicoullaud *et al.*)

Figure 4. Carte pédologique de la parcelle Chambry 1.

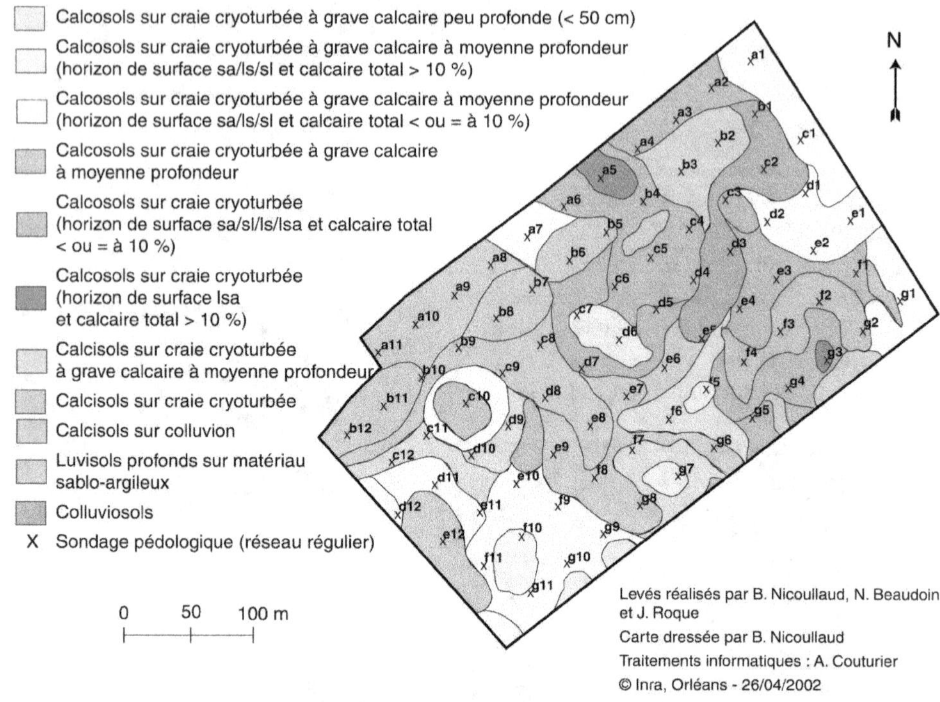

Figure 6. Carte pédologique de la parcelle Chambry 2.

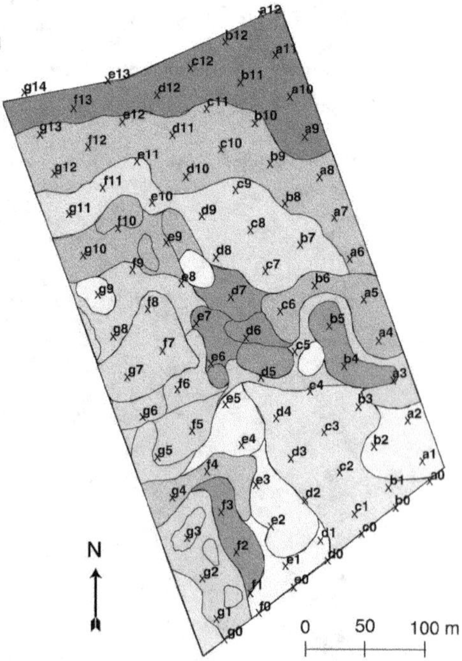

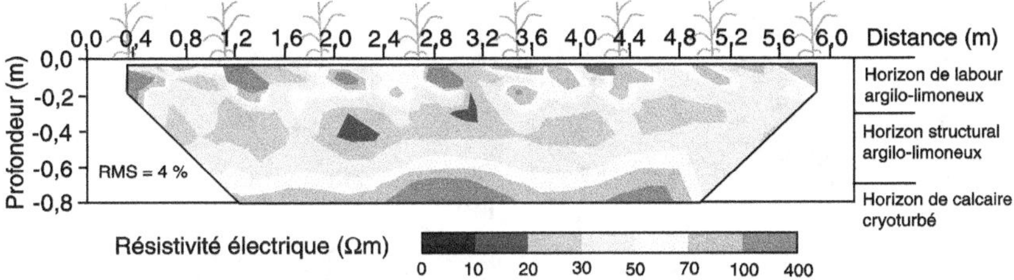

Figure 3. Section 2D de résistivité électrique interprétée d'un calcisol argilo-limoneux développé dans un calcaire cryoturbé sous une culture de maïs avant irrigation de la parcelle.

Les principaux horizons du calcisol sont individualisés par leur résistivité électrique. La première couche entre la surface du sol et la profondeur de 0,3 m correspond à l'horizon de labour argilo-limoneux. Les zones les plus résistantes correspondent aux volumes de sol desséchés par les prélèvements en eau au droit des pieds de maïs. L'orientation oblique de ces structures résistantes semble liée à l'orientation des mottes par le labour.

La deuxième couche correspond à l'horizon structural intermédiaire. Elle présente les résistivités électriques les plus faibles en accord avec une teneur en argile plus élevée (32%). À une profondeur de 0,7 m, une couche résistante apparaît. Elle correspond à l'horizon minéral de calcaire cryoturbé.

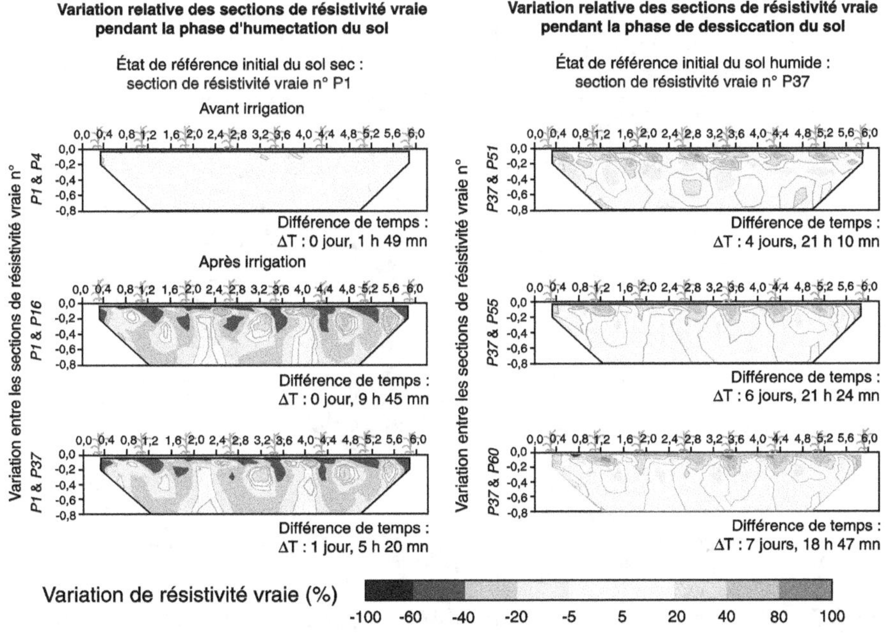

Figure 4. Suivi du fonctionnement hydrique en deux dimensions d'un profil de sol par tomographie de résistivité électrique avant et après une irrigation de 30 mm d'une culture de maïs.

(1) Avant irrigation, la résistivité électrique du sol est constante sur l'ensemble du profil.

(2) Après irrigation, la résistivité électrique du sol diminue de la surface vers la profondeur et en particulier sous les plants de maïs (zones de forte diminution de la résistivité électrique). Deux structures verticales où la résistivité électrique du sol varie peu correspondent en surface au passage antérieur des roues d'un tracteur.

(3) Lors de la phase de dessiccation, on remarque des zones de forte élévation de la résistivité électrique correspondant aux domaines racinaires des pieds de maïs.

Planche 4 (Michot *et al.*)

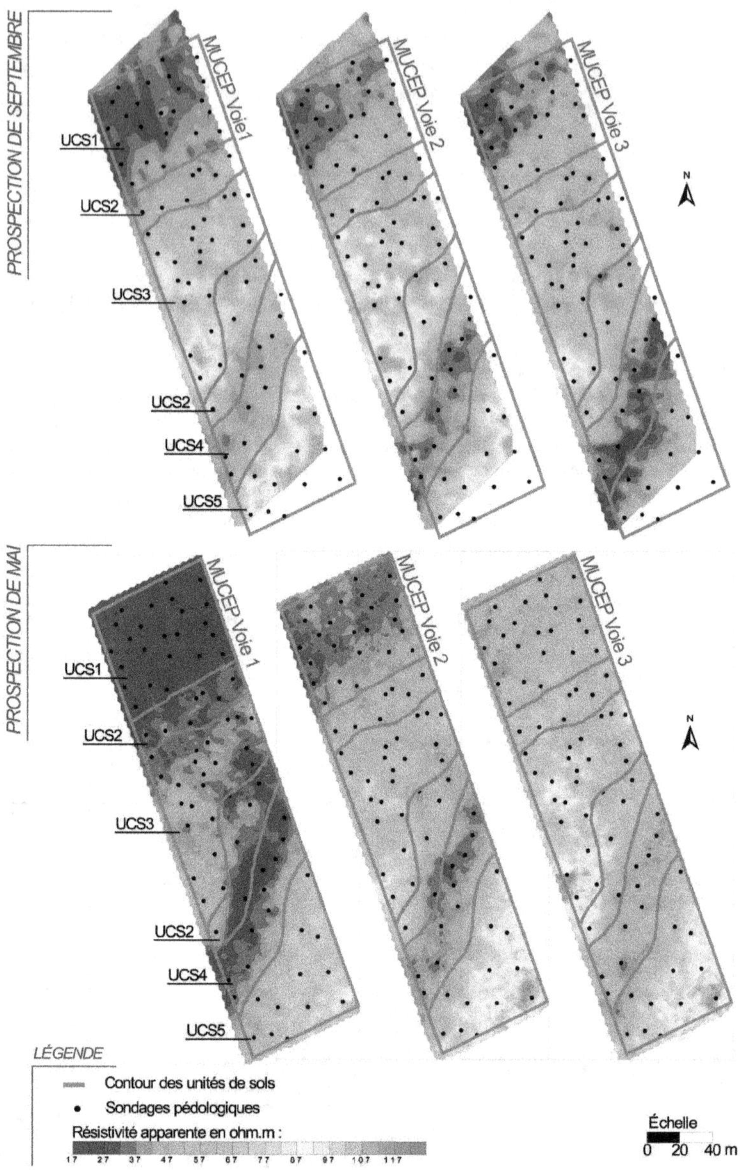

Figure 5. Cartes des résistivités apparentes d'une parcelle de Petite Beauce, mesurées avec le dispositif MUCEP à deux dates et trois profondeurs différentes (voie 1 = 0,5 m, voie 2 = 1 m, voie 3 = 2 m).

Pour chaque date, les prospections géophysiques ont été accompagnées de mesures du profil hydrique des sols. À la première date (mai 2000), les sols sont à une humidité proche de la capacité au champ (horizon de labour : $0,25 < W$ (g.g^{-1}) $< 0,27$), alors qu'à la deuxième date (septembre 2000), ils sont relativement secs (horizon de labour : $0,14 < W$ (g.g^{-1}) $< 0,17$). Les variations observées entre les trois profondeurs et les deux dates révèlent ainsi l'évolution des profils hydriques des unités de sols.

La comparaison des cartes de résistivité apparente avec les limites de la carte pédologique réalisée antérieurement (traits rouges) montre la capacité de la géophysique à identifier les unités de sols ainsi que leur fonctionnement hydrique.

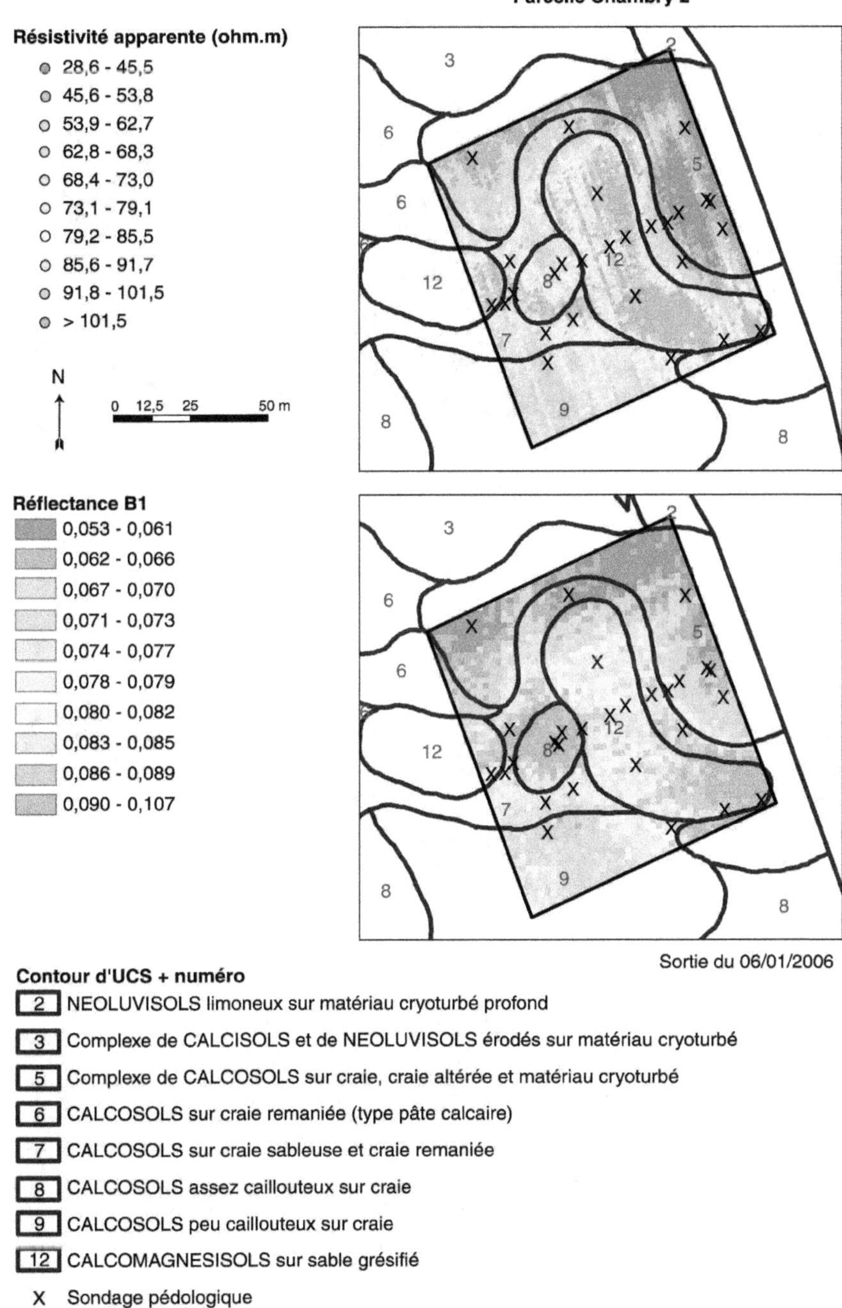

Figure 6. Comparaison sur une portion de parcelle d'étude de Chambry (Chambry 2) de la carte des résistivités apparentes mesurées avec le conductivimètre EM38 en mode HCP (haut de page) et de la carte de réflectance des sols (bas de page) obtenue dans le visible (417,72 < λ (nm) < 428,74).

Figure 1. Variabilité de la couleur de la surface du sol au sein d'une parcelle agricole du bassin de Rennes issue du remembrement d'une dizaine de petites parcelles. (Fouad *et al.*)

a)   b)   c)

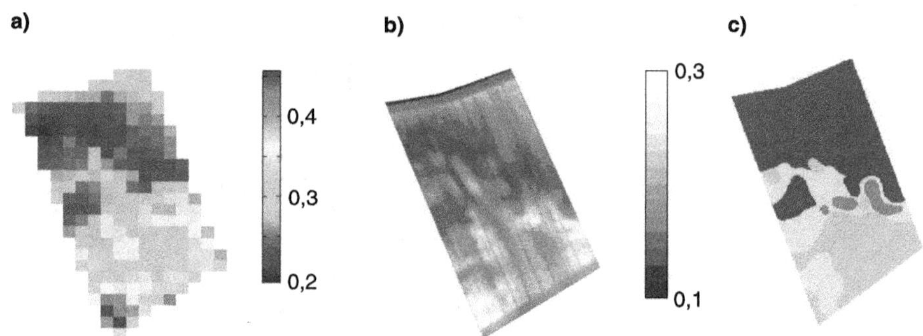

Figure 5. Cartes de brillance du sol obtenues sur la parcelle 2.

(a) À partir d'une image Spot-HRV le 01/07/2001 en présence de blé.

(b) À partir d'une image Casi le 08/04/2000 en sol nu.

(c) Comparaison avec une carte des sols simplifiée obtenue par regroupement des unités de sol établies par Nicoullaud *et al.* (cet ouvrage) (en bleu foncé : luvisols, en bleu cyan et jaune : calcosols, en rouge : sols calco-magnésiens sur sable).

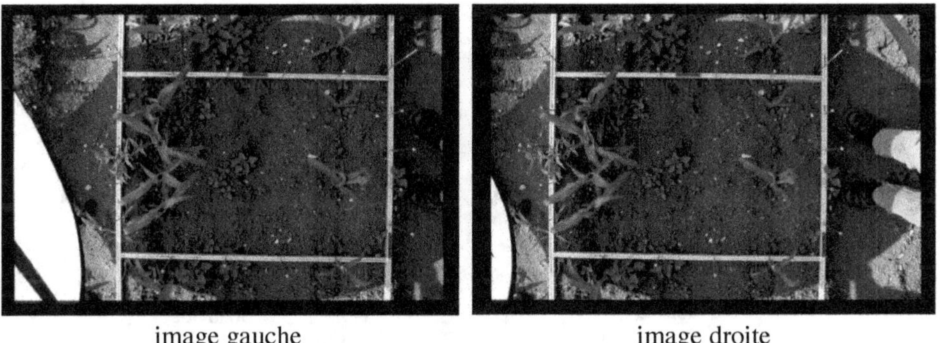

Figure 3. Image stéréoscopique d'un quadrat pris comme exemple (photos du 13 juin 2000). Assémat *et al.*

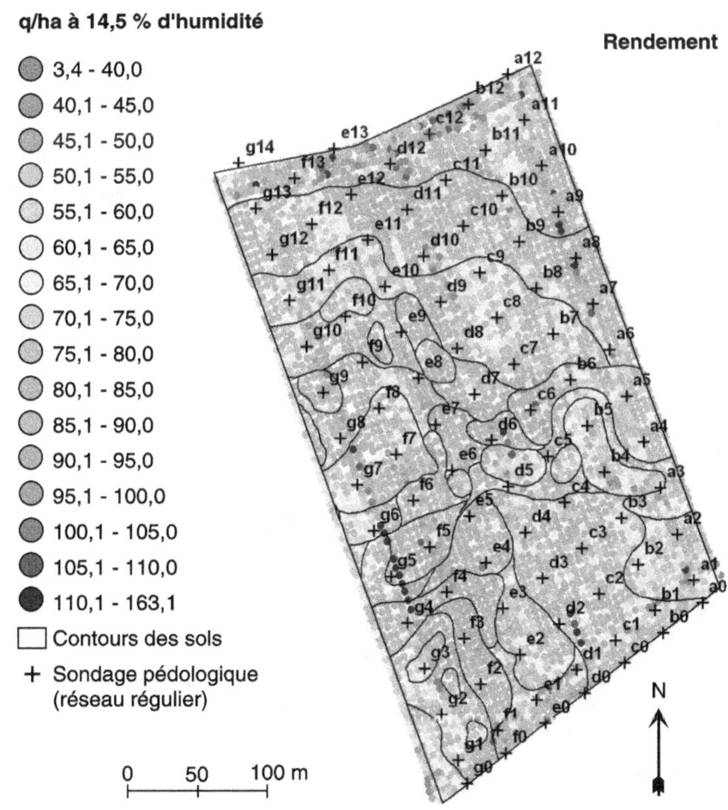

Figure 4. Carte de rendement du blé sur la parcelle Chambry 2 en 2003 (système d'enregistrement Proserie).

Planche 8 (Machet *et al.*)

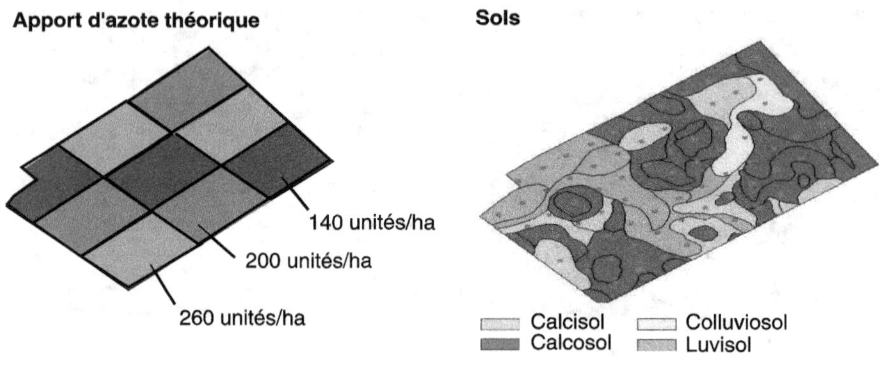

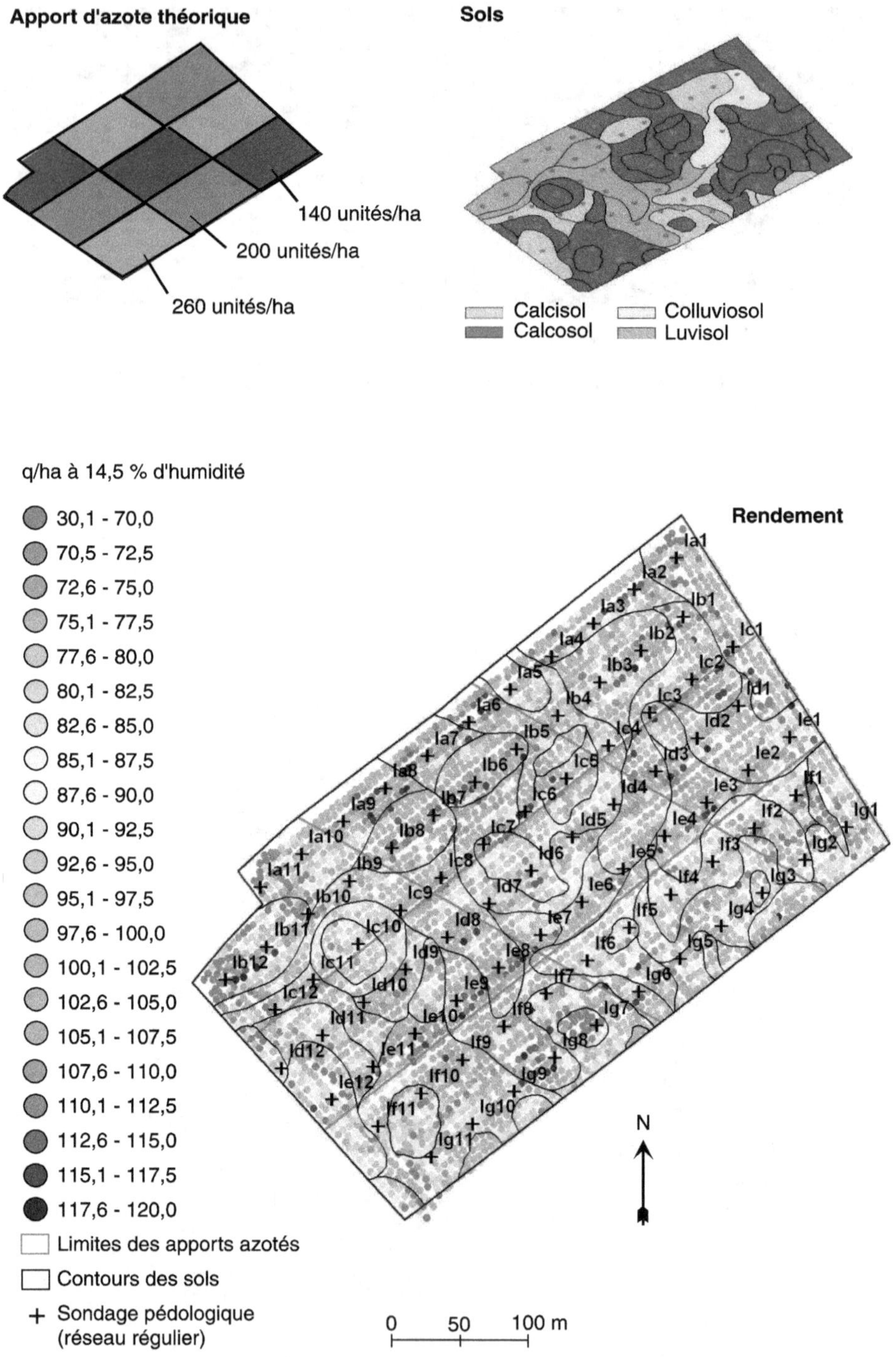

Figure 6. Carte des apports d'azote, carte des sols et carte de rendement en blé en 2002 de la parcelle Chambry 1.

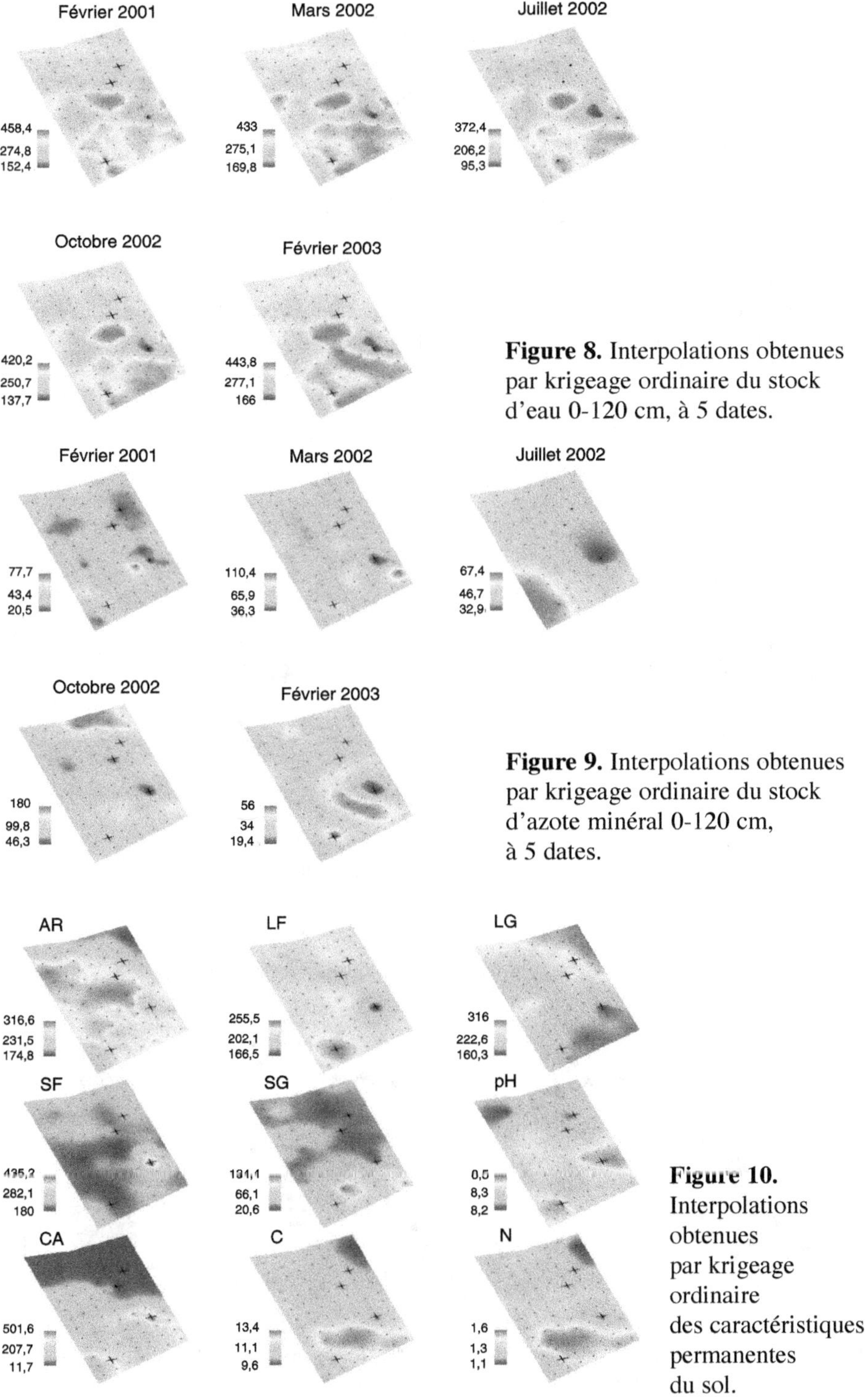

Figure 8. Interpolations obtenues par krigeage ordinaire du stock d'eau 0-120 cm, à 5 dates.

Figure 9. Interpolations obtenues par krigeage ordinaire du stock d'azote minéral 0-120 cm, à 5 dates.

Figure 10. Interpolations obtenues par krigeage ordinaire des caractéristiques permanentes du sol.

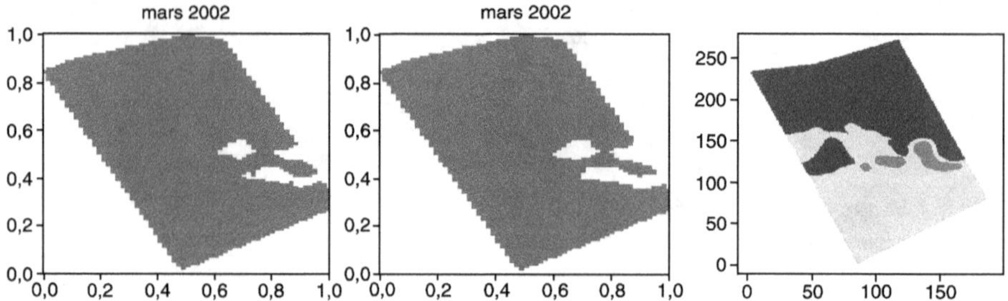

Figure 3. Variable QH en mars 2002 : 1re et 2e itération pour la détection de ZCAs : ZCAs significatives (en blanc) et pixels non significatifs (en gris foncé). Carte pédologique simplifiée : au nord, sol profond non calcaire ; au sud, sols calcaires sur craie peu profonde ; au centre et à l'est, sols grésifiés (Allard et Gabriel).

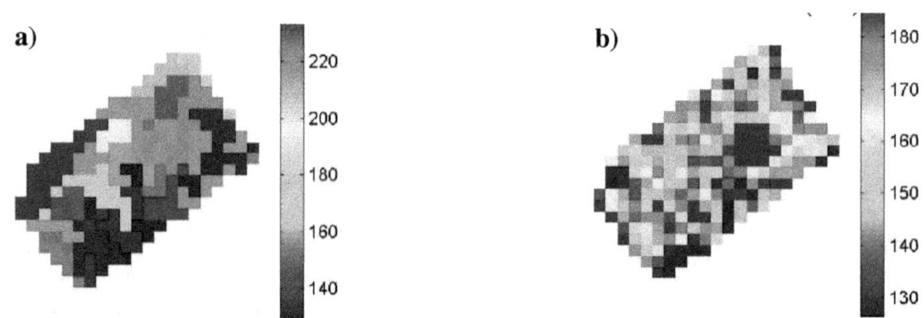

Figure 8. Comparaison de l'estimation des réserves utiles en utilisant a) l'approche par cartographie et b) l'approche par assimilation de données.

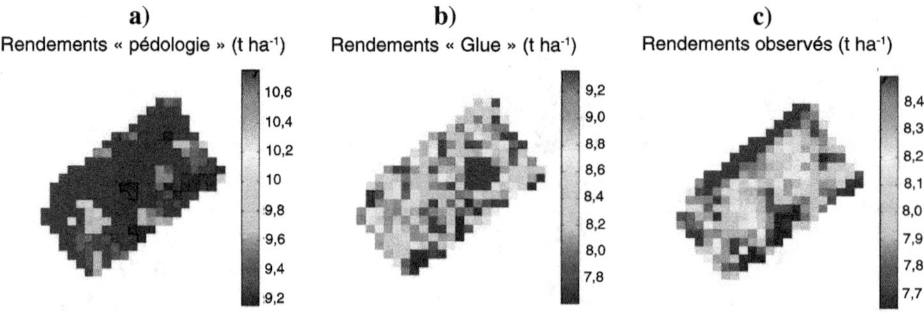

Figure 10. Comparaison des simulations de rendement par a) l'approche par cartographie et b) par l'approche par assimilation avec c) les rendements mesurés.

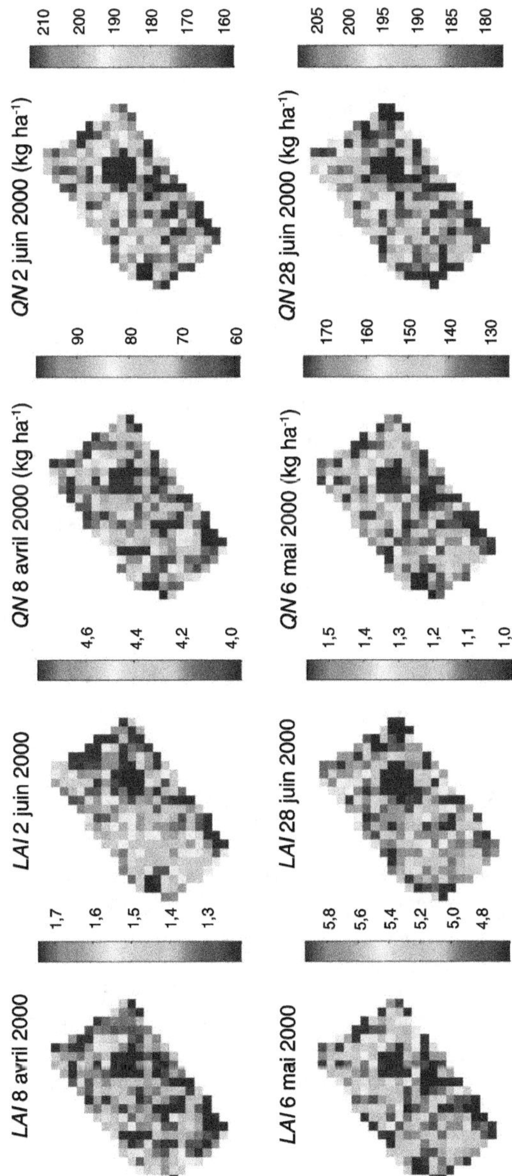

Figure 2. Cartes des variables biophysiques *LAI* (indice foliaire) et *QN* (quantité d'azote contenu dans les parties aériennes du blé) dérivées de mesures de télédétection à différentes dates sur les parcelles de Chambry en 2000. Résolution : 20 m x 20 m.

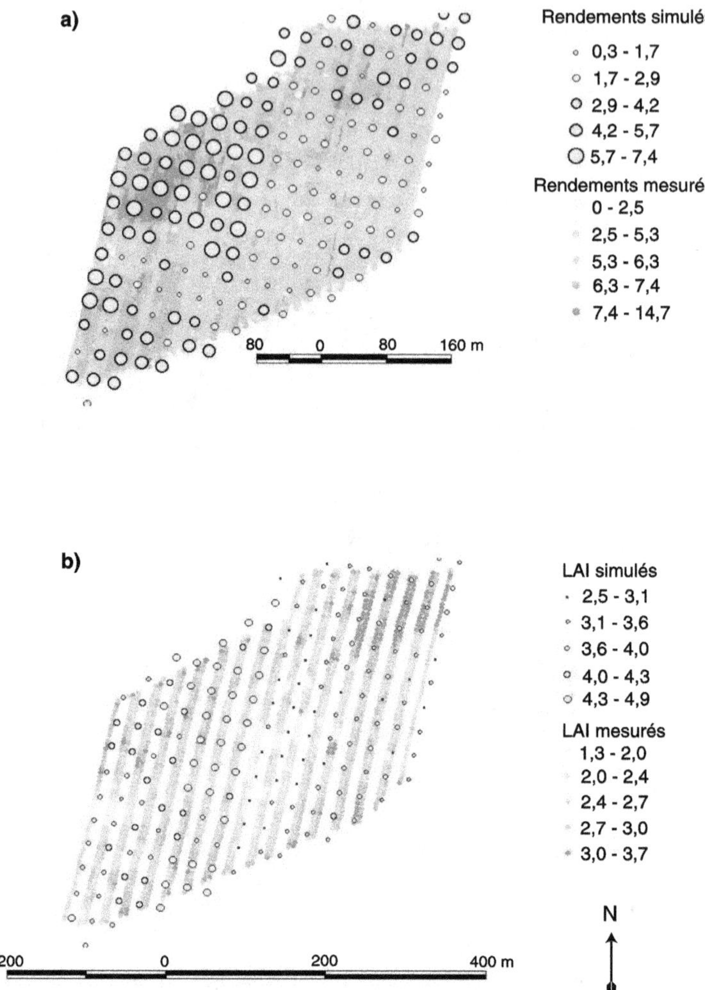

Figure 2. Comparaison des simulations point à point avec les cartes de rendement (a) et de LAI (b) obtenues sur la parcelle côte des divisions en 2001.

Critères agro-environnementaux fondés sur le modèle de culture Stics pour la modulation intra-parcellaire de la fertilisation azotée du blé

V. Houlès, B. Mary, M. Guérif, D. Makowski, E. Justes, J.-M. Machet

Introduction

L'intérêt agro-environnemental d'une fertilisation modulée

La gestion spatialisée de la fertilisation azotée se pratique aujourd'hui à l'échelle inter-parcellaire pour la plupart des grandes cultures, le plus souvent en réalisant un bilan prévisionnel d'azote. En France, la méthode du bilan prévisionnel (logiciel Azobil notamment : Machet *et al.*, 1990) est un outil de plus en plus utilisé à la parcelle pour établir le conseil de fumure azotée (Massé, 2003), comme en témoigne l'augmentation constante du nombre d'analyses d'azote minéral faites dans les sols en milieu d'hiver, pour la région nord de la France.

Bien ajuster la fertilisation azotée à la parcelle est nécessaire à la fois pour atteindre les objectifs économiques des agriculteurs et réduire les pollutions liées aux composés azotés. Sur le plan économique, un excès de fertilisation azotée peut être défavorable à la qualité pour certaines cultures (telle que la betterave à sucre) et réduit alors systématiquement la marge brute de l'agriculteur. Sur le plan environnemental, il est important d'ajuster la production industrielle des engrais azotés de synthèse aux besoins des cultures, car la synthèse est un processus coûteux en énergie et qui contribue à l'émission de gaz à effet de serre. Par ailleurs, à l'échelle de la parcelle agricole, l'accroissement de la fertilisation azotée favorise les émissions vers l'atmosphère de gaz nuisibles : émission de NH_3 par volatilisation de la forme ammoniacale et émission de N_2O par dénitrification et/ou nitrification des engrais azotés (Germon et Hénault, 2002). De plus, un excès d'engrais azoté par rapport à l'optimum de production entraîne un accroissement de reliquat azoté à la récolte de la culture (Makowski *et al.*, 1999 ; Beaudoin *et al.*, 2004). À moyen terme, il conduit inévitablement, sauf si des mesures particulières sont prises systématiquement, telles que l'implantation d'une culture intermédiaire, à un accroissement des pertes de nitrate vers les eaux superficielles ou les aquifères (Mary *et al.*, 2002).

Les enjeux agronomiques et environnementaux d'une modulation de la fertilisation à l'intérieur d'une parcelle agricole sont similaires. De nombreux auteurs voient dans le concept de « l'agriculture de précision », concept qui s'applique également à d'autres facteurs de production que l'azote, une réponse à la double problématique environnementale et économique (Paz *et al.*, 1999 ; Schröder *et al.*, 2000 ; Booltink *et al.*, 2001 ; Godwin *et al.*, 2003). Cependant, l'intérêt de moduler la fertilisation azotée en intra-parcellaire n'est pas trivial : il dépend du coût de mise en œuvre des techniques nécessaires (acquisition des informations, logiciel, matériel d'épandage,...) et du degré d'hétérogénéité de la parcelle (sol, plante). L'intérêt est d'autant plus grand que la parcelle présente une forte variabilité de ses caractéristiques pédologiques et de son potentiel de rendement pour la culture considérée, à la condition supplémentaire que cette variabilité soit spatialement structurée (Le Clech *et al.*, 2001). Dans l'état actuel du contexte économique et des outils disponibles, l'intérêt environnemental d'une fertilisation spatialement modulée est probablement plus grand que son intérêt économique.

Un exemple pour juger de l'intérêt de cette technique nous est fourni par l'étude de Laurent (2000). Il s'agit d'une parcelle fortement hétérogène située à Boigneville. Sur les quatre principaux types de sols rencontrés, des courbes de réponse à l'azote ont été établies sur blé d'hiver en 1998 et 1999, ce qui permet de définir *a posteriori* le potentiel de rendement du blé et la dose d'azote optimale (i.e. la dose nécessaire pour obtenir ce rendement). Les résultats que l'on peut tirer de cette étude (fig. 1) fournissent plusieurs enseignements :

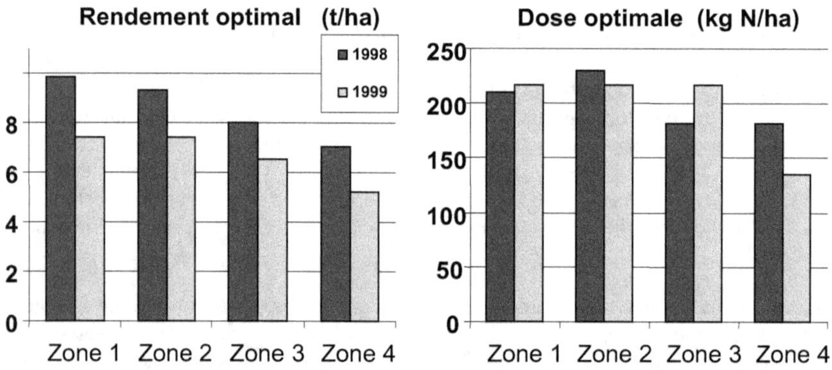

Figure 1. Exemple de variabilité intra-parcellaire observée sur 4 grandes zones de sol d'une parcelle agricole très hétérogène : rendement optimal du blé et dose optimale d'azote. Ces variables ont été déterminées *a posteriori* d'après les courbes de réponse à l'azote qui ont été obtenues. Parcelle Imbault de Boigneville (d'après Laurent, 2000).

- l'amplitude de variation du rendement entre zones est forte : 2,9 t ha^{-1} en 1998 et 2,2 t ha^{-1} en 1999 ;
- l'amplitude de variation de la dose optimale est également importante : 50 kg N ha^{-1} en 1998 et 82 kg N ha^{-1} en 1999 ;

-   les valeurs absolues des rendements et doses N optimales varient presque autant entre années qu'entre zones de sol, même si le classement des sols reste relativement stable.

En considérant que les quatre zones occupent une surface équivalente dans la parcelle, les économies d'engrais réalisables, déterminées *a posteriori* en utilisant le modèle de courbe de réponse de Laurent, seraient en moyenne sur les deux années de 25 kg N ha^{-1}. Par rapport à une conduite uniforme, l'ajustement de la fertilisation azotée intra-parcellaire conduirait à une réduction de la fertilisation moyenne, à un rendement en grain équivalent, et une teneur en protéines des grains plus faible de 0,9 %. Cette réduction peut être rédhibitoire pour un marché exigeant des teneurs en protéines élevées, ce qui illustre la difficulté de la modulation, malgré son intérêt environnemental potentiel. Cet exemple donne surtout une idée de l'amplitude de modulation et de l'économie d'engrais qui est possible. Sur le plan environnemental, la quantité d'azote minéral résiduel à la récolte serait peu affectée par la modulation. Par contre le bilan azoté, calculé comme la différence entre entrées d'azote sous forme d'engrais et sorties d'azote par les grains, serait réduit de 15 kg N ha^{-1} par une application modulée, ce qui conduirait à diminuer les fuites d'azote à long terme.

Les étapes pour aller vers une modulation de la fertilisation

On peut distinguer trois phases dans la mise en œuvre de l'agriculture de précision (Guérif *et al.*, 2001) : connaître la variabilité du milieu (sol et couvert végétal), établir des règles de modulation et mettre en œuvre la technique modulée (ici la fertilisation azotée).

Connaître la variabilité du milieu

L'émergence des nouvelles techniques qui sont à l'origine du concept d'agriculture de précision permet de caractériser l'hétérogénéité de façon spatialement continue à l'intérieur d'une parcelle agricole. La première technique utilisée est la télédétection par imagerie aérienne ou satellitale. La télédétection dans le visible et le proche infra-rouge donne des informations sur l'état du couvert végétal : taux de couverture du sol, surface foliaire, teneur ou quantité de chlorophylle contenue dans le couvert (ex. : Moulin *et al.*, 1998 ; Basso *et al.*, 2001). Elle permet également de fournir des données sur le sol (albédo, teneur en eau, teneur en matière organique en surface du sol,…) et d'aider à l'établissement de la carte pédologique de la parcelle. Elle peut être mise en œuvre plusieurs fois au cours du cycle de la culture, ce qui permet d'établir une trajectoire d'évolution de la culture en chaque point de l'espace.

La deuxième technique est la cartographie de rendement, établie à la récolte de la culture. Celle-ci a été rendue possible grâce à l'utilisation conjointe de capteurs de rendement qui mesurent en continu le flux de grains récoltés et du système de positionnement géographique GPS placés sur la moissonneuse-batteuse. Cette technique fait souvent apparaître des variations conséquentes de rendement à l'intérieur de parcelles agricoles gérées de manière uniforme, même dans des parcelles que l'on pensait homogènes. Lorsqu'elle est répétée année après année, elle peut permettre d'établir une carte plus ou moins permanente de zones ayant des potentialités de production différentes ou au contraire de montrer que la variabilité spatiale n'est pas stable entre années (Blackmore *et al.*, 2003).

Une troisième technique qui s'est développée récemment donne des informations sur le sol : il s'agit de l'application de méthodes géophysiques pour établir des cartes de sol. Cette technique regroupe des méthodes électriques ou électro-magnétiques, voire magnétiques. Les équipements peuvent être installés sur des engins agricoles tractés pour obtenir une carte continue de la parcelle. L'information obtenue (résistivité, permittivité) est liée à la teneur en eau du sol, au type de matériau et à sa structure (Michot, 2003 ; Godwin *et al.*, 2003). Elle peut permettre d'affiner les contours d'une carte pédologique ou de renseigner directement des paramètres du fonctionnement hydrique du sol.

Une dernière technique, ancienne mais dont l'intérêt est renouvelé, consiste à réaliser de nombreuses mesures ponctuelles par prélèvement et analyse de sol ou de plante, puis à les spatialiser de manière continue en utilisant des méthodes géostatistiques. C'est une technique évidemment coûteuse mais qui peut s'avérer indispensable pour des variables importantes mais pour lesquelles on ne dispose pas de méthodes de mesure non destructives : c'est le cas notamment de la quantité d'azote minéral du sol. La condition requise pour que ce travail de caractérisation soit profitable est la stabilité dans le temps de la structure spatiale qui peut être mise en évidence : stabilité du semi-variogramme au minimum, stabilité géographique de préférence (Baxter et Oliver, 2001).

Établir des règles de modulation

Zhang *et al.* (2002) et Robert (2002) font remarquer que si les conditions technologiques de la mise en œuvre de l'agriculture de précision sont aujourd'hui réunies, le développement de règles de modulation, basées sur des principes agronomiques et écologiques, est encore très partiel. On se trouve souvent dans une situation où l'on ne sait pas utiliser l'information, ce qui est typiquement le cas des cartes de rendement (Paz *et al.*, 1999). Deux grands types d'approche pour établir des règles à partir de la caractérisation de la variabilité des caractéristiques du sol ou de la plante peuvent être distingués (Guérif *et al.*, 2001 a,b) :

- une approche « indicateur », qui s'appuie le plus souvent sur l'état du couvert végétal mais qui peut aussi s'appuyer sur des données sol,
- une approche « modèle de culture », qui intègre simultanément la connaissance de la variabilité du sol et de la plante.

Les indicateurs utilisables sont les mêmes que ceux qui sont proposés pour piloter la fertilisation azotée dans une parcelle homogène. Cependant, ces indicateurs doivent pouvoir être mesurés rapidement en de nombreux points de l'espace. Ceci disqualifie des indicateurs du type méthode du bilan prévisionnel (indicateur « sol ») ou teneur en nitrate du jus de base de tige (indicateur « plante », type méthode *Jubil*®), car la quantité d'azote minéral du sol ou la teneur en nitrate de la plante sont trop lourdes à mesurer en de nombreux points de la parcelle. Des indicateurs fondés sur la biomasse de la culture ou sur son niveau de nutrition azotée peuvent être utilisés (cf. articles de Huet *et al.* et de Houlès *et al.,* cet ouvrage).

L'approche « modèle de culture » est plus complexe que l'approche indicateur, mais présente plusieurs intérêts majeurs :
- les caractéristiques du sol, de la plante et du climat sont prises en compte explicitement ;
- l'évolution dans le temps du système sol-plante est simulée, ce qui permet d'établir un diagnostic continu et de faire un pronostic du statut azoté de la culture ;
- différentes variables du système sol-plante sont simulées, ce qui permet d'élaborer des critères agro-environnementaux prenant en compte simultanément le rendement, la qualité de la récolte et les fuites d'azote vers l'atmosphère ou l'hydrosphère ;

- les paramètres du modèle constituent une base de données qui peut être enrichie et affinée année après année en assimilant les données disponibles (cartes de rendement, télédétection).

Mettre en œuvre une application spatialement modulée

La mise en application d'une carte de fertilisation spatialement variable est maintenant possible avec l'évolution du machinisme agricole. L'application modulée est relativement aisée à réaliser avec des pulvérisateurs d'engrais liquides (solution azotée) ou des épandeurs pneumatiques pour engrais solides (ammonitrate, urée), équipés de nombreux distributeurs qui peuvent être pilotés individuellement. Elle est plus délicate à réaliser avec des épandeurs centrifuges pour engrais solides, qui sont pourtant les plus répandus parce que rustiques et moins coûteux. La première opération consiste à convertir la carte d'épandage théorique (fournie par le modèle agronomique) en carte de consigne, en prenant en compte les nombreuses contraintes techniques : caractéristiques du matériel (largeur de travail, débit d'engrais, zones de recouvrement,…), caractéristiques de la parcelle (topographie, zones de fourrières) et des conditions climatiques au moment de l'épandage (en particulier le vent). Bien que les matériels permettent d'obtenir théoriquement une bonne précision d'épandage, les études font souvent apparaître des différences importantes entre carte de consigne et carte réellement épandue. La mise en œuvre d'une fertilisation spatialement modulée est donc déjà effective mais demande à être améliorée.

Utilisation d'un modèle de culture pour préconiser une dose d'azote

De nombreux outils informatiques de préconisation de la fertilisation azotée basés sur l'utilisation de modèles agronomiques (modèles statiques ou dynamiques, ces derniers pouvant être des modèles de culture) existent déjà, surtout à l'échelle de la parcelle entière. Certains d'entre eux sont inclus dans des outils plus généraux de préconisation d'itinéraires techniques (Engel, 1997 ; Shaffer et Brodahl, 1998 ; Jeuffroy et Recous, 1999 ; Booltink *et al.*, 2001 ; Loyce *et al.*, 2002 ; Jones *et al.*, 2003). Nous présentons ici les étapes de mise en œuvre de modèles de culture afin d'arriver à une préconisation de dose d'engrais.

Définition d'un critère agro-environnemental

La stratégie optimale de fertilisation azotée (doses et dates d'apport) est celle qui fournit le meilleur compromis entre les objectifs agronomiques et environnementaux, ceux-ci étant souvent contradictoires. La déterminer revient à optimiser plusieurs critères simultanément. Les composantes à prendre en compte, pour le blé, sont le rendement en grains (G) et la qualité des grains *via* la teneur en protéines (P) que l'on souhaite en général maximiser, et l'impact environnemental (E) qui doit être minimisé. Ces trois variables de sortie du modèle peuvent être représentées sous la forme $\hat{Y}^S = f(X,\ \theta)$, où X représente le vecteur des variables explicatives du modèle et θ celui des paramètres du modèle. Elles doivent être combinées en un critère commun, que l'on peut nommer *fonction objectif*, notée J, et dont l'utilisation correspond au critère agro-environnemental. L'optimisation de la fonction objectif permet de déterminer, pour une date d'apport donnée, la dose optimale, notée N^* dans le cas expérimental et $\hat{N}^*$ dans le cas de l'utilisation du modèle. N^* est en réalité dépendant de X, et $\hat{N}^*$ est fonction de X et de θ. Plusieurs approches sont possibles pour calculer les critères à optimiser et définir la fonction objectif.

Calcul d'un bilan d'azote dynamique

Engel (1997), Jeuffroy et Recous (1999) et Booltink *et al.* (2001) proposent des méthodes voisines, fondées sur l'utilisation de modèles dynamiques : elles n'utilisent pas les variables *G*, *P* et *E* obtenues à la récolte, mais se basent sur une approche assez similaire à celle du bilan d'azote (Stanford, 1973), impliquant des variables d'état obtenues en cours de culture, de type $\square(t) = f(X, \theta, t)$. Le critère proposé par ces auteurs est la différence entre les besoins de la plante et la quantité d'azote que le sol est susceptible de fournir. Dans cette méthode qui vise à ajuster en temps réel les fournitures du sol aux besoins de la plante, on optimise implicitement le rendement car on calcule des doses qui permettent de réduire le risque d'occurrence de carences azotées. L'aspect environnemental est pris indirectement en compte par le fait que les apports sont les plus proches possibles des besoins, ce qui doit conduire à réduire, sinon minimiser, le reliquat d'azote minéral à la récolte.

Meynard *et al.* (2002) citent également d'autres méthodes basées sur des bilans entrées-sorties dynamiques, incluant des modèles de culture, pour définir des stratégies incluant des périodes de carence azotée tout en visant un rendement optimal, une teneur en protéines élevée et des pertes azotées limitées. Dans ce cas, les méthodes utilisent les variables *G*, *P* et *E*.

Utilisation d'une courbe de réponse du rendement à la dose d'azote

Cette méthode est basée sur le calcul d'une dose totale d'azote optimale par ajustement de modèles statiques à des données expérimentales, selon le principe utilisé notamment par Laurent (2000) et Makowski *et al.* (2001). La figure 2 montre une forme possible de courbe de réponse du rendement en grain (*G*) à la dose d'azote : la dose optimale *N** correspond à un des paramètres de celle-ci, et peut être définie comme la dose minimale qui maximise le rendement ou plutôt la marge brute (tenant compte des prix respectifs du grain et de l'engrais). L'aspect environnemental n'est alors pas explicitement pris en considération dans cette approche. Il peut cependant l'être, si l'on modélise plusieurs courbes de réponse : rendement, teneur en protéine et reliquat d'azote minéral en fonction de la dose d'azote. C'est ce que proposent Makowki *et al.*, ce qui permet de prendre en compte ces trois critères dans le calcul de la dose optimale.

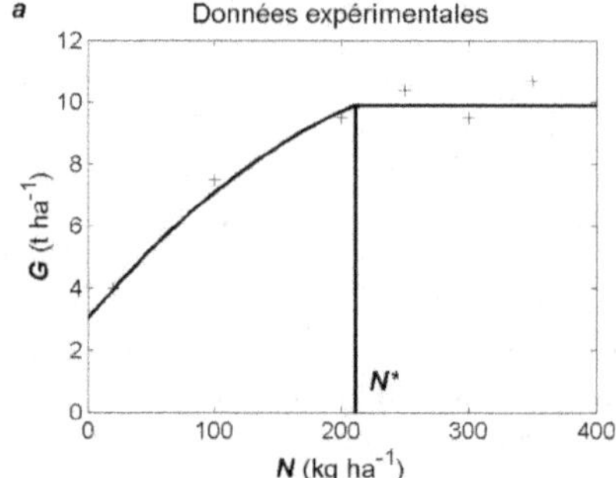

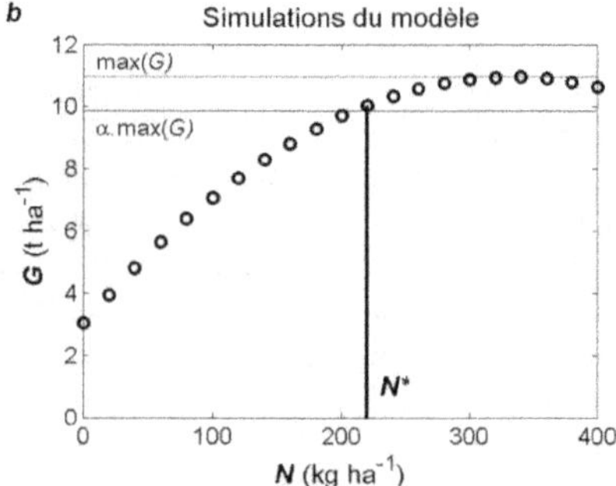

Figure 2. Utilisation de courbes de réponse du rendement en grains (G) à la dose totale d'azote (N) pour déterminer la dose d'azote optimale (N*) : a) courbe de réponse possible ajustée sur des données expérimentales ; b) courbe de réponse pouvant être simulée par un modèle de culture.

On pourrait généraliser cette méthode en utilisant un modèle de culture pour simuler la courbe de réponse à la dose d'azote, ainsi que la teneur en protéines et les pertes azotées vers l'atmosphère ou l'hydrosphère. Comme le rendement prédit par le modèle de culture n'atteint pas forcément un plateau strict, la dose optimale peut être définie comme la dose minimale permettant d'atteindre une certaine proportion α du rendement maximal.

Utilisation d'une courbe de réponse de la marge brute à la dose d'azote

Dans le cas où les critères peuvent s'exprimer de façon continue en fonction de N, comme G et P, une façon réaliste de les combiner est de les utiliser pour calculer la marge brute. La fonction objectif s'écrit alors :

$$J(N) = G(N) \cdot f[P(N)] - a.N \tag{1}$$

où $J(N)$ représente la marge brute ($€\ ha^{-1}$) obtenue avec la dose N ($kg\ ha^{-1}$), $f[P(N)]$ est la fonction qui donne le prix du blé ($€\ kg^{-1}$) en fonction de sa teneur en protéines et a est le coût de l'engrais azoté ($€\ kg^{-1}$). Pour définir f, on peut utiliser le barème appliqué actuellement par les coopératives agricoles, qui présente en général la forme d'une fonction « plateau-linéaire croissante-plateau ».

La dose optimale est alors celle qui maximise la marge brute (par exemple Paz *et al.*, 1999 ; Makowski *et al.*, 2001). Là encore, la préoccupation environnementale n'est qu'indirectement prise en considération. Le fait d'inclure le prix de l'engrais azoté dans le calcul de la fonction objectif a tendance à diminuer la dose retenue. Mais cette contrainte reste peu importante avec les montants actuels retenus pour le produit et pour l'intrant (prix du blé ~ 0,093 € /kg et coût de l'engrais azoté = 0,23 € /kg N).

Ajout d'une contrainte environnementale

Une façon de prendre en compte explicitement une contrainte environnementale est d'inclure la variable E dans le calcul de la marge brute. Makowski *et al.* (2001) proposent de fonder le calcul de E sur le reliquat d'azote minéral à la récolte : $R(N)$. La fonction objectif s'écrit alors :

$$J(N) = G(N) \cdot f[P(N)] - a.N - g[R(N)] \tag{2}$$

où g représente une fonction de pénalisation. Comme aucune mesure réglementaire n'a été définie, on peut proposer plusieurs formes pour la fonction g. Makowski *et al.* (2001) ont suggéré de considérer cette fonction nulle en deçà d'un seuil de reliquat azoté de 35 $kg\ ha^{-1}$ (permettant *grosso modo* de satisfaire à la norme européenne de potabilité de l'eau de 50 $mg\ L^{-1}$) et égale, au-delà, au coût de mise en place d'une culture intermédiaire, estimé à 38 € ha^{-1}.

La fonction g peut être indexée sur d'autres variables que R. On peut ainsi remplacer le reliquat récolte par le bilan d'azote à la récolte, noté B. Ce bilan représente la différence entre les entrées et les exportations d'azote. Dans une parcelle sans fertilisation organique et avec restitution des résidus de culture, le bilan s'écrit :

$$B(N) = N - 10.G(N).P(N) \cdot 0,175 \tag{3}$$

On considère donc ici les sorties uniquement sous la forme de l'azote exporté par les grains. Le coefficient 0,175 représente l'inverse du coefficient 5,7 permettant de passer de la teneur en azote à la teneur en protéines du grain.

Méthodes utilisées pour déterminer une dose optimale

La méthode à mettre en œuvre pour calculer une dose optimale d'azote dépend de la fonction objectif choisie. Si cette fonction est basée sur des variables d'état intermédiaire (calcul des besoins en azote de la culture), on peut raisonner à un pas de temps relativement bref, d'une date d'apport à l'autre par exemple. Par contre, lorsque la fonction objectif est construite sur les variables d'intérêt final, on est obligé de mener la simulation jusqu'à la récolte. Dans un cas comme dans l'autre, l'incertitude climatique doit être prise en compte, par exemple par l'utilisation de scénarios climatiques.

Calcul d'un bilan d'azote dynamique

Les méthodes proposées par Engel (1997), Jeuffroy et Recous (1999) et Booltink *et al.* (2001) consistent à simuler, entre deux dates d'apport, la quantité d'azote absorbée par la culture et la quantité d'azote minéral disponible pour la culture de façon prédictive en prenant en compte des séries climatiques. Engel et Booltink *et al.* proposent d'apporter la quantité d'azote correspondant à la consommation prévue pour les quatre semaines suivantes lorsque l'azote minéral du sol devient inférieur à un seuil qui dépend de la vitesse d'absorption. Dans le cas du dernier apport, la simulation va jusqu'à la récolte. Après chaque apport, on prend en compte l'effet du climat passé réel, ce qui conduit à réactualiser les simulations.

Cette méthode permet de se dispenser d'utiliser de séries climatiques complètes (allant du semis jusqu'à la récolte) et de déterminer à l'avance plusieurs stratégies de fertilisation azotée à comparer. Néanmoins, elle ne considère que le système sol-plante et ne prend pas en compte les contraintes économiques et environnementales de façon explicite.

Calcul d'une fonction objectif définie à la récolte

Lorsque la fonction objectif prend en compte des variables à la récolte, on peut utiliser soit des modèles statiques (Makowski *et al.*, 2001 ; Loyce *et al.*, 2002), soit des modèles dynamiques (Paz *et al.*, 1999). Les modèles dynamiques sont plus complexes d'emploi mais permettent de prendre en compte les facteurs pédo-climatiques et les interactions entre facteurs de production. On compare les variables simulées à la récolte pour différents scénarios de fertilisation azotée et de climat futur. On réalise des simulations qui croisent :

- n scénarios climatiques à partir de la date de décision ;

- m scénarios techniques variant par la dose d'azote (voire les dates d'apport).

À titre d'exemple, Paz *et al.* (1999) croisent $n = 22$ climats et $m = 21$ doses d'azote. Les variables utilisées pour le calcul de la fonction objectif peuvent être analysées sous forme de moyenne climatique ou sous forme fréquentielle de façon à permettre une analyse de risque. Cette méthode implique d'utiliser des séries climatiques allant de la date de décision à la récolte et de prédéfinir des stratégies de fertilisation azotée. Mais son utilisation permet le calcul de critères plus complexes, intégrés sur l'ensemble du cycle de la culture et prenant en compte des aspects économiques et environnementaux.

Évaluation du modèle de culture

Dans le cadre de la préconisation de la fertilisation azotée, l'évaluation du modèle de culture comporte deux phases :

- l'évaluation de sa capacité à décrire l'évolution des variables d'état (indice foliaire, biomasse, stock d'eau, stock d'azote,…) et à prévoir les variables d'intérêt final (en particulier les variables intervenant dans le calcul de la fonction objectif) ;

- l'évaluation de sa capacité à préconiser la meilleure stratégie de fertilisation azotée permettant d'atteindre un critère agro-environnemental donné et les conséquences de cette préconisation si elle est appliquée.

En effet, comme l'a montré Wallach (2002), un modèle prédisant relativement bien la fonction objectif peut conduire à des préconisations de doses d'azote moins bonnes qu'un autre modèle jugé moins performant en terme de qualité prédictive. En fait, il y a deux aspects à prendre en compte : d'une part l'erreur commise sur la fonction objectif par le modèle lors de la préconisation et d'autre part la conséquence qu'entraîne cette erreur sur la dose d'azote qui serait optimale pour atteindre cet objectif.

Ceci est illustré sur la figure 3 qui compare les valeurs observées et simulées de la fonction objectif dans trois situations. Dans la première situation, le modèle préconise la dose 300 kg N ha^{-1} qui correspond au maximum de la fonction objectif simulée. La valeur réelle de la fonction objectif pour cette décision est 720. Dans la situation 2, le modèle préconise la dose 250 qui conduit à une valeur réelle de fonction objectif 775. Pour la situation 3, on obtient le couple de valeurs (200 ; 950). La valeur moyenne de la fonction objectif obtenue avec les doses préconisées vaut 815. Cette valeur est à comparer à la valeur maximale du critère qu'il est possible d'atteindre, c'est-à-dire celle qui est calculée à partir des observations, (750 + 900 + 950) / 3 = 867. On peut ainsi parler de « perte » engendrée par l'utilisation du modèle par rapport à la situation idéale, ici 52 (Makowski et Wallach, 2001).

Cet exemple confirme que la qualité de prédiction du modèle n'est pas forcément liée à la qualité de la préconisation : dans la situation 2, le modèle réalise de très bonnes simulations pour les faibles doses d'azote, mais cela n'a aucune influence sur sa capacité à fournir le meilleur conseil de fertilisation. *A contrario*, dans la situation 3, le modèle simule mal la courbe de réponse à l'azote mais prévoit bien la dose optimale.

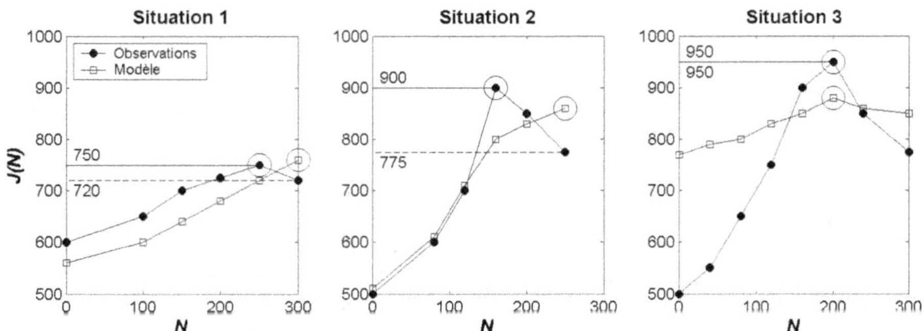

Figure 3. Exemples illustrant le calcul du critère d'évaluation de la capacité d'un modèle à réaliser des préconisations. Dans la situation 1, l'utilisation du modèle conduit à une perte de fonction objectif *J* égale à 30 (par rapport à l'optimum). La perte est de 125 dans la situation 2, et de 0 dans la situation 3.

Évaluation du modèle Stics : réponse à la fertilisation azotée

Cette partie correspond à la première phase de l'évaluation d'un modèle qui vient d'être décrite.

Présentation du modèle

Le modèle de culture Stics a été largement décrit précédemment (Brisson *et al.*, 1998 ; 2002 ; 2003). Il est organisé en neuf modules qui sont fortement interactifs et qui communiquent entre eux par diverses variables d'état. Les relations qui existent entre les principales variables d'entrée, d'état et de sortie du modèle sont présentées à la figure 4.

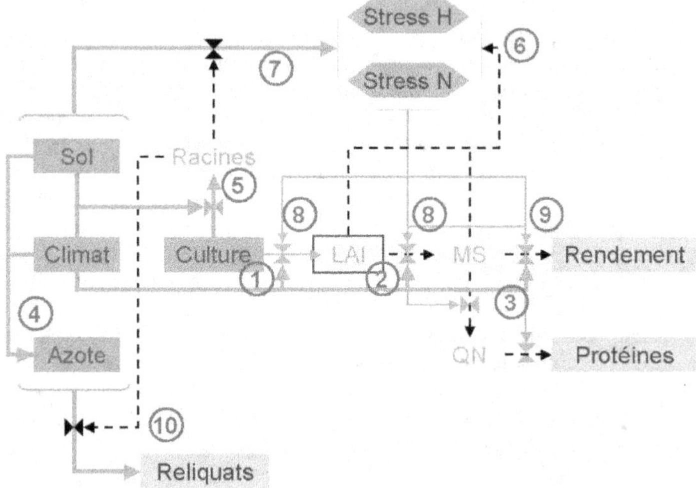

Figure 4. Diagramme illustrant les principales relations entre les variables d'entrée, d'état et de sortie de Stics. Les numéros renvoient aux commentaires du texte.

Le forçage climatique détermine les stades de développement en fonction desquels la culture produit une surface foliaire potentielle *LAI* (1). Cette surface foliaire intercepte le rayonnement qui est converti en biomasse *MS* (2), qui à son tour détermine le rendement en grains, *G*. La teneur en protéines des grains, *P*, dépend de la courbe d'absorption potentielle d'azote (courbe de dilution maximale), de la croissance en biomasse des grains et de l'absorption effective d'azote par la culture (3). Le calcul des stress hydrique et azoté, qui affectent ces variables d'état, implique l'utilisation d'autres entrées : le sol et l'itinéraire technique, principalement les apports d'azote minéral. Les caractéristiques du sol et du climat déterminent la quantité d'azote minéral présente dans le sol (4). Parallèlement, la culture émet des racines en fonction de la phénologie et des propriétés du sol (5). Les variables *LAI* et *MS* conditionnent la demande en eau et en azote de la culture (6). Le transfert d'eau et d'azote dans le sol, vers l'atmosphère et le sous-sol, est également dépendant des propriétés du sol. La quantité d'eau et d'azote que peut absorber la plante dépend de leur disponibilité dans le sol et de la densité de racines (7). Les indices de stress hydrique et azoté ainsi calculés affectent le développement potentiel de *LAI* et de *MS* (8) ainsi que les variables de sorties, *G* et *P* (9). La dernière variable de sortie qui nous intéresse, le reliquat d'azote minéral à la récolte, *R*, résulte de la différence entre les apports dans le sol au cours de la culture (quantité d'azote minéral initial, minéralisation et apports extérieurs), les pertes par lessivage et vers l'atmosphère et les prélèvements par les racines (10).

Paramétrage du modèle

Méthode de paramétrage

Il existe deux grandes façons d'aborder l'estimation des paramètres d'un modèle : (i) une analyse préalable de la structure du modèle et une estimation séquentielle des paramètres par module ; (ii) une approche statistique globale qui permet d'estimer tous les paramètres inconnus en même temps. La méthode utilisée ici fait partie de ce premier ensemble. Nous avons adapté la méthode initiée par Ghiloufi (1999) et développée par Dorsainvil (2002). Elle comporte trois étapes :

1. l'optimisation des paramètres liés à la croissance (coefficients de conversion du rayonnement en biomasse, d'allocation entre organes,…), en utilisant un forçage avec les indices foliaires mesurés expérimentalement. Pour cela, on utilise une version du modèle dans laquelle le *LAI* n'est pas calculé mais est imposé, les valeurs journalières du *LAI* étant interpolées entre les dates de mesure. Ceci permet de réaliser l'optimisation des paramètres des modules dépendant de cette variable capitale sans commettre trop d'erreurs sur sa prévision ;

2. l'optimisation des paramètres qui régissent la mise en place de l'indice foliaire (paramètres de développement et de sénescence), en utilisant la version standard de Stics qui simule le *LAI* ;

3. une optimisation inter-modules des paramètres jugés les plus sensibles d'après l'analyse des étapes précédentes et l'analyse de sensibilité réalisée par Ruget *et al.* (2002). Ces paramètres concernent la croissance racinaire, l'efficience de conversion du rayonnement, l'impact du stress hydrique et la formation du rendement ; les autres paramètres sont supposés constants.

Données expérimentales

Nous avons rassemblé les données obtenues sur 14 expérimentations réalisées sur blé d'hiver et comportant différentes doses et modes de fractionnement de l'azote. Les essais ont été conduits par Arvalis-Institut du végétal ou l'Inra. Les sites sont : Boigneville (Essonne), Thibie (Marne), La Minière (Yvelines), La Cheppe (Marne), Chambry (Aisne), Grignon (Yvelines). Ces essais peuvent être considérés représentatifs des conditions de production agricole au nord du Bassin parisien.

Le tableau 1 indique pour chaque site les années de récolte, le nombre d'essais effectués, le nombre de traitements réalisés par essai et le type de sol. L'expérimentation de Boigneville comportait en réalité 15 essais azote, deux années de suite, sur une même parcelle très hétérogène du point de vue de la pédologie. Trois essais seulement ont été utilisés par année afin de ne pas donner une trop grande prépondérance à ce site. Les données de Chambry et de Grignon, possédant de nombreuses dates de mesure de *LAI*, ont servi à la calibration, les autres à la validation.

Tableau 1. Caractéristiques principales des essais de réponse à l'azote sur blé utilisés.

Lieu	Année	Nombre d'essais	Nombre de traitements	Type de sol
Boigneville (91)	1998-1999	3 × 2	5	Limon à cailloux
Thibie (51)	1994-1995-1998-1999	1 × 4	7 à 10	Calcaire
La Minière (78)	2002	1	9	Limon profond
La Cheppe (51)	2002	1	6	Calcaire
Chambry (02)	2000-2001	1 × 2	6	Sablo-limoneux
Grignon (78)	1992-1995	1 × 2	1 utilisé / an	Limon

Résultats de la calibration

La figure 5 illustre les problèmes rencontrés au cours du paramétrage. Dans l'essai Chambry 2000-6, la cinétique de *LAI* est sous-estimée par le modèle. Il en résulte que la production de biomasse est légèrement sous-estimée. La sous-estimation est plus forte à la récolte, ce qui pourrait s'expliquer par une chute trop rapide du *LAI* due à une simulation exagérée de la sénescence. Le cas de la station 2000-1 (données incluses dans celles de Chambry) est presque inverse. Le *LAI* en phase précoce est bien simulé, seul le plateau ne l'est pas. Mais on sait qu'une erreur sur un *LAI* supérieur à 3 a peu d'impact sur la production simulée de biomasse. Celle-ci est d'ailleurs bien simulée tout au long du cycle. L'indice de surface foliaire verte semble retomber à 0 quelque peu trop tard, ce qui pourrait expliquer la surestimation de la biomasse à la récolte.

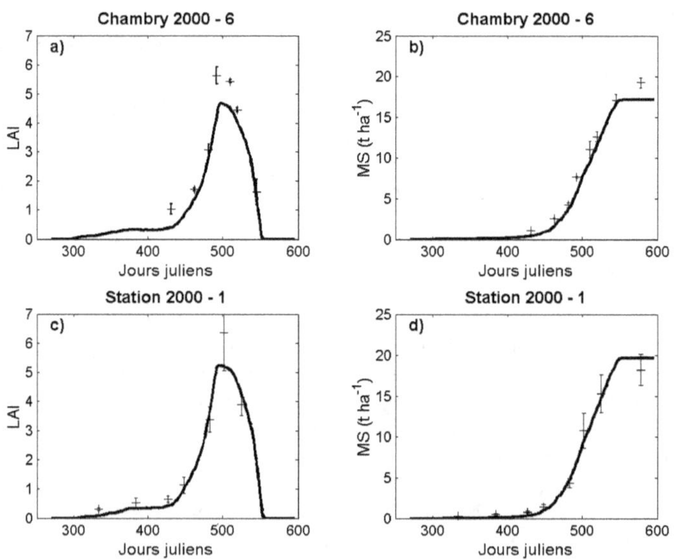

Figure 5. Évolution de l'indice foliaire et de la biomasse du blé sur 2 essais de calibration : valeurs observées (croix) et simulées (trait continu). Les barres d'erreur indiquent les écarts-type.

La figure 6 présente des cinétiques de matière sèche et de rendement en grain. Dans l'essai Chambry 2000-4, la matière sèche finale est sous-estimée, ce qui peut être lié à la fin du cycle de *LAI*. Le rendement est par contre un peu surestimé. Ceci peut signifier que la relation matière sèche/rendement est mal paramétrée.

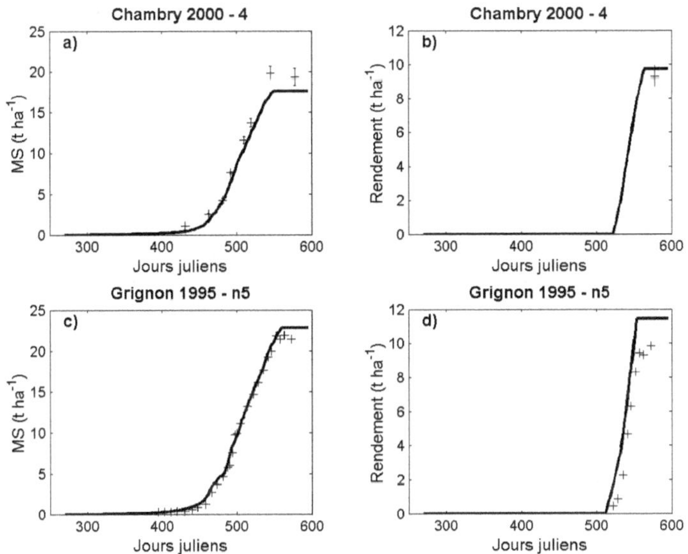

Figure 6. Évolution de la biomasse aérienne et du rendement en grain sur 2 essais de calibration : valeurs observées (croix) et simulées (trait continu). Les barres d'erreur indiquent les écarts-type.

Cependant, cette hypothèse est peu probable car nous avons rencontré aussi des situations opposées. L'essai Grignon 1995-n5 montre une situation où la biomasse aérienne est bien simulée mais le rendement est surestimé, pour 2 raisons : une surestimation de l'indice de récolte et une durée de remplissage du grain trop importante.

La figure 7 présente un récapitulatif de la comparaison entre valeurs observées et simulées de *LAI*, biomasse et rendement pour l'ensemble des essais utilisés pour la calibration du modèle. L'indice foliaire est assez mal estimé, avec une erreur relative (RRMSE) égale à 27 %. Ceci est surtout dû à la grande dispersion qui existe sur les fortes valeurs. L'erreur commise sur les fortes valeurs de *LAI* a peu d'impact lors de la phase de développement foliaire maximal, mais influence la durée de la période pendant laquelle le *LAI* est suffisamment important pour produire de la biomasse. Il n'existe cependant pas de biais systématique sur la prévision du *LAI* ; l'erreur commise est principalement expliquée par une forte dispersion des points (RMSE totale = 0,71, RMSE non systématique = 0,64). Les causes de ce genre d'erreurs sont plus difficiles à appréhender que celles se traduisant par un biais (Wallach, 2002) et ne sont guère du ressort d'un paramétrage.

La biomasse aérienne est simulée de façon relativement satisfaisante avec une erreur relative de 11 %. Ici aussi, la plus grosse partie de l'erreur commise est liée à la dispersion. Il n'existe cependant pas de lien direct entre les erreurs commises sur *LAI* et celles commises sur la matière sèche (coefficient de corrélation = 0,07). Ce résultat est du même ordre de grandeur, bien qu'un peu meilleur, que celui rapporté par Brisson *et al.* (2002) : 16 %.

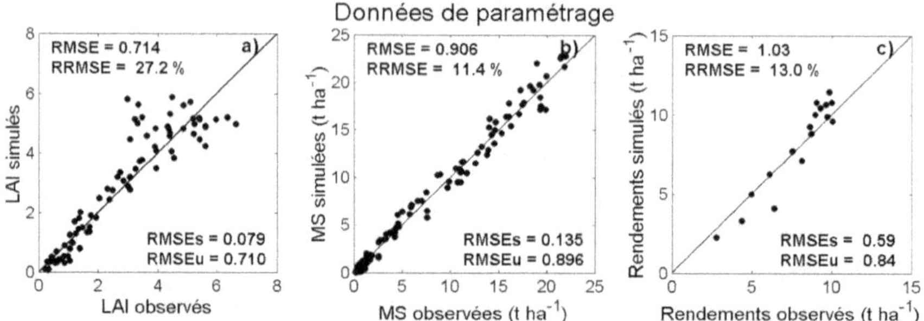

Figure 7. Comparaison des variables observées et simulées sur les essais ayant servi au paramétrage: a) *LAI* ; b) biomasse aérienne ; c) rendement en grain.

Les simulations du rendement sont moins bonnes que celles de matière sèche. La RMSE relative sur le rendement est de 13 %. La part de l'erreur systématique est plus forte (RRMSE = 8 %), montrant que le paramétrage est moins abouti. Une part des erreurs observées, comme l'erreur systématique sur le rendement, peut être liée au formalisme du modèle (erreur de structure).

Résultats de validation

La figure 8 compare, sur le jeu de données utilisé en validation, les valeurs simulées et observées des variables d'intérêt : rendement en grain *G*, teneur en protéines *P*, reliquat d'azote minéral à la récolte *R*, et bilan d'azote *B*. Les résultats présentés ici ont été simulés grâce aux variables climatiques observées. Nous présenterons ultérieurement le résultat de validation obtenu avec des scénarios climatiques.

L'erreur relative de prédiction trouvée sur le rendement est un peu plus grande que celle obtenue sur les données de paramétrage : 15,7 % contre 11,4 %. L'erreur obtenue avec la version précédente de Stics, avec un jeu de données plus vaste, était de 18,2 % (Brisson *et al.*, 2002). L'erreur systématique est plus forte que précédemment : on observe notamment que les rendements les plus élevés sont assez souvent surestimées. Le modèle présente d'ailleurs une tendance à surestimer la réponse du rendement à la dose d'azote dans certaines conditions.

L'aptitude du modèle à prévoir la teneur en protéines est beaucoup plus problématique : l'erreur absolue (RMSE) est de 1,6 %, soit une erreur relative de 15 %. La partie de l'erreur systématique est plus importante que la partie non-systématique avec une tendance à la sous-estimation. Une erreur de 1,6 % sur la teneur en protéines est relativement importante compte tenu du barème de prix du grain : le prix est minimal en dessous de 9,5 % et maximal lorsque la teneur dépasse 12 %, ce qui laisse une plage de variation de 2,5 %. L'erreur sur cette variable précédemment rapportée dans Brisson *et al.* était de 2,1 %.

La qualité de simulation du reliquat d'azote minéral à la récolte est elle aussi assez imprécise. L'erreur relative est de 48 % et du même ordre de grandeur que trouvé par Brisson *et al.* (2002). Cette erreur est élevée mais toutefois comparable à la précision des mesures d'azote minéral dans le sol : un coefficient de variation de 30 % est en effet classiquement observé sur ces mesures.

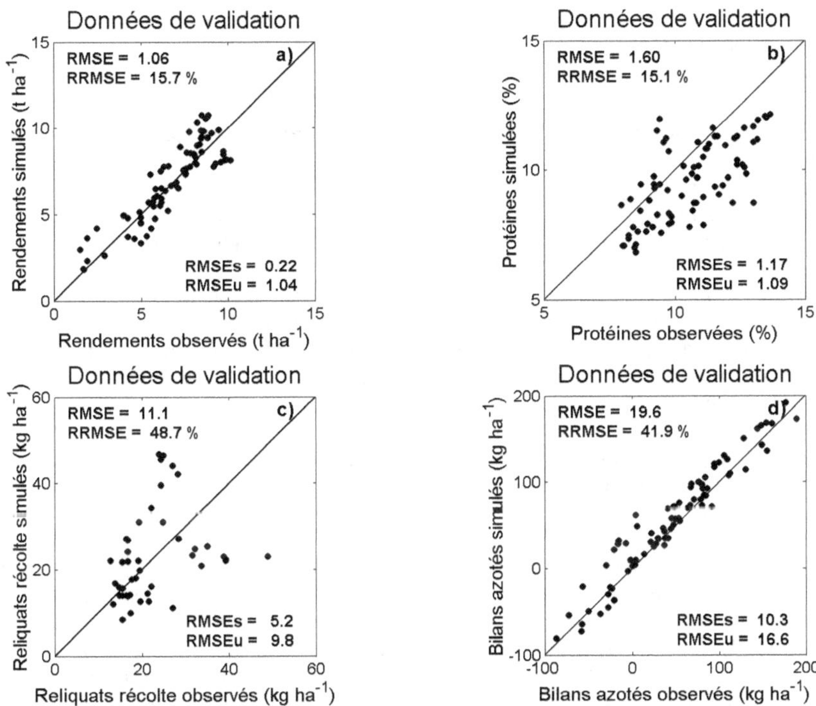

Figure 8. Comparaison des variables observées et simulées sur les essais de validation du modèle :
a) rendement en grain ; b) teneur en protéines du grain ; c) reliquat d'azote à la récolte ;
d) bilan d'azote.

L'autre variable à vocation environnementale, le bilan d'azote, B, est nettement mieux simulée que R. La RMSE n'est que de 20 kg ha^{-1} pour une gamme de variation allant de – 100 à + 200 kg ha^{-1}. La valeur importante de la RRMSE est liée au fait que B peut être négatif et présente de nombreuses valeurs proches de 0. La part de l'erreur systématique reste relativement importante et est liée à l'erreur d'estimation de P. La bonne qualité prédictive du modèle pour cette variable résulte du fait qu'elle est principalement liée au rendement (qui est lui même bien simulé) et que la dose d'azote apportée est supposée parfaitement connue. Cette dernière variable environnementale, de ce point de vue, sera donc plus intéressante à utiliser que le reliquat à la récolte. Les résultats de la simulation sont cependant ici légèrement moins bons que ceux de Brisson *et al.* (2002) qui présentaient aussi une erreur systématique plus faible.

D'une façon générale, la qualité de prédiction est comparable à celle des autres modèles de culture proposés dans la littérature internationale (Houlès *et al.*, 2004).

Comparaison de plusieurs critères agro-environnementaux

Définition des critères

La marge brute M se calcule pour tous les critères de la façon suivante :

$$M(N) = G(N) \cdot f[P(N)] - a.N \qquad (4)$$

où G désigne le rendement (t MS ha^{-1}), P la teneur en protéines des grains (%), N la dose d'engrais (kg N ha^{-1}) et a le prix de l'engrais (€ kg^{-1}). La fonction f donne le prix du blé en fonction de la teneur en protéines. Il varie entre 86 et 100 € t^{-1}. Le prix de l'engrais azoté retenu est $a = 0,60$ € kg^{-1} (coût par kg d'azote). Le montant des primes n'a pas été inclus dans ce calcul car il est indépendant du niveau de production pour une culture donnée.

Nous avons étudié 4 types de critères agro-environnementaux (tabl. 2). Les deux premiers consistent à utiliser une taxation basée soit sur le bilan d'azote, soit sur le reliquat d'azote minéral à la récolte. La fonction objectif est alors égale à la marge brute diminuée du montant d'une taxe proportionnelle au bilan d'azote (critère A) ou au reliquat azoté (critère B). Les deux autres considèrent un seuil maximal du bilan d'azote (critère C) ou du reliquat (critère D). Pour ces deux derniers critères, la dose optimale sera celle qui maximise la marge brute parmi celles qui conduisent à des valeurs de bilan d'azote ou de reliquat inférieures au seuil. Si aucune dose ne permet d'être en dessous du seuil, on prend celle qui permet de s'en rapprocher le plus.

Nous avons aussi envisagé d'utiliser comme variable environnementale la concentration en nitrate de l'eau drainée au cours de l'hiver suivant la récolte. Cette variable est évidemment la plus pertinente vis-à-vis de la pollution nitrique. Mais son utilisation pose plusieurs problèmes : (i) elle n'est que rarement mesurée sur des essais de fertilisation azotée et il n'était donc pas possible de la tester ; (ii) la sensibilité de réponse du modèle à cette variable est faible, ce qui est d'ailleurs en accord avec les résultats expérimentaux obtenus sur blé lorsque l'excès de fertilisation est modéré (Laurent et Mary, 1992 ; Makowski *et al.*, 1999) ; (iii) cette variable ne prend pas en compte les émissions de composés azotés vers l'atmosphère, alors que le critère bilan azoté le fait implicitement (Mary *et al.*, 2002). Nous n'avons donc considéré que le bilan d'azote et le reliquat d'azote à la récolte.

Tableau 2. Critères agro-environnementaux utilisés. $J(N)$ = fonction objectif ; $M(N)$ = marge brute, N* = dose d'azote optimale. A) la taxe est proportionnelle au bilan d'azote $B(N)$ selon un coefficient α. B) la taxe est proportionnelle au reliquat azoté à la récolte $R(N)$ selon un coefficient β. C) le bilan d'azote est inférieur au seuil γ. D) le reliquat azoté à la récolte est inférieur au seuil δ. Les valeurs proposées pour les paramètres sont indicatives : elles correspondent à une contrainte environnementale « faible » ou « forte ».

Critère	Fonction objectif	Contrainte	Valeurs du paramètre	
A	$J(N) = M(N) - \alpha. B(N)$	-	$\alpha = 0,23$ ou $1,50$	€ kg^{-1}
B	$J(N) = M(N) - \beta. R(N)$	-	$\beta = 1,00$ ou $6,00$	€ kg^{-1}
C	$J(N) = M(N)$	$B(N^*) < \gamma$	$\gamma = 90$ ou 60	kg N ha^{-1}
D	$J(N) = M(N)$	$R(N^*) < \delta$	$\delta = 35$ ou 20	kg N ha^{-1}

Réponse des critères à la variation des niveaux de taxation ou de seuil

Nous avons étudié la réponse des 4 critères agri-environnementaux à une variation du niveau de taxation ou de seuil admissible, c'est-à-dire en fonction des paramètres α, β, γ et δ, sur la base des jeux de données observées. Nous n'illustrons ici les résultats (en fait la moyenne de l'ensemble des jeux de données) que pour les critères A et C. Nous avons choisi de faire varier les paramètres dans une large gamme allant de la quasi absence de contrainte ($\alpha = 0$ ou $\gamma = 200$) à une contrainte environnementale très forte ($\alpha = 6$ ou $\gamma = 0$).

La figure 9 montre la réponse du critère A aux variations de α. Lorsque le niveau de taxation augmente (α variant de 0 à 6 € kg^{-1} N-engrais), la dose préconisée diminue régulièrement. Ceci a pour conséquence directe une baisse du rendement et également de la marge brute (hors application de la taxe). Le bilan d'azote diminue également jusqu'à devenir négatif. Ceci a pour conséquence de faire ré-augmenter la marge incluant la taxe à partir du moment où *B* devient négatif, car la taxe devient alors négative : cela revient à donner un bonus pour des faibles intrants d'azote. Cependant cet effet apparaît pour une valeur élevée de α (2,7 € kg^{-1}), valeur plus de 10 fois supérieure à la valeur envisagée par la réglementation.

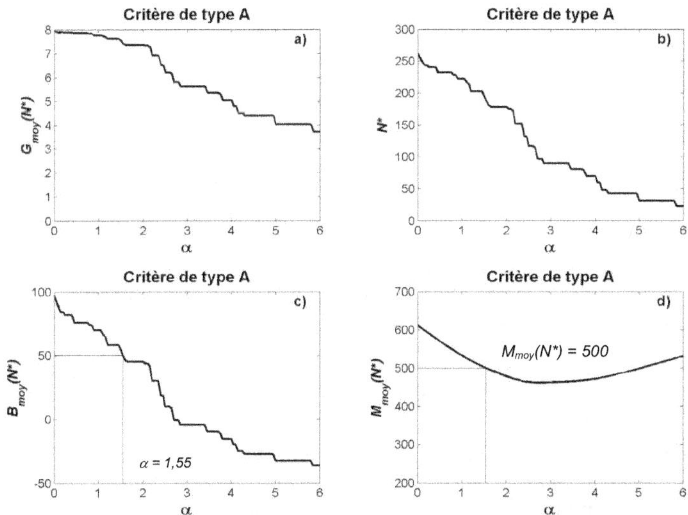

Figure 9. Évolution de 4 variables de sortie du modèle en fonction du paramètre α du critère A : a) rendement en grain (t ha^{-1}) ; b) dose optimale (kg ha^{-1}) ; c) bilan d'azote (kg ha^{-1}) ; d) marge brute incluant la taxation (€ ha^{-1}). Les valeurs sont la moyenne des 14 essais et correspondent à la meilleure dose. La valeur de α permettant d'obtenir un bilan d'azote moyen de 50 kg ha^{-1} est mise en évidence.

La figure 10 montre la réponse du critère C aux variations de γ. La contrainte environnementale augmente lorsque le seuil maximal admissible γ diminue de 200 à 0 kg ha^{-1} (on se déplace vers la droite sur l'axe des abscisses). Parallèlement, la dose d'azote optimale diminue d'abord lentement puis plus rapidement ; le rendement en grain n'est affecté que plus tardivement, lorsque le seuil γ atteint une valeur de 100 kg ha^{-1} environ. De ce fait, le bilan d'azote diminue également rapidement avec l'augmentation de la contrainte, alors que la marge dégagée ne commence à vraiment diminuer qu'à partir d'une valeur de γ comprise entre 100 et 75 kg ha⁻¹.

Dans le cas du critère B (non représenté), on observe une très faible variation de la dose optimale et du rendement lorsque le niveau de taxation β varie, même sur une large plage : de 0 à 15 € par kg de N minéral résiduel à la récolte. Ceci est dû à la très faible variation du reliquat d'azote en fonction de la dose. La taxation affecte de la même façon toutes les doses : une augmentation de cette taxation a dès lors peu d'influence.

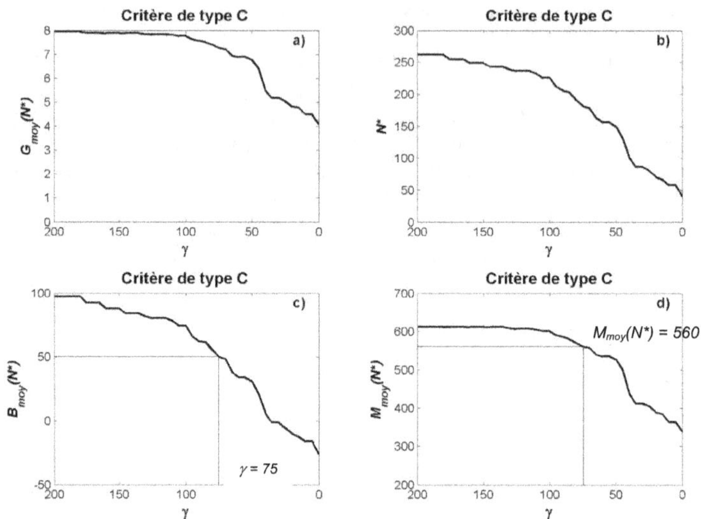

Figure 10. Évolution de 4 variables de sortie du modèle en fonction du paramètre γ du critère C : a) rendement en grain (t ha⁻¹) ; b) dose optimale (kg ha⁻¹) ; c) bilan d'azote (kg ha⁻¹) ; d) marge brute incluant la taxation (€ ha⁻¹). Les valeurs sont la moyenne des 14 essais et correspondent à la meilleure dose. La valeur de γ permettant d'obtenir un bilan d'azote moyen de 50 kg ha⁻¹ est mise en évidence.

Enfin, en raison de la faible réponse de R à la dose d'azote, le critère D présente un comportement « tout ou rien » pour un essai donné : au-dessus d'une certaine valeur du seuil de reliquat maximal admissible δ, presque toutes les doses permettront de satisfaire la contrainte environnementale ; inversement, en dessous du seuil, plus aucune dose ne le permettra, ce qui conduira à choisir la dose minimale (plus exactement, celle qui permet de se rapprocher le plus du seuil, donc souvent la dose minimale). Si l'on continue à baisser le seuil δ, la dose optimale devient nulle dans un nombre croissant d'essais, ce qui fait baisser la moyenne. Les résultats obtenus sur les critères de type B et D, ajoutés à la mauvaise prédiction de cette variable par Stics, viennent étayer l'idée que l'utilisation de R n'est pas intéressante pour préconiser les doses d'azote avec ce modèle.

Les quatre critères sont comparés à la figure 11. Cette figure représente la marge brute en fonction du bilan d'azote lorsqu'on fait varier le niveau de contrainte environnementale, la marge et le bilan étant les valeurs obtenues aux doses optimales d'azote. Il s'agit des valeurs moyennes calculées sur les essais (8 sur 14) pour lesquels on disposait de mesures de reliquat à la récolte. On rejette le critère B qui ne permet pas d'atteindre des valeurs de bilan d'azote inférieures à 60 kg ha⁻¹. Des trois critères restants, le critère A est celui qui, pour une même valeur de bilan d'azote, donne la marge brute la plus faible, sauf si le bilan d'azote passe en dessous d'une valeur basse (moins de 15 kg ha^{-1}, correspondant à une contrainte environnementale très forte). Le critère C est le plus intéressant à partir de cette faible valeur de bilan d'azote. Le critère D occupe une position intermédiaire. Si l'on vise un bilan d'azote maximal de 50 kg ha^{-1}, ce qui semble un bon compromis (Mary *et al.*, 2002), la marge brute dégagée est de 490, 450 et 380 € ha^{-1} respectivement pour les critères C, D et A. Cette analyse montre que (i) les meilleurs critères combinant des impératifs économiques et environnementaux sont basés sur des seuils et non des taxes et (ii) que les marges obtenues avec une contrainte environnementale sont nettement inférieures à celles obtenues sans contrainte (partie droite du graphique).

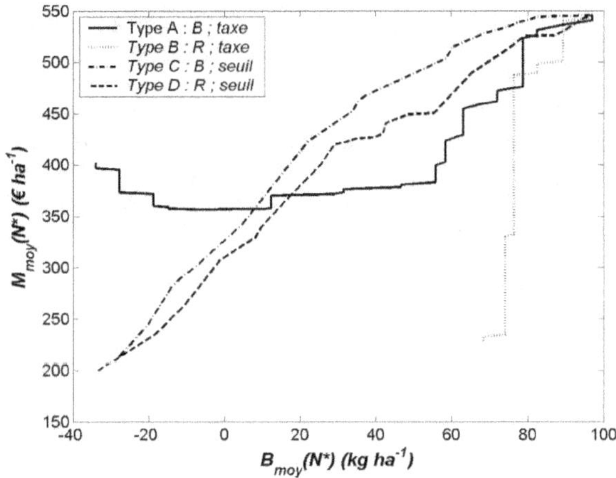

Figure 11. Évolution de la marge brute en fonction du bilan d'azote, obtenus à la meilleure dose d'azote (N*), pour les 4 critères étudiés avec une évolution continue des paramètres α, β, γ et δ. Le niveau de contrainte environnementale diminue lorsqu'on se déplace de la gauche vers la droite. Seuls les essais comportant des mesures de reliquats à la récolte ont été utilisés.

Évaluation du modèle Stics : aptitude à déterminer une stratégie de fertilisation azotée

Après avoir évalué l'aptitude de Stics à simuler les variables impliquées dans le calcul des critères agro-environnementaux et comparé quatre d'entre eux, il reste à vérifier son aptitude à réaliser des préconisations selon ces critères.

Choix d'une méthode de détermination de la dose

En adaptant la démarche proposée par Wallach (2002) à notre situation, on peut proposer trois méthodes de détermination des doses optimales d'après les jeux de données observées, N* et de données simulées, $\hat{N}$*.

La première méthode ne considère que les doses réellement expérimentées : ainsi, plutôt que d'évaluer la capacité du modèle à préconiser une dose d'azote optimale, c'est en réalité sa capacité à effectuer des *classements de scénarios prédéfinis de fertilisation azotée et à sélectionner le meilleur d'entre eux* qui est jugée. Cette méthode biaise les résultats dans le sens où le modèle a de fait un choix limité de doses d'azote : il ne peut donc pas préconiser « la » dose optimale. Lorsqu'il se trompe, l'erreur sur la dose est au moins égale au pas entre deux doses expérimentées.

La deuxième méthode consiste à ajuster des modèles de réponse à la dose sur le critère (ici la marge). Ces modèles de réponse permettent de déterminer des doses optimales qui se calculent en fonction des paramètres de la fonction ajustée dans le cas observé et simulé. Cette méthode présente l'avantage d'estimer la dose optimale de façon continue et non discrète comme dans le cas précédent. Mais, si le modèle surestime la réponse à la dose d'azote, la dose préconisée risque d'être largement surestimée, comme dans l'exemple montré. En outre, les valeurs de N^* et de $\hat{N}^*$ seront très dépendantes du modèle d'ajustement choisi (Makowski *et al.*, 2001). Cette méthode n'a pas été retenue pour ces raisons.

La troisième méthode détermine N^* exactement comme dans le cas précédent. En revanche, $\hat{N}^*$ est calculée en réalisant des simulations à un pas de dose très faible (de l'ordre de 10 kg ha^{-1}), ce qui permet de réellement obtenir la dose optimale du modèle. Mais dans cette dernière méthode, on compare de ce fait des doses optimales observées et simulées qui sont déterminées de façon très dissemblable.

Nous avons donc préféré choisir la première méthode, qui présente aussi l'avantage d'être celle utilisée très souvent par les agriculteurs lors de leur prise de décision. La dose « optimale » signifie en fait la meilleure dose parmi les doses testées. Pour estimer la capacité du modèle à préconiser la dose d'azote adéquate, nous comparons les valeurs moyennes sur les essais :

-      des doses $\overline{N}^*$ et $\overline{\hat{N}}^*$;

-      des bilans d'azote réellement obtenus avec N^* et $\hat{N}^*$;

-      des marges réellement obtenues avec N^* et $\hat{N}^*$;

-      de la fréquence à laquelle le seuil de bilan est dépassé (pour le critère agro-environnemental C).

Évaluation du modèle avec un climat prévisionnel

Notre objectif est de tester la capacité du modèle à réaliser des préconisations de doses d'azote avec un caractère prédictif. Les simulations utilisées ne seront donc pas celles qui ont été présentées précédemment, mais des simulations obtenues avec un climat prévisionnel. Nous avons utilisé des séries climatiques à partir de la date du deuxième apport, considérant que c'est à ce moment (dans la seconde moitié du mois de mars) que la préconisation doit être réalisée. La période de simulation du modèle reste inchangée, du semis à la récolte. Nous avons fait le choix d'un premier apport (tallage) fixe de 50 kg N ha^{-1}, ce qui est très généralement recommandé, mais pourrait être revu dans les cas où une dose totale faible serait à appliquer. Nous avons considéré des séries climatiques de 30 années qui sont issues de stations de Météo France ou de l'Inra.

La moyenne des simulations effectuées avec les différentes séries climatiques a été calculée pour chacune des variables utilisées pour calculer les critères agro-environnementaux. Pour certaines variables, comme le bilan d'azote B, on aurait pu utiliser par exemple le quatrième quintile, dans une perspective de gestion des risques. On pourrait ainsi, dans l'utilisation du critère C, rejeter toutes les doses conduisant à excéder le seuil fixé pour *B* dans plus de 80 % des séries. Mais nous avons retenu la moyenne pour pouvoir la comparer aux données expérimentales.

La figure 12 présente les résultats des simulations issues de séries climatiques.

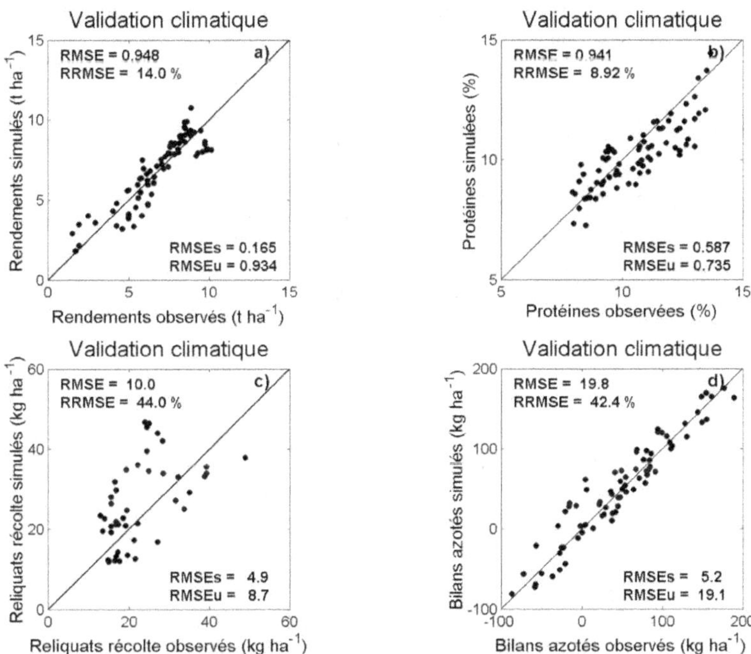

Figure 12. Valeurs de différentes variables simulées et observées obtenues sur les données ayant servi à réaliser la validation avec utilisation de séries climatiques à partir des dates du deuxième apport : a) rendement ; b) teneur en protéines ; c) reliquat d'azote à la récolte ; d) bilan d'azote.

On constate, si l'on compare avec la figure 8, que la qualité des simulations n'est pas affectée par la méconnaissance du climat postérieur au deuxième apport. Les erreurs sur *G* et *P* sont même réduites : la RMSE du rendement passe de 1,06 à 0,95 t ha^{-1}, celle des protéines, de 1,60 à 0,94%. L'erreur commise sur les variables environnementales ne varie pas : la RMSE du bilan d'azote reste à 20 kg ha^{-1} et celle du reliquat récolte à 10 kg ha^{-1}. La faible différence entre simulations issues des données climatiques observées et issues de séries climatiques peut être attribuée à une assez faible variabilité du climat au cours du printemps dans les zones considérées, et au fait que les années utilisées sont assez proches d'une année climatique moyenne.

Évaluation de la méthode pour différentes valeurs du seuil

Nous pouvons comparer les préconisations basées sur les simulations prédictives du modèle à celles de la méthode française de référence : Azobil (Machet *et al.*, 1990), qui ne prend pas pour sa part explicitement en compte de contrainte environnementale. La figure 13 présente les écarts moyens (différences observé – simulé) de dose, de rendement, de bilan d'azote et de marge brute obtenus pour le critère C en fonction du paramètre γ, pour les deux méthodes : Stics et Azobil. Une première remarque concerne le modèle Stics : lorsque γ varie, les différences obtenues sur les 4 variables restent assez proches de 0. La valeur maximale d'écart de dose est de 25 kg N ha^{-1} et la minimale est de 23 kg N ha^{-1}. Ce n'était pas le cas avec le critère A puisque ces valeurs valent respectivement de 63 et de –51 kg N ha^{-1} avec ce critère. Ceci indique que le modèle parvient mieux à se rapprocher des meilleurs choix effectués *a posteriori* lorsque ceux-ci sont faits avec le critère C.

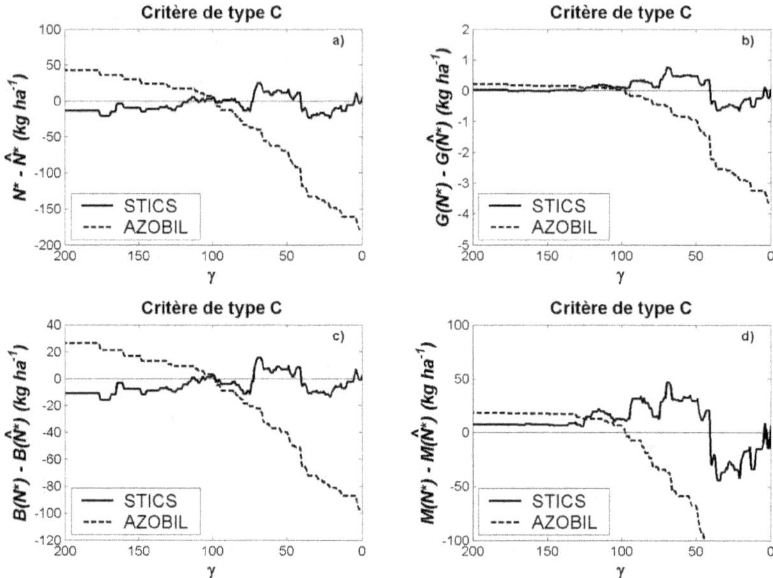

Figure 13. Comparaison des performances de Stics et d'Azobil avec le critère C lorsque le seuil γ varie de 200 à 0 kg N ha^{-1} (la contrainte environnementale augmente de la gauche vers la droite) ; a) différence des meilleures doses N^* (observés – simulés) ; b) différence des rendements obtenus aux meilleures doses; c) différence des bilans azotés obtenus aux meilleures doses; d) différence des marges brutes obtenues aux meilleures doses. Les valeurs sont les moyennes de tous les essais.

Une valeur caractéristique de γ pourrait être 75 kg ha^{-1}, valeur au-dessus de laquelle Stics surestime faiblement mais systématiquement la dose d'azote optimale, ce qui se traduit par une dégradation du bilan d'azote par rapport à l'optimum et à une légère diminution de la marge. Pour un seuil γ compris entre 40 et 75 kg ha^{-1}, le modèle sous-estime légèrement la dose à apporter, ce qui entraîne un meilleur bilan d'azote qu'à l'optimum mais une perte de rendement et de marge brute. Lorsque la contrainte environnementale est très forte (γ < 40 kg ha^{-1}), Stics préconise des doses d'azote trop élevées : il en résulte des rendements et des marges plus forts que ceux qui auraient dû être obtenus, mais les objectifs de bilan environnemental ne sont pas atteints.

Dans le cas du modèle Azobil, on observe qu'il sous-estime ($N^* - \hat{N}^* > 0$) assez nettement la dose optimale lorsque la contrainte environnementale est faible (γ > 100 kg ha^{-1}) et la surestime très fortement dans le cas contraire. Les préconisations du modèle Azobil semblent donc être adaptées à une contrainte environnementale assez faible, correspondant à une valeur $\gamma = 100$ kg ha^{-1} pour le critère C. On peut d'ailleurs remarquer que pour cette valeur de γ, Stics préconise également les bonnes doses.

Conclusion

Parmi les quatre critères proposés, le critère C semble se révéler le plus intéressant pour effectuer des préconisations de fertilisation azotée à l'aide du modèle de culture Stics, tout au moins si l'on adopte le bilan d'azote comme critère environnemental. En effet, ce critère donne de meilleurs résultats du point de vue agro-environnemental comme nous l'avons observé sur les données expérimentales. Ensuite, l'utilisation de la variable bilan d'azote semble plus pertinente que celle de la variable reliquat d'azote minéral à la récolte car celle-ci varie peu en fonction de la dose d'azote et qu'elle est moins bien simulée par le modèle. Le bilan d'azote permet aussi de prendre en compte indirectement les pertes gazeuses dans le bilan environnemental. Enfin, l'utilisation d'un seuil maximal admissible est préférable à une taxation car elle a un impact plus faible sur la marge de l'agriculteur. Il reste cependant à définir de façon objective le seuil maximal de bilan d'azote acceptable par rapport à son impact environnemental : les normes proposées par l'IPCC (1996) permettent déjà de le définir vis-à-vis de la production de gaz à effet de serre, mais ces normes méritent d'être améliorées.

Par rapport à la préconisation de dose d'azote, le modèle Stics ainsi paramétré peut s'adapter à une variation de la contrainte environnementale, y compris lorsqu'elle devient assez forte, ce qui n'est pas le cas d'un modèle standard tel que Azobil (ou même Azofert, nouvelle version du logiciel). Par contre, la méthode que nous proposons ici, associée au modèle de culture Stics, semble pouvoir être utilisée pour établir des règles de fertilisation azotée spatialement modulée et prenant en compte des contraintes environnementales, conformément à la philosophie de la démarche « agriculture de précision ».

Remerciements

Nous tenons à remercier chaleureusement F. Laurent et P. Gate (Arvalis – Institut du Végétal) pour avoir mis à notre disposition les résultats de leurs expérimentations, et leur participation financière et intellectuelle à la thèse de V. Houlès. Nous remercions également M.-H. Jeuffroy (Inra Grignon) pour la mise à disposition des données de Grignon, N. Beaudoin, J.-M. Machet et toute l'équipe technique de l'unité d'Agronomie (Inra Laon) pour la réalisation de l'essai de Chambry. Nous sommes reconnaissants aux lecteurs du manuscrit pour leurs critiques constructives.

Références bibliographiques

BASSO B., RITCHIE J.T., PIERCE F.J., BRAGA R.P., JONES J.W, 2001. Spatial validation of crop models for precision agriculture. *Agricultural Systems*, 68, 97-112.

BAXTER S.J., OLIVER M.A., 2001. Understanding the spatial variation of mineral nitrogen and potentially available nitrogen at the field scale. *In 3rd ECPA*, Grenier G., Blackmore S. (Eds.), Agro Montpellier, 887-892.

BEAUDOIN N., PARNAUDEAU V., MARY B., MAKOWSKI D., MEYNARD J.M., 2004. Simulation de l'impact de différents scénarios agronomiques sur les pertes de nitrate à l'échelle d'un bassin hydrologique *In Organisation spatiale des activités agricoles et processus environnementaux*, Monestiez P., Lardon S., Seguin B. (Eds.), Éditions Inra, 117-141.

BLACKMORE S., GODWIN R.J., FOUNTAS S., 2003. The analysis of spatial and temporal trends in yield map data over six years. *Biosystems Engineering* 84, 455-466.

BOOLTINK H.W.G., ALPHEN B.J., BATCHELOR W.D., PAZ J.O., STOORVOGEL J.J., VARGAS R., 2001. Tools for optimizing management of spatially variables fields. *Agricultural Systems* 70, 445-476.

BRISSON N., MARY B., RIPOCHE D., JEUFFROY M.H., RUGET F., NICOULLAUD B., GATE P., DEVIENNE-BARRET F., ANTONIOLETTI R., DURR C., RICHARD G., BEAUDOIN N., RECOUS S., TAYOT X., PLENET D., CELLIER P., MACHET J.M., MEYNARD J.M., DELECOLLE R., 1998. Stics: a generic model for the simulation of crops and their water and nitrogen balances. I. Theory and parameterization applied to wheat and corn. *Agronomie* 18, 311-346.

BRISSON N., RUGET F., GATE P., LORGEOU J., NICOULLAUD B., TAYOT X., PLENET D., JEUFFROY M.-H., BOUTHIER A., RIPOCHE D., MARY B., JUSTES E., 2002. Stics: a generic model for simulating crops and their water and nitrogen balances. II. Model validation for wheat and maize. *Agronomie* 22, 69-92.

BRISSON N., GARY C., JUSTES E., ROCHE R., MARY B., RIPOCHE D., ZIMMER D., SIERRA J., BERTUZZI P., BURGER P., BUSSIERE F., CABIDOCHE Y.-M., CELLIER P., DEBAEKE P., GAUDILLERE J.P., HENAULT C., MARAUX F., SEGUIN B., SINOQUET H., 2003. An overview of the crop model Stics. *European Journal of Agronomy* 18, 309-332.

DORSAINVIL F., 2002. *Évaluation, par modélisation, de l'impact environnemental des modes de conduite des cultures intermédiaires sur les bilans d'eau et d'azote dans les systèmes de culture*. Thèse Doct., INA-PG, 124 p.

ENGEL T., 1997. Use of nitrogen simulation models for site-specific nitrogen fertilization. *In Precision agriculture'97. Spatial variability in soil and crop*. Bios Scientific Publishers Ltd, Oxford UK, 361-369.

GERMON J.C., HENAULT C., 2003. Surfaces agricoles, bilan de gaz à effet de serre et climat. *In Stocker du carbone dans les sols agricoles de France ?* Arrouays D. *et al.*, (Eds.). Rapport d'expertise MEDD, 76-88.

GHILOUFI M., 1999. *Méthodologie d'adaptation de Stics à de nouvelles cultures : application au tournesol et à la betterave*. Mémoire de DAA, Ina-PG, 48 p.

GODWIN R.J., MILLER P.C.H., 2003. A review of the technologies for mapping within field variability. *Biosystems Engineering* 84, 393-407.

GUERIF M., BARET F., MOULIN S., BEGUE A., 2001a. Prise en compte de l'hétérogénéité parcellaire et de son évolution temporelle dans la gestion des interventions techniques : potentiel de la télédétection. *In «Modélisation des agro-écosystèmes et aide à la décision*, E. Malézieux (éd), collection Repères, Cirad, Montpellier (France)

GUERIF M., BEAUDOIN N., DÜRR C., HOULES V., MACHET J.-M., MARY B., MOULIN S., RICHARD G., BRUCHOU C., MICHOT D., NICOULLAUD N., 2001b. Designing a field experiment for assessing soil and crop spatial variability and defining site-specific management strategies. *In* 3rd *ECPA*, Grenier G., Blackmore S. (Eds.), Agro Montpellier, 677-681.

HOULES V., MARY B., GUERIF M., MAKOWSKI D., JUSTES E., 2004. Evaluation of the crop model Stics to recommend nitrogen fertilisation rates according to agro-environmental criteria. *Agronomie* 24, 339-349.

IPCC, 1996. Contribution of working group I to the second assessment report of the intergovernmental panel on climate change. *In Climate change 1995: the science of climate change*, Houghton J.T., Meira Filho L.G., Callander B.A., Harris N., Kattenberg A., Maskell K. (Eds.), Cambridge University Press, Cambridge.

JEUFFROY M.H., RECOUS S., 1999. Azodyn: a simple model simulating the date of nitrogen deficiency for decision support in wheat fertilization. *European Journal of Agronomy* 10, 129-144.

JONES J.W., HOOGENBOOM G., PORTER C.H., BOOTE K.J., BATCHELOR W.D., HUNT L.A., WILKENS P.W., SINGH U., GIJSMAN A.J., RITCHIE J.T., 2003. The DSSAT cropping system model. *European Journal of Agronomy* 18, 235-265.

LAURENT F., 2000. Faut-il varier la dose d'azote sur les blés en parcelles hétérogènes ? *Perspectives Agricoles* 262, 62-69.

LAURENT F., MARY B., 1992. Management of nitrogen in farming systems and the prevention of nitrate leaching. *Aspects of Applied Biology* 30, 45-61.

LE CLECH N., WEIDMANN R., LORGEOU J. 2001. Simulation of site-specific input management for corn production. In *3rd ECPA*, Grenier G., Blackmore S. (Eds.), Agro Montpellier, 677-681.

LOYCE C., RELLIER J.P., MEYNARD J.M., 2002. Management planning for winter wheat with multiple objectives (1): the BETHA system. *Agricultural Systems* 72, 9-31.

MACHET J.M., DUBRULLE P., LOUIS P., 1990. Azobil: a computer program for fertilizer N recommendations based on a predictive balance sheet method. *C.R. 1er Congrès ESA*, Paris, 21-22.

MAKOWSKI D., WALLACH D., MEYNARD J.-M., 1999. Models of yield, grain protein and residual mineral N responses to applied N for winter wheat. *Agronomy Journal* 91, 377-385.

MAKOWSKI D., WALLACH D., 2001. How to improve model-based decision rules for nitrogen fertilization. *European Journal of Agronomy* 15, 197-208.

MAKOWSKI D., WALLACH D., MEYNARD J.-M., 2001. Statistical methods for predicting responses to applied nitrogen and calculating optimal nitrogen rates. *Agronomy Journal* 93, 531-539.

MARY B., LAURENT F., BEAUDOIN N., 2002. La gestion durable de la fertilisation azotée. *Proc. 65e Congrès IIRB*, février 2002, Bruxelles (BEL), 59-65.

MASSE J., 2003. Évolution des pratiques de fertilisation. *6e rencontres de la fertilisation raisonnée et de l'analyse de terre*, 18-19/11/2003, Blois, Gemas-Comifer, 55-66.

MEYNARD J.-M., CERF M., GUICHARD L., JEUFFROY M.-H., MAKOWSKI D., 2002. Which decision support tools for the environmental management of nitrogen ? *Agronomie* 22, 817-829.

MICHOT D., 2003. *Intérêt de la géophysique de subsurface et de la télédétection multispectrale pour la cartographie des sols et le suivi de leur fonctionnement hydrique à l'échelle intraparcellaire.* Thèse Doctorat, Université Pierre et Marie Curie, 393 p.

MOULIN S., BONDEAU A., DELECOLLE R., 1998. Combining agricultural crop models and satellite observations: from field to regional scales. *International Journal of Remote Sensing* 19, 1021-1036.

PAZ J.O., BATCHELOR W.D., BABCOCK B.A., COLVIN T.S., LOGSDON S.D., KASPAR T.C., KARLEN D.L., 1999. Model-based technique to determine variable rate nitrogen for corn. *Agricultural Systems* 61, 69-75.

ROBERT P.C., 2002. Precision agriculture: a challenge for crop nutrition management. *Plant and Soil* 45, 1-7.

RUGET F., BRISSON N., DELECOLLE R., FAIVRE R., 2002. Sensitivity analysis of a crop model, Stics, in order to choose the main parameters to be estimated. *Agronomie* 22, 133-158.

SCHRÖDER J.J., NEETESON J.J., OENEMA O., STRUIK P.C., 2000. Does the crop or the soil indicate how to save nitrogen in maize production? *Field Crops Research* 66, 151-164.

SHAFFER M.J., BRODAHL M.K., 1998. Rule-based management for simulations in agricultural decision support systems. *Computers and Electronics in Agriculture*, 21, 135-152.

STANFORD G., 1973. Rationale for optimum nitrogen fertilization in corn production. *Journal of Environmental Quality*, 2, 159-166.

WALLACH D., 2002. Évaluation d'un modèle de culture. *In Pour une bonne utilisation des modèles de culture*, Document de l'École chercheur Inra Dépt. Environnement et Agronomie, Le Croisic, FormaSciences.

WELSH J.P., WOOD G.A., GODWIN R.J., TAYLOR J.C., EARL R., BLACKMORE S., KNIGHT S.M., 2003. Developing strategies for spatially variable nitrogen application in cereals, Part II: wheat. *Biosystems Engineering* 84, 495-511.

ZHANG N., WANG M., WANG N., 2002. Precision agriculture – a worldwide overview. *Computers and Electronics in Agriculture* 36, 113-132.

Modulation intra-parcellaire de la fertilisation azotée du blé fondée sur le modèle de culture Stics
Intérêt de la démarche et méthodes de spatialisation

M. Guérif, V. Houlès, B. Mary, N. Beaudoin, J.-M. Machet, S. Moulin, B. Nicoullaud

Introduction

Nous avons montré dans l'article précédent comment un modèle de culture, grâce à la simulation d'un ensemble de variables d'état du système sol-plante, permet de raisonner la fertilisation azotée (*cf.* article Houlès *et al.*, cet ouvrage et Houlès *et al.*, 2004).

Son utilisation dans le cadre de l'agriculture de précision, pour moduler spatialement les doses en fonction de l'hétérogénéité parcellaire, suppose que le modèle de culture est capable de rendre compte de l'effet de cette hétérogénéité.

Cela implique d'abord que la sensibilité du modèle soit adaptée à la gamme de variation des facteurs exprimant cette hétérogénéité. Nous avons montré dans l'article précédent que le modèle Stics était capable de simuler correctement des situations contrastées d'un point de vue de l'état de nutrition azoté. Nous savons par ailleurs qu'il simule également de façon assez satisfaisante des situations pédoclimatiques contrastées (Brisson *et al.*, 2001). Cela ne nous renseigne pas *a priori* sur sa capacité à décrire des situations moins contrastées, comme on pourra en rencontrer au sein des parcelles agricoles.

Cela implique d'autre part de disposer d'une description de la distribution spatiale des niveaux des facteurs responsables de l'hétérogénéité (Acock et Pachepsky, 1997), afin d'envisager une utilisation spatialement distribuée du modèle de culture. Cette description repose en premier lieu sur la définition d'une résolution spatiale - qui détermine la taille de l'unité de simulation, et sur une caractérisation des variables d'entrée et des conditions initiales requises pour chaque unité de simulation.

Plusieurs approches peuvent être mises en œuvre pour décrire les composantes de l'hétérogénéité (Chang, 2003) :

i)   la définition de « zones homogènes » par application de méthodes de classification à différentes données spatialisées (résistivité électrique des sols, cartes de rendement, cartes de relief, images de télédétection…) (Engel, 1997 ; Pringle, 2003) ;

ii)   la définition « d'unités de sol » basées sur des cartes pédologiques à haute résolution (Nicoullaud, 2001) ;

iii)   une approche « maillage régulier » défini *a priori* permettant de décrire de façon exhaustive la variabilité (Paz *et al.*, 1999; McKinion *et al.*, 2001 ; Booltink *et al.*, 2001).

C'est cette dernière approche que nous avons retenue dans le cadre de cette étude. Le renseignement des variables d'entrée du modèle peut se faire grâce à une caractérisation très détaillée des sols : certaines variables sont accessibles par sondage régulier de la parcelle d'étude et détermination en tout point, d'autres le sont par utilisation d'une carte pédologique à grande échelle et des fonctions de pédotransfert associées pour lier les unités typologiques de sol et leurs propriétés fonctionnelles. Dans tous les cas, cette caractérisation constitue une entreprise très lourde (*cf.* articles Nicoullaud *et al.* ; Beaudoin *et al.,* cet ouvrage) et n'est bien sûr pas envisageable de façon opérationnelle. Des perspectives prometteuses dans ce domaine sont ouvertes avec les mesures de résistivité électrique des sols, mais nécessitent encore des développements théoriques afin de bien séparer les effets respectifs du matériau, de la teneur en eau et de la salinité de la solution du sol (Michot, 2003).

La télédétection est par contre un outil dont on a depuis plusieurs années bien cerné les possibilités qu'elle offre de caractériser les surfaces de façon exhaustive, avec des résolutions spatiales bien adaptées à l'échelle infraparcellaire (Moulin *et al.*, cet ouvrage). Dans le domaine solaire en particulier, elle permet d'accéder à certaines propriétés de surface des sols (albédo, teneur en matière organique, en calcaire, etc.), mais aussi et surtout aux caractéristiques du couvert (indice foliaire, teneur en chlorophylle) qui sont une expression - entre autres facteurs - des propriétés des sols. Nous proposons ici une méthode de spatialisation du modèle, qui consiste à utiliser des informations obtenues par télédétection en cours de culture pour corriger les estimations du modèle, au travers de ce que l'on appelle l'assimilation des données. Cette assimilation repose sur une re-estimation de certaines variables d'entrée et de conditions initiales mal ou pas connues. Elle permet ainsi d'adapter le modèle localement à l'hétérogénéité intra parcellaire (Guérif *et al.*, 2001a). Nous décrivons dans ce chapitre comment mettre en œuvre ces méthodes pour spatialiser le modèle de culture Stics présenté précédemment et l'utiliser pour élaborer des préconisations de fertilisation azotée spatialement modulée.

Auparavant, nous proposons dans une première partie, d'évaluer l'intérêt d'une modulation spatiale de la fertilisation azotée par comparaison à un apport uniforme, du double point de vue du gain de l'agriculteur et des conséquences environnementales, en utilisant le modèle de culture. C'est en effet une question importante, qui est fréquemment posée par les utilisateurs potentiels de l'agriculture de précision et à laquelle l'expérimentation permet difficilement d'apporter une réponse suffisamment générale. En revanche, le recours à la simulation numérique, s'il comporte des limites liées à l'erreur du modèle et de la caractérisation des propriétés des sols, permet d'explorer un ensemble de situations climatiques ou de structure de la variabilité des parcelles beaucoup plus vaste. Nous conduirons cette évaluation en mettant en œuvre l'approche basée sur une caractérisation pédologique classique à très grande échelle, sur deux parcelles différentes, correspondant à des types de variabilité spatiale des sols différentes.

Dans une deuxième partie, nous exposerons la méthode d'assimilation de données de télédétection que nous avons développée et qui consiste en une estimation de certains paramètres et variables d'entrée du modèle et nous comparerons les performances de cette approche à celles d'une approche basée sur la caractérisation pédologique classique à très grande échelle. Les résultats seront évalués en terme de précision d'estimation des variables de sortie du modèle, en nous focalisant sur le rendement pour lequel nous disposons de mesures spatialisées.

Le site et les données

Le site d'étude est constitué de deux parcelles de 10 ha au sein d'une exploitation agricole située à Chambry, près de Laon (Aisne) suivies de 1999 à 2003 qui a servi de support à un ensemble d'études tant de caractérisation du sol, que des cultures (Guérif *et al.*, 2001b). La topographie et la couverture pédologique de ces deux parcelles sont illustrées dans l'article de Nicoullaud *et al.* dans cet ouvrage. La parcelle 1 (P1) présente une topographie peu accentuée (3 m de dénivelé). Le substrat est composé de craie cryoturbée remaniée et présentant fréquemment une grève calcaire. Il est plus ou moins recouvert de dépôts éoliens, ce qui engendre une forte hétérogénéité spatiale à l'échelle du mètre. La parcelle 2 (P2) se situe en position haute sur la plaine et présente une topographie plus nette (7 m de dénivelé). Le substrat est composé de craie blanche avec un niveau de craie sableuse magnésienne. La craie a également subi une cryoturbation et peut être recouverte de sables et de limons éoliens. Le sommet de la parcelle, soumis à l'érosion éolienne, est occupé de sols calcaires. En revanche, le versant opposé possède des sols profonds limoneux et moins calcaires. L'hétérogénéïté spatiale de cette parcelle semble plus fortement structurée et la portée des variogrammes concernant les variables de texture sont nettement plus élevées que celles de la parcelle 1 ; de même, pour la teneur en calcaire, la portée est de 60 m pour P1, traduisant la présence de taches calcaires, alors que le variogramme est linéaire pour P2, traduisant la présence d'un gradient régulier.

Nous évaluons l'intérêt d'une modulation spatiale de la fertilisation azotée sur les deux parcelles P1 et P2. La spatialisation du modèle par assimilation de données n'est par contre réalisée que sur la parcelle P1 cultivée en blé (variété Shango) en 1999-2000 et validée en 2001-2002. D'autre part, en 2001-2002, un dispositif de fertilisation azotée en carré latin (3 doses x 3 répétitions) a été mis en place sur P1 afin de tester le matériel d'épandage modulé sur le troisième apport d'engrais (apporté sous forme solide: ammonitrate en granulés). L'engrais utilisé en 1999-2000 était une solution azotée (mélange de 50 % d'urée et 50 % de nitrate d'ammonium).

La caractérisation du sol

Elle a été réalisée selon 2 grands types de prospection et de mesures :

- une cartographie pédologique à très grande échelle (1/3 000) associée à des règles de pédotransfert locales (*cf.* article de Beaudoin *et al.*, cet ouvrage) ;

- une grille de sondage régulière (espacement de 36 m des points de grille, conduisant à 81 ou 82 points par parcelle) associée à l'extraction de 5 carottes de 30 cm (profil de 0 à 150 cm) et mesures au laboratoire. Des mesures complémentaires ont été réalisées avec un pas d'espace plus fin (2 à 12 m) sur 2 directions orthogonales en 4 endroits de chaque parcelle (4 « croix » par parcelle), afin de caractériser la variabilité des grandeurs mesurées à faible distance et permettre l'interpolation spatiale par modélisation du semi-variogramme et krigeage.

Tableau 1. Présentation des variables d'entrée du modèle Stics décrivant les propriétés du sol et de leurs méthodes d'acquisition respectives. *i* désigne le numéro de l'horizon et prend les valeurs 1 à 5.

Variables	Signification	Acquisition
ARGI	Teneur en argile vraie de l'horizon de surface (%)	Mesures + krigeage
NORG	Teneur en azote organique de l'horizon de surface (%)	Mesures + krigeage
CALC	Teneur en calcaire de l'horizon de surface (%)	Mesures + krigeage
ALBEDO	Albédo de l'horizon de surface	Dérivé de *CALC* et *ARGI*
Q0	Seuil de cumul d'évaporation journalière (mm)	Dérivé de *ARGI*
Obstarac	Profondeur d'obstacle à l'enracinement (cm)	Carte pédologique + RPT
EPC(i)	Épaisseur de l'horizon i (cm)	Carte pédologique
HCCF(i)	Capacité au champ de l'horizon i (g eau g^{-1} sol)	Carte pédologique + RPT
HMINF(i)	Point de flétrissement permanent de l'horizon *i* (g g^{-1})	Carte pédologique + RPT
DA(i)	Densité apparente de l'horizon *i* (g cm^{-3})	Carte pédologique + RPT
NO3initf(i)	Azote présent au semis dans l'horizon *i* (kg ha^{-1})	Mesures + krigeage

Nous avons choisi de représenter le sol dans le modèle Stics par une succession de 5 horizons de 30 cm, compatible avec le dispositif de mesures par sondage régulier qui a été mis en œuvre. Les données d'entrée du modèle caractérisant le sol sont présentées dans le tableau 1.

La cartographie pédologique et les règles de pédotransfert locales

Ce travail a été réalisé par l'Inra d'Orléans en collaboration avec l'Inra de Laon. Le lecteur se reportera pour le détail aux articles de Nicoullaud *et al.*, Beaudoin *et al.* dans cet ouvrage.

Les contours des Unités Cartographiques de Sol ont été établis à partir des observations ponctuelles, de la topographie et des observations aériennes des parcelles en sol nu. À cette base de donnée géographique est associée une base de données sémantique qui décrit la proportion de surface de chaque UCS occupée par une ou plusieurs Unités Typologiques de Sol (UTS). Les UTS sont décrites jusqu'à 1,5 m de profondeur par des caractéristiques de nature du matériau, profondeur, teneur en calcaire, en cailloux et en graviers ; substrat, type de profil, drainage interne. Les cartes obtenues sont présentées dans l'article de Nicoullaud *et al.* (cet ouvrage). Pour la parcelle P1, 50 unités cartographiques ont été différenciées et ont été regroupées en 11 grands types de sols. Sur la parcelle P2, 42 unités cartographiques ont été différenciées, regroupées en 12 grands types de sol.

Les règles de pédotransfert concernent les teneurs en eau à la capacité au champ *HCCF(h)*, les teneurs en eau au point de flétrissement permanent *HMINF(h)*, les densités apparentes *DA(h)* et les propriétés vis-à-vis de l'enracinement - présence d'un obstacle *Obstarac*. Elles ont été établies sur différents types de support : des observations réalisées sur des fosses pédologiques, des mesures réalisées sur des horizons prélevés dans ces fosses, et des mesures réalisées sur les points de grille.

Les valeurs de ces caractéristiques, établies pour des horizons pédologiques homogènes - d'épaisseur variable - ont été transférées aux horizons modèles de 30 cm choisis pour représenter le sol dans Stics et possiblement hétérogènes, en appliquant des règles de proportionnalité. Par exemple, une valeur de teneur en eau à la capacité au champ a été calculée en utilisant la moyenne des *HCCF(h)* pondérée par le produit des *DA(h)* et des épaisseurs d'horizons pédologiques dans chaque horizon modèle (fig. 1).

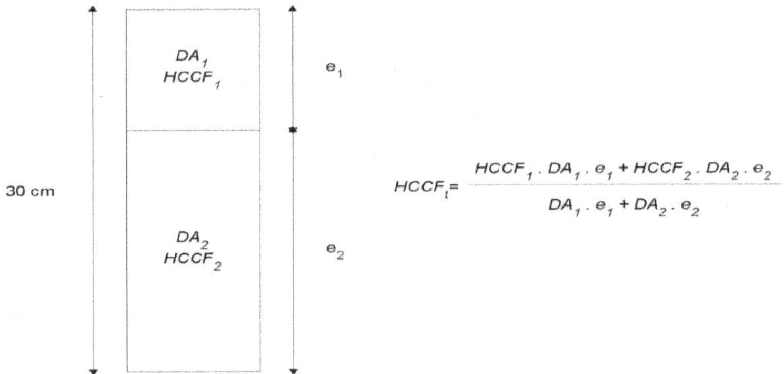

$$HCCF_t = \frac{HCCF_1 \cdot DA_1 \cdot e_1 + HCCF_2 \cdot DA_2 \cdot e_2}{DA_1 \cdot e_1 + DA_2 \cdot e_2}$$

Figure 1. Calcul de la teneur en eau à la capacité au champ sur les horizons de 30 cm hétérogènes d'après les propriétés déterminées par les règles de pédotransfert relatives à *HCCF(h)* et *DA(h)* sur les horizons pédologiques.

Les mesures de caractéristiques physico-chimiques des horizons

Sur l'horizon de surface (0-30 cm), les variables NORG (teneur en azote organique de l'horizon de surface), ARGI (teneur en argile après décarbonatation de l'horizon de surface) et CALC (teneur en calcaire de l'horizon de surface) ont été mesurées sur les nœuds de la grille.

Des mesures des caractéristiques non permanentes de la parcelle ont été réalisées au semis de la culture sur les nœuds de la grille. Il s'agit de la teneur en eau et de la teneur en azote minéral. Les teneurs en nitrate et ammonium ont été déterminées après extraction au KCl et dosage par colorimétrie. Des interpolations spatiales ont été réalisées par krigeage (*cf.* Bruchou *et al.*, cet ouvrage).

La caractérisation des variables du couvert

Les mesures de télédétection et le lien avec les variables d'état du modèle Stics

Des images de télédétection hyper spectrales ont été acquises grâce à un capteur Casi aéroporté mis en œuvre par la société Astrium, avec une résolution spatiale de 2 x 2 m. Quatre acquisitions ont été réalisées en 2000 sur la parcelle 1 (8 avril, 6 mai, 2 juin et 28 juin). Les mesures de réflectance ont été inversées en données d'indice foliaire (*LAI*) et teneur en chlorophylle des feuilles (*Cab*) selon des algorithmes mettant en œuvre des modèles de transfert radiatif proches de ceux développés par Moulin *et al.* (cet ouvrage). La procédure d'inversion a également pris en compte les mesures directes de ces deux variables (*LAI* et

Cab) qui ont été réalisées au sol sur les « micro parcelles » ayant reçu des doses d'azote contrastées (fig. 2, planche couleur 11).

Si le *LAI* est bien une variable d'état du modèle Stics, la teneur en chlorophylle *Cab* n'en est pas une. Elle est cependant fortement liée à la teneur en azote du couvert végétal et le produit *LAI.Cab*, qui représente le contenu en chlorophylle du couvert *Qcab*, est très lié à la quantité d'azote des parties aériennes *QN*, qui est une variable d'état du modèle (Houlès *et al.*, cet ouvrage). Nous avons donc établi des relations de passage entre la *QCab* et *QN*, sur les mêmes dispositifs de mesures au sol (« micro-parcelles ») en utilisant les dates de mesure les plus proches de la date de l'acquisition télédétection. Ces relations sont spécifiques du stade de la culture (et de l'année) ; plusieurs paramétrisations en fonction de la somme de température ou de rayonnement ont été proposées, mais pour plus de précision, nous utiliserons ici les relations par date.

La cartographie du rendement

Des cartes de rendement ont été établies en utilisant un système de cartographie du rendement RDS et un GPS Omnistar. La largeur de la barre de coupe était de 5 m. La conjugaison de la fréquence de mesure de volumes de grain et de la vitesse d'avancement de la machine permet d'obtenir une résolution spatiale dans le sens de l'avancement de 6 m environ. La résolution de la carte est donc d'environ 6×5 m^2. Une évaluation de la qualité de ces données par comparaison avec des mesures réalisées sur des échantillons de blé a montré une précision de l'ordre de 5 % (*cf.* Machet *et al.*, cet ouvrage). Les cartes de rendement du blé d'hiver ont été traitées par l'Inra d'Orléans pour normaliser les valeurs de rendement à 0 % d'humidité, gérer le décalage entre le moment de la coupe et de la mesure du grain et éliminer les points aberrants. On dispose de 2 années de cartes de rendement (2000 et 2002) qui permettront de faire une évaluation des méthodes de spatialisation du modèle Stics.

Définition d'une résolution spatiale de travail

Les mesures permettant de caractériser tant les propriétés du sol que les états de croissance de la culture ont été acquises sur des supports de résolution spatiale différente (échantillonnage ponctuel dans un cercle de 1 m centré aux points de grille pour les mesures sol, pixel de télédétection de 2 x 2 m, pavé de surface variable de l'ordre de 5 x 6 m pour la cartographie du rendement, unités cartographiques de sol de surfaces variables pour les propriétés des matériaux sol). Par ailleurs, la résolution avec laquelle l'épandage spatialisé d'engrais peut être réalisé, est à l'heure actuelle encore limitée à 24 m dans la direction perpendiculaire à l'avancement de l'épandeur. Nous avons donc choisi d'adopter une résolution spatiale commune de 20 m et réalisé un maillage régulier des parcelles avec des cellules carrées (pixels) de 20 m par 20 m. L'ensemble des données spatialisées (images, cartes interpolées, cartes pédologiques) a été projeté sur ce maillage. Le pixel représente l'unité de restitution des résultats.

Intérêt de la modulation de la préconisation azotée

Nous proposons dans cette partie d'évaluer l'intérêt à la fois agronomique et environnemental lié à la mise en œuvre d'une préconisation spatialement modulée de la fertilisation azotée, et d'étudier cet intérêt en fonction du type de parcelle considérée et de son niveau de variabilité spatiale. Nous utiliserons pour cela les 2 parcelles P1 et P2. La méthode de préconisation, basée sur le modèle Stics, est celle décrite précédemment dans cet ouvrage (Houlès *et al.*). Comme dans le travail cité, nous nous intéresserons à la préconisation du 3ᵉ apport d'azote sur des cultures de blé (var. *Shango*). La méthode sera appliquée sur dix années climatiques et on analysera les résultats en terme de comportement moyen de chaque pixel.

Méthode

Spatialisation des variables d'entrée du modèle par cartographie des caractéristiques du sol

Pour les pixels correspondant à des UCS (unité cartographique de sol) mixtes (présence de 2 ou plusieurs UTS), on définit plusieurs unités (2 maximum) de simulation et le résultat pour le pixel est obtenu par pondération des deux simulations par la surface de chaque unité. Pour chaque unité de simulation, on renseigne chacun des 5 horizons de 30 cm d'épaisseur, vis-à-vis des deux types de variables d'entrée du modèle :

- les caractéristiques permanentes des sols : les informations sont issues de la carte pédologique et des règles de pédotransfert définies spécialement pour cette étude (Beaudoin *et al.*, cet ouvrage) ;

- les caractéristiques transitoires qui constituent les valeurs d'initialisation du modèle (teneur en eau et en azote du sol au semis) sont issues des interpolations par krigeage des valeurs mesurées sur les nœuds de la grille.

Comme le montre la prospection pédologique, la répartition des sols au sein des 2 parcelles est différente, avec une forte hétérogénéité à courte distance pour P1, plus faible pour P2. Cette structure spatiale différente des matériaux constitutifs du sol s'exprime également par les caractéristiques différentes des semi-variogrammes calculés sur les variables permanentes des sols : alors que les portées sont comprises entre 75 et 100 m pour les variables de texture du sol pour la parcelle 1, elles sont souvent supérieures à 200 m pour la parcelle 2 (Bruchou *et al.*, cet ouvrage).

Méthode de préconisation du troisième apport d'azote

Bien que la méthode permette d'envisager un grand nombre de combinaisons de dates et de fractionnement des apports d'engrais azotés, nous nous sommes placés dans un cadre d'étude restreint : celui de la modulation du troisième apport d'azote au stade 2-3 nœuds, les 2 premiers apports d'azote ayant été effectués au tallage et au stade « épi 1 cm ». Nous réalisons avec le modèle Stics des simulations du rendement, de la teneur en protéines des grains, de la marge réalisée (combinaison des deux variables précédentes avec le prix du blé) et du bilan d'azote (entrées sous forme d'engrais – sorties sous forme de protéine des grains), pour différentes doses apportées (10 doses variait par pas de 15 unités ha^{-1}), en utilisant le climat réel du semis à la date de la préconisation, puis différents climats hypothétiques (représentés par des séries climatiques passées) jusqu'à la récolte. Pour chaque pixel, la dose considérée comme optimale et donc préconisée est celle qui permet en moyenne sur tous les climats testés, de réaliser la marge maximale, tout en assurant un bilan d'azote acceptable, c'est-à-dire inférieur à 50 kg N ha^{-1}.

Mise en œuvre spatialisée de la méthode

La méthode a été appliquée aux deux parcelles P1 et P2, pour 10 années climatiques caractérisées par le poste météorologique de St Quentin (10 années tirées au hasard parmi les 25 dernières années). Chaque climat simulé est donc constitué du climat réel de l'année en cours jusqu'à la date de décision et d'un climat ultérieur (l'une des 10 années). La simulation est réalisée indépendamment sur chaque pixel (20 x 20 m^2), ce qui représente 250 pixels/ha. Nous avons considéré des cultures de blé semées à la même date (26 septembre), avec le même niveau de reliquat azoté dans le sol au semis (50 kg N ha^{-1}), et le même itinéraire technique. Deux apports d'azote sont faits (le 6 mars et le 20 mars), et nous cherchons à estimer la dose à apporter au troisième apport, fixé au 11 avril.

Nous comparons 4 stratégies différentes :

- Option 1 : application stricte de la méthode définie ci-dessus, qui conduit à apporter une dose d'azote spatialement variable, maximisant sur chaque pixel la marge brute moyenne.

- Option 2 : c'est une variante de l'option 1. La dose optimale est la même pour tous les pixels de la parcelle et elle est sélectionnée de façon à réaliser la marge maximale et un bilan d'azote inférieur à 50 kg N ha^{-1} sur l'ensemble des pixels (et non plus au niveau de chaque pixel). Cette option correspond par exemple à une stratégie de prise en compte de la variabilité intra parcellaire mais sans possibilité d'application spatialement modulée de l'engrais.

- Option 3 : on applique une dose constante sur l'ensemble de la parcelle, calculée par référence aux besoins des zones de la parcelle ayant le plus fort potentiel de rendement, correspondant à une conduite d'assurance de la part de l'agriculteur. En pratique, c'est la dose calculée par la méthode de préconisation pour les pixels où le rendement est le plus élevé.

- Option 4 : elle est identique à l'option 3, mais la dose est calculée par référence aux besoins des zones de la parcelle ayant le plus faible potentiel de rendement, correspondant à une conduite (irréaliste) de forte limitation des intrants. En pratique, c'est la dose calculée par la méthode de préconisation pour les pixels où le rendement est le plus faible.

Les différentes options auxquelles on compare l'application modulée de la fertilisation azotée s'appuient toutes sur la méthode de préconisation à base du modèle : c'est donc uniquement l'effet de la modulation et du niveau de potentiel considéré qui est analysé et non pas l'effet de la méthode de préconisation.

L'évaluation des différentes stratégies se fait en utilisant, pour chacune des années, le modèle Stics avec la dose d'azote préconisée et le climat de l'année jusqu'à la récolte. Cela revient à considérer que le modèle est exact, ce qui est évidemment faux. Cependant, les résultats de validation du modèle présentés dans l'article précédent montrent qu'aussi bien en terme de simulation des variables à la récolte que de choix de la dose optimale, le modèle est d'une précision acceptable.

Résultats

Les simulations réalisées avec Stics sur les 10 années pour les 2 parcelles font apparaître des caractéristiques en termes de potentiel de rendement (valeur moyenne et coefficient de variation) assez équivalentes pour les 2 parcelles, comme en témoignent les histogrammes présentés à la figure 3. Si la structure spatiale apparaissait différente (*cf supra*), l'amplitude des variations des rendements est comparable entre les deux parcelles.

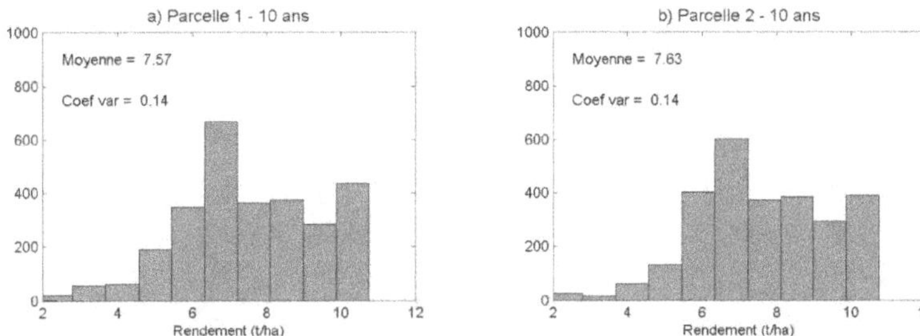

Figure 3. Histogrammes des rendements simulés sur l'ensemble des pixels de chacune des deux parcelles et pour 10 années climatiques.

Les doses d'azote préconisées pour le troisième apport d'azote en moyenne sur les 10 années dans le cas des 4 options sont présentées à la figure 4.

Comme on l'a remarqué plus haut, les doses variables de l'option 1 sont globalement plus faibles pour la parcelle 2 que pour la parcelle 1. Dans le cas de la parcelle 1, la moyenne des doses de l'option 1 (37,5 kg N ha^{-1}) est semblable à la dose constante de l'option 2. Ce n'est pas le cas pour la parcelle 2 où la dose variable moyenne de l'option 1 (21,0 kg N ha^{-1}) est légèrement supérieure à la dose constante de l'option 2 (16,5 kg N ha^{-1}). L'option 4 conduit à une dose optimale nulle, ce qui suggère qu'il aurait été souhaitable de réduire la dose des deux premiers apports.

Nous avons représenté dans la figure 5 les marges et bilans d'azote moyens (sur 10 ans) réalisés au sein des parcelles pour les 4 options.

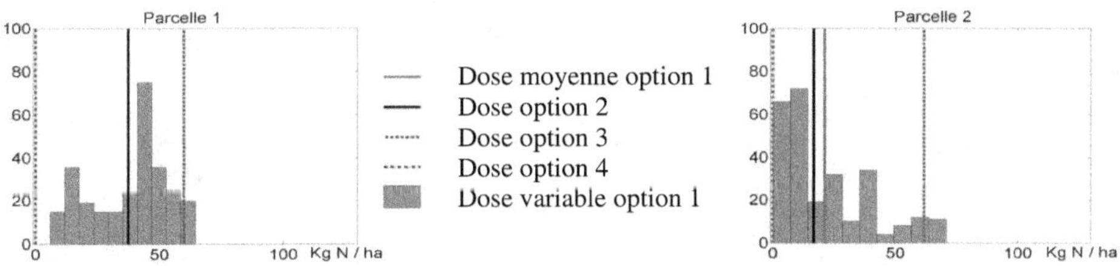

Figure 4. Histogrammes des doses du troisième apport d'azote dans le cas des 4 options.

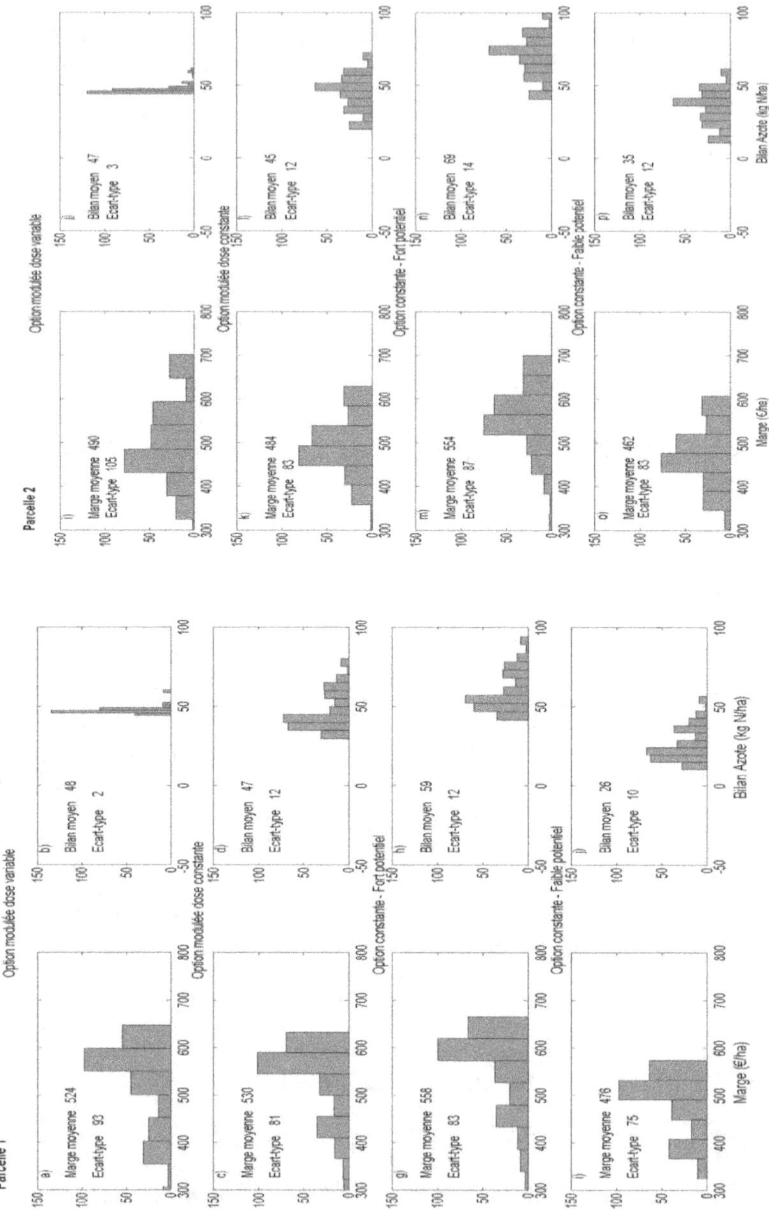

Figure 5. Histogrammes des marges et des bilans d'azote simulés pour chaque parcelle selon l'option choisie pour le raisonnement du troisième apport d'azote : option 1 à 4, dans l'ordre du texte. Les valeurs représentées sont des moyennes sur 10 ans par pixel.

Si l'on considère les résultats obtenus en moyenne sur l'ensemble des pixels, l'option 1 « modulation à dose variable » ne se différencie pratiquement pas de l'option 2 « modulation à dose constante », quelle que soit la parcelle considérée : les marges moyennes sont comparables (524/523 € ha^{-1} pour P1, 490/484 € ha^{-1} pour P2), ainsi que les bilans (48/48 kg N ha^{-1} pour P1, 47/45 kg N ha^{-1} pour P2). Cependant, avec l'option 1, le bilan d'azote est dans tous les cas inférieur à 50 kg N ha^{-1} (à l'exception de quelques cas où, à cause du faible potentiel climatique, les 2 premiers apports d'azote ne permettent pas de respecter ce seuil), alors que le seuil est dépassé pour plusieurs pixels avec l'option 2. Autrement dit, l'option 1 ne procure pas de marge supérieure mais permet de respecter plus scrupuleusement dans un plus grand nombre de situations la contrainte environnementale imposée.

L'option 3 qui consiste à apporter une dose correspondant aux besoins des zones à plus fort potentiel de la parcelle permet évidemment de dégager une marge supérieure, essentiellement par augmentation des rendements, mais elle ne permet en presque aucune situation de respecter la contrainte environnementale (les bilans d'azote vont de 45 à 100 kg ha^{-1}). Dit autrement, le respect de la contrainte environnementale (différence entre l'option 3 et l'option 2) correspond à un déficit de marge de 35 € ha^{-1} en moyenne pour P1 et de 70 € ha^{-1} pour P2. Ce « prix » plus élevé pour P2 est lié au fait que les doses préconisées pour respecter la contrainte environnementale sont plus faibles pour P2 que pour P1 (fig. 4) : dans le cas de P2, les plus fortes doses d'azote pour le troisième apport sont bien valorisées en terme de rendement (marges équivalentes à P1), mais conduisent à des bilans d'azote plus forts ; c'est pourquoi, la conduite modulée avec application de la contrainte environnementale conduit toujours à une réduction des doses, et donc à une réduction des rendements et des marges.

L'option 4 qui consiste à apporter une dose correspondant aux besoins des zones à plus faible potentiel de la parcelle - qui serait une mesure de grande austérité - permet de réaliser des bilans d'azote très faibles en moyenne et presque toujours inférieurs au seuil de 50 kg N ha^{-1}, mais elle provoque bien sûr des pertes de marge économique par rapport à l'option modulée : les pertes vont de 28 € ha^{-1} sur P2 à 48 € ha^{-1} sur P1.

Cet exercice permet d'établir les conclusions partielles suivantes :

- la modulation spatiale des doses, dans le cas d'étude, ne donne pas en moyenne sur la parcelle des résultats meilleurs en terme de marge et de bilan d'azote que l'application d'une dose constante (option 1 / option 2) ; le seul avantage est le respect en tout point de la norme environnementale ;

- la prise en compte de l'hétérogénéité parcellaire - et du respect d'une norme environnementale dans la préconisation, plutôt que la prescription d'une dose constante déterminée pour les zones à fort potentiel de la parcelle (ce qui correspond à une pratique courante des agriculteurs), provoque une réduction (variable selon la parcelle) de la marge et du bilan d'azote. Cette réduction de la marge est une estimation partielle du coût de ces mesures environnementales. Outre la réserve émise vis-à-vis de l'hypothèse d'exactitude du modèle déjà évoquée, la portée de ces conclusions est toutefois limitée par le caractère partiel de l'exercice de simulation ;

- la méthode de choix de la dose développée dans ce projet ne considère que le troisième apport d'azote. Or le troisième apport ne représente qu'un tiers au plus de l'apport total : les écarts entre options pourraient être amplifiés si l'on considère l'ensemble des 3 apports ;

- l'étude réalisée ici ne prend pas en compte les contraintes techniques liées à l'épandage modulé de l'azote : on considère ici que chaque pixel de 20 x 20 m^2 reçoit la dose prescrite. En réalité, l'adaptation de la dose à la consigne n'est ni instantanée, ni très localisée. De plus le matériel ne permet pas de moduler l'apport latéralement sur la largeur, soit sur 24 m. L'apport d'azote est donc lissé, voire même décalé, ce qui ne permet pas d'exprimer pleinement les différences de structure spatiale à petite distance. Les résultats pourraient être plus contrastés alors qu'ils sont assez comparables entre parcelles, traduisant des niveaux d'hétérogénéité proches (fig. 4).

D'autres travaux de simulation intégrant ces effets et s'adressant à des parcelles de structures et niveaux d'hétérogénéité plus contrastés pourront apporter des conclusions plus complètes. Et bien sûr, des validations expérimentales seront les bienvenues.

Spatialisation du modèle : caractérisation pédologique et assimilation de données de télédétection

L'approche de spatialisation des variables d'entrée du modèle par cartographie pédologique et mesures intensives (à forte densité) a permis de renseigner, pour chaque cellule du maillage de la parcelle, l'ensemble des informations nécessaires. Elle constitue une sorte de référence mais est évidemment très lourde à mettre en œuvre. Nous proposons d'évaluer une méthode de spatialisation du modèle consistant à estimer en chaque point du maillage un certain nombre de ses paramètres et variables d'entrée par assimilation des informations obtenues par télédétection aux différentes dates. Cette méthode, conçue pour fonctionner dans un contexte où l'on ne dispose que d'une information limitée sur les variables d'entrée, sera comparée à la méthode de référence ; les deux méthodes seront évaluées par comparaison à des données mesurées pour la variable de sortie du modèle facilement mesurable spatialement : le rendement. La méthode est développée pour la parcelle 1 en 1999-2000 et validée sur les années 2000 et 2002.

La méthode d'assimilation des données de télédétection

Une méthode bayésienne : Glue

Il existe différentes méthodes d'utilisation d'observations acquises sur un processus pour corriger le modèle qui simule ce processus : simple mise à jour de la variable d'état par la valeur observée, re-estimation des paramètres pour minimiser les écarts entre valeurs simulées et observées (inversion du modèle), correction séquentielle des variables d'état simulées grâce aux observations (méthodes de filtrage, ex filtre de Kalman). Beaucoup de ces méthodes ont été développées initialement dans le domaine de l'hydrologie, la météorologie et l'océanographie. Des applications à des modèles de culture ont été développées sur la base de méthodes d'estimation des paramètres, utilisant essentiellement des observations obtenues par télédétection (Maas, 1988 ; Delécolle et Guérif, 1988 ; Bouman, 1992 ; Moulin *et al.*, 1998 ; Guérif et Duke, 1998 ; Launay, 2002).

C'est ce type de méthode fondée sur l'estimation des paramètres[1] (ou « inversion » du modèle) que nous avons choisi. Notre objectif est en effet non seulement de « corriger » les simulations pour qu'elles représentent au mieux la variabilité spatiale intra parcellaire observée, mais aussi de retrouver des informations spatialisées sur un certain nombre de paramètres et variables d'entrée du modèle, responsables de la variabilité intra parcellaire, dont des caractéristiques du sol. La répétition des expériences d'assimilation de données au long des années, en capitalisant toutes les informations disponibles, devrait permettre de cette façon de réaliser un apprentissage des caractéristiques permanentes des parcelles.

Cependant, compte tenu de la nature complexe des modèles de culture, de leur grand nombre de paramètres et variables d'entrée, le problème de leur inversion est par nature mal posé : plusieurs combinaisons de valeurs des paramètres et variables d'entrée donnent des valeurs simulées similaires et les solutions ne sont souvent pas uniques. Pour pallier cette difficulté, nous avons eu recours à une méthode Bayésienne, qui utilise les observations pour modifier une distribution *a priori* des valeurs des paramètres dont on dispose (par des mesures simplifiées ou une connaissance experte) en distribution *a posteriori*.

La méthode Glue (*Generalized Likelihood Uncertainty Estimation*) a été développée dans le domaine de l'hydrologie pour estimer les variables d'entrée de modèles complexes (Beven & Binley, 1992). La description qui en est faite ici est adaptée de Makowski *et al.* (2002) ; on en trouvera une présentation plus détaillée dans Houlès (2004).

Représentons le modèle Stics par $\varphi_{t+1} = F(\varphi_t, X_t; \theta) + \varepsilon_t$ où φ_t est le vecteur (p x 1) contenant les p variables d'état au temps t, X_t est le vecteur contenant les variables de forçage (climat et fertilisation azotée) pour le jour t, θ est le vecteur de paramètres à estimer, et ε_t est le vecteur d'erreur (p x 1).

La méthode Glue, basée sur le théorème de Bayes, consiste à déterminer une approximation de la distribution *a posteriori*, notée $P(\theta|M_c)$, des paramètres θ à estimer par une distribution discrète (θ_i, p_i), où p_i désigne un poids affecté à une réalisation particulière θ_i de θ. M_c désigne l'ensemble des observations disponibles pour la cellule c du maillage de la parcelle.

Pour cela, l'espace des paramètres est discrétisé en générant aléatoirement un grand nombre de vecteurs de paramètres θ_i ($i=1,...,N$) à partir de la distribution *a priori*. On réalise ensuite pour chaque cellule une approximation de la distribution *a posteriori* des paramètres $P(\theta|M_c)$ en calculant pour chaque vecteur de paramètres θ_i les poids p_i à partir de la vraisemblance $P(M_c|\theta_i)$ et de la densité *a priori* $P(\theta_i)$.

Comme les erreurs du modèle sont supposées indépendantes et normalement distribuées, nous utilisons la fonction de vraisemblance suivante :

$$P(M_c|\theta_i) = \prod_j^2 \prod_t^4 \frac{1}{\sqrt{2\pi\sigma_{jtc}^2}} \, exp^{\dfrac{\left(m_{jtc} - F(\varphi_{t-1}, \theta_i, X_t)\right)^2}{2\sigma_{jtc}^2}} \tag{1}$$

---

[1] Dans ce paragraphe, nous définirons les paramètres comme étant les caractéristiques sol/plante qui sont invariantes dans le temps (lors d'une simulation) mais qui varient spatialement.

où $F_j\left(\varphi_{t-1}, \theta_i, X_t\right)$ est la j^e variable d'état simulée par Stics, $j=1,2$ (*LAI* et *QN*), σ_{jt}^2 est la variance de l'erreur (modèle + observations). Ici nous supposons que $\sigma_{jt} = k_j \overline{m}_{jt}$ où k est un coefficient de variation calculé à partir des données observées ($k = 0,15$ pour *LAI* et $0,20$ pour *QN*) et $\overline{m}_{jt} = \dfrac{1}{C} \displaystyle\sum_{c=1}^{C} m_{jtc}$.

Les poids p_i $(i=1,...,N)$ sont calculés pour la cellule c par :

$$p_i = \frac{P(M_c|\theta_i).P(\theta_i)}{\displaystyle\sum_{i=1}^{N} P(M_c|\theta_i).P(\theta_i)} \,. \tag{2}$$

avec $\displaystyle\sum_{i=1}^{N} p_i = 1$

Les couples (θ_i, p_i), $i = 1, ..., N$ peuvent être utilisés pour calculer la moyenne $\overline{\theta}$ et l'écart type $\overline{\sigma}$ de la distribution *a posteriori* :

$$\overline{\theta} = \sum_{i=1}^{N} p_i.\theta_i \quad \text{et} \quad \overline{\sigma} = \sum_{i=1}^{N} p_i.\theta_i^2 - \left(\sum_{i=1}^{N} p_i.\theta_i\right)^2 . \tag{3}$$

Sélection des paramètres à estimer et information a priori

Nous faisons l'hypothèse que les propriétés du sol constituent la principale source de variabilité intra parcellaire. Nous négligeons en particulier les autres sources de variabilité comme le climat : la topographie régionale est plate, les techniques culturales, et les bio agresseurs de la culture (adventices et maladies), bien maîtrisés par l'agriculteur. Les paramètres et variables d'entrée candidats à la re-estimation sont donc constitués des paramètres sol (tabl. 1). Cependant, pour représenter des effets non pris en compte par le modèle et des interactions entre les propriétés du sol et des aspects de la croissance des plantes, nous avons sélectionné également 2 paramètres plante responsables de la vitesse d'installation du LAI et de la durée de vie des feuilles. Parmi les 34 paramètres candidats, 11 ont été retenus à l'issue d'une analyse de sensibilité.

La distribution *a priori* des valeurs des 11 paramètres est choisie uniforme, avec des bornes définies à partir de la gamme maximum des valeurs rencontrées lors des mesures (tabl. 2). Tous les autres paramètres de Stics ont reçu la même valeur en tout point, la même que celle affectée dans l'approche cartographique. En particulier, les paramètres sol non estimés ont été fixés à la moyenne des mesures effectuées sur la grille.

La mise en œuvre de la méthode Glue requiert la définition du nombre de jeux de variables d'entrée à générer et de simulations à réaliser, N, et la définition des distributions *a priori* des différentes variables d'entrée. Nous avons fixé N à 200 000, valeur pour laquelle la valeur moyenne des simulations par le modèle n'évoluait plus significativement.

Les distributions *a posteriori* estimées des paramètres ont permis de réaliser des simulations des variables d'intérêt après assimilation. L'année 2002 est utilisée pour valider les assimilations faites en 2000.

Tableau 2. Information *a priori* sur les 11 paramètres. H_n représente le $n^{ième}$ horizon du sol.

	Paramètres	Symbole	Mini	Maxi
Sol	Teneur en azote organique de H1 (%)	Norg	0,04	0,17
	Teneur en calcaire H1 (%)	Calc	0	40
	Profondeur d'obstacle à l'enracinement (cm)	Obstarac	50	150
	Paramètre d'évaporation du sol (mm)	q0	8	12
	Capacité au champ de H1 (%)	Hcc1	17	22
	Capacité au champ de H2 (%)	Hcc2	14	22
	Capacité au champ de H3 (%)	Hcc3	14	26
	Densité apparente de H2 (g.cm^{-3})	DA2	1,45	1,6
	N minéral de H1 au semis (kg.ha^{-1})	NO3init1	50	85
Plante	Durée de vie des feuilles (°C jour)	DurvieF	140	220
	Croissance du LAI (unité de développement)	Vlaimax	1,5	2,5

Les résultats

Simulation des variables LAI et QN

Les valeurs de *LAI* et *QN* observées sur les graphiques de la figure 6 correspondent à celles qui ont été utilisées pour l'assimilation : il ne s'agit donc pas ici de réaliser une validation de cette approche, mais de vérifier qu'elle permet bien de diminuer l'erreur de simulation sur ces variables.

On constate que l'approche par cartographie restitue généralement assez bien en moyenne les valeurs de *LAI* et de *QN* observées (fig. 6 a et c), ce qui est indiqué par la position centrée autour de la première bissectrice des nuages aux différentes dates. Ceci n'est cependant pas le cas des dates les plus tardives, surtout en 2000, ce qui témoigne d'une sénescence simulée pas assez précoce. En revanche, la variabilité spatiale n'est pas bien restituée : pour les dates les plus tardives, les nuages de points ont une forme très arrondie. Pour les dates la plus précoce (8 avril) et la plus tardive (28 juin), les valeurs simulées sont très regroupées : cela montre que le modèle ne permet pas de restituer une variabilité spatiale en début et en fin de cycle de culture sur la seule base d'une variabilité des propriétés du sol et justifie l'emploi dans le processus d'assimilation de paramètres plante comme *durvieF* et *vlai$_{max}$*.

Les simulations basées sur l'assimilation permettent en revanche de reproduire cette variabilité spatiale intra parcellaire pour toutes les dates et globalement, de bien améliorer la simulation de *LAI* et *QN* par rapport à parcellaire, conformément à ce qui était attendu. Cependant, on constate une tendance à la sous-estimation des fortes valeurs de *LAI* et de *QN* pour les dates précoces (8 avril et 6 mai) que l'estimation des paramètres n'a pu corriger et qui est donc liée au modèle lui-même ou aux valeurs données aux autres paramètres non concernés par l'assimilation.

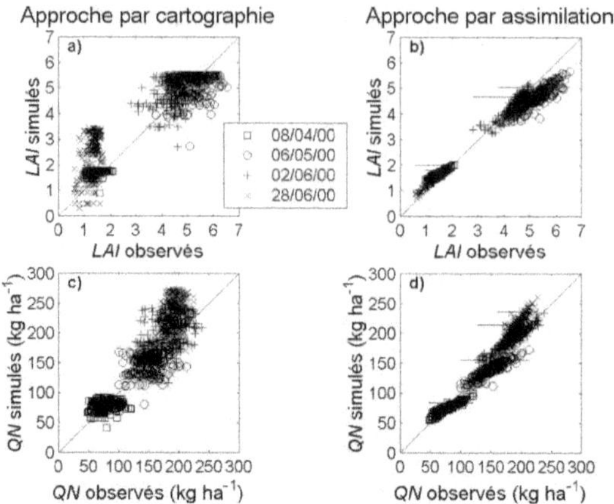

Figure 6. Comparaison des valeurs de *LAI* et de *QN* simulées et observées aux quatre dates de mesure pour la parcelle 1. Simulations réalisées par l'approche par cartographie (a) et (c) et par l'approche par assimilation avec la méthode Glue (b) et (d). Dans ces derniers cas, les simulations données par l'information *a priori* sont indiquées par un trait horizontal.

Valeurs a posteriori des paramètres estimés par assimilation. Comparaison aux valeurs mesurées

La figure 7 présente les histogrammes des valeurs moyennes re-estimées ou espérances *a posteriori* pour chaque pixel. Ces valeurs sont fournies par la procédure d'assimilation pour 10 des 11 paramètres et/ou variables d'entrée. On distingue 2 groupes de paramètres :

- des paramètres « actifs », dont les valeurs *a posteriori* peuvent s'éloigner fortement (à la fois en valeur moyenne et en dispersion) de la moyenne de parcellaire valeur *a priori*, et qui jouent un rôle important dans la réduction des écarts entre variables (*LAI* et *QN*) estimées et mesurées. C'est le cas de certains paramètres 'sol' comme la profondeur de l'obstacle à l'enracinement (*obstarac*), la teneur en azote organique (*Norg*) et dans une moindre mesure la capacité de rétention d'eau du deuxième horizon (*Hcc2*). Les deux paramètres « plante » (*vlaimax* et *durvieF*), qui ont un poids très fort sur le déterminisme du *LAI*, voient leurs valeurs profondément modifiées par rapport à la moyenne de parcellaire (qui a été utilisée dans l'approche cartographique), dans des sens qui tendent à faire diminuer le *LAI*.

- des paramètres « inactifs » dont les valeurs *a posteriori* restent en moyenne très proches de la valeur moyenne de parcellaire et sont très peu dispersées. C'est le cas de la plupart des paramètres sol autres que ceux cités précédemment (*NO3init1*, *DA2*, *Hcc1*, *Hcc3*, et dans une moindre mesure *calc*) auxquels, dans cette situation, le modèle se montre très peu sensible.

Seuls les paramètres actifs sont re-estimés, les autres étant essentiellement déterminés par l'information *a priori*. Il y a donc peu de relation entre les valeurs estimées par cette procédure et celles estimées à partir des mesures. La figure 8 (planche couleur 10) illustre sous forme de cartes cette discordance pour un paramètre synthétique reconstitué, la réserve utile en eau du sol *RU*. On retrouve quelques structures communes dans la distribution spatiale (zone en forme de patate où la *RU* est maximale, bande où la *RU* est la plus faible, au sud de la parcelle). Logiquement, la carte de *RU* obtenue par assimilation présente de grandes similitudes avec celles de *LAI* et de *QN* (fig. 2, planche couleur 11) ; elle donne des valeurs globalement plus faibles, ce qui va dans le sens d'une augmentation des stress simulés.

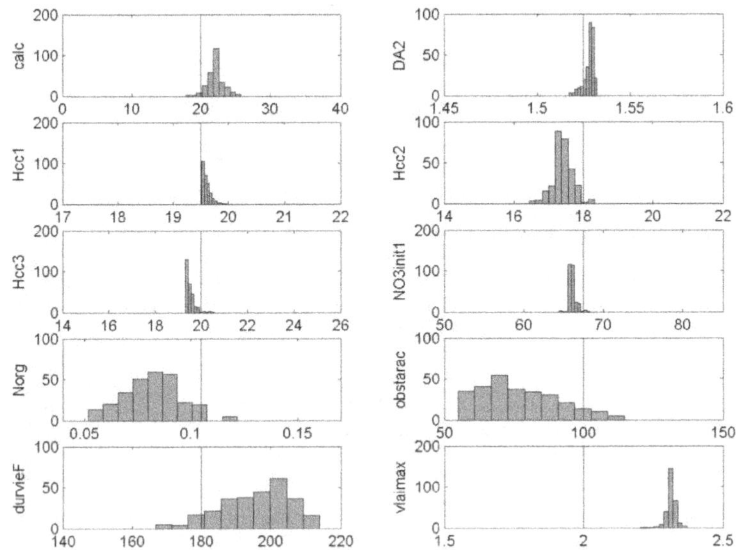

Figure 7. Distribution des valeurs moyennes par pixel des paramètres sol et plante du modèle, estimées par la méthode GLUE. Les valeurs extrêmes des axes des abscisses correspondent à l'intervalle définissant l'information *a priori* et la barre verticale en marque le centre.

Simulation du rendement l'année de l'assimilation

La figure 9 a montre que les valeurs de rendement sont mal simulées par l'approche cartographique, de façon cohérente avec les résultats obtenus sur le *LAI* : les points sont en majorité éloignés de la première bissectrice et la variabilité simulée est très supérieure à la variabilité observée. Nous observons une forte dispersion : *LAI* et *QN* sont plutôt surestimés surtout en fin de cycle, le rendement l'est aussi. Ceci démontre un biais dans la caractérisation spatiale des propriétés du sol par cette approche ou une mauvaise adéquation entre la façon de décrire les fonctionnalités du sol dans une approche pédologique et dans le modèle (remise en question des fonctions de pédotransfert).

Les valeurs de rendement obtenues par l'approche basée sur l'assimilation font office de validation de cette méthode. Les simulations obtenues sur la base de l'information *a priori* sont en moyenne très surestimées (voir barre horizontale sur le graphique de la figure 9 b) et l'assimilation permet de retrouver des valeurs d'un ordre de grandeur plus conforme à celui des rendements observés. Comme pour la variable *LAI*, le nuage de points est assez bien étiré et centré sur la première bissectrice, ce qui montre que la spatialisation est relativement bien réalisée par cette approche. Pour les plus forts rendements cependant, on a une tendance à une surestimation qui va croissant. Les valeurs de RMSE témoignent de l'amélioration des simulations par rapport à l'information *a priori* et d'une meilleure description que l'approche par cartographie (tabl. 3).

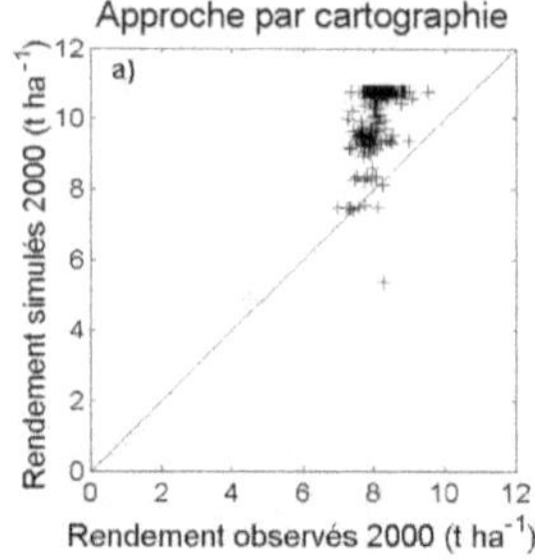

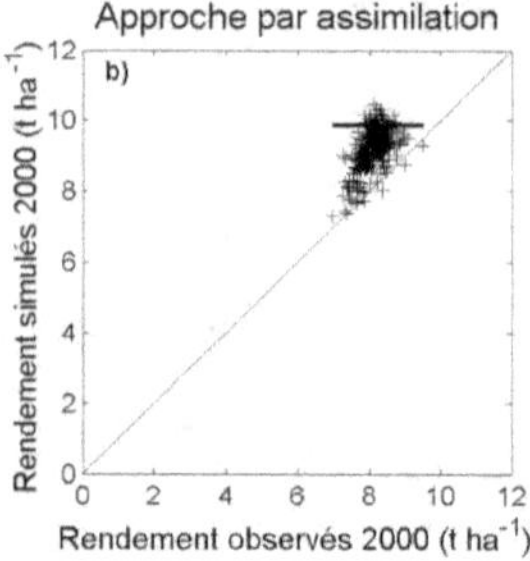

Figure 9. Comparaison des simulations de rendement a) par l'approche par cartographie et b) par l'approche par assimilation. Dans ce dernier cas, les simulations données par l'information *a priori* sont indiquées par un trait horizontal.

Tableau 3. Écarts absolus (RMSE) et relatifs (RRMSE) entre les rendements observés et simulés dans l'approche par cartographie (Carto), par l'information *a priori* (IAP) ou par assimilation (Assim), pour 2 années : 2000, année de l'assimilation et 2002, année de validation.

	2000			2002		
	Carto	IAP	Assim	Carto	IAP	Assim
RMSE (t ha^{-1})	2,27	1,80	1,24	1,02	0,91	2,80
RRMSE (%)	28	22	15	13	11	35

Ces résultats représentés sous forme de cartes (fig. 10, planche couleur 10) montrent également une certaine discordance, excepté dans la figuration de rendements faibles dans la bordure sud est de la parcelle. Logiquement, comme pour les *RU*, les rendements estimés par assimilation montrent une structure spatiale analogue à celle des images .

Simulation du rendement une année postérieure

Nous avons souhaité tester la robustesse de ces estimations de paramètres en les appliquant à la simulation d'une autre année que celle ayant fait l'objet de l'assimilation. Nous l'avons fait en 2002, année où un dispositif de fertilisation en carré latin avait été réalisé pour le troisième apport. Pour l'approche par cartographie, les simulations sont assez proches des observations (fig. 11 a). Par ailleurs, la RMSE est beaucoup plus faible qu'en 2000 (1,02 contre 2,27) (tabl. 3). Le modèle présente cependant la même tendance à surestimer la variabilité par rapport à celle qui est observée. Même s'il s'avère que les trois nuages de points correspondant aux trois traitements azotés sont très imbriqués, les résultats des simulations 2002 sont meilleurs qu'en 2000. Ceci provient essentiellement du dispositif qui accroît la variabilité observée. Cela confirme que le modèle réagit correctement à des doses d'azote variées.

L'approche par assimilation donne des simulations assez bien alignées sur une droite parallèle à la première bissectrice, avec une dispersion acceptable (fig. 11 b). Cependant il existe un biais important, indiquant une sous-estimation, qui est responsable de la RMSE plus forte en 2002 qu'en 2000. Il est malheureusement impossible de porter un diagnostic sur cet état de fait : faute d'observations sur le *LAI*, on ne peut savoir (i) si les valeurs des paramètres d'entrées conduisent à sous-estimer le *LAI* (auquel cas, cela signifierait que les valeurs de paramètres obtenues pour 1999-2000 ne sont pas pertinentes pour 2001-2002 en terme de valeur absolue) ou (ii) si le *LAI* est bien simulé mais que, malgré cela, on sous-estime la matière sèche et le rendement (à cause d'un événement ou d'un processus non pris en compte par le modèle). Une partie du biais peut également être liée au changement de forme de l'engrais : en 2000, certains paramètres d'entrée (comme *Norg* ou les paramètres plante) ont pu être estimés de façon à compenser une sous-estimation par le modèle des pertes d'engrais par volatilisation. En 2002, où l'engrais – solide - a une plus forte efficience, ces paramètres conduiraient à sous-estimer le rendement.

Néanmoins, la capacité de l'assimilation à introduire une variabilité spatiale grâce à l'utilisation de paramètres d'entrée estimés au cours d'une autre année de culture est une propriété très intéressante de la méthode.

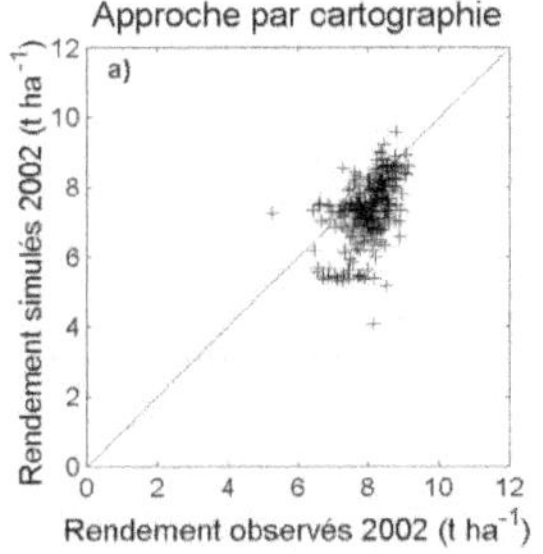

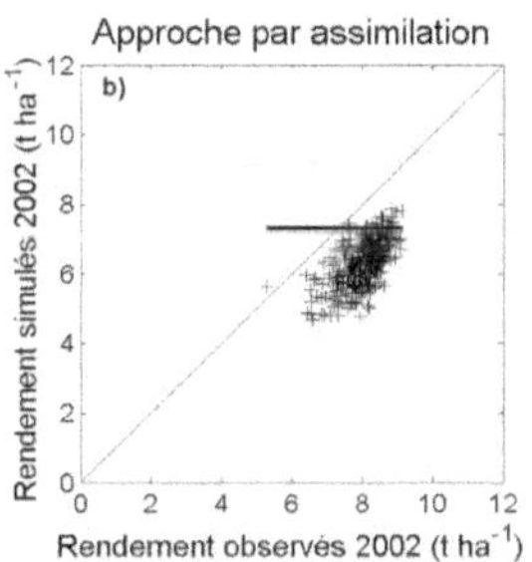

Figure 11. Comparaison des simulations de rendements pour l'année climatique 2001-2002 avec a) l'approche par cartographie et b) en utilisant les valeurs des paramètres estimées par assimilation au cours de la saison 1999-2000. Dans ce dernier cas, les simulations données par l'information *a priori* sont indiquées par un trait horizontal.

Les résultats présentés ici montrent que, parmi les méthodes de spatialisation des modèles, celle qui est fondée sur l'assimilation de données issues de la télédétection, a un grand potentiel. En particulier, pour un investissement métrologique beaucoup moins élevé (même si le traitement des images de télédétection a encore un coût important, on peut raisonnablement penser qu'avec l'évolution des projets spatiaux d'observation de la terre, des produits peu chers seront à terme disponibles), elle montre des performances supérieures.

Elle a cependant des limites qu'il convient d'analyser pour les améliorer.

Certaines sont liées à la structure du modèle utilisé : le rendement et les variables assimilées (*LAI* et *QN*) peuvent avoir des sensibilités différentes aux paramètres que l'on cherche à re-estimer. Dans ce cas, pour modifier les variables assimilées, on peut être amené à modifier certains paramètres d'une manière qui affecte de façon disproportionnée le rendement (ex. : pour limiter les valeurs de *LAI* à la floraison, on peut être amené à réduire la

RU – d'autant plus fortement que le printemps n'est pas très sec –, ce qui peut entraîner un stress hydrique sévère pendant la période de remplissage et affecter fortement le rendement).

D'autres sont liées à la méthode d'assimilation elle-même : si les méthodes bayésiennes comme Glue permettent d'estimer, grâce à l'utilisation d'information *a priori*, un grand nombre de paramètres, la prescription de cette information *a priori* – à la fois pour les paramètres « actifs » et pour les « inactifs » – a un rôle déterminant sur les résultats. Le manque de cohérence des simulations de *LAI* et de rendement que nous avons constaté pourrait être lié, outre les raisons évoquées ci-dessus, à l'absence de prise en compte des corrélations qui existent entre les variables caractérisant le sol.

D'autres enfin sont liées aux erreurs sur les observations des variables assimilées (*LAI* et *QN*). La méthode d'assimilation utilisée prend partiellement en compte ces erreurs au sein du calcul de la fonction de vraisemblance, en pondérant les écarts entre variables estimées et observées par l'écart-type d'une erreur sur les observations, considérée comme normale et sans biais. Mais il est clair que l'utilisation de variables observées éventuellement biaisées ne peut que conduire à simuler un rendement lui-même biaisé. Il est donc particulièrement important pour la mise en œuvre de méthodes d'assimilation de données observées dans les modèles de bien caractériser et prendre en compte les différentes sources d'erreurs (Makowski *et al.*, 2004).

Compte tenu de la nature mal posée du problème d'inversion du modèle de culture, il sera nécessaire dans les développements ultérieurs qui seront faits pour améliorer les méthodes, de renforcer le poids des observations dans le système. L'utilisation de données multi-source (issues de la télédétection, de la géophysique, cartes de rendement) et pluri-annuelles, permettant de capitaliser toutes les informations recueillies sur les parcelles, devrait permettre des inversions du modèle de culture plus robustes et permettre d'accéder ainsi à une meilleure description des caractéristiques permanentes des parcelles.

Conclusion

La modulation spatiale intra parcellaire des apports de fertilisants est un moyen privilégié de promouvoir une agriculture productive et respectueuse de l'environnement. Nous avons développé un outil qui permet de la mettre en œuvre. Le recours à un modèle de culture tel que Stics permet de fonder la préconisation sur une connaissance dynamique des besoins de la plante et de l'offre du sol, en réalisant une estimation prévisionnelle des performances réalisées par la culture sous l'action conjuguée du climat et des choix techniques. Le modèle fournit des variables d'état qui permettent de prendre en compte dans l'évaluation de ces performances des critères à la fois économiques (production en quantité et qualité) et environnementaux. Nous avons dans un premier temps considéré une variable environnementale globale (le bilan d'azote) qui présente un intérêt certain (Mary *et al.*, 2002), mais il serait également possible de prendre en considération des variables plus directement liées au risque environnemental (reliquat azoté post récolte, quantité d'azote lessivé dans l'hiver qui suit, pertes gazeuses).

Cet outil a permis de quantifier les gains et les coûts économiques et environne-mentaux de la fertilisation spatialement modulée par comparaison avec des pratiques de fertilisation uniforme. Dans les configurations de l'étude, c'est-à-dire pour des parcelles d'un niveau d'hétérogénéité assez peu marqué, la modulation spatiale de la fertilisation n'apporte pas de gain économique, mais permet un respect strict de la contrainte environnementale.

Un point critique dans cette approche réside dans la spatialisation du modèle de culture qui nécessite un effort important en terme de renseignement des variables d'entrée, en particulier la caractérisation des propriétés des sols. L'approche par cartographie pédologique très détaillée, associée à l'établissement de fonctions de pédotransfert spécifiques, acquis avec un coût non négligeable, a montré ses limites. Elle fait ressortir le hiatus qui existe entre l'accès à la description des types de sol et l'accès aux propriétés fonctionnelles de ces sols, telles que représentées dans la modélisation Stics.

L'utilisation de données issues de la télédétection a montré une alternative intéressante à cette caractérisation. Cependant, dans cette étude, le problème est largement sous déterminé : un grand nombre de paramètres sont en jeu et les solutions dépendent largement de la configuration choisie pour l'assimilation (Houlès, 2004). Comme on l'a vu, elles dépendent en particulier très fortement de la façon dont on prescrit l'information a priori, puisque les paramètres « inactifs » s'éloignent très peu des valeurs fixées. Il est donc important d'améliorer la prescription de cette information a priori, en utilisant par exemple une carte pédologique levée à une échelle plus petite. De même, le nombre de dates utilisées dans l'assimilation et la position de ces dates dans le cycle sont très importants. On a montré (Houlès, 2004), que les variables finales, d'intérêt pour la préconisation (rendement, teneur en protéine des grains), sont d'autant mieux estimées qu'on utilise des dates en fin de cycle. Dans ce cas, ce sont d'ailleurs surtout les paramètres « plante » qui sont « actifs ». On peut imaginer qu'avec des dates plus nombreuses et/ou mieux positionnées sur des événements où les propriétés des sols s'expriment fortement (ex. : périodes de stress hydrique), il serait plus aisé d'accéder à ces propriétés.

Cette possibilité pourra être grandement renforcée par l'utilisation de données spatialisées d'origines multiples (télédétection, géophysique, cartes de rendement) : l'inversion du modèle sur ces grands ensembles de données, capitalisées sur plusieurs années, permettant d'accéder à des estimations plus robustes des caractéristiques des parcelles. En complément de cette phase d' « apprentissage » des propriétés des parcelles, on pourra développer en complément d'autres méthodes d'assimilation, utilisant des données acquises en cours de culture (essentiellement par télédétection) visant à corriger les simulations du modèle en temps réel. On pense à des méthodes de type filtrage (Makowski *et al.*, 2004) qui permettraient de produire des prédictions plus fiables et in fine des préconisations spatialisées plus précises. Un grand champ d'application de ces méthodes - développées initialement dans les domaines de la météorologie ou de l'hydrologie - est ouvert et fait l'objet de recherches importantes dans notre communauté, pour promouvoir des méthodes de gestion spatialisée des agrosystèmes.

Remerciements

Nous remercions toute l'équipe technique de l'Unité d'agronomie Inra de Laon pour la réalisation de l'essai de Chambry. Nous remercions la société Astrium pour l'acquisition et la mise à disposition d'images Casi sur ce site. Nous sommes reconnaissants aux lecteurs du manuscrit pour leurs critiques constructives.

Références bibliographiques

ACOCK B., PACHEPSKY Y., 1997. Holes in precision farming: mechanistic crop models. *In Precision Agriculture'1997*, BIOS Scientific Publishers Ltd, p. 397-403.

BEVEN K., BINLEY A., 1992. The future of distributed models: model calibration and uncertainty prediction. *Hydrological Processes*, 6, 279-298.

BEVEN K., FREER J., 2001. Equifinality, data assimilation, and uncertainty estimation in mechanistic modelling of complex environmental systems using the GLUE methodology. *Journal of Hydrology*, 249, 11-29.

BOUMAN B.A.M., 1992. Linking physical remote sensing models with crop growth simulation models, applied for sugar beet. *International Journal of Remote Sensing*, 13, 2565-2581.

BOOLTINK H.W.G., VAN ALPHEN B.J., BATCHELOR W.D., PAZ J.O., STOORVOGEL J.J., VARGAS R., 2001. Tools for optimizing management of spatially-variable fields. *Agricultural Systems*, 70, 445-476.

BRISSON N., RUGET F., GATE P., LORGEOU J., NICOULLAUD B., TAYOT X., PLENET D., JEUFFROY M.H., BOUTHIER A., RIPOCHE D., MARY B., JUSTES E., 2002. Stics: a generic model for simulating crops and their water and nitrogen balances. II. Model validation for wheat and maize. *Agronomie*, 22, 69-92

CHANG J., CLAY D.E., CARLSON C.G., 2004. Defining yield goals and management zones to minimize yield and nitrogen and phosphorus fertilizer recommendation errors. *Agronomy Journal*, 96, 825-831.

DELECOLLE R., MAAS S.J., GUERIF M., BARET F., 1992. Remote sensing and crop production models: present trends. *ISPRS Journal of Photogrammetry and Remote Sensing*, 47, 145-161.

ENGEL T., 1997. Use of nitrogen simulation models for site-specific nitrogen fertilization. *In Precision Agriculture'1997*, BIOS Scientific Publishers Ltd, p. 361-369.

GUÉRIF M., DUKE C., 1998. Calibration of the SUCROS emergence and early growth module for sugarbeet using optical remote sensing data assimilation. *European Journal of Agronomy*, 9, 127-136.

GUERIF M., BARET F., MOULIN S., BEGUE A., 2001a. Prise en compte de l'hétérogénéité parcellaire et de son évolution temporelle dans la gestion des interventions techniques : potentiel de la télédétection. *In Modélisation des agro-écosystèmes et aide à la décision*, E. Malézieux (éd), collection Repères, Cirad, Montpellier (France).

GUERIF M., BEAUDOIN N., DURR C., MACHET J.M., MARY B., MICHOT D., MOULIN S., NICOULLAUD B., RICHARD G., 2001b. Designing a field experiment for assessing soil and crop spatial variability and defining site specific management strategies. *Proc. 3ʳᵈ European Conference on Precision Agriculture*, Montpellier, 677-682.

HOULES V., 2004. *Mise au point d'un outil de modulation intra-parcellaire de la fertilisation azotée du blé d'hiver basé sur la télédétection et un modèle de culture*. Thèse Ina-PG, 294 p.

HOULÈS V., MARY B., GUÉRIF M., MAKOWSKI D., JUSTES E., 2004. Evaluation of the crop model Stics to recommend nitrogen fertilisation rates according to agro-environmental criteria. *Agronomie*, 24, 339-349.

LAUNAY M., 2002. *Diagnostic et prévision de l'état des cultures à l'échelle régionale : couplage entre modèle de croissance et télédétection. Application à la betterave sucrière en Picardie*. Thèse Ina-PG, 72 p. + annexes.

MAAS S.J., 1988. Using satellite data to improve model estimates of crop yield. *Agronomy Journal*, 80, 655-662.

MAKOWSKI D., WALLACH D., TREMBLAY M., 2002. Using a Bayesian approach to parameter estimation; comparison of the GLUE and MCMC methods. *Agronomie*, 22, 191-203.

MAKOWSKI D., JEUFFROY M.H., GUÉRIF M., 2004. Bayesian methods for updating crop model predictions, applications for predicting biomass and grain protein content. *In Bayesian statistics and Quality Modelling in the Agro-Food Production Chain*. MAJS van Boekel, A Stein, AHC Van Bruggen (eds.). Kluwer Academic Publishers, p. 57-68.

MARY B., LAURENT F., BEAUDOIN N., 2002. La gestion durable de la fertilisation azotée. Proc. *65th IIRB Congress*, Bruxelles (BEL), 59-65.

MATTHEWS R., BLACKMORE S., 1997. Using crop simulation models to determine optimum management practices in precision agriculture. *In Precision Agriculture 1997*, BIOS Scientific Publishers Ltd, p. 413-420.

MCKINION J.M., JENKINS J.N., AKINS D., TURNER S.B., WILLERS J.L., JALLAS E., WHISLER F.D., 2001. Analysis of a precision agriculture approach to cotton production. *Computers and Electronics in Agriculture*, 32, 213-228.

MICHOT D., 2003. *Intérêt de la géophysique de subsurface et de la télédétection multispectrale pour la cartographie des sols et le suivi de leur fonctionnement hydrique à l'échelle intraparcellaire.* Thèse de doctorat, Université Pierre et Marie Curie, 393 p.

MOULIN S., BONDEAU A., DELECOLLE R., 1998. Combining agricultural crop models and satellite observations: from field to regional scales. *International Journal of Remote Sensing*, 19, 1021-1036.

NICOULLAUD B., ZANOLIN A., DORIGNY A., BOURENNANE H., COUTURIER A., TAIB A.S., GRANIER J., RUELLE P., 2001. Intégration de données géophysiques dans un modèle spatialisé de culture (maïs) : application en vue d'une irrigation de précision. In: *Géophysique des sols et des formations superficielles*, Inra Éditions, Paris (France), p. 157-158.

NIJBROEEK R., HOOGENBOOM G., JONES J.W., 2003. Optimizing irrigation management for a spatially variable soybean field. *Agricultural Systems*, 76, 359-377.

PAZ J.O., BATCHELOR W.D., BABCOCK B.A., COLVIN T.S., LOGSDON S.D., KASPAR T.C., KARLEN D.L., 1999. Model-based technique to determine variable rate nitrogen for corn. *Agricultural Systems*, 61, 69-75.

PRINGLE M.J., MCBRATNEY A.B., WHELAN B.M., 2003. A preliminary approach to assessing the opportunity for site-specific crop management in a field, using yield monitor data. *Agricultural Systems*, 76, 273-292.

Intérêt de l'utilisation de modèles de fonctionnement des peuplements végétaux (Ceres et Azodyn pour raisonner la modulation de la fertilisation azotée

A. Jullien, R. Roche, M.-H. Jeuffroy, B. Gabrielle, P. Huet

Introduction

Les objectifs affichés de l'agriculture de précision (AP) sont d'augmenter la rentabilité de la production et d'en limiter les impacts environnementaux en ajustant « au mieux » les apports d'intrants aux besoins de la culture. Le principe de la démarche est le suivant : les propriétés du sol (teneur en matière organique, réserve utile, pierrosité…) conditionnent pour partie la croissance et le rendement de la culture. Les pratiques culturales (densité de semis, fertilisation, traitements phytosanitaires…) sont raisonnées en fonction de ces propriétés. Si les caractéristiques du sol sont hétérogènes sur une parcelle, il convient en conséquence de moduler les pratiques en fonction de cette hétérogénéité. Cependant, le fonctionnement de la culture, le rendement et la qualité de la production dépendent également des interactions multiples avec de nombreux autres facteurs tels que le climat, les maladies ou les techniques culturales entre elles dont il faut tenir compte. Pour cela, les modèles de culture intégrant les interactions entre plusieurs facteurs limitants, semblent être des outils pertinents. Leur puissance de calcul ainsi que leur caractère dynamique permet de (i) rendre compte de l'effet de plusieurs facteurs du milieu et de leurs interactions sur l'élaboration du rendement (ii) évaluer des stratégies de conduite des cultures, notamment la fertilisation azotée, en tenant compte des interactions sol x climat (simulations sur des séries climatiques de 10, 20 ou 30 années).

Néanmoins, l'utilisation des modèles de culture en agriculture de précision pose la question de la précision des modèles. En effet, la valeur prédictive des modèles est généralement de l'ordre de 20 % ce qui correspond souvent à l'ordre de grandeur des hétérogénéités intra-parcellaires. Est-il légitime de les utiliser à l'échelle intra-parcellaire et jusqu'à quelle échelle leurs prévisions restent-elles valables ? Des études ont déjà montré la validité des modèles de culture à l'échelle de la zone ou d'une maille (selon un maillage régulier) pour rendre compte de l'hétérogénéité intra-parcellaire (Basso *et al.*, 2001 ;

Batchelor *et al.*, 2002 ; Baxter *et al.*, 2003 ; Cora *et al.*, 1999). Mais il n'est pas proposé de comparaison de la précision des modèles à différentes échelles de simulation. Dans cet article, nous proposons dans une première partie de comparer deux échelles de simulation :

1. simulation point à point selon une grille de résolution de 40 m. Les simulations seront comparées à des cartes de LAI et de rendement ;

2. simulation à l'échelle de la zone : les simulations ont été effectuées sur chaque unité cartographique de sol identifiée sur la parcelle, chaque zone étant considérée comme une mini parcelle caractérisée par la valeur moyenne des points qu'elle contient. Autrement dit chaque zone est un ensemble de points de grille auquel on associe un sol moyen.

Par ailleurs, les modèles de culture ne rendent compte que de l'effet des facteurs limitants qu'ils considèrent. Pour pouvoir simuler l'hétérogénéité des rendements au sein d'une parcelle, il faut donc connaître les facteurs limitants à l'origine des hétérogénéités spatiales et utiliser un modèle qui les prend en compte. Cependant, dans la plupart des situations, les facteurs limitants ne sont pas connus a priori. Pour augmenter le nombre des facteurs limitants pris en compte, sans augmenter la complexité des modèles, il est possible d'utiliser conjointement plusieurs modèles intégrant des facteurs limitants différents (Batchelor *et al.*, 2002 ; Draper, 1995 ; Paz *et al.*, 2001). Nous proposons de combiner sur une parcelle donnée et connue, l'information fournie par les modèles Ceres et Azodyn pour définir des stratégies de modulation de la fertilisation azotée. Bien que proches (notamment sur le module plante qui utilise le formalisme de Monteith pour calculer la production carbonée et la courbe de dilution pour la gestion de l'azote dans les 2 modèles), ces 2 modèles répondent à des objectifs différents, utilisent des formalismes différents (notamment pour le module sol) et prennent en compte des facteurs du milieu différents. Le modèle Azodyn a été conçu pour raisonner la fertilisation azotée et sera utilisé ici pour sa partie décisionnelle. Il décrit le fonctionnement de la plante en fonction de la fourniture en azote du sol en dehors de tout autre facteur limitant que l'azote et la température, soit en fonction d'un « potentiel » du sol. Les critères d'optimisation des doses et dates de fertilisation disponibles pour l'utilisateur du modèle sont le rendement et la teneur en protéines des grains. Le modèle Ceres comprend en plus un module décrivant de façon mécaniste les transformations de l'azote et simule le fonctionnement hydrique du sol. Il permet, à partir des dates et doses de fertilisation calculées avec Azodyn, de simuler la réalisation du potentiel de rendement en fonction du climat de l'année (notamment en fonction du niveau de stress hydrique) et d'établir un bilan environnemental de la culture. Par ailleurs, Azodyn a été validé sur la variable de sortie teneur en protéines des graines (David *et al.*, 2004) et permettra de conforter/évaluer les simulations de cette variable par Ceres. Les deux modèles seront mis à profit pour construire et comparer deux stratégies de fertilisation, l'une modulée, l'autre non modulée. Ces 2 stratégies seront confrontées à l'effet de la variabilité inter-annuelle du climat.

On peut supposer que l'intérêt de la modulation par rapport à une conduite classique dépende de l'importance des hétérogénéités au sein d'une parcelle. L'importance de l'hétérogénéité peut varier avec (i) la nature des sols en présence qui conditionne les potentiels de rendement de chaque zone de la parcelle et (ii) la surface de chaque zone de sol. La prise en compte de ces facteurs dans le raisonnement de la fertilisation modulée est difficilement réalisable par voie expérimentale (comment faire varier la surface de chaque zone pour une même parcelle ? comment comparer des parcelles ayant des zones de natures et surfaces différentes ?). La capacité de simulation et la valeur prédictive des modèles permettent de palier à ces difficultés. On propose de construire des parcelles virtuelles réalistes sur le plan agronomique et pédologique à partir de sols types caractérisés sur les parcelles de la ferme de l'Institut national agronomique de Paris-Grignon à Thiverval-Grignon (Yvelines, France). Ces parcelles virtuelles permettront de faire varier la nature et la surface respectives de chaque zone et de mener une étude prospective et quantitative sur l'intérêt potentiel de la modulation en fonction de ces facteurs à partir du modèle Ceres.

Matériel et méthode

Description des modèles

Azodyn

Azodyn (Jeuffroy et Recous, 1999) est un modèle dynamique de fonctionnement du système sol-plante spécifiquement conçu pour le raisonnement de la fertilisation azotée du blé et ne prenant en compte que le facteur limitant azote. Il calcule la date d'entrée en carence du peuplement pour une culture de blé d'hiver dans les conditions climatiques du nord-ouest de l'Europe. Il confronte à chaque pas de temps la fourniture en azote du sol aux besoins de la culture sur la période pendant laquelle la fertilisation azotée est usuellement appliquée (sortie hiver – floraison). Le module sol calcule la fourniture en azote du sol en appliquant une version dynamique de la méthode du bilan (utilisation de coefficient de minéralisation moyen). Le module plante simule les besoins de la culture à partir de la courbe de dilution du blé et de la biomasse produite calculée en fonction du rayonnement intercepté. Le modèle comprend également un module de simulation mécaniste de la teneur en azote des grains (David *et al.*, 2004 ; Girard, 1997) mais ne contient pas de module hydrique permettant de prendre en compte un stress hydrique. Les sorties du modèle utilisées pour cette étude ont été : le rendement et la teneur en azote des grains. L'utilisateur du modèle peut manuellement ajuster les doses et dates d'apport d'azote en fonction des variables de sortie obtenues.

Ceres

Ceres-blé (Ritchie et Otter, 1984) est un modèle dynamique de simulation des cycles de l'eau, du carbone et de l'azote dans le système sol-plante selon un pas de temps journalier. Il a été amélioré dans sa partie sol pour l'évaluation du bilan environnemental des cultures et est constitué de modules décrivant les processus majeurs à prendre en compte. Un module physique simule les transferts de flux de chaleur, eau et nitrates dans le sol, ainsi que l'évaporation du sol, l'absorption d'eau par la plante et sa transpiration en fonction de la demande climatique. Un module microbiologique décrit le turnover du carbone et de l'azote organique via les processus de nitrification et de dénitrification (Gabrielle et Kengni, 1996 ; Gabrielle *et al.*, 1995). Un troisième module comprend tous les processus de croissance et développement de la plante en fonction de la température, du rayonnement incident et de la disponibilité en azote du sol. Le modèle permet de simuler l'effet d'un stress azoté et d'un stress hydrique sur le fonctionnement de la culture via des coefficients de réfaction qui agissent soit sur la production de biomasse par photosynthèse soit sur la croissance en surface des organes. Les sorties du modèle considérées dans cette étude ont été principalement : le rendement, le contenu en azote des pailles à la récolte et le reliquat récolte. Ces variables permettent de juger du fonctionnement de la culture à la fois en termes de quantité et d'impact environnemental potentiel (plus le contenu en azote des pailles à la récolte est importante, plus le risque de lessivage à l'automne suivant est élevé). Le terme de lessivage calculé par Ceres n'a pas été considéré car il correspond principalement au lessivage ayant eu lieu à l'automne du cycle cultural (n-1 par rapport à l'année n de récolte) et est plus redevable du reliquat récolte laissé par la culture précédente que de la fertilisation de l'année n. Ceres calcule également une teneur en protéines des grains. Cependant, le modèle n'a pas été validé pour cette variable de sortie. La valeur simulée par Ceres sera tout de-même donnée à titre indicatif. On en vérifiera la cohérence par comparaison avec les valeurs simulées par Azodyn.

Comparaison de deux échelles de simulation de l'hétérogénéité intra-parcellaire du rendement

L'objectif dans cette partie est de comparer deux échelles de simulation de l'hétérogénéité intra-parcellaire des rendements : l'échelle du point d'échantillonnage avec une résolution de 40 m et l'échelle de la zone de sol.

Dispositif expérimental

La parcelle expérimentale est située sur la ferme expérimentale de l'Institut national agronomique Paris-Grignon, Thiverval-Grignon, France (48,9° N, 1,9° E). Cette parcelle de 15 ha a été plantée en blé pour l'année 1999-2000. L'objectif premier de l'expérimentation était de tester l'efficacité de différents traitements fongicides. A cet effet, deux dates de semis, deux densités et deux variétés (Isengrain, Soissons) ont été considérées. Le dispositif expérimental est détaillé dans Boissard *et al.* (2001). La fertilisation azotée a été réalisée en deux apports sur l'ensemble de la parcelle (60 kgN/ha le 6 mars 2000 et 60 kgN/ha le 8 avril 2000).

Caractérisation des sols

La parcelle comprend 3 unités de sol : une zone de bordure de plateau constituée de sol limoneux calcaire sur substrat de calcaire marneux, une zone de pente de sol sableux sur substrat calcaire sableux et une zone de bas de pente de colluvions limoneuses épaisses sur substrat de craie (Vasse, 2001). La variabilité intra-parcellaire des propriétés physico-chimiques du sol a été évaluée par des sondages selon un plan d'échantillonnage systématique de 40 m de résolution (King, 1976). Chaque prélèvement (178 au total) a été subdivisé en 3 horizons de 30 cm et un échantillon de chaque horizon a été envoyé au laboratoire pour analyse des propriétés physiques et chimiques (texture, teneur en C et N, pH). Les analyses ont permis de calculer les propriétés moyennes de chacune des 3 unités de sol.

Mesures

Une cartographie du LAI vert (GLAI) a été réalisée à partir de mesures de radiométrie (rouge et proche infrarouge), collectées par des capteurs embarqués sur un tracteur (Boissard *et al.*, 2001), le 8 juin 2000 au stade de développement 70 de l'échelle de Zadocks *et al.* (1974), soit en fin de floraison. Les capteurs ont été étalonnés selon la procédure décrite par Boissard *et al.* (2001). La largeur de la barre de mesure de réflectance est de 4 m alors que la distance entre deux passages de roues est de 6 m. Certaines zones de la parcelle n'ont donc pas été directement mesurées.

Une carte de rendements a également été réalisée au moyen d'un quantimètre (module LEM de CLAAS) relié à un ordinateur de bord (AgroCom Terminal) et un GPS Racal embarqués sur une moissonneuse-batteuse CLAAS. La largeur de la barre de coupe est de 6 m. A partir des mesures brutes de GLAI et de rendements, une valeur moyenne a été obtenue tous les 5 m le long des passages de roues par interpolation.

Simulations du modèle

Dans cette partie, seul le modèle Ceres a été utilisé. Deux échelles de simulation ont été testées : simulations en chaque point d'échantillonnage des sols et simulations pour chaque unité de sol. Une simulation de Ceres-blé a été réalisée pour chaque profil de sol échantillonné dans la parcelle, au centre de chaque maille de la grille. Les propriétés physiques et microbiologiques des différents horizons de chaque profil ont été estimées à partir des résultats des analyses de sol et selon la procédure décrite dans (Gabrielle *et al.*, 2001). Les données météorologiques nécessaires aux simulations ont été mesurées par une station météo située à moins de 1 km de la parcelle, et à chaque point de simulation a été associé les techniques culturales correspondantes (variété, date de semis, densité, fertilisation). La liaison entre le modèle Ceres et le logiciel de SIG ArcView 3 (ESRI) a été assurée selon une méthode similaire à celle décrite dans (Engel *et al.*, 1997). La comparaison entre simulations et mesures a été faite par jointure spatiale entre les simulations et le point localisé au centre des rectangles où ont été obtenus les enregistrements de GLAI et de rendements.

Une deuxième série de simulations a été réalisée pour chacune des 3 unités de sol délimitées sur la parcelle. Pour chaque zone, le modèle a utilisé les données moyennes de caractéristiques physico-chimiques du sol fournies par les analyses. Les rendements simulés ont été comparés aux rendements mesurés par quantimètre et moyennés à l'échelle de la zone de sol dans ArcView 3.

Utilisation combinée des modèles Azodyn et Ceres pour la conception de stratégies de fertilisation azotée

L'objectif dans cette partie est d'acquérir des informations sur les types de parcelles potentiellement intéressants pour la modulation intra-parcellaire de la fertilisation azotée. Pour cela nous avons construit des parcelles virtuelles sur la base de deux critères :

- la nature des sols en présence sur la parcelle : on cherchera à maximiser notamment le niveau d'hétérogénéité entre les unités de sol (texture, profondeur, réserve utile, substrat…). Afin de pouvoir extrapoler les résultats obtenus à d'autres parcelles du site expérimental, on a tenté de travailler avec une gamme de types de sols représentative des sols majoritairement décrits sur le site de Grignon ;

- la surface respective de chaque unité de sol dans la parcelle.

Construction de « parcelles virtuelles »

Les trois unités de sol identifiées sur la parcelle expérimentale précédente ne représentent qu'une partie de la séquence pédologique décrite à Grignon selon un transect nord-est/sud-ouest passant par cette parcelle (Vasse, 2001). On a donc considéré une unité de sol supplémentaire constituée de colluvions argilo-limoneuses profondes des plateaux sur un substrat de calcaire marneux. Cette zone est adjacente à la parcelle expérimentale précédente et permet d'élargir la gamme de types de sol étudiée. A partir de ces 4 unités, on a construit 2 parcelles virtuelles ayant des niveaux d'hétérogénéité différents (substrat, profondeur, réserve utile). Dans une première approche et par souci de simplification, les parcelles n'ont été constituées que de 3 zones de taille équivalente (3 ha) et dont les propriétés sont données dans le tableau 1 :

- parcelle virtuelle 1 : zones « Bas de pente » + « Pente » + « Bord de plateau »
- parcelle virtuelle 2 : zones « Bas de pente » +« Pente » + « Plateau »

Tableau 1. Propriétés texturales moyennes de la couche arable 0-60 cm, profondeur et réserve utile des 4 zones de sol.

	Bas de pente	Pente	Bord de plateau	Plateau
% argile	26	26	26	23,2
% limon	47	47	47	69,2
profondeur (cm)	110	70	105	120
réserve utile (mm)	125	80	123	153
substrat	Craie	Calcaire sableux	Calcaire marneux	Calcaire marneux, dur
N (‰)	1,9	1,9	1,9	0,86
C/N	10	10	10	10

Concernant les teneurs en C et N des sols, les 3 zones Bas de pente, Pente et Bord de Plateau sont identiques. En revanche, la zone Plateau présente des contenus en C et N plus faibles.

Évaluation des modèles Ceres et Azodyn

Deux critères d'évaluation des modèles ont été considérés :

- la valeur prédictive des modèles : a-t-on une bonne prévision de la valeur absolue de la variable de sortie ?

- la cohérence des simulations des deux modèles : les 2 modèles simulent-ils des valeurs similaires ou du moins permettent-ils de classer les 4 zones de sol dans le même sens ?

Pour légitimer l'utilisation couplée des deux modèles pour le raisonnement de la fertilisation azotée, il faut que les modèles décrivent correctement le fonctionnement azoté de la culture. Pour l'évaluation, on a donc considéré deux variables de sorties en relation avec la gestion de l'azote par la plante : le rendement et la teneur en protéines. Des données expérimentales obtenues en 1999 sur les 4 zones de sol plantées en blé ont été utilisées. Sur les zones Bas de pente, Pente et Bord de plateau, la fertilisation azotée a été réalisée en

2 apports pour une dose totale de 120 kgN/ha : 60 kgN/ha le 26 février 1999 et 60 kgN/ha le 5 mai 1999. Une carte de rendement a été établie à la récolte selon le même protocole que celui décrit pour la parcelle expérimentale suivie en 2000. Les rendements moyens par zone ont été calculés sous ArcView 3. Sur la zone Plateau, 240 kgN/ha d'azote ont été apportées en 3 apports : 60 kgN/ha le 11/03/1999, 100 kgN/ha le 06/04/1999 et 80 kgN/ha le 18/05/1999. Le rendement a été mesuré manuellement sur 6 placettes de 0,25 m² à la récolte. Des échantillons ont été prélevés pour mesurer la teneur en protéines des grains à partir de la teneur en azote total mesurée selon la méthode Dumas (teneur en azote total = 5,75 * teneur en protéines). Les simulations des modèles Ceres et Azodyn ont été réalisées en utilisant les caractéristiques physico-chimiques moyennes de chaque zone de sol (tabl. 1) et les données climatiques nécessaires fournies par une station météo localisée à moins de 1 km des 4 zones.

L'évaluation des simulations de teneur en protéines n'est donc possible que pour une seule valeur expérimentale (zone Plateau). Ces résultats ne permettront pas de tirer des conclusions sur la valeur prédictive des deux modèles quant à cette variable de sortie mais de tester la cohérence des simulations entre les 2 modèles.

Construction de stratégies de modulation de la fertilisation azotée

La démarche générale pour définir des stratégies de fertilisation azotée au moyen de Ceres et Azodyn est schématisée figure 1. La modulation a été raisonnée à l'échelle de la zone de sol : on a considéré qu'à une zone de sol donnée, supposée homogène en termes de propriétés de sol, correspond un rendement potentiel et une dose de fertilisation azotée optimale. Pour cela, le rendement objectif de chaque zone a été estimé par le premier quartile des rendements potentiels simulés par Ceres en conditions azotées non limitantes (240 kgN/ha) sur une série climatique de 15 ans allant de 1987 à 2002, l'année 1996 ayant été supprimée. Cette année a été considérée comme exceptionnelle et non représentative à cause du très faible niveau de pluviométrie enregistré (382 mm). Les simulations de rendement obtenues étaient inférieures à 50 q/ha et n'ont pas été retenues dans le calcul du rendement potentiel.

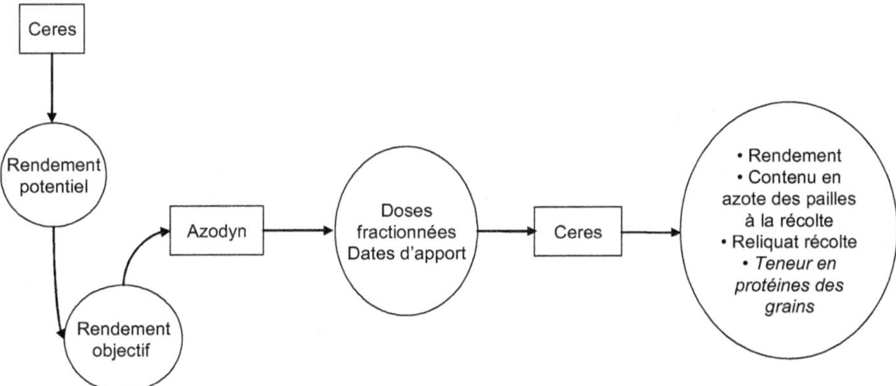

Figure 1. Utilisation des modèles Ceres et Azodyn pour la modulation de la fertilisation azotée. La teneur en protéines des grains en italique est une variable de sortie non validée du modèle.

Les rendements potentiels obtenus ont été utilisés dans Azodyn en tant que rendements objectifs afin de définir les dates et les doses d'apport d'azote optimales pour atteindre ces rendements en l'absence de facteurs limitants autre que l'azote. Pour cela, on a testé différentes doses et retenu celle qui permettait d'atteindre le rendement objectif, puis testé différentes dates d'apport et retenu celles qui donnaient les résultats les plus satisfaisants par rapport aux objectifs fixés. Les doses et dates ainsi déterminées ont été utilisées en données d'entrée des modèles Ceres pour calculer pour une année climatique donnée les variables de sorties étudiées : rendement, contenu en azote des pailles, reliquat récolte et teneur en protéines des graines. La teneur en protéines simulée sera prise en compte ou non en fonction de la cohérence des simulations des 2 modèles étudiées dans la partie précédente.

Définition d'une fertilisation conventionnelle de référence pour l'évaluation de la modulation

La modulation a été comparée à une fertilisation conventionnelle non modulée. La définition de la stratégie non modulée (référence) peut influencer le résultat de la comparaison. Si on définit une fertilisation intensive considérant comme rendement objectif de la parcelle, celui de la zone de plus fort potentiel rendement, on va surévaluer les bienfaits environnementaux de la modulation : en modulant, on économisera de façon systématique de l'azote sur les zones à plus faible potentiel de rendement. Inversement, si on définit une fertilisation « extensive », considérant comme rendement objectif de la parcelle celui de la zone de plus faible potentiel de rendement, on va surévaluer l'impact de la modulation sur le rendement : on apportera systématiquement plus d'azote aux zones de fort potentiel en modulant. Pour cette étude, nous avons considéré que la modulation de la fertilisation s'insérait dans le contexte d'une agriculture raisonnée avec le souci d'optimiser leurs apports azotés et de minimiser l'impact environnemental des cultures. Nous avons donc choisi comme rendement objectif de la parcelle, la moyenne des rendements potentiels de chaque zone. Ce rendement est celui qui s'approche le plus de celui qu'aurait pu calculer un agriculteur disposant des caractéristiques moyennes de sol pour la parcelle non zonée. On a donc utilisé la valeur moyenne des rendements potentiels simulés par Ceres sur la série climatique 1987-2002 (sauf 1996) pour les caractéristiques de sol moyennes de la parcelle, égale à 85 q/ha pour les 2 parcelles virtuelles.

Évaluation de la modulation

Les variables simulées utilisées pour l'évaluation de la modulation ont été : les rendements, le contenu en azote des pailles et la teneur en protéines des grains (avec les précautions mentionnées). Les variables obtenues par zone ont été moyennées à l'échelle de la parcelle qui est l'échelle d'évaluation pertinente. Une marge brute a été calculée pour le facteur azote selon l'équation :

$$MB = (\text{Rendement} \times 10) - (\text{Dose N} \times 0{,}6) \qquad \text{équation (1)}$$

où MB est la marge brute exprimée en euros, 10 est le prix de vente du quintal de blé en euros et 0,6 le prix d'achat d'un kilo d'azote en euros.

L'évaluation de la stratégie modulée a tout d'abord été réalisée pour l'année climatique 1998-1999 pour chacune des 2 parcelles. Cette comparaison a été étendue à 15 années climatiques différentes afin d'évaluer également l'effet de la variabilité interannuelle du climat sur la modulation (de 1987 à 2002 sauf 1996).

Dans un deuxième temps, la parcelle virtuelle 2 a été utilisée pour estimer l'effet de la taille relative des différentes zones de sol d'une parcelle sur l'intérêt de la modulation. L'effet de la taille des zones a été estimé en modifiant le % de surface totale affecté à chaque zone lors des calculs des variables de sortie à l'échelle de la parcelle. Ces simulations ont été réalisées en utilisant les données climatiques de l'année 1998-1999.

Résultats

Comparaison des simulations point à point et par zone de sol

Les simulations point à point avec une résolution de 40 m montrent que le modèle permet de rendre compte dans les grandes lignes de l'hétérogénéité du rendement (fig. 2, planche couleur 12) : les points simulés de fort rendement sont globalement associés aux points mesurés de fort rendement et vice-versa. Cependant, le coefficient de détermination entre rendements simulés et rendements mesurés reste très faible ($r^2 = 0,02$). La simulation du LAI au 8 juin 2000 n'est pas concordante avec la carte de LAI enregistrée par radiométrie à cette date là. On observe qu'il n'y a pas de concordance non plus entre les zones de forts LAI mesurés et les zones de forts rendements mesurés.

Lorsque les simulations sont effectuées à l'échelle de l'unité de sol, l'erreur du modèle sur le rendement est comprise entre 5 et 15 % (tabl. 2) et les valeurs prédites permettent de classer les parcelles dans le même ordre que les valeurs mesurées.

Tableau 2. Comparaison des rendements mesurés et simulés par Ceres-blé par zone de sol pour l'année 1999-2000 sur la parcelle expérimentale. Les chiffres entre [] représentent un écart-type.

Zone de sol	Bord de plateau	Pente	Bas de pente
Rendements simulés	52,3	54,7	66,1
(q/ha)	[1,99]	[2,02]	[0,98]
Rendements observés	59,4	59,7	67,7
(q/ha)	[1,16]	[0,63]	[1,21]

Utilisation conjointe des deux modèles pour la définition d'une stratégie de modulation de la fertilisation

Évaluation des sorties des modèles de culture en 1999

Les modèles de culture Ceres et Azodyn simulent le rendement pour les 4 zones de sol en 1999 avec une erreur d'environ 20 % (fig. 3). Ceres a tendance à surestimer les rendements alors qu'Azodyn les sous-estime. Les simulations des deux modèles sont cohérentes entre les zones de sol et permettent de les classer dans le même ordre que les observations (Plateau > Bord de plateau > Bas de pente > Pente). Ils peuvent donc être tous les deux utilisés par la suite pour raisonner la fertilisation azotée en fonction de la sortie rendement.

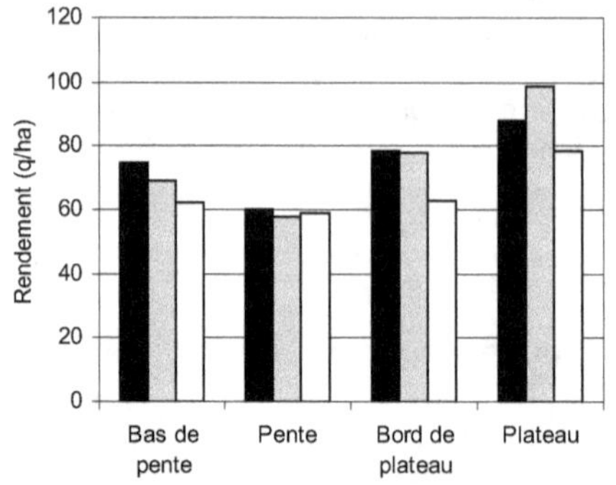 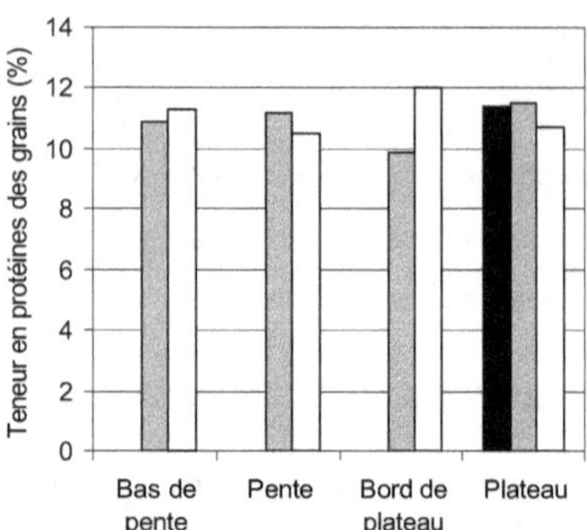

Figure 3. Évaluation des simulations des modèles Ceres et Azodyn sur les 4 zones de la parcelle en 1999. Barres noires : valeurs mesurées, barres grises: simulations Ceres, barres blanches : simulations Azodyn.

Sur la zone Plateau, la teneur en protéine est simulée avec une erreur de + 0,1 point pour Ceres et − 0,7 point pour Azodyn. Les simulations des teneurs en protéines pour les autres zones ne sont pas cohérentes entre les deux modèles (notamment la zone Pente) : les zones de sol ne sont pas classées de la même façon selon les simulations d'Azodyn et de Ceres, et pour le bord du plateau, l'écart est supérieur à 20 %.

Modulation de la fertilisation azotée sur les parcelles virtuelles en 1999

Les simulations Ceres sur 15 années climatiques ont permis de calculer les rendements potentiels de chaque zone qui sont par ordre décroissant : Bord de plateau : 104,4 q/ha, Bas de pente : 100,7 q/ha, Plateau : 99,0 q/ha, Pente : 83,5 q/ha.

Les doses obtenues en prenant le rendement de 1999 comme référence sont présentées dans le tableau 3. Les doses avec modulation se situent dans une fourchette de 140 à 210 kg N/ha, à comparer avec une valeur de 180 ou 183 kg N/ha pour les stratégies non modulées. Ces écarts se traduisent par des différentiels de rendements sur les zones les plus contrastées. Finalement la différence de rendement moyen sur la parcelle entre les 2 stratégies de fertilisation est de - 0,4 q/ha pour la parcelle virtuelle 1 et de seulement + 1,7 q/ha pour la parcelle virtuelle 2. De même, l'écart entre les teneurs en protéines n'est que de 0,4 % pour la parcelle virtuelle 1 et nul pour la parcelle virtuelle 2, avec une valeur plus élevée avec la stratégie non modulée. Concernant le contenu en azote des pailles, pour laquelle une diminution signifie une amélioration du bilan environnemental de la culture, elle est augmentée de 0,9 kg/ha sur la parcelle virtuelle 1 et diminuée de 0,3 kg/ha sur la parcelle virtuelle 2. Le reliquat récolte n'est pas modifié par la modulation (données non présentées). La marge brute azotée présente également des écarts faibles : la différence est de 5 euros/ha en faveur de la stratégie non modulée pour la parcelle virtuelle 1 et de 16 euros/ha en faveur de la parcelle modulée pour la parcelle virtuelle 2.

Effet de la variabilité interannuelle du climat sur les résultats de la modulation

L'étude sur 15 années met en évidence des interactions entre hétérogénéité spatiale et climat (tabl. 4). En effet, sur 15 années, le gain de la modulation sur la marge brute azotée varie de - 20,8 euros/ha à + 8,6 euros/ha pour une valeur moyenne de - 3,2 euros/ha sur 15 années climatiques sur la parcelle virtuelle 1 et de - 16,8 euros/ha à + 16,8 euros/ha pour un gain moyen de 3,8 euros/ha sur la parcelle virtuelle 2.

Tableau 3. Evaluation d'une stratégie de modulation de la fertilisation azotée pour l'année 1999 par simulation.

Fertilisation	1999	Bas de pente	Pente	Bord de plateau	Plateau	Parcelle virtuelle 1	Parcelle virtuelle 2
Modulée	Dose (kgN/ha)	190	140	210	220	180	183
	Rendement (q/ha)	88,7	70,0	99,3	95,2	86,0	84,7
	Teneur en protéines des grains (%)	10,4	9,5	10,5	9,8	9,9	10,1
	Contenu en azote des pailles (kg/ha)	84,8	80,4	112,7	82,1	92,6	82,4
	Marge brute (euros/ha)					**752**	**737**
Conventionnelle parcelle virtuelle 1	Dose (kgN/ha)	180	180	180		180	
	Rendement (q/ha)	88,0	73,7	97,65		86,4	
	Teneur en protéines des grains (%)	10,2	11	9,8		10,3	
	Contenu en azote des pailles (kg/ha)	81,69	87,46	106,02		91,7	
	Marge brute (euros/ha)					**756**	
Conventionnelle parcelle virtuelle 2	Dose (kgN/ha)	183	183		183		183
	Rendement (q/ha)	88,3	73,9		87,0		83,0
	Teneur en protéines des grains (%)	10,2	10,7		9,4		10,1
	Contenu en azote des pailles (kg/ha)	83,5	90,5		74,4		82,7
	Marge brute (euros/ha)						**721**
Rendements potentiels objectifs		100,7	83,5	104,4	99,0	**94,4**	**96,2**

Les doses d'azote ont été calculées avec Azodyn à partir des rendements potentiels de l'année 1999 calculés par Ceres pour chaque zone. Rendements, contenu en azote des pailles et teneurs en protéines 1999 : calculés avec Ceres. MB : marge brute relative au coût de l'intrant azote. Parcelle virtuelle 1 : zones « Bas de pente » + « Pente » + « Bord de plateau ». Parcelle virtuelle 2 : zones « Bas de pente » + « Pente » + « Plateau ». La stratégie conventionnelle a une fertilisation calée sur le rendement moyen de la parcelle simulé par Ceres sur 15 années climatiques.

Tableau 4. Effet de la modulation de la fertilisation azotée sur 15 années climatiques.

	Différence (modulée – conventionnelle)	Rendement (q/ha)	MB (euros/ha)	Contenu en azote des pailles (kg/ha)	Teneur en protéines des grains (%)
Parcelle virtuelle 1	Min	-2,1	-20,8	-4,0	-0,2
	Max	0,9	8,6	1,5	0,3
	Moyenne	-0,3	-3,2	-0,6	0,0
Parcelle virtuelle 2	Min	-1,7	-16,8	-6,4	-0,2
	Max	1,6	16,8	1,2	0,3
	Moyenne	0,3	3,8	-1,3	0,0

Pour chaque variable, les valeurs représentent la différence entre stratégie modulée et stratégie conventionnelle. Min : valeur minimum sur 15 ans, Max : valeur maximale sur 15 ans et Moyenne : valeur moyenne sur 15 ans (voir également légende du tableau 3).

Si l'on considère les valeurs moyennes sur 15 ans, les résultats sont variables en fonction des critères considérés et des parcelles. Pour la parcelle virtuelle 1, l'effet de la modulation est négatif pour le rendement (- 0,3 q/ha) et la marge brute (- 0,3 euros/ha) ; positif pour le contenu en azote des pailles (- 0,6 kgN/ha). Pour la parcelle virtuelle 2, l'effet de la modulation est positif pour le rendement (+ 0,3 q/ha), la marge brute (+ 3,8 euros/ha) et le contenu en azote des pailles (- 1,3 kgN/ha). Pour les deux parcelles, l'effet de la modulation sur la teneur en protéines de grains ainsi que sur le reliquat récolte est nul (données non montrées).

Effet de la surface respective de chaque unité de sol dans la parcelle

Cette étude a été réalisée à partir de la parcelle virtuelle 2. Les résultats de différences de marge brute entre les stratégies modulée et conventionnelle montrent que le gain attendu est variable en fonction de la proportion de surface de chaque unité de sol sur la parcelle, même si celui-ci reste globalement faible et inférieur à 4 euros/ha (fig. 4). Pour les parcelles à 2 zones (graphique A), les gains les plus importants sont obtenus pour l'association des zones Bas de pente et Pente soit les zones respectivement de plus fort et plus faible rendement potentiel. Pour les associations Pente + Plateau et Bas de pente + Plateau, le gain de la modulation augmente lorsque la proportion de sol du Plateau diminue.

Pour les parcelles à 3 zones, le gain de marge brute diminue lorsque le pourcentage de surface de la zone Plateau augmente (graphique B). Il augmente lorsque le pourcentage de la zone Pente augmente (graphique C). Le gain le plus important a été simulé avec la combinaison : 75 % de Bas de pente, 19 % de Pente et 6 % de Plateau (graphique D).

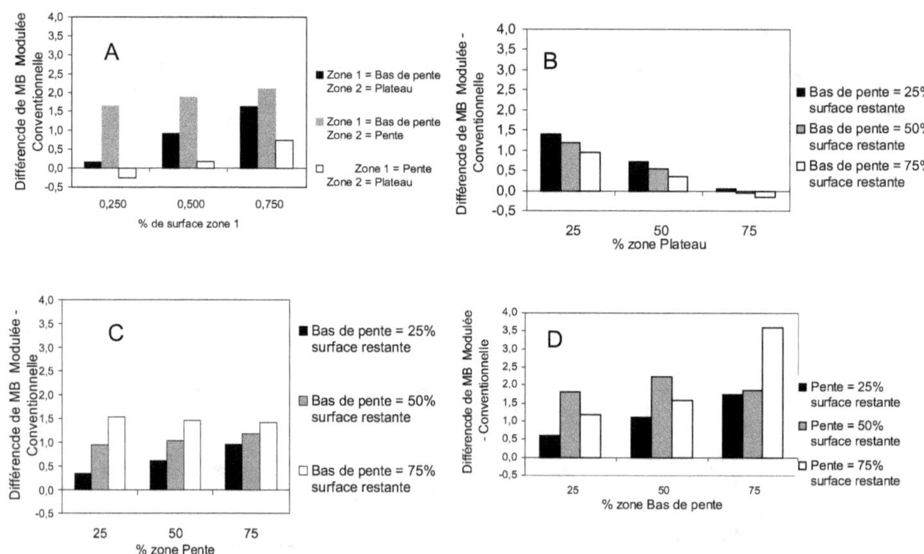

Figure 4. La surface respective de chacune des zones de la parcelle modifie le gain en marge brute azotée (MB) attendu. Graphique A : parcelles à 2 zones, graphiques B, C et D : parcelles à 3 zones.

Discussion

Ce travail constitue une première approche dans l'évaluation de l'intérêt potentiel de la modulation de la fertilisation azotée utilisant des parcelles virtuelles construites à partir de type de sols du site de Grignon et sa région en utilisant 4 types de sol représentatifs et 2 modèles.

La première partie de l'étude a montré que les simulations rendaient bien compte de la variabilité des rendements à l'échelle de la zone de sol, mais pas à l'échelle du point. Cette imprécision peut être due d'une part au modèle et d'autre part à un manque de précision sur les données d'entrée. En effet, il y a certainement une imprécision sur le positionnement des points de sondage des sols réalisés en 1976 qui n'avaient pas été positionnés par GPS. De plus, les largeurs de bande de mesure du LAI et du rendement ne sont pas équivalentes (4 m et 6 m respectivement). De ce fait les petites variations d'une échelle inférieure à 5 m dans les propriétés du sol et de la culture peuvent bruiter les relations entre LAI et sorties des modèles d'une part et les rendements observés d'autre part. Une manière de corriger les erreurs de simulations à petite échelle est la méthode d'assimilation des données (Guérif *et al.,* cet ouvrage ; Moulin *et al.,* 1998). À l'échelle de la zone de sol, la précision des prévisions du modèle est suffisante pour justifier son utilisation à cette échelle dans la suite de l'étude.

Dans la deuxième partie, les modèles Azodyn et Ceres ont des résultats cohérents en termes de rendements et donnent le même ordre de classement entre les zones de sol. Cela signifie que les deux modèles rendent compte correctement de la réponse de la culture à la fertilisation azotée et justifie leur utilisation pour le raisonnement de la modulation des apports d'azote. Le modèle Azodyn permet de calculer les doses de fertilisation azotée en l'absence de facteur limitant autre que l'azote. L'occurrence d'autres facteurs limitants, notamment le stress hydrique, peut expliquer que les simulations du rendement par Ceres en 1999, à partir des doses calculées par Azodyn, soient inférieures au rendement potentiel calculé. Cependant, les simulations de certaines variables de sorties (teneur en protéines et contenu en azote des pailles) n'ont pas pu être évaluées (ou seulement sur un seul point pour la teneur en protéines) dans le contexte de cette étude. Les valeurs de ces variables doivent en conséquence être interprétées avec précaution. Dans la comparaison des modèles, les valeurs de teneur en protéines simulées par Azodyn sont supérieures à celles données par Ceres. Ceci peut s'expliquer par la non prise en compte du facteur limitant eau dans Azodyn : l'effet du stress hydrique sur la teneur en protéines des graines n'est pas pris en compte. Pour le seul point de validation, la valeur simulée par Ceres est proche de celle mesurée (écart de 0,1 point).

Le gain en marge brute attendu suite à la modulation de la fertilisation azotée pour les parcelles considérées est faible. Il est au mieux, de 16,8 euros/ha en marge brute et de seulement 1,6 q/ha en rendement pour les 15 années. Il existe peu de références économiques produites sur l'agriculture de précision, le résultat obtenu dans notre étude est donc difficile à comparer à d'autres sources. Certaines références techniques donnent des exemples d'exploitations agricoles et d'exploitants ayant tirer bénéfice de la modulation des apports d'intrants (Baratte et Le Duc, 2003 ; Richard, 2002), mais ces exemples restent particuliers et non généralisables. Prato et Kang (1998) proposent un modèle théorique permettant d'estimer le rapport entre coût des intrants et gain de rentabilité pour différentes stratégies modulée ou non modulées en fonction du nombre d'unités de gestion considérées sur la parcelle (plus le nombre d'unités de gestion est important plus la précision des apports d'intrants est bonne et en conséquence plus la rentabilité est importante) et du niveau d'hétérogénéité intra-parcellaire. Cependant, les courbes de réponse du gain de rentabilité au nombre d'unités de gestion restent théoriques et non validées.

L'utilisation des modèles a permis une évaluation multicritère des effets de la modulation de la fertilisation azotée (rendement, teneur en protéines du grain, contenu en azote des pailles). Le gain de la modulation est très variable en fonction du critère considéré et des situations. Les résultats montrent que l'intérêt de la modulation varie fortement selon les types de sols en présence sur la parcelle. Les 4 zones de sol étudiées différaient principalement par leur profondeur, la nature du substrat mais étaient très proches en terme de texture. La variable intégrative rendant compte de ces différences est la réserve utile. Pour la parcelle virtuelle 1, qui associait un sol de faible réserve utile (zone Pente sur substrat calcaire dur) à deux sols de réserves utiles équivalentes mais plus élevées (zones Bas de pente et Bord de plateau), les résultats de la modulation ont été négatifs ou nuls pour toutes les variables considérées en 1999 et en moyenne sur 15 années, sauf pour le contenu en azote des pailles pour laquelle on simule une réduction de 0,6 kg/ha en moyenne sur 15 années. Pour la parcelle virtuelle 2, les sols en présence, plus contrastés, ont constitué un gradient de réserve utile de 80 mm à 153 mm. Dans ce cas là, les résultats de la modulation ont été positifs (sauf pour la teneur en protéines et le reliquat récolte) en 1999 et sur 15 années avec un gain moyen de 0,3 q/ha de rendement, 3,8 euros/ha de marge brute et une réduction de 1,3 kg/ha le contenu en azote des pailles. La variable intégrative réserve utile semble donc un bon critère de caractérisation de l'hétérogénéité des parcelles sur le site de Grignon : plus les différences de réserve utile entre les zones sont contrastées plus la modulation de la fertili-sation azotée a un impact positif sur les variables étudiées. Les sols présentaient également des différences de teneurs en carbone et azote qui peuvent interagir avec le facteur réserve utile dans l'élaboration du rendement. Cependant, le calcul de la dose d'azote par Azodyn tient compte des différences de fournitures en azote des sols et donc de ces différences de teneurs. Par exemple, la zone de plateau a une teneur en N plus faible que les 3 autres. Cependant, cette zone reçoit également une dose de fertilisation azotée plus importante que les 2 autres zones (210 kg/ha vs 190 et 140 respectivement pour le bas de pente et la pente).

Les 4 zones étudiées sont représentatives des profils de sol que l'on observe sur d'autres parcelles expérimentales du site. Les résultats obtenus pourront ainsi être extrapolés aux parcelles présentant des combinaisons de ces 4 zones. Cependant, l'étude devra être étendue à d'autres profils de sol observés, notamment les sols superficiels sur craie et les sols de colluvions argilo-limoneuses sur argile du sparnacien. Cette couche pédologique, intermédiaire entre le calcaire du lutétien et la craie (King, 1976) peut en effet parfois affleurer en fonction de la morphologie de la parcelle, notamment en fonction de la pente. Sur les cartes de rendement, on observe des rendements forts sur ces zones.

Les simulations sur 15 années climatiques ont montré l'importance des interactions entre hétérogénéité des sols et variabilité interannuelle du climat. L'impact de la modulation sur la marge brute peut être négatif ou positif selon les années, ce qui atténue le gain moyen attendu. Ceci s'explique, entre autres, par les variations interannuelles du rendement potentiel de chaque sol qui est parfois mal estimé par l'indicateur moyen choisi (= premier quartile). Sur 15 années, on observe que les unités de sol ne sont pas systématiquement classées dans le même ordre en terme de rendement potentiel (fig. 5A). Ces variations semblent notamment reliées à la pluviométrie (fig. 5B). Par exemple en 1991, année à fort déficit pluviométrique (492 mm pour une moyenne annuelle de 596 mm), le rendement maximal de la zone Plateau, habituellement du même ordre de grandeur que celui des zones Bas de pente et Bord de plateau, est cette année-là bien supérieur. Cela peut être dû à des fonctionnements hydriques des sols différents, liés notamment à la forte réserve utile de la zone Plateau ou à son substrat de calcaire marneux permettant la pénétration des racines ou bien encore aux différences de teneur en matière organique évoquées plus haut. Néanmoins, d'une année sur l'autre, les rendements de la zone Plateau sont au-dessus ou au-dessous des rendements des zones Bas de pente et Bord de plateau. La meilleure « résistance » du sol de la zone Plateau au déficit hydrique pourrait expliquer que la modulation soit plus intéressante sur la parcelle virtuelle 2 que sur la parcelle virtuelle 1 notamment en moyenne sur 15 années climatiques. La présence de ce type de sol (Plateau) a donc une forte valeur ajoutée dans une démarche de modulation de la fertilisation azotée. Pour affiner l'étude des interactions sol x climat, il conviendrait de préciser le fonctionnement hydrique de chaque unité de sol et son interaction avec les processus de transformation de l'azote dans le sol.

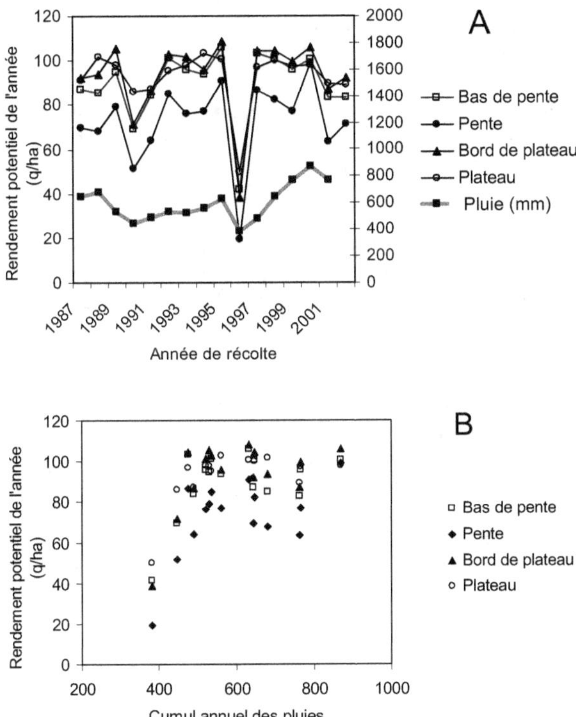

Figure 5. Évolution des rendements potentiels des 3 zones de sol (fertilisation : 240 kgN/ha en 3 apports : 60 100 80) en fonction de l'année (A) et du cumul annuel des pluies (B). En 1996, les simulations sont anormalement faibles. Ceci peut être expliqué par une très faible pluviométrie.

Les résultats ont montré un fort effet de la surface relative de chaque zone de sol sur l'intérêt de la modulation. Ces résultats restent toutefois difficiles à interpréter ou à généraliser. Afin de pouvoir interpréter correctement ces résultats, il faudrait les croiser avec une caractérisation plus précise du potentiel de rendement des sols et de leur évolution dans le temps, en considérant par exemple, des zones à forts rendements stables dans le temps, des zones à faibles rendements stables dans le temps et des zones de rendements variables d'une année sur l'autre (forte interaction sol x climat).

Si les types de sol en présence, leur surface respective et la variabilité interannuelle du climat conditionnent le gain attendu de la modulation de la fertilisation azotée, il ressort également de cette étude que ces 3 facteurs de variation interagissent : l'effet de la surface d'une zone dépend du type de sol de cette zone et de ses interactions avec le climat. Cependant, en étendant cette étude à d'autres types de sols et en l'enrichissant de connaissances plus approfondies sur leur fonctionnement, notamment hydriques, on peut envisager de construire une typologie des parcelles et types de sol potentiellement intéressants pour la modulation sur le site expérimental de Grignon et dans sa région.

Cette étude illustre l'apport des modèles de culture utilisés indépendamment ou de manière conjointe pour raisonner la modulation de la fertilisation azotée et en proposer une évaluation multicritère. Cependant, les 2 modèles utilisent des formalismes proches (notamment sur le fonctionnement de la plante) et sont fortement redondants en termes de variables de sortie. Il serait intéressant de renouveler cette étude en utilisant des modèles intégrant d'autres facteurs limitants comme les maladies qui ont certainement un rôle dans la variabilité des rendements potentiels annuels calculés sur 15 ans. Pour en tenir compte, on pourrait introduire l'information provenant d'un troisième modèle de culture intégrant l'effet des maladies ou d'un modèle d'épidémiologie comme c'est le cas dans l'étude de Paz *et al.*, (2001).

En conclusion, l'étude montre que les gains à attendre de l'agriculture de précision sont relativement faibles dans notre cas, et probablement impuissants à justifier cette démarche d'un point de vue économique. Les résultats obtenus dans cette étude sont valables dans le contexte d'une production agricole intensive où le prix des intrants est faible (0,60 euros le kg d'engrais azoté). Dans ce contexte, les rendements obtenus sont souvent proches du rendement maximum de l'année (plateau de la courbe de réponse à l'engrais, figure 6) et une variation de la fertilisation de +/- 20 kgN/ha d'azote n'aura que peu d'impact sur le rendement. En revanche, tout excès d'apport azoté entraînera un risque potentiel de pollution par lessivage des nitrates à l'automne suivant. L'intérêt environnemental de l'AP reste donc un élément majeur dans l'analyse coûts/bénéfices de cette démarche.

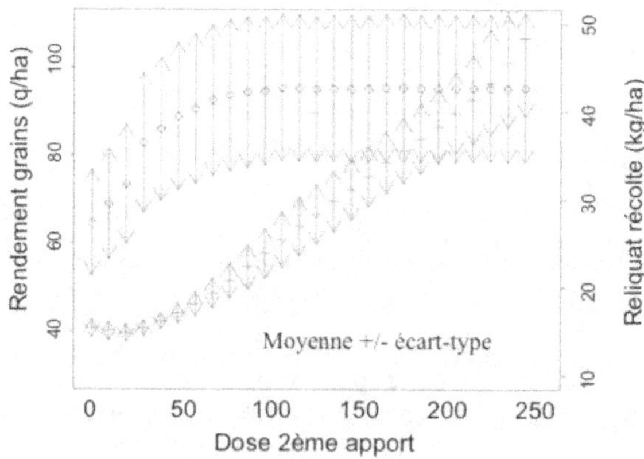

Figure 6. Relation entre apports excessifs d'azote et risque de pollution par lessivage automnal des récoltes estimé par le reliquat d'azote à la récolte.

Un facteur de développement de la technique de modulation des apports pourrait être la mise en place de primes à la manière de produire (pour les modes de production les moins néfastes pour l'environnement) ou de taxes à la pollution. Par ailleurs, la valorisation des technologies de l'agriculture de précision (SIG adaptés aux exploitations agricoles, capteurs et informatique embarqués sur les engins agricoles) dans d'autres applications d'actualité comme la traçabilité (Roux, 2002), fait de ces techniques un outil supplémentaire s'inscrivant dans un contexte d'agriculture durable.

Références bibliographiques

BARATTE E., LE DUC E., 2003. *Être rentable pour s'autofinancer.* Dossier Agriculture de précision. Réussir Céréales Grandes Cultures, 50-53.

BASSO B., RITCHIE J.T., PIERCE F.J., BRAGA R.P., JONES J.W., 2001. Spatial validation of crop models for precision agriculture. *Agricultural Systems,* 68, 97-112.

BATCHELOR W.D., BASSO B., PAZ J.O., 2002. Examples of strategies to analyze spatial and temporal yield variability using crop models. *European Journal of Agronomy,* 18, 141-158.

BAXTER S.J., OLIVER M.A., GAUNT J., GLENDINING M.J., 2003. Simulating the spatial variation of soil mineral N within fields using the model SUNDIAL (Simulation of Nitrogen Dynamics In Arable Land). (ed.) *4th European Conference on Precision Agriculture,* Berlin, Germany.

BOISSARD P., BOFFETY D., DEVAUX J.F., ZWAENEPOEL P., HUET P., GILLIOT J.M., 2001. Mapping of the wheat leaf area index from multidate radiometric data provided by on-board sensors. P.o.t.r. ECPA, Montpellier, France.

CORA J.E., PIERCE F.J., BASSO B., RITCHIE J.T., 1999. Simulation of within field variability of corn yield with Ceres-Maize model. *4th International Conference on Precision Agriculture,* St. Paul, Minnesota, États-Unis, 19-22 July 1998. Part A and Part B., American Society of Agronomy, Madison, États-Unis. 1309-1319.

DAVID C., JEUFFROY M.H., RECOUS S., DORSAINVIL F., 2004. Adaptation and assessment of the Azodyn model for managing the nitrogen fertilization of organic winter wheat. *European Journal of Agronomy,* 21, 249-266.

DRAPER D., 1995. Assessment and propagation of model uncertainty. *Journal of Royal Statistical Society,* 57, 45-97.

ENGEL T., HOOGENBOOM G., JONES J.W., WILKENS P.W., 1997. AEGIS/WIN: a computer program for the applications of crop simulation models across geographic areas. *Agronomy Journal,* 89, 919-928.

GABRIELLE B., KENGNI L., 1996. Analysis and field evaluation of the Ceres model's soil components: Nitrogen transfer and transformations. *Soil Sci. Soc. Am. J. ,* 60, 142-149.

GABRIELLE B., MENASSERI S., HOUOT S., 1995. Analysis and field evalation of Ceres models water balance component. *Soil Sci. Soc. Am. J.,* 59, 1403-1412.

GABRIELLE B., ROCHE R., ANGAS P., CANTERO-MARTINEZ C., COSENTINO L., MANTINEO M., LANGENSIEPEN M., HENAULT C., LAVILLE P., NICOULLAUD B., GOSSE G., 2002. A priori parameterisation of the Ceres soil-crop models and tests against several European data sets. *Agronomie,* 22, 119-132.

GIRARD M.-L., 1997. *Modélisation de l'accumulation de biomasse et d'azote dans les grains de blé tendre d'hiver (Triticum aestivum L.): simulation de leur teneur en protéines à la récolte.* Thèse de docteur, Ina-PG. 96 p.

JEUFFROY M.H., RECOUS S., 1999. Azodyn: a simple model simulating the date of nitrogen deficiency for decision support in wheat fertilization. *European Journal of Agronomy,* 10, 129-144.

KING D., 1976. *Modélisation pédologique et cartographie automatique.* Mémoire de Diplôme d'Agronomie Approfondie, Ina P-G, 82 p.

MOULIN S., BONDEAU A., DELECOLLE R., 1998. Combining agricultural crop models and satellite observations: from field to regional scale. *International Journal of Remote Sensing,* 19, 1021-1036.

PAZ J.O., BATCHELOR W.D., TYLKA G.L., HARTZLER R.G., 2001. A modelling approach to quantify the effects of spatial soybean yield limiting factors. *American Society of Agricultural engineers,* 44, 1329-1334.

PRATO T., KANG C., 1998. Economic and water quality effects of variable and uniform application of nitrogen. *Journal of the American Water Resources Association*, 34, 1465-1472.

RICHARD R., 2002. Une incidence positive sur la rentabilité des exploitations. L'Internet agricole et nouvelles technologies. Comment les agriculteurs américains utilisent au quotidien les nouvelles technologies, hors série, 12.

RITCHIE J.T., OTTER S., 1984. Ceres-WHEAT: a user-oriented wheat yield model. Preliminary doucmentation. Agristars Public n° YM-U3-04442-JSC-18892.

ROUX M., 2002. Tracer : une condition nécessaire pour exporter. L'Internet agricole et nouvelles technologies. Comment les agriculteurs américains utilisent au quotidien les nouvelles technologies, hors série, 3-5.

VASSE B., 2001. *Agriculture de précision. Étude des hétérogénéités intra-parcellaires et de leurs effets sur le fonctionnement de la culture de blé*. Mémoire de fin d'étude Esitpa - Inra, 51 p.

ZADOKS J.C., CHANG T.T., KONZAK C.F., 1974. A decimal code for the growth stages of cereals. *Weed Research*, 14, 415-421.

Résumés

Partie 1. Caractérisation spatialisée du milieu physique

Caractérisation spatialisée du milieu physique pour l'agriculture de précision : enjeux et questions de recherche

D. KING

Cet article introduit les nouveaux besoins en information spatialisée générée par les techniques d'agriculture de précision. Il rappelle les différentes méthodes d'intervention des techniques culturales prenant en compte ou cherchant à atténuer la variabilité des caractères du milieu physique. Il souligne l'importance de la variabilité temporelle dans toute analyse spatiale impliquant l'étude des transferts (eau, énergie). L'analyse montre que le besoin d'information à des échelles fines implique la mise en œuvre de recherches méthodologiques comme le développement de nouveaux moyens de prospection, l'adaptation des méthodes d'interpolation statistiques (pour l'estimation des variables et aussi de leur incertitude) ou la valorisation des données exhaustives disponibles. Des recherches plus fondamentales sont également envisagées avec notamment une meilleure connaissance des structures et des fonctionnements du milieu physique aux échelles fines (du dm^2 à quelques m^2). Cette analyse des besoins en information conduit à élargir le thème de l'agriculture de précision à celui de la « gestion spatialisée des agro-systèmes ». Dans une dernière partie, quelques travaux publiés dans cet ouvrage sont mis en regard des prospectives de recherches énoncées.

Cartographie des sols et agriculture de précision

B. NICOULLAUD, N. BEAUDOIN, J. ROQUE, A. COUTURIER, J. MAUCORPS, D. KING

La mise en œuvre à la parcelle des techniques d'agriculture de précision se base sur une segmentation de l'espace qui repose souvent sur une cartographie des sols. Dans cet article, nous présentons les différentes phases de la cartographie des sols à l'échelle parcellaire en nous appuyant sur deux exemples d'étude en région Laonnoise. Deux cartes réalisées à l'échelle du 1/2 500 ont été établies en croisant différentes informations : micro-topographie, photographies aériennes, sondages à la tarière, profils pédologiques. Deux types de variabilité spatiale liés à la géomorphologie et à la géologie des deux parcelles ont été mis en évidence.

La méthode de cartographie des sols par un pédologue expert comporte de nombreux avantages, entre autres l'adaptabilité aux objectifs et au milieu. Elle permet également un accès direct aux paramètres du sol nécessaires à l'utilisation de modèles de culture. Elle présente néanmoins deux limites : (1) la nécessité de réaliser de nombreux sondages et (2) la difficulté à cartographier l'incertitude sur les limites et le contenu des unités cartographiques. L'utilisation de données plus exhaustives telles des mesures de télédétection, de cartographie de rendement ou de géophysique doit permettre de diminuer le nombre de sondages et d'améliorer la pertinence de la cartographie.

Enfin, compte tenu du coût de telles opérations, il semble judicieux de préconiser la mise en place de parcelles voire de secteurs de références où la caractérisation de la variabilité spatiale des sols et de leurs propriétés serait réalisée d'une façon approfondie. La caractérisation d'autres parcelles dans le même contexte géographique en serait ainsi considérablement allégée.

Établissement et validation de classes de pédotransfert pour un modèle de culture à l'échelle parcellaire : application au modèle Stics

N. BEAUDOIN, B. NICOULLAUD, V. HOULES

Le travail présenté s'inscrit dans le cadre d'une étude méthodologique de la modulation spatiale de la fertilisation azotée du blé. Il a été mené sur deux parcelles de 10 ha chacune, situées près de Laon, et présentant des caractéristiques pédologiques différentes. Il a consisté à créer, pour chaque parcelle, des classes de pédo-transfert (CPT) permettant d'estimer, à partir de cartes des sols établies à l'échelle du 1/2 500, les paramètres « sol » nécessaires à l'utilisation du modèle de culture Stics. Les paramètres suivants ont été étudiés pour leur grande influence sur les sorties du modèle : profondeur d'apparition d'un obstacle aux racines (*obstarac*) ; humidité massiques à la capacité au champ (Hcc) et au point de flétrissement (Hpf), densité apparente (Da), teneur en argile minéralogique (AM), de chaque horizon. Les observations ont été extraites de cartes d'impacts racinaires, effectuées au sein de fosses pédologiques, pour établir les CPT pour *obstarac* et de mesures, faites sur 82 points de prélèvements de chaque parcelle, pour les autres paramètres. Les résultats ont consisté à établir : (1) des critères qualitatifs pour prédire *obstarac*, (2) des classes combinant texture et type de matériau pour prédire Hcc, Hpf et DA et (3) une relation continue entre AM et des données analytiques.

La qualité des prédictions des paramètres a permis de juger du bien fondé des méthodes utilisées. Les CPT d'*obstarac* semblent suffisantes, pour renseigner le modèle, dans les cas où les informations sur le sol sont accessibles. La prédiction de Hcc s'effectue quasiment sans biais et avec un RMSE de 0,02 g.g^{-1}. La confrontation des sorties du modèle ainsi renseigné, aux variables d'intérêt mesurées, est satisfaisante. Le croisement des couches d'information sol et CPT a révélé la grande sensibilité du modèle Stics à la précision d'obtention de ces informations. Le déterminisme de la variabilité intra-parcellaire du stockage de l'eau et des solutés diffère selon les parcelles, avec :

- la profondeur maximale d'enracinement, qui varie de 45 à 160 cm, dans la première parcelle ;

- la Hcc, qui varie de 6 et 23 % de teneur en eau massique, dans la seconde.

La qualité des CPT obtenues pour la prédiction des paramètres du modèle est à mettre en lien avec le nombre de données acquises. Une telle approche, très lourde à mettre en œuvre, ne peut être conçue que dans le cadre d'étude de parcelles expérimentales ou de secteurs de référence. La stratégie de constitution des CPT est tributaire du niveau de résolution spatiale choisi. Ce choix relève d'un débat pluri-disciplinaire pour permettre une modulation techniquement accessible, écologiquement utile et économiquement rentable.

Apport des méthodes de géophysique à la connaissance de la variabilité spatiale et du fonctionnement hydrique des sols

D. MICHOT, D. KING, B. NICOULLAUD, A. DORIGNY, H. BOURENNANE, I. COUSIN,

P. COURTEMANCHE, A. COUTURIER, C. PASQUIER, Y. BENDERITTER, M. DABAS, A. TABBAGH

Le développement des techniques d'agriculture de précision par les agriculteurs nécessite une connaissance détaillée sur les sols et les cultures. Une cartographie à grande échelle s'impose afin de mieux apprécier la variabilité spatiale des sols et de leurs propriétés intrinsèques à l'échelle intraparcellaire. L'apparition de nouveaux capteurs faisant appel aux méthodes électrique ou électromagnétique et permettant la mesure de la résistivité électrique des sols offre de nouvelles possibilités d'études spatio-temporelles. Les prospections géophysiques assurent une reconnaissance de la variabilité spatiale des sols selon différentes échelles spatiales, et de plus, elles offrent une vision 3D de la couverture pédologique. Des acquisitions multidates permettent une étude dynamique de son fonctionnement hydrique interne. À l'inverse de la télédétection, la géophysique ne peut fournir des informations instantanées sur de grands territoires. Elle apparaît ainsi comme une méthode complémentaire répondant aux besoins de l'agriculture de précision.

Mesures spatialisées de propriétés physico-chimiques du sol au sein d'une parcelle par sonde ISFET et mesures hyperspectrales

Y. FOUAD, R.A. VISCARRA-ROSSEL, H. AÏCHI, C. WALTER

De nouveaux outils de mesure de terrain sont disponibles pour mesurer de façon rapide, précise et quantitative la variabilité de propriétés physico-chimiques du sol au sein d'une parcelle. L'objectif de ce travail est d'évaluer deux techniques : (i) l'emploi de sondes de mesure ISFET (*Ion Sensitive Field Effect Transistor*) pour évaluer le pH du sol ; (ii) l'utilisation d'un spectroradiomètre de terrain pour estimer la teneur en carbone organique. Les résultats de cette dernière technique ont été comparés à ceux obtenus à partir d'images numériques couleur.

Une technique rapide de mesure de pH du sol a été développée sur le terrain à l'aide d'une sonde Isfet. Cette technique a été appliquée sur une parcelle de 4 ha près de Rennes avec l'obtention de 476 mesures de pH en 6 heures et comparée à un échantillonnage classique avec mesure du pH au laboratoire. La comparaison des cartes obtenues montre que l'acquisition d'un nombre spatialement dense de points de mesure sur le terrain, reflète d'une façon plus précise les conditions d'acidité du milieu dans l'espace et dans le temps.

Par ailleurs, l'analyse des images numériques et des spectres de réflectance permet de quantifier la relation entre la couleur du sol et sa teneur en carbone organique. En utilisant un modèle de calibration approprié, il est possible de faire des prédictions de teneur en carbone relativement précises par spectroscopie ou par acquisition d'images numériques couleur. La précision obtenue étant du même ordre de grandeur dans les deux cas, on peut alors privilégier la deuxième technique qui a l'avantage d'être facile à mettre en œuvre, rapide et peu coûteuse. En utilisant la composante R du système colorimétrique RVB et la chromaticité b du système de la CIE (Commission internationale de l'éclairage), nous avons déterminé la teneur en carbone des échantillons de sol de deux parcelles, avec des précisions de 0,36 % et 0,34 % respectivement.

Partie 2. Caractérisation spatialisée de la culture

Caractérisation du niveau de croissance du colza en sortie d'hiver par radiométrie visible-proche infrarouge

P. HUET, J.-M. ALLIRAND, R. ROCHE, J.-M. GILLIOT, L. GILLOT, A. JULLIEN

La quantité d'azote accumulée en sortie d'hiver dans les organes aériens du colza, estimée par l'intermédiaire de la biomasse, est l'un des paramètres utilisés pour déterminer la dose d'azote à apporter au printemps. L'objectif de cette étude est de tester un indice radiométrique (simple ratio proche infrarouge-rouge : SR) en vue de cartographier la biomasse au sein d'un champ combinant la variabilité pédologique et des traitements azotés.

L'étude comporte (i) l'établissement d'une relation empirique entre l'indice foliaire du colza jeune et SR, (ii) la validation de cette relation sur des placettes représentatives de l'hétérogénéité du champ d'essai, et (iii) l'utilisation de cette relation pour cartographier l'indice foliaire du champ à partir des mesures de réflectance spatialisées réalisées en continu au moyen d'un système embarqué sur tracteur.

Les résultats obtenus vérifient sur le colza que SR rend bien compte de la variabilité de l'indice foliaire. La cartographie de cet indice, obtenue par l'intermédiaire des mesures radiométriques embarquées, est pertinente même dans un contexte caractérisé par un état azoté du colza moins différencié que prévu. En revanche les estimations radiométriques de la biomasse et *a fortiori* de la quantité d'azote accumulée se trouvent biaisées dès lors que la part relative des organes autres que foliaires (tige et pivot) augmente. On discute différentes voies d'amélioration et notamment : la correction des biais des mesures radiométriques (non-verticalité des mesures sur les pentes, variabilité de la réflectance des sols), et l'adjonction de bandes spectrales supplémentaires pour estimer la teneur en chlorophylle des feuilles.

Estimation de variables biophysiques du couvert par ajustement de modèles de transfert radiatif sur des réflectances

S. MOULIN, R. M. ZURITA, M. GUERIF

La mise en œuvre d'une agriculture de précision nécessite la connaissance instantanée des états de croissance des plantes, et ce, de façon spatialisée. La télédétection dans le domaine optique constitue un moyen privilégié de répondre à cette demande : elle permet en effet d'accéder, de façon répétée et avec une résolution spatiale adéquate à des variables biophysiques et biochimiques telles que l'indice foliaire (*gLAI*), le contenu en chlorophylle de la feuille (*Cab*) ou le taux de couverture. L'utilisation des modèles de transfert radiatif est une alternative à celle de relations empiriques dont la validité n'est pas universelle. Inverser des modèles de transfert radiatif consiste à ajuster les variables biophysiques pour que les réflectances simulées s'accordent au mieux aux réflectances observées. L'étude présentée ici est basée sur une expérimentation effectuée sur deux parcelles de blé pour lesquelles on dispose de mesures biologiques et radiométriques au sol, ainsi que de mesures radiométriques hyperspectrales et multispectrales acquises à partir de deux plateformes aéroportée (capteur Casi) ou spatiale (capteur Spot-HRV). La méthode proposée consiste à inverser les mesures de réflectance en valeurs de *gLAI* et *Cab* ; les modèles de transfert radiatif utilisés sont Sail (pour le couvert) et Prospect (pour les feuilles). On montre que la précision associée aux variables estimées est sensiblement du même ordre quel que soit le capteur pour le *gLAI* (RMSE de 0,4 environ) ; seules les données hyperspectrales Casi ont la richesse spectrale suffisante pour permettre d'accéder à *Cab*, avec une précision de 0,1 g m^{-2}. On montre également que l'estimation des variables est spatialement et temporellement cohérente avec les données mesurées.

Caractérisation par stéréovision de l'hétérogénéité d'un peuplement adventice dans une culture

L. ASSEMAT, M. CHAPRON, R. STEGEREAN

Une méthode de prise de vues stéréoscopiques utilisable au champ et au stade plantule des plantes est présentée, qui permet de quantifier l'hétérogénéité du peuplement adventice. Deux images en couleur d'une scène, prises de façon simultanée, sont utilisées et différents algorithmes de traitement (segmentation, calibrage, correction des distorsions et mise en correspondance) permettent d'aboutir à une reconstitution simplifiée 3D des feuilles supérieures des plantes. Une application de la technique est montrée sur un exemple, et l'interfaçage avec un modèle d'utilisation du rayonnement est décrit, permettant de calculer un indice de compétition entre les espèces présentes dans la scène. L'information 3D permet de tenir compte des différences de hauteur entre les plantes dans l'estimation de la compétition, et de lever certaines ambiguïtés dans la détermination des espèces, relativement à l'approche 2D traditionnelle. L'utilisation potentielle de ce type de méthode pour un désherbage localisé dans un contexte d'agriculture de précision est discutée.

Cartographie du rendement du blé et des caractéristiques qualitatives des grains

J.-M. MACHET, A. COUTURIER, N. BEAUDOIN

Les cartes de rendement sont des outils précieux d'accès à une connaissance de la variabilité intra parcellaire. Plusieurs sources d'erreur sont en cause dans l'établissement des cartes. Cependant, l'identification et la maîtrise de ces erreurs permettent l'acquisition de données pertinentes et précises, conditions nécessaires à une bonne interprétation des cartes et l'identification des facteurs de variations du rendement. Les causes des hétérogénéités de rendement constatées ne sont pas obligatoirement liées aux seules potentialités agronomiques des sols. Il se superpose ensuite l'effet des techniques culturales, comme par exemple, une modulation de la fertilisation azotée. L'acquisition de variables caractérisant la qualité des grains de blé (poids spécifique, poids de 1 000 grains, teneur en protéines) est importante pour compléter la carte de rendement. La cartographie de la teneur en protéines des grains est d'un intérêt équivalent à celui de la connaissance du rendement. Le croisement des différentes cartes pourrait être ainsi utilisé pour le diagnostic agronomique et environnemental.

Partie 3. Méthodes mathématiques pour décrire la structuration spatiale des parcelles

Analyse statistique de caractéristiques permanentes et non-permanentes du sol d'une parcelle agricole

C. BRUCHOU, B. MARY

Dans le cadre d'un projet « agriculture de précision », nous avons réalisé une analyse de la variabilité spatiale de propriétés physico-chimiques du sol à l'intérieur d'une parcelle agricole de grande culture, située près de Laon (Aisne). Il s'agit de caractéristiques non permanentes du sol : stocks d'eau et d'azote minéral mesurés sur 0-120 cm à cinq dates, et de caractéristiques permanentes (analyse granulométrique, pH, teneurs en C organique, N total et calcaire) mesurées dans la couche labourée (0-30 cm) à une seule date. L'objectif de l'analyse géostatistique est d'établir une cartographie de ces variables afin de prévoir la fourniture en azote du sol et de pouvoir moduler la fertilisation azotée en chaque point de la parcelle. Nous cherchons à savoir si les variables présentent une structure spatiale et si cette structure se conserve au cours du temps.

Une approche descriptive sous hypothèse d'indépendance et une autre de type géostatistique sont mises en œuvre. Nous avons étudié la liaison statistique existante entre les stocks d'eau et d'azote minéral et une carte des sols simplifiée. Plusieurs modèles prenant en compte cette carte sont comparés par validation croisée. Une supériorité des modèles spatiaux est constatée dans la majorité des cas mais leurs performances respectives en terme de qualité d'interpolation n'est pas clairement mise en évidence. Au vu de ces analyses, des différences inter-classes sont mises en évidence pour la moyenne. Les variances des stocks d'eau ou d'azote minéral diffèrent selon les classes. Le stock d'eau présente une structure spatiale plus marquée et plus stable au cours du temps que le stock d'azote minéral. Les caractéristiques permanentes présentent une structure spatiale à plus grande échelle que les stocks d'eau et d'azote minéral.

Détection de zones de changement abrupt pour des variables non permanentes du sol : vers la définition de zones homogènes ?

D. ALLARD, E. GABRIEL

Nous présentons une méthode permettant de détecter les régions d'un domaine d'étude où une variable varie brusquement. Nous appelons ces régions des zones de changement abrupts (ZCAs). Détecter ces zones signifie à la fois en estimer leur lieu et en tester leur existence. Le test qui est présenté ci-dessous consiste à rejeter l'hypothèse nulle « les variations sont décrites par un champ aléatoire spatialement corrélé dont la moyenne est constante dans le domaine » contre une hypothèse alternative particulière « il existe dans le domaine d'étude des lieux où la moyenne est discontinue ». Nous discutons la mise en œuvre pratique de cette méthode, notamment la question de l'estimation du variogramme sous-jacent lorsque les ZCAs existent. L'application de cette méthode à des données non permanentes d'une parcelle agricole à Chambry (humidité totale, QH, et azote minéral, QN) montre que les principaux traits structuraux de la parcelle (frontière en zone calcaire et zone non calcaire) est détectée sur QH pour toutes les dates où l'échantillonnage le permet, alors que l'analyse de QN ne permet de mettre en évidence aucune structure. Nous concluons en discutant de la pertinence de la notion de ZCA en agriculture de précision, et plus généralement pour la description de données spatialisées.

Partie 4. Élaboration de préconisations spatialisées pour la gestion des intrants : application à la fertilisation azotée

Élaboration d'un indicateur de nutrition azotée du blé basé sur l'indice foliaire et la teneur en chlorophylle pour la préconisation de doses d'azote

V. HOULÈS, M. GUÉRIF, B. MARY, P. GATE, J.-M. MACHET, S. MOULIN

La télédétection permet d'accéder à des mesures indirectes de l'indice de surface foliaire et de la teneur en chlorophylle à l'échelle intra-parcellaire. Pour utiliser ces informations dans le cadre de la préconisation de doses variables d'azote à cette échelle, deux voies peuvent être utilisées : une basée sur l'utilisation d'indicateurs, et l'autre basée sur l'utilisation de modèles de culture. C'est la première qui est développée ici. Trois méthodes de calcul permettant d'évaluer le déficit d'absorption de la culture à partir de l'indice de surface foliaire (LAI) et de la teneur en chlorophylle sont proposées et comparées. La première passe par l'évaluation de l'indice de nutrition azotée à partir de la teneur en chlorophylle, la seconde par l'évaluation de la teneur en azote du couvert et la troisième évalue directement la quantité d'azote absorbé à partir de la quantité de chlorophylle absorbée par le couvert. La troisième méthode donne de meilleurs résultats, tant en description qu'en prédiction, avec une erreur de prédiction de 18 kg.ha^{-1}.

Critères agro-environnementaux fondés sur le modèle de culture Stics pour la modulation intra-parcellaire de la fertilisation azotée du blé

V. HOULES, B. MARY, M. GUERIF, D. MAKOWSKI, E. JUSTES, J.-M. MACHET

On propose une méthode de préconisation de la fertilisation azotée du blé basée sur l'utilisation d'un modèle de culture (Stics) qui soit applicable dans un cadre d'agriculture de précision. La première étape a consisté à définir des critères qui soient utilisables pour optimiser la fertilisation azotée en fonction d'objectifs multiples : gain économique, qualité des produits, et respect de l'environnement. La deuxième étape a consisté à évaluer la capacité du modèle à décrire correctement les variables impliquées dans ces critères, telles que le rendement en grains, la teneur en protéines des grains, les reliquats azotés à la récolte ou le bilan d'azote. La troisième étape fut d'évaluer les résultats obtenus en appliquant les règles de décision sélectionnées par le modèle de culture. Quatorze essais expérimentaux comprenant des doses d'azote variées ont été utilisés pour évaluer le modèle. Stics prédit avec plus de précision le rendement en grain et le bilan d'azote que la teneur en protéines des grains et les reliquats azotés à la récolte. Parmi les huit critères testés pour optimiser la fertilisation, ceux utilisant une valeur de seuil maximum sur le bilan d'azote sont apparus plus intéressants pour satisfaire les objectifs aussi bien agronomiques qu'environnementaux. Dans des situations avec contrainte environnementale, Stics a été plus efficace que la méthode de référence (Azobil) pour sélectionner le scénario de fertilisation optimal.

Modulation intra-parcellaire de la fertilisation azotée du blé fondée sur le modèle de culture Stics. Intérêt de la démarche et méthodes de spatialisation

M. GUERIF, V. HOULES, B. MARY, N. BEAUDOIN, J.-M. MACHET, S. MOULIN, B. NICOULLAUD

Dans l'article précédent, une méthode basée sur un modèle de culture a été proposée pour faire des préconisations de fertilisation azotée dans le cas du blé d'hiver (et du troisième apport d'azote). On aborde ici la question de la spatialisation de ces préconisations, ou encore d'apports spatialement variables (ce qui correspond à l'acception la plus courante de l'agriculture de précision). Les conditions expérimentales de cette étude sont celles mises en place dans le cadre du projet développé à l'Inra et qui est cité à plusieurs reprises dans cet ouvrage. Dans une première partie on évalue l'intérêt de ces préconisations et apports spatialisés, par référence à une fertilisation homogène dont le réglage prend en compte ou non la connaissance de la variabilité intra-parcellaire. Cette étude est conduite par simulation sur plusieurs années, sur les deux parcelles du dispositif, en considérant que la variabilité intra-parcellaire des sols est connue. Il ressort, pour cette configuration de parcelles, que les apports spatialement variables ne donnent pas en moyenne de meilleurs résultats en terme de marge brute et de bilan d'azote ; le gain essentiel est le respect en tout point de la contrainte environnementale. Dans une deuxième partie, on propose une méthode qui permette de réaliser la spatialisation du modèle en l'absence de connaissance précise de la variabilité intra-parcellaire des propriétés des sols : il s'agit d'une méthode bayésienne (Glue) d'estimation des paramètres et variables d'entrée du modèle par assimilation d'observations sur le LAI et la teneur en azote de la culture dérivées de mesures de télédétection acquises en cours de culture. Cette méthode permet d'obtenir de meilleures prédictions des variables de sortie du modèle (dont le rendement) et potentiellement, de meilleures préconisations de fertilisation azotée, que celles fournies par l'approche de référence, basée sur la connaissance à haute résolution spatiale de la variabilité des sols. Les perspectives d'amélioration de cette méthode sont discutées.

Intérêt de l'utilisation de modèles de fonctionnement des peuplements végétaux (Ceres et Azodyn) pour raisonner la modulation de la fertilisation azotée.

A. JULLIEN, R. ROCHE, M.-H. JEUFFROY, B. GABRIELLE, P. HUET

Les modèles de culture sont potentiellement intéressants pour simuler les interactions entre hétérogénéité spatiale des sols, fonctionnement de la culture et climat. Dans ce papier, Ceres et Azodyn ont été utilisés comme outils d'aide à la modulation de la fertilisation azotée. Pour une parcelle de la ferme expérimentale de l'Ina P-G à Thiverval-Grignon (Yvelines), les simulations à l'échelle du point d'échantillonnage de sol sont peu satisfaisantes tandis que les simulations à l'échelle d'une zone de sol homogène permettent d'estimer les rendements avec 5 à 15 % d'erreur et de classer correctement les zones. On a donc construit, à partir de ces zones, deux parcelles virtuelles permettant de faire varier la nature et la surface respectives des zones. L'évaluation multicritère de la modulation, confrontée à la variabilité interannuelle du climat sur 15 ans, montre que le gain est variable entre les 2 parcelles pour le rendement et la marge brute (-3,2 et +3,8 euros/ha), faible mais favorable pour le contenu en azote des pailles (-0,6 et -1,3 kgN/ha), et nul pour la teneur en protéines et le reliquat récolte. Ces gains sont maximisés pour des zones constitutives contrastées en termes de réserve utile. Des modèles plus éloignés ou avec des facteurs limitants différents (notamment maladies) auraient pu enrichir l'évaluation multicritère et le diagnostic sur les hétérogénéités spatiales.

Liste des auteurs

AICHI Hamouda
Agrocampus Rennes, UMR SAS
65 rue de St Brieuc, CS 84215
35042 Rennes cedex, France

ALLARD Denis
Inra Unité de biométrie, Site Agroparc
84914 Avignon cedex 9
denis.allard@avignon.inra.fr

ALLIRAND Jean-Michel
Inra
Unité environnement et grandes cultures
78850 Thiverval-Grignon

ASSEMAT Louis
Inra
UMR biologie et gestion des adventices
BP 86510
21065 Dijon cedex
assemat@dijon.inra.fr

BEAUDOIN Nicolas
Inra agronomie Laon-Péronne
Rue Fernand Christ
02007 Laon cedex
Beaudoin@laon.inra.fr

BENDERITTER Yves
Université Pierre et Marie Curie
UMR Sisyphe, 4 place Jussieu
75252 Paris cedex 05

BOURENNANE Hocine
Inra UR Science du sol
BP 20619
45166 Olivet cedex

BRUCHOU Claude
Inra Unité de biométrie, Site Agroparc
84914 Avignon cedex 9
claude.bruchou@avignon.inra.fr

CHAPRON Michel
UMR CNRS 8051
Equipes traitement des images et du signal
6 avenue du Ponceau
95014 Cergy

COURTEMANCHE Pierre
Inra UR Science du sol
BP 20619
45166 Olivet cedex

COUTURIER Alain
Inra UR Science du sol
BP 20619
45166 Olivet cedex

COUSIN Isabelle
Inra UR Science du sol
BP 20619
45166 Olivet cedex

DABAS Michel
Geocarta
16 rue du Sentier
75002 Paris

DORIGNY Abel
Inra UR Science du sol
BP 20619
45166 Olivet cedex

FOUAD Youssel
Agrocampus Rennes, UMR SAS
65 rue de St Brieuc, CS 84215
35042 Rennes cedex
fouad@agrocampus-rennes.fr

GABRIEL Édith
Department of Mathematics and Statistics
Fylde College, Lancaster University
Lancaster LA1 4YF, United Kingdom

GABRIELLE Benoît
Inra - Ina P-G
UMR environnement et grandes cultures
78850 Thiverval-Grignon

GATE Philippe
Arvalis Institut du végétal
La Minière
78280 Guyancourt

GILLIOT Jean-Marc
Ina-P-G
78850 Thiverval-Grignon

GILLOT Laurent
Cetiom
78850 Thiverval-Grignon

GUERIF Martine
Inra Unité climat, sol et environnement
Site Agroparc
84914 Avignon cedex 9
mog@avignon.inra.fr

HUET Philippe
Inra
Unité environnement et grandes cultures
78850 Thiverval-Grignon
Philippe.Huet@grignon.inra.fr

HOULES Vianney
UMR TETIS territoires, environnement,
télédétection et information spatiale
Cemagref-Cirad-ENGREF
Maison de la télédétection
500, rue J.F. Breton
34 093 Montpellier cedex 5
houles@teledetection.fr

JEUFFROY Marie-Hélène
Inra/Ina-PG
UMR 211 agronomie
78850 Thiverval-Grignon

JULLIEN Alexandra
Inra/Ina-PG
UMR environnement et grandes cultures
78850 Thiverval-Grignon
jullien@grignon.inra.fr

JUSTES Eric
Inra UMR ARCHE
Chemin de Borde-Rouge – Auzeville BP 52627
31326 Castanet – Tolosan Cedex

MAKOWSKI David
Inra UMR agronomie
78850 Thiverval-Grignon

KING Dominique
Inra UR Science du sol
Centre de Recherche d'Orléans - BP 20619
45166 Olivet cedex
dominique.king@orleans.inra.fr

MACHET Jean-Marie
Inra Unité d'agronomie Laon-Reims-Mons
Rue Fernand Christ
02007 Laon cedex
machet@laon.inra.fr

MARY Bruno
Inra Unité d'agronomie Laon-Reims-Mons
Rue Fernand Christ
02007 Laon cedex

MAUCORPS Jean
Inra UR Science du sol
BP 20619
45166 Olivet cedex

MICHOT Didier
Inra Science du sol Orléans
BP 20619
45166 Olivet cedex
Adresse actuelle :
Agrocampus-Rennes
UMR Sol-agronomie-spatialisation
65 route de Saint Brieuc, CS 84215
35042 Rennes cedex
michot@agrocampus-rennes.fr

MOULIN Sophie
Inra Unité CSE
Site Agroparc
84914 Avignon cedex 9
sophie.moulin@avignon.inra.fr

NICOULLAUD Bernard
Inra UR Science du sol
BP 20619
45166 Olivet cedex
Bernard.Nicoullaud@orleans.inra.fr

PASQUIER Catherine
Inra UR Science du sol
BP 20619
45166 Olivet cedex

ROCHE Romain
Inra/Ina-PG
UMR environnement et grandes cultures
78850 Thiverval-Grignon

ROQUE Jacques
Inra Infosol
BP 20619
45166 Olivet cedex

STEGEREAN Rada
Inra
UMR biologie et gestion des adventices
BP 86510
21065 Dijon cedex

TABBAGH Alain
Université Pierre et Marie Curie
UMR Sisyphe, 4 place Jussieu
75252 Paris cedex 05

VISCARRA-ROSSEL R.A.
Agrocampus Rennes, UMR SAS
65 rue de St Brieuc, CS 84215
35042 Rennes cedex, France
School of Land, Water and Crop Sciences
McMillan Building A05
University of Sydney, NSW 2006 Australie

WALTER Christian
Agrocampus Rennes,
UMR Sol-agronomie-spatialisation
65 rue de St Brieuc, CS 84215
35042 Rennes cedex

ZURITA Raul
Inra Unité CSE
Site Agroparc
84914 Avignon cedex 9

Fichier préparé par Nicolas Perrier, société 4P
Imprimé pour vous par Books on Demand (Allemagne)

9 782759 200191